Springer-Lehrbuch

Walter Assenmacher

Induktive Statistik

Zweite, überarbeitete Auflage

Springer

Prof. Dr. Walter Assenmacher
Universität Duisburg-Essen
FB Wirtschaftswissenschaften
Statistik und Ökonometrie
45117 Essen
Walter.Assenmacher@uni-due.de

ISSN 0937-7433
ISBN 978-3-642-00214-4
DOI 10.1007/978-3-642-00816-0
Springer Dordrecht Heidelberg London New York

Die Deutsche Nationalbibliothek verzeichnet diese Publikation in der Deutschen Nationalbibliografie; detaillierte bibliografische Daten sind im Internet über http://dnb.d-nb.de abrufbar.

Einbandentwurf: WMXDesign GmbH, Heidelberg

Gedruckt auf säurefreiem Papier

Springer ist Teil der Fachverlagsgruppe Springer Science+Business Media (www.springer.com)

Tumbling dice[1]: Der Zufall macht, was er will.[2]

[1] Rolling Stones, Single Version 14. April 1972

[2] nach S. Nadolny: Die Entdeckung der Langsamkeit, 1983, S. 107

Vorwort (zur zweiten Auflage)

Für die zweite Auflage der Induktiven Statistik wurde der gesamte Text durchgesehen und alle Lösungen überprüft. Dies führte zu Modifikationen und Ergänzungen des Stoffes sowie der Übungsaufgaben, um die Transparenz der Darstellung zu steigern und weitere Anwendungsfelder der induktiven Statistik aufzuzeigen.

Bei den Übungsaufgaben wurden entdeckte Fehler beseitigt. Zur besseren Kontrolle des Selbststudiums sind jetzt die Lösungen aller Aufgaben, mit Ausnahme der Beweise, in einem eigenen Abschnitt angegeben.

Für die Überarbeitung erhielt ich von meinen Mitarbeitern, Frau Diplom Kauffrau Eva Plinta und Herrn Dr. Stephan Popp wertvolle Anregungen. Herr cand. M.A. Christian Haggert führte jede Textänderung mit großer Sorgfalt und Geduld in LaTeX durch. Frau Sabine Pings koordinierte die Arbeitsabläufe für die textliche Umsetzung äußerst effizient. Ihnen allen gilt mein besonderer Dank.

Nicht zuletzt danke ich all jenen Studierenden, die während ihres Studiums mit dem Buch „gearbeitet“ und viele nützliche Hinweise gegeben haben.

Essen, im Frühjahr 2009 Walter Assenmacher

Vorwort (zur ersten Auflage)

Die universelle Verwendbarkeit statistischer Methoden bei der quantitativen Analyse eröffnet ihnen ein breites Anwendungsspektrum, das jedoch wegen des teilweise recht großen Rechenaufwands und der mathematischen Komplexität noch immer nicht voll ausgeschöpft ist. Mit der Verfügbarkeit statistischer Programmpakete gewinnen die Methoden vor allem der Induktiven Statistik sowohl in der Praxis als auch in der empirischen Forschung immer größere Bedeutung. Dieser Herausforderung muss die akademische Ausbildung Rechnung tragen. Da es unmöglich ist, die statistischen Methoden in ihrer ganzen Breite zu behandeln, sollte das Ausbildungsziel in der Bereitstellung eines soliden methodischen Grundwissens liegen, das zu einer sachadäquaten Methodenauswahl und kompetenten Interpretation quantitativer Ergebnisse befähigt.

Um dieses Ziel zu erreichen, versucht das vorliegende Lehrbuch zunächst Verständnis für Struktur und Logik induktiver statistischer Methoden zu vermitteln. Grundlegend für die eingeschlagene Konzeption ist daher nicht die Präsentation einer Vielfalt rezeptartig bereitgestellter Formeln, sondern die schrittweise Entwicklung derjenigen Methoden, die heute zur universitären Ausbildung in Induktiver Statistik zählen. Wie auch im vorangegangenen Band „Deskriptive Statistik" wird der Darstellung der statistischen Methoden viel Raum gewidmet, um so ihre inhaltliche und formale Struktur transparent zu machen. Hierfür ist es von Vorteil, wenn die hochschulübliche mathematische Propädeutik beherrscht wird. Die Ausführungen sind jedoch so gestaltet, dass der mehr anwendungsorientierte Leser die formalen Nachweise bestimmter Eigenschaften übergehen kann, ohne dadurch den inhaltlichen Zusammenhang zu verlieren. Jedoch erleichtern gerade Kenntnisse der formalen Struktur den Methodenzugang und die Adaption neuer Verfahren.

In jedem Kapitel werden grundlegende Begriffe in Definitionen und hergeleitete Ergebnisse in Sätzen oder nummerierten Gleichungen festgehalten. Zur schnelleren Orientierung – besonders beim Nachschlagen – sind zentrale Begriffe da, wo sie erläutert werden, durch Fettdruck hervorgehoben. Eine große Zahl nummerierter Beispiele im Text dient der Verdeutlichung der Ausführungen und Berechnungen. Zur Selbstkontrolle des Wissenstandes enden die meisten Abschnitte mit Übungsaufgaben, deren Lösungen man bis auf wenige Ausnahmen in einem Kapitel am Ende des Buches findet. Die Übungsaufgaben sind so nummeriert, dass die erste Ziffer das Kapitel, die zweite den Abschnitt und die dritte Ziffer die laufende Nummer der Gleichung angibt.

Wie jedes Buch hat auch dieses von der Hilfe anderer profitiert. Die Zusammenstellung der Übungsaufgaben und ihre Lösungen wurden zum größten Teil von meinen Mitarbeitern, Herrn Diplom Volkswirt Andreas Kunert und Herrn Diplom Volkswirt Stephan Popp, betreut. Beide lasen auch das Manuskript und gaben Hinweise, die der Lesbarkeit zugute kommen. Herr cand. rer. pol. Oliver Murschall war für die Grafiken und die LaTeX–Umsetzung der Formeln zuständig. Er löste diese Aufgabe mit außergewöhnlichem Engagement und großer Geduld bei Änderungswünschen. Frau Ursula Schapals fertigte den Text in LaTeX wieder in gewohnt sorgfältiger und zuverlässiger Weise an. Ihnen allen gilt mein besonderer Dank.

Fast jede Produktion verursacht auch negative externe Effekte. Meiner Frau danke ich dafür, dass sie diese auch jetzt wieder mit großer Geduld ertragen hat.

Schließlich danke ich Herrn Dr. Werner Müller vom Springer–Verlag für die erneut angenehme und verständnisvolle Zusammenarbeit.

Essen, im März 2000 Walter Assenmacher

Inhaltsverzeichnis

1 Entwicklung der Induktiven Statistik

1.1 Die Wahrscheinlichkeitstheorie

Die Grundlagen der Induktiven Statistik bildet die Wahrscheinlichkeitstheorie, deren Ursprung in der Berechnung der Chancen bei Glücksspielen liegt. Bereits im 16. Jahrhundert befassen sich die italienischen Gelehrten Cardano (1501 – 1576) und Galilei (1564 – 1642) mit der Chancenberechnung beim Würfeln. Obwohl Cardano der Überzeugung war, dass das Zufallsgeschehen nicht allein vom Glück beeinflusst ist, sondern auch bestimmten Gesetzmäßigkeiten unterliegt, fehlt ein wahrscheinlichkeitstheoretisches Konzept. Diesem kommen die beiden französischen Mathematiker Blaise Pascal (1623 – 1662) und Pierre de Fermat (1601 – 1665) schon nahe. Angeregt durch eine Frage[1] des Berufsspielers Chevalier de Méré entwickeln beide in einem etwa fünf Jahre dauernden Briefwechsel Lösungen für Glücksspiele, die auf kombinatorischen Überlegungen basieren.

Während seines Pariser Studienaufenthaltes im Jahre 1655 erfährt der Holländer Christiaan Huygens (1629 – 1695) von diesem Briefwechsel. Inspiriert von den darin angesprochenen Problemen, ohne jedoch wegen der von Pascal und Fermat bevorzugten Geheimhaltung viel von deren Lösungsmethoden zu kennen, verfasst Huygens das erste Buch der Wahrscheinlichkeitstheorie. Sein unter dem Titel „Tractatus de Ratiociniis in Ludo Alea" im Jahre 1657 erschienenes Werk, das den von ihm eingeführten Begriff der mathematischen Erwartung und das Urnenmodell enthält, gilt für ein halbes Jahrhundert als das Standardlehrbuch der Wahrscheinlichkeitstheorie.

Gottfried Wilhelm Leibniz (1646 – 1716) versucht in seiner Abhandlung „De incerti aestimatione" eine logische Begründung der Wahrscheinlichkeit und fasst sie als Teil einer universellen Logik auf. Damit erfährt die Wahrscheinlichkeitsrechnung eine Erweiterung als philosophisch begründbare Wahrscheinlichkeitstheorie.

Die Arbeit von Huygens greift der Schweizer Mathematiker Jakob Bernoulli (1654 – 1705) auf. In seinem Werk „Ars Conjectandis" (Kunst des Vermutens), das erst im Jahre 1713 von seinem Neffen Nikolaus Bernoulli (1695 –

[1] Die Frage lautete, wie der Einsatz bei einem Spiel für zwei Spieler, zu dessen Gewinn sechs Punkte benötigt werden, aufzuteilen sei, wenn es beim Stand von 5 zu 3 abgebrochen wird.

1726) veröffentlicht wird, bildet Huygens Abhandlung mit Ergänzungen den ersten von vier Teilen. Bernoulli selbst entwickelt die Binomialverteilung und führt das noch nicht so benannte „Gesetz der großen Zahlen“ ein. Der vierte Teil, in dem die Anwendung der Wahrscheinlichkeitstheorie auf bürgerliche, stittliche und wirtschaftliche Verhältnisse erfolgen soll, bleibt wegen des Todes Bernoullis im Jahre 1705 unvollendet.

Der Titel des Buches von Jakob Bernoulli weist auf die neue Bedeutung der Wahrscheinlichkeitstheorie hin. Sie ist nicht mehr nur eine Wissenschaft für Glücksspiele, sondern viel allgemeiner für rationales Mutmaßen. Diese Erweiterung ihres Anwendungsbereiches ist bis heute kennzeichnend für die Wahrscheinlichkeitstheorie, auf die keine moderne Wissenschaft mehr verzichten kann.

Die sich anschließende Entwicklung der Wahrscheinlichkeitstheorie wird durch die beiden Franzosen Pierre Rémond de Montmort (1678 – 1719) und Abraham de Moivre (1667–1754) geprägt. Montmort stellt in seinem „Essay d'Analyse sur les Jeux de Hazard“ die Lösung verschiedener Probleme des Glücksspiels dar und berücksichtigt erstmals neben dem Zufall noch die Strategie eines Spielers. Sein nicht weiter beachteter Ansatz der Strategienmischung wird erst von der Spieltheorie wieder aufgegriffen. In der Abhandlung „The Doctrines of Chances: Or, A Method of Calculating the Probabilities of Events in Play“ zeigt de Moivre den Zusammenhang zwischen der Binomial- und Normalverteilung; in späteren Arbeiten erstellt er Sterbetafeln. Er kommt der Bitte Nikolaus Bernoullis nach, den vierten, unvollendeten Teil der „Ars conjectandis“ von Jakob Bernoulli abzuschließen.

In England untersucht der Geistliche Thomas Bayes (1702 – 1761) in „An Essay Towards Solving a Problem in the Doctrine of Chances“ die Berechnung von Wahrscheinlichkeiten bei gegebener Bedingung und wie empirische Informationen zur verbesserten Kenntnis über die Wahrscheinlichkeit des Eintretens eines Ereignisses herangezogen werden können.

Neue Impulse erhält die Wahrscheinlichkeitstheorie durch die Arbeiten von Pierre Simon de Laplace (1749 – 1827). In seinem im Jahre 1812 erschienenen Werk „Théorie analytique des Probabilités“ fasst er den wahrscheinlichkeitstheoretischen Wissensstand seiner Zeit zusammen und formuliert erstmals die Hauptsätze der Wahrscheinlichkeitstheorie. Hier und in der zwei Jahre später erscheinenden zweiten Auflage entwickelt Laplace das Konzept der klassischen Wahrscheinlichkeit, die heute ihm zu Ehren auch als Laplace'sche Wahrscheinlichkeit bezeichnet wird. Ohne die Leistung von Laplace zu schmälern sei erwähnt, dass die Vorstellung einer klassischen Wahrscheinlichkeit nicht auf ihn allein zurückgeht. Mehr oder weniger explizit formuliert findet man dieses Konzept bereits bei Cardano, Galilei, Fermat, Pascal, Huygens, Leibniz, Bernoulli und insbesondere bei de Moivre, dessen Definition mit der von Laplace nahezu übereinstimmt.

Carl Friedrich Gauß (1777 – 1855) ist wohl der erste, der die „Methode der kleinsten Quadrate“ entwickelt. Mit ihr gelingt am 31. Dezember 1801 die Wiederentdeckung des zu Beginn jenes Jahres von G. Piazzi identifizierten Planetoiden Ceres, dessen Position nach seinem Sonnendurchlauf verloren ging. Gauß veröffentlicht die „Methode der kleinsten Quadrate“ jedoch erst im Jahr 1809 in seinem Buch „Theoria motus corporum coelestium in sectionibus conicis solem ambientium“.[2] Hiervon unabhängig entwerfen auch Adrien Marie Legendre (1752 – 1833) und Robert Adrain (1775 – 1843) diese Methode, die sie im Jahre 1806 unter dem Titel „Sur la Méthode des moindres quarrés“ bzw. im Jahr 1808 als „Research concerning the probability of errors which happen in making observations“ publizieren.

Die Gauß-Verteilung, heute bekannter unter dem Namen Normalverteilung, wird von Gauß im Zusammenhang mit seiner Theorie der Meßfehler eingeführt. Wegen ihrer vielfachen Anwendungsmöglichkeiten ist sie immer noch eine der wichtigsten stetigen Verteilungen.

Siméon-Denis Poisson (1781 – 1840) bezeichnet im Jahr 1837 einen Grenzwertsatz erstmals mit „Gesetz der großen Zahlen“ ; damit etabliert er einen Ansatz, der die Wahrscheinlichkeitsinterpretation von Bernoulli als Spezialfall enthält und der in der mathematischen Statistik noch große Relevanz gewinnen wird.

In Deutschland bleibt die Bedeutung der mathematischen Statistik in der zweiten Hälfte des 19. Jahrhunderts weitgehend unerkannt, während sie in England zahlreiche Erweiterungen erfährt, die heute zu ihren Grundlagen zählen. Hier sind besonders die Arbeiten von Francis Galton (1822 – 1911), Francis Y. Edgeworth (1845 – 1926), Karl Pearson (1857 – 1936), William S. Gosset (1876 – 1937) und Sir Ronald A. Fisher (1890 – 1962) zu nennen.

[2] Auf deutsch: Theorie der Bewegungen der in Kegelschnitten sich um die Sonne bewegenden Himmelskörper.

Neben der „englischen Schule der mathematischen Statistik" etabliert sich eine „russische Schule der Wahrscheinlichkeitstheorie", die vor allem durch die Arbeiten von P. L. Tschebyscheff (1821 – 1914), der ein allgemeines Gesetz der großen Zahlen aufstellt, A. Markov (1856 – 1922), A. M. Ljapunoff (1857 – 1918) und A. N. Kolmogoroff (1903 – 1988) geprägt wird. Insbesondere wegen der von Kolmogoroff entwickelten Axiomatik der Wahrscheinlichkeitstheorie wird diese zu einem Teilgebiet der modernen Maß- und Integrationstheorie und ist seitdem wichtiger Bestandteil der Mathematik.

Nach dem zweiten Weltkrieg erschließt sich die mathematische Statistik u.a. als Test- und Entscheidungstheorie einen wachsenden Anwendungsbereich. Diese Entwicklung ist vornehmlich durch die Arbeiten von J. Neyman, E. S. Pearson und A. Wald beeinflusst. Seit den sechziger Jahren hat sich eine Richtung herausgebildet, die unter der Bezeichnung „robuste Statistik" auch dann verläßliche Schätz- und Testergebnisse liefert, wenn die Daten sogenannte „statistische Ausreißer" enthalten.

1.2 Induktives Schließen

Zentrale Aufgabe empirischer Wissenschaften, zu denen auch die Wirtschaftswissenschaft zählt, ist die Erklärung der uns umgebenden Realität. Unter „Erklären" versteht man die Angabe einer Ursache–Wirkung–Beziehung, die eine zeitliche Abfolge von bestimmten realen Ereignissen nach dem Schema: „wenn ..., dann ..." festlegt. Die nach diesem Schema, auch Kausalprinzip genannt, gefundenen allgemeingültigen Gesetzmäßigkeiten ermöglichen die Erklärung unserer Erfahrungswirklichkeit. Wird festgestellt, dass die vorgegebene zeitliche Abfolge in der Realität nur sehr selten vorkommt, muss die betreffende Gesetzmäßigkeit als empirisch leer, oder auch als durch die Realität widerlegt (falsifiziert) angesehen werden. Andernfalls wird sie durch die Realität bestätigt – was nicht mit „bewiesen" im mathematischen Sinne zu verwechseln ist - und als Erklärungsansatz beibehalten.

Die Erklärung der Realität gelingt umso besser, je genauer die Gesetzmäßigkeiten formuliert sind. Häufig lassen sie sich als mathematische Funktionen angeben, bei denen die abhängige Variable die Wirkung und die unabhängigen Variablen die Ursachen darstellen. So kann z.B. die Marktnachfrage nach einem Gut x als Funktion f des Marktpreises p aufgefasst werden: $x = f(p)$. Die Mikroökonomik bietet nun folgendes allgemeingültige Gesetz an: **Wenn** der Preis steigt und die Einkommen aller Nachfrager bleiben konstant, **dann** geht die nachgefragte Menge zurück. Dieses Gesetz wäre informativer, wenn die Funktionenklasse für f angegeben werden könnte. Unterstellt man zwischen p und x eine lineare Beziehung, lässt sich die Nachfragefunktion jetzt präzisieren als: $x = a + bp$ mit $b < 0$. Jedoch erwachsen aus der gestiegenen Präzision neue Probleme: Wie groß sind die Parameter a und b? Es liegt nahe, diese Frage mit Beobachtungen, hier mit den vorliegenden Marktdaten, zu beantworten. Gelänge es, die Parameter a und b numerisch zu bestimmen, wäre für die allgemeine Gesetzmäßigkeit die höchste Präzision erreicht. Bei dem jetzt vorliegenden Genauigkeitsgrad ist eine Überprüfung der empirischen Erklärungskraft der allgemeinen Gesetzmäßigkeit besonders leicht durchzuführen. Hierzu wäre „nur" zu prüfen, ob der gefundene numerische Wert für b signifikant von null abweicht oder nicht. Denn wenn b den Wert null hat, stellt der Preis keine Ursache für die nachgefragte Menge dar, denn diese wäre unabhängig vom Preis.

In diesem Beispiel kommen die vier grundlegenden Bereiche empirischer Forschung zum Ausdruck:

(a) Formulieren von Gesetzmäßigkeiten als wissenschaftliche Hypothesen,

(b) Bereitstellung verlässlicher statistischer Daten,

(c) Entwicklung und Anwendung geeigneter Verfahren zur Quantifizierung der Gesetzmäßigkeiten,

(d) Überprüfung der Erklärungskraft der Gesetzmäßigkeiten an der Realität.

Die Quantifizierung allgemeiner Gesetzmäßigkeiten kann nur selten mit allen hierfür relevanten Beobachtungen erfolgen. Die wichtigsten Gründe, die eine Totalerhebung der Daten verhindern, sind:

(a) der Komplexitätsgrad auch bereits kleiner Realitätsausschnitte,

(b) hohe Erhebungskosten und großer Zeitaufwand,

(c) Zerstörung der Merkmalsträger durch Beobachtung,[3]

[3]Man denke hier nur an die Prüfung der Lebensdauer bestimmter Produkte.

(d) hypothetisch unendlich große Grundgesamtheiten.[4]

Daher geschieht in den meisten Fällen die Quantifizierung auf der Basis von nur wenigen Beobachtungen. Das bedeutet, es muss von den Informationen einer Teilerhebung auf die Gesetzmäßigkeit der Gesamtheit geschlossen werden. Diese Vorgehensweise vom Speziellen zum Allgemeinen bezeichnet man als **Induktion**; den Schluss selbst als „**induktives Schließen**", „**statistisches Schließen**", „**statistische Inferenz**" oder als „**Repräsentationsschluss**". Jeder Schluss von einer Teil- auf eine Grundgesamtheit, aus der die Teilgesamtheit stammt, geht mit einer bestimmten Unsicherheit einher. Diese lässt sich bei bestimmten Auswahlverfahren für die Teilgesamtheit angeben. Erfolgt die Auswahl der Teilgesamtheit zufällig, ermöglicht die Wahrscheinlichkeitstheorie die Berechnung der Unsicherheit. Hierzu geht man von einer bekannten Grundgesamtheit aus und ermittelt alle realisierbaren Teilerhebungen. Dieser Schluss vom Allgemeinen (Grundgesamtheit) zum Speziellen (Teilgesamtheit) heißt **Deduktion** bzw. **Inklusionsschluss** und ist für weite Bereiche der Wahrscheinlichkeits- und Stichprobentheorie charakteristisch. Die Abbildung 1.1 gibt beide Schlussweisen wieder.

Abb. 1.1: Induktion und Deduktion in der Statistik

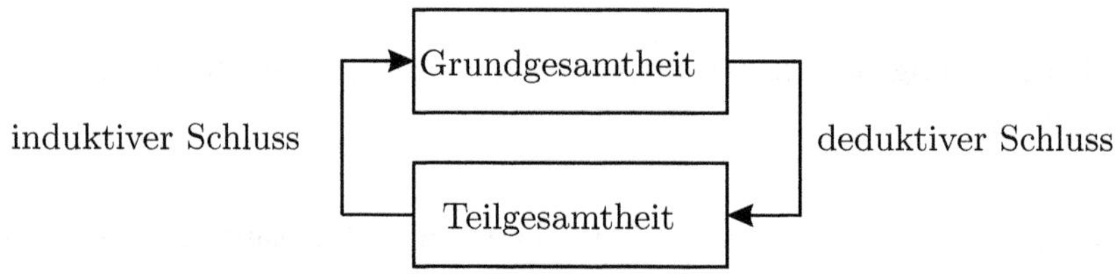

Mit **induktiver Statistik** werden heute Methoden bezeichnet, die es erlauben, von den Beobachtungen einer Teilgesamtheit auf bestimmte Charakteristika der dazu gehörenden Grundgesamtheit zu schließen. Hierzu gehört

[4] Im obigen Beispiel kann der Marktpreis theoretisch unendlich viele Werte annehmen, dennoch beobachtet man nur eine endliche Anzahl für ganz bestimmte Perioden.

auch die Festlegung des Auswahlverfahrens. Es bedarf keiner Begründung, nur solche Verfahren zuzulassen, die den Grad der Unsicherheit beim induktiven Schließen zu quantifizieren oder zu minimieren erlauben, d.h.: die wahrscheinlichkeitstheoretisch fundiert sind. Aus der induktiven Schlussweise resultieren die wichtigsten Anwendungsbereiche der induktiven Statistik. Diese sind:

(a) Quantifizierung der numerisch unbekannten Parameter bzw. Kenngröße in wissenschaftlichen Hypothesen. Die Vorgehensweise hierfür ist Gegenstand der Schätztheorie.

(b) Überprüfung des Erklärungsgehalts empirischer Hypothesen bzw. Diskriminierung zwischen konkurrierenden Hypothesen. Dies geschieht mit den Methoden der Testtheorie.

(c) Lösung bei Entscheidungsproblemen. Hierzu wurde die statistische Entscheidungstheorie etabliert.

Aufgrund dieser universellen Einsatzmöglichkeiten werden die Methoden der induktiven Statistik zu einem wichtigen Instrumentarium aller empirischen Wissenschaften, deren Bedeutung mit den Informationsverarbeitungsmöglichkeiten weiter wachsen wird.

2 Grundlegende Begriffe und Sätze der Wahrscheinlichkeitsrechnung

2.1 Zufallsexperiment, Stichprobenraum und Ereignisse

Viele Vorgänge der uns umgebenden Realität sind durch zwei Eigenschaften gekennzeichnet:

(a) Sie besitzen verschiedene, sich gegenseitig ausschließende Ausgänge,[1] die alle bereits vor Beginn des Vorgangs bekannt sind;

(b) es ist nicht vorhersehbar, welcher Ausgang tatsächlich eintreten wird.

Durch zusätzliche Information über den Ablauf solcher Vorgänge lässt sich möglicherweise der Grad der Ungewissheit reduzieren, aber nicht beseitigen. Ein so charakteristisches Geschehen, für das man die möglichen Ausgänge kennt ohne zu wissen, welcher davon eintreten wird, heißt **Zufallsvorgang** bzw. **stochastischer Vorgang**. Beispiele für Zufallsvorgänge lassen sich leicht finden. Der Ausgang eines Fußballspiels ist ebenso ein Zufallsvorgang wie der Kurs einer Aktie am nächsten Tag oder die realisierte Augenzahl eines Würfelwurfes.

Ist ein Zufallsvorgang unverändert beliebig oft wiederholbar, liegt ein **Zufallsexperiment** vor. Die unveränderte Wiederholbarkeit beschreibt man auch als „unter gleichen Bedingungen" bzw. „unter gleichen Randbedingungen" wiederholbar. Dies impliziert, dass die Randbedingungen wie bei naturwissenschaftlichen Experimenten kontrolliert werden können. Durch ihre Kontrollierbarkeit ist sichergestellt, dass die Bedingungen, unter denen ein Zufallsexperiment stattgefunden hat, auch bei weiteren Durchführungen hätten eingehalten werden können. Damit gehören alle Zufallsvorgänge, die in einem fiktiven Sinne unter gleichen Bedingungen wiederholbar sind, zu den Zufallsexperimenten. Dies erlaubt es, auch solche Zufallsvorgänge als Zufallsexperimente aufzufassen, deren praktische Wiederholung „unter gleichen Bedingungen" recht schwierig wäre.

Von den drei oben gegebenen Beispielen ist der Zufallsvorgang „Fußballspiel" nicht unter gleichen Bedingungen wiederholbar; er stellt daher kein

[1]Diese Ausgänge heißen oft auch Ergebnisse.

Zufallsexperiment dar. Anders verhält es sich bei den beiden anderen Zufallsvorgängen. Während beim Würfelwurf eine Wiederholung unter gleichen Bedingungen intuitiv klar ist, wird dies beim Vorgang „Tageskurs einer Aktie" unter Bezug auf die relevante ökonomische Theorie „im Prinzip" möglich. Beide Vorgänge gehören deshalb zu den Zufallsexperimenten.

Alle Ausgänge ω_i eines Zufallsvorganges bzw. -experimentes fasst man zu einem **Stichprobenraum** Ω zusammen.[2] Der Stichprobenraum ist formal eine Menge, deren Elemente die Ausgänge sind:

$$\Omega = \{\omega_1, \dots \omega_m, \dots\}\,. \tag{2.1}$$

Der Stichprobenraum Ω kann endlich oder unendlich viele Ausgänge enthalten. Lassen sich die unendlich vielen Ausgänge mit den natürlichen Zahlen $\mathbb{N}$ „abzählen", bezeichnet man Ω als **abzählbar unendlich**;[3] gelingt dies nicht, heißt Ω **überabzählbar unendlich**. Der Zufallsvorgang „Werfen eines Würfels" hat sechs mögliche Ausgänge; Ω ist endlich und lässt sich schreiben als:

$$\Omega = \{\omega_1, \omega_2, \dots, \omega_6\} = \{\omega_i, i = 1, \dots, 6\} = \{1, 2, 3, 4, 5, 6\}.$$

Wirft man eine Münze, deren Seiten mit Zahl (Z) und Kopf (K) geprägt sind, so oft, bis zum ersten Mal der Ausgang „Zahl " erscheint, lauten die möglichen Ausgänge:

$$\begin{aligned}
\omega_1 &= Z && \text{(zum ersten Mal „Zahl" im ersten Wurf)},\\
\omega_2 &= KZ && \text{(zum ersten Mal „Zahl" im zweiten Wurf)},\\
&\vdots\\
\omega_m &= \underbrace{K \dots K}_{m-1}Z && \text{(zum ersten Mal „Zahl" im } m\text{–ten Wurf)},\\
&\vdots
\end{aligned}$$

Der Stichprobenraum ist hier abzählbar unendlich:

$$\Omega = \{\omega_1, \dots \omega_m, \dots\}\,.$$

Die in Minuten gemessene Verspätung eines Zuges sei ein Zufallsvorgang mit Ausgängen des geschlossenen Intervalls [0 min, 10 min]. Bei unendlicher Messgenauigkeit sind überabzählbar viele Verspätungen möglich, da das Intervall

[2] Der Stichprobenraum wird auch Ergebnis- bzw. Ereignisraum genannt.

[3] Jeder endliche Stichprobenraum ist natürlich auch abzählbar.

[0;10] Teilmenge der reellen Zahlen $\mathbb{R}$ ist. Die reellen Zahlen sind, wie auch jede Teilmenge von ihnen, mächtiger als die natürlichen Zahlen und daher überabzählbar unendlich.[4]

Jede Teilmenge von Ω heißt **(Zufalls–)Ereignis**. Da eine Menge auch Teilmenge von sich selbst und die leere Menge $\emptyset$ Teilmenge jeder Menge ist, stellen die Mengen Ω und $\emptyset$ selbst Ereignisse von Ω dar. Ein Ereignis $A \subset \Omega$ tritt ein, wenn der Ausgang ω_i des Zufallsvorgangs Element von A ist: $\omega_i \in A$. Da ein Zufallsvorgang immer in einem Ausgang $\omega_i \in \Omega$ mündet, stellt Ω als Teilmenge interpretiert das sichere Ereignis dar. Analog hierzu heißt die leere Menge $\emptyset$ das unmögliche Ereignis, weil kein $\omega_i \in \Omega$ existiert, das Element der leeren Menge $\emptyset$ ist.

Teilmengen $\{\omega_i\}$, deren einziges Element ein Ausgang $\omega_i \in \Omega$ ist, heißen **Elementarereignisse**. Umfassen Teilmengen mehrere Ausgänge, nennt man sie **zusammengesetzte Ereignisse**. Z. B. ist beim „Wurf eines Würfels" der Ausgang: „Augenzahl 3 liegt oben" ein Elementarereignis und wird geschrieben als $\{3\}$; das Ereignis A: „gerade Augenzahl liegt oben" ist ein zusammengesetztes Ereignis, das als Menge in aufzählender Charakterisierung geschrieben lautet: $\{2, 4, 6\}$. Das Ereignis A ist eingetreten, wenn der Würfelwurf zu einer Augenzahl 2, 4 oder 6 führt.

Die insgesamt möglichen Ereignisse eines Zufallsvorgangs findet man, indem alle Teilmengen für Ω gebildet werden. Die Zusammenfassung dieser Teilmengen führt bei endlichem oder abzählbar unendlichem Stichprobenraum Ω zur **Potenzmenge**, für die geschrieben wird: $PM(\Omega)$. Die Anzahl ihrer Elemente (=Teilmengen von Ω) beträgt 2^m, wobei m die Anzahl der Elemente des Stichprobenraumes Ω angibt. Damit liegt eine einfache Formel zur Berechnung der Anzahl möglicher Ereignisse für einen Zufallsvorgang mit endlichem Stichprobenraum Ω vor.

Beispiel 2.1 *Ein Zufallsvorgang hat den Stichprobenraum* $\Omega = \{1, 2, 3\}$*; wegen* $m = 3$ *beträgt die Anzahl der möglichen Ereignisse:* $2^3 = 8$. *Diese Ereignisse lauten:* $A_1 = \emptyset$, $A_2 = \{1\}$, $A_3 = \{2\}$, $A_4 = \{3\}$, $A_5 = \{1, 2\}$, $A_6 = \{1, 3\}$, $A_7 = \{2, 3\}$, $A_8 = \{1, 2, 3\} = \Omega$. *Die Potenzmenge wird gegeben durch:* $PM(\Omega) = \{A_1, \ldots, A_8\}$.

[4] Man sagt hierfür auch, die reellen Zahlen bilden ein Kontinuum.

Zwischen den möglichen Ereignissen können bestimmte Beziehungen vorliegen, die sinnvolle Unterscheidungen erlauben. Diese sollen am Beispiel 2.1 verdeutlicht werden. Das Ereignis $A_5 = \{1, 2\}$ tritt dann ein, wenn entweder das Ereignis $A_2 = \{1\}$ oder das Ereignis $A_3 = \{2\}$ eintritt. A_5 heißt daher Vereinigungsereignis und lässt sich schreiben als $A_5 = A_2 \cup A_3$. Verallgemeinert erhält man **Vereinigungsereignisse** V als: $V = \bigcup_{j=1}^{n} A_j$. Für $n = 2$ ist V als schraffierte Fläche im Venn–Diagramm wiedergegeben, wobei das Rechteck den Stichprobenraum Ω festlegt.

Abb. 2.1: Vereinigungsereignis

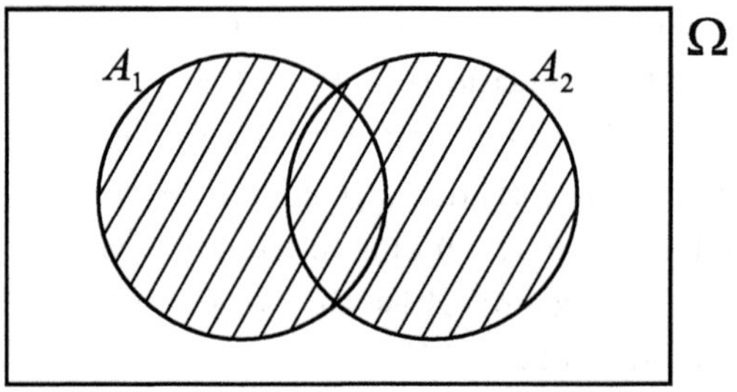

schraffierte Fläche: V.

Ist der Schnitt zweier Ereignisse A_1 und A_2 nicht leer, gilt also: $A_1 \cap A_2 = D \neq \emptyset$, so treten mit D auch die Ereignisse A_1 und A_2 ein. D heißt daher **Durchschnittsereignis**, das allgemein definiert ist als: $D = \bigcap_{j=1}^{n} A_j$. D tritt ein, wenn alle A_j eintreten. Für $n = 2$ gibt Abbildung 2.2 das Durchschnittsereignis wieder.

Tritt das Ereignis A_1 genau dann ein, wenn A_2 nicht eintritt, so sind die beiden Ereignisse zueinander komplementär. A_1 heißt **Komplementärereignis** oder kurz Komplement und lässt sich schreiben als: $A_1 = \bar{A}_2$. Natürlich ist auch A_2 Komplementärereignis zu A_1: $A_2 = \bar{A}_1$. Im Beispiel 2.1 ist das Ereignis $A_2 = \{1\}$ das Komplement zu dem Ereignis $A_7 = \{2, 3\} : A_2 = \bar{A}_7$. Umgekehrt gilt auch: $A_7 = \bar{A}_2$. Wegen der in der Definition enthaltenen Bedingung „genau dann…“ muss für ein Ereignis A und für sein Komplement

Abb. 2.2: Durchschnittsereignis

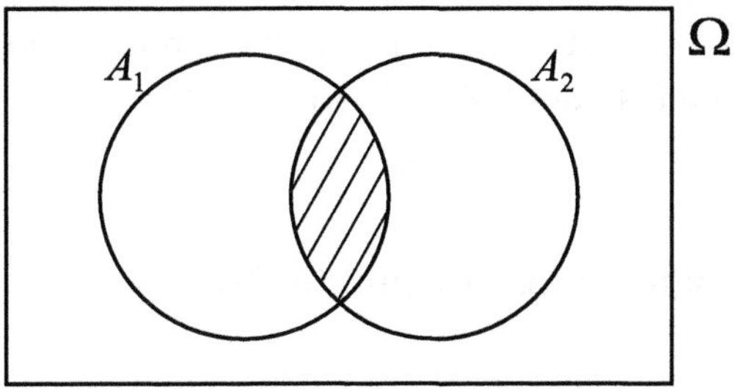

schraffierte Fläche: D.

$\bar{A}$ gelten: $A \cup \bar{A} = \Omega$ und $A \cap \bar{A} = \emptyset$. Dies kommt auch in Abbildung 2.3 zum Ausdruck.

Abb. 2.3: Komplementärereignis

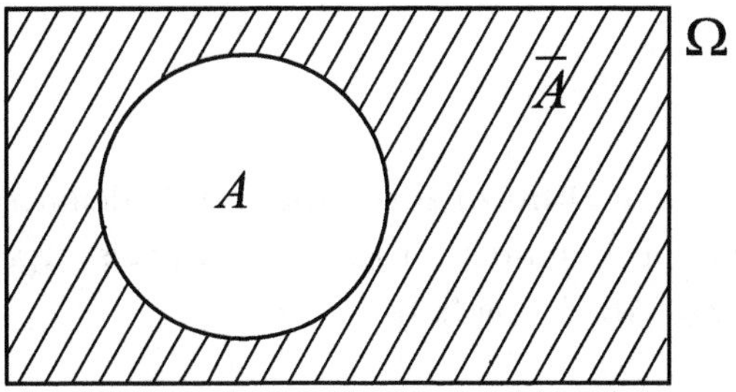

schraffierte Fläche: $\bar{A}$

Zwei Ereignisse A_1 und A_2 heißen **disjunkt**, wenn ihr Schnitt leer ist[5]: $A_1 \cap A_2 = \emptyset$. Komplementäre Ereignisse sind daher immer auch disjunkt, die Umkehrung gilt aber nicht. So sind im Beispiel 2.1 die Ereignisse $A_2 = \{1\}$ und $A_3 = \{2\}$ zwar disjunkt, aber nicht komplementär. Denn wenn A_3 nicht eintritt, folgt nicht notwendigerweise das Eintreten von A_2, sondern es könnte auch A_4=$\{3\}$ eintreten.

[5]In der Terminologie von Ereignissen lautet diese Definition: ... wenn ihr Durchschnittsereignis D das unmögliche Ereignis $\emptyset$ ist.

Ein Ereignis A_1 stellt ein **Teilereignis** von A_2 dar, wenn jeder Ausgang eines Zufallsvorgangs, der zu A_1 gehört, auch in A_2 liegt, A_2 aber mindestens einen Ausgang ω_i enthält, der nicht auch in A_1 enthalten ist. A_1 ist eine echte Teilmenge von $A_2 : A_1 \subset A_2$. In Abbildung 2.4 repräsentieren die Kreise die Ereignisse A_2, A_3 und A_6 des Beispiels 2.1.

Abb. 2.4: Teilereignisse und disjunkte Ereignisse

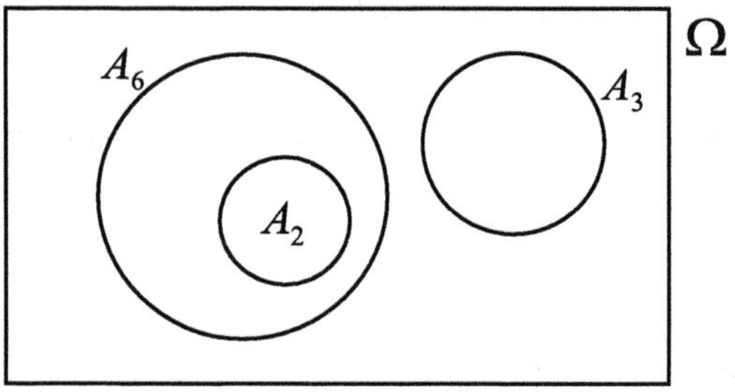

A_2 : Teilereignis von A_6,
(A_2, A_3) und (A_3, A_6) : disjunkte Ereignisse.

Schließlich kann noch ein **Differenzereignis** $A_1 \setminus A_2$ definiert werden. Dieses Ereignis tritt dann ein, wenn der Ausgang des Zufallsvorgangs in A_1, aber nicht in A_2 liegt (vgl. Abbildung 2.5).

Abb. 2.5: Differenzereignis (relatives Komplement)

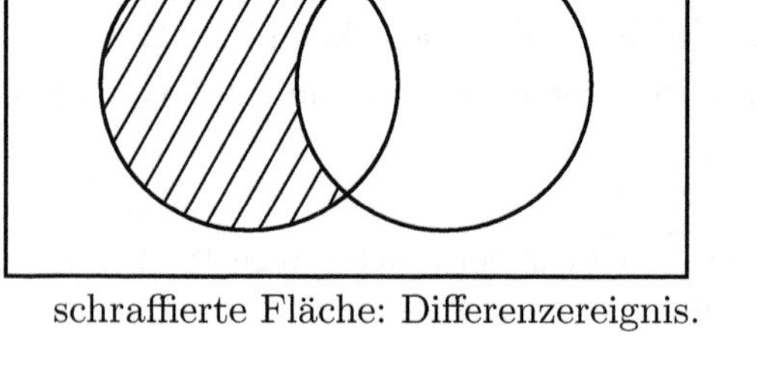

schraffierte Fläche: Differenzereignis.

Man nennt $A_1 \setminus A_2$ auch das **relative Komplement** zu A_2 bezüglich A_1. Das Differenzereignis lässt sich mengentheoretisch angeben als: $A_1 \setminus A_2 = A_1 \cap \bar{A}_2$. Im Beispiel 2.1 folgt für $A_6 = \{1, 3\}$ und $A_5 = \{1, 2\}$ das Differenzereignis $A_6 \setminus A_5$ als:

$$A_6 \setminus A_5 = A_6 \cap \bar{A}_5 = \{1, 3\} \cap \{3\} = \{3\}.$$

Nur der Ausgang $\omega_3 = 3$ führt dazu, dass $A_6 \setminus A_5$ eintritt. Man sieht an diesem Beispiel leicht, dass im allgemeinen $A_1 \setminus A_2$ und $A_2 \setminus A_1$ verschiedene Ereignisse sind.

Jedes zusammengesetzte Ereignis A kann in disjunkte Teilereignisse $A_j \neq \emptyset$ so zerlegt werden, dass gilt: $A = \bigcup_{j=1}^{n} A_j$. Das Ereignis A ergibt sich jetzt als disjunkte Vereinigung. In Beispiel 2.1 lässt sich das Ereignis A_8 in $A_2 = \{1\}$ und $A_7 = \{2, 3\}$, aber auch in $A_2 = \{1\}$, $A_3 = \{2\}$ und $A_4 = \{3\}$ zerlegen. Beim zweiten Fall wurde A_8 in Elementarereignisse zerlegt. Die Zerlegung eines Ereignisses A in Elementarereignisse heißt **kanonische Darstellung**: Jedes Ereignis ergibt sich eindeutig als Vereinigungsereignis von Elementarereignissen:[6] $A = \bigcup_{j=1}^{n} \{\omega_j\}$.

Da auch der Stichprobenraum Ω zu den zusammengesetzten Ereignissen gehört, kann auch er in (Teil–) Ereignisse A_j zerlegt werden. Gilt für diese Zerlegung:

$$\begin{array}{ll} (1) & \Omega = A_1 \cup \ldots \cup A_n = \bigcup_{j=1}^{n} A_j, \\ (2) & A_i \cap A_j = \emptyset \quad \text{für } i \neq j, \\ (3) & A_j \neq \emptyset \quad \text{für } j = 1, \ldots, n, \end{array}$$

bildet die Menge $\{A_1, \ldots, A_n\}$ ein **vollständiges System von Ereignissen**, auch **vollständiges Ereignissystem** bzw. **vollständige Zerlegung** genannt. Abbildung 2.6 stellt ein vollständiges Ereignissystem des Stichprobenraumes Ω dar.

Für jeden Stichprobenraum existieren meistens mehrere vollständige Ereignissysteme. So lassen sich für den Stichprobenraum $\Omega = \{1, 2, 3\}$ des Beispiels

[6] Elementarereignisse selbst liegen bereits in kanonischer Darstellung vor.

Abb. 2.6: Vollständiges Ereignissystem

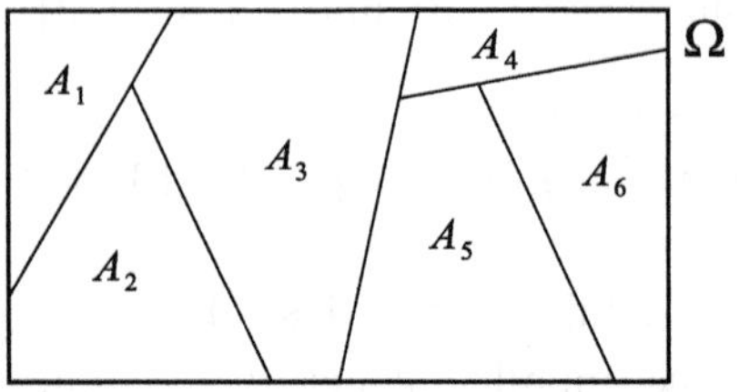

2.1 die vollständigen Ereignissysteme $\{A_1, A_2, A_3\}$, $\{A_1, A_5\}$, $\{A_2, A_6\}$ oder $\{A_3, A_4\}$ angeben.

Übungsaufgaben zu 2.1

2.1.1 Geben Sie den Stichprobenraum Ω für folgende Zufallsvorgänge an!

a) Dreimaliges Werfen einer Münze, wobei die Reihenfolge der Ausgänge beachtet wird.

b) Wurf dreier Münzen, wenn nur interessiert, wie oft „Kopf" oben liegt.

c) Ziehen von vier Spielkarten aus einem Satz von 32 Karten, wenn die Anzahl an gezogenen „Damen" gezählt wird.

2.1.2 Geben Sie für den Zufallsvorgang (b) der Aufgabe 2.1.1 die Potenzmenge $PM(\Omega)$ an! Wie nennt man in der Statistik die Elemente der Potenzmenge? Welche Ausgänge des Stichprobenraumes unter 2.1.1 (a) korrespondieren mit dem Element $\{0, 2\} \in PM(\Omega)$?

2.1.3 Für das Zufallsexperiment „Ziehen einer Spielkarte" aus einem Satz mit 32 Karten sind folgende Ereignisse definiert:

$$A_1 = \text{gezogene Karte ist rot}, \; A_2 = \text{gezogene Karte ist ein König}, \\ A_3 = \text{gezogene Karte ist ein Ass.}$$

Zeigen Sie die Beziehungen zwischen den Ereignissen durch Aufzählen der Elemente und anhand eines Venn-Diagramms auf!

a) Geben Sie das Komplementärereignis zu A_1 an!

b) Bestimmen Sie folgende Durchschnittsereignisse: $A_1 \cap A_2$, $A_2 \cap A_3$ und $A_1 \cap A_2 \cap A_3$!

c) Wie sieht das Vereinigungsereignis von A_2 und A_3 aus?

d) Wie lautet das Differenzereignis von A_1 und $(A_2 \cup A_3)$?

2.1.4 Ein Stichprobenraum Ω ist definiert als die Menge der natürlichen Zahlen von 1 bis 10. Drei seiner Ereignisse lauten:

$$A_1 = \{1,3,7,8,10\},\ A_2 = \{5,6,9\},\ A_3 = \{2,4,5,6,9,10\}.$$

Kennzeichnen Sie die folgenden Ereignisse durch Aufzählen ihrer Elemente sowie mit Venn–Diagrammen!

a) $(A_1 \cup A_2) \cap A_3$,	*b)* $(A_1 \setminus A_2) \cap A_3$,	*c)* $A_1 \cup \bar{A}_1$,
d) $A_1 \cap A_2 \cap A_3$,	*e)* $(A_1 \cap A_3) \cup (A_2 \cap A_3)$,	*f)* $A_1 \cap \bar{A}_1$,
g) $(\bar{A}_1 \cap A_2) \cap A_3$,	*h)* $\overline{A_2 \cap A_3}$,	*i)* $A_2 \cap A_3$,
j) $\bar{A}_1 \cup \bar{A}_3$,	*k)* $\bar{A}_1 \cap \bar{A}_2$,	*l)* $(A_3 \setminus A_2) \cup A_1$!

Stellt die Menge $\{A_1, A_2, A_3\}$ ein vollständiges Ereignissystem dar?

2.1.5 Geben Sie die folgenden Ereignisse in Mengenschreibweise an!

a) „Ereignisse A und B treten ein, aber Ereignis C tritt nicht ein",

b) „Ereignisse A, B und C treten ein",

c) „Ereignisse A, B oder C treten ein",

d) „Ereignisse B und A treten nicht ein, aber Ereignis C tritt ein".

2.1.6 Die Ereignisse A und B sind nicht disjunkt. Zeigen Sie, dass $A \setminus B \cup (A \cap B)$ eine disjunkte Vereinigung für A und $B \setminus A \cup (A \cap B)$ eine disjunkte Vereinigung für B ist.

2.2 Ereignis– und σ–Algebra

Bei überabzählbar unendlichen Stichprobenräumen ist es notwendig, sich auf einen Teil der möglichen Ereignisse eines Zufallsvorgangs zu beschränken. Aber auch bei endlichen bzw. abzählbar unendlichen Stichprobenräumen ist eine solche Einschränkung vorteilhaft und bei vielen praktischen Fällen auch ausreichend, da selbst bei endlichem Stichprobenraum die Potenzmenge $PM(\Omega)$ sehr umfangreich sein kann.

Die Auswahl der Ereignisse zur Bildung eines Teilmengensystems muss so erfolgen, dass die mit den ausgewählten Ereignissen durchgeführten Mengenoperationen „Durchschnitt“ und „Vereinigung“ wiederum Ereignisse liefern, die ebenso wie die jeweiligen Komplementärereignisse zu dem Teilmengensystem gehören. Ein so gebildetes Teilmengensystem heißt **Boole'sche (Mengen-)Algebra** bzw. **Ereignisalgebra** $\mathcal{A}$ oder kurz **Algebra** und ist definiert als:

Definition 2.1 *Ein Teilmengensystem ist eine Ereignisalgebra $\mathcal{A}$, wenn folgende Bedingungen erfüllt sind:*

(1) Das sichere Ereignis Ω ist Element von $\mathcal{A}$: $\Omega \in \mathcal{A}$.

(2) Ist das Ereignis A Element von $\mathcal{A}$, so gilt dies auch für das Komplementärereignis $\bar{A}$: $A \in \mathcal{A} \rightarrow \bar{A} \in \mathcal{A}$.

(3) Sind zwei Ereignisse A_1 und A_2 Elemente von $\mathcal{A}$, dann ist auch ihre Vereinigung $A_1 \cup A_2$ Element von $\mathcal{A}$:

$$A_1, A_2 \in \mathcal{A} \rightarrow A_1 \cup A_2 \in \mathcal{A}.$$

Eine Ereignisalgebra weist vier wichtige Eigenschaften auf, die als Satz 2.1 zusammengefasst sind:

Satz 2.1 *(a) Das unmögliche Ereignis ist Element von $\mathcal{A}$: $\emptyset \in \mathcal{A}$.*

(b) Aus $A_1, A_2 \in \mathcal{A}$ folgt: $A_1 \cap A_2 \in \mathcal{A}$.

(c) Aus $A_1, A_2 \in \mathcal{A}$ folgt: $A_1 \setminus A_2 \in \mathcal{A}$.

(d) Sind A_j, $j = 1, \ldots, n$ Elemente von $\mathcal{A}$, so gilt dies auch für das Vereinigungsereignis $\bigcup_{j=1}^{n} A_j$ und das Durchschnittsereignis $\bigcap_{j=1}^{n} A_j$.

Die Aussagen (a) bis (d) dieses Satzes lassen sich leicht beweisen. Wegen der Bedingung (1) und (2) der Definition 2.1 ist das zu Ω komplementäre Ereignis $\bar{\Omega}$ Element von $\mathcal{A}$. Da die Vereinigung eines beliebigen Ereignisses mit seinem

Komplementärereignis immer das sichere Ereignis Ω ergibt, gilt: $\Omega \cup \bar{\Omega} = \Omega$ und somit $\bar{\Omega} = \emptyset$. Damit ist Aussagen (a) bewiesen.

Der Beweis der Aussage (b) kann wie folgt erbracht werden:
Aus $A_1, A_2 \in \mathcal{A}$ folgt wegen Bedingung (2): $\bar{A}_1, \bar{A}_2 \in \mathcal{A}$.Aus $\bar{A}_1, \bar{A}_2 \in \mathcal{A}$ folgt wegen Bedingung (3): $\bar{A}_1 \cup \bar{A}_2 \in \mathcal{A}$. Wegen des **de Morgan'schen Gesetzes**[7] gilt: $\bar{A}_1 \cup \bar{A}_2 = \overline{A_1 \cap A_2}$; das Ereignis $\overline{A_1 \cap A_2}$ gehört somit auch zu der Ereignisalgebra $\mathcal{A}$. Dann ist aber wegen Bedingung (2) der Definition 2.1 auch das hierzu komplementäre Ereignis $A_1 \cap A_2$ Element von $\mathcal{A}$.

Zum Beweis der Aussage (c) schreibt man für das Differenzereignis $A_1 \setminus A_2$: $A_1 \setminus A_2 = A_1 \cap \bar{A}_2$. Wegen $A_1 \in \mathcal{A}$ und $\bar{A}_2 \in \mathcal{A}$ folgt aus der bewiesenen Aussage (b): $A_1 \cap \bar{A}_2 \in \mathcal{A}$.

Aussage (d) schließlich kann durch sukzessive Anwendung von Bedingung (3) der Definition 2.1 gezeigt werden. Aus $A_1, A_2 \in \mathcal{A}$ folgt: $A_1 \cup A_2 \in \mathcal{A}$. Aus $(A_1 \cup A_2)$, $A_3 \in \mathcal{A}$ folgt: $(A_1 \cup A_2) \cup A_3 = A_1 \cup A_2 \cup A_3 \in \mathcal{A}$. Fährt man so fort, erhält man $\bigcup\limits_{j=1}^{n} A_j \in \mathcal{A}$. Der Beweis für $\bigcap\limits_{j=1}^{n} A_j$ sei dem Leser als Übung überlassen.

Für alle Elemente einer Ereignisalgebra gilt somit, dass ihre mengentheoretisch definierten Verknüpfungen zu Vereinigungs-, Durchschnitts- und Differenzereignisssen wiederum Ereignisse der Ereignisalgebra sind. Man bezeichnet daher eine Ereignisalgebra als abgeschlossen.

Eine Ereignisalgebra heißt **Sigma–Algebra**, in Kurzschreibweise **σ–Algebra**, wenn Bedingung (3) der Definition 2.1 für abzählbar unendlich viele Ereignisse verallgemeinert wird. Sie geht dann über in:

$$\text{(3a) Ist } A_j \in \mathcal{A} \text{ für } j = 1, 2, \ldots, \text{ dann gilt auch } \bigcup_{j=1}^{\infty} A_j \in \mathcal{A}.$$

Jede σ–Algebra ist auch eine Ereignisalgebra,[8] da mit Gültigkeit der Bedingung (3a) auch Bedingung (3) erfüllt ist. Satz 2.1 gilt daher auch für σ–Algebren.

Für jeden Zufallsvorgang lassen sich stets mehrere Algebren angeben. Aus Definition 2.1 folgt, dass die Potenzmenge auch immer eine Algebra ist. Sie

[7]Die Regeln von de Morgan lauten: (1) $\overline{A_1 \cap A_2} = \bar{A}_1 \cup \bar{A}_2$ und (2) $\overline{A_1 \cup A_2} = \bar{A}_1 \cap \bar{A}_2$.
[8]Die Umkehrung gilt jedoch nicht.

stellt jedoch eine Algebra mit der größten Anzahl an Elementen, d.h. Ereignissen dar. Es kann leicht selbst gezeigt werden, dass für jeden Zufallsvorgang das Teilmengensystem $\{\emptyset, \Omega\}$ ebenfalls eine Algebra ist, jetzt jedoch mit der geringsten Anzahl an Elementen. Sollen in einer Algebra aber bestimmte Ereignisse, z.B. A_1 und A_2 vorkommen, und sind diese nicht das sichere oder unmögliche Ereignis, scheidet die Algebra $\{\emptyset, \Omega\}$ aus. Eine Algebra, die A_1 und A_2 enthält und zudem noch die geringste Anzahl weiterer Ereignisse aufweist, heißt **Borel'sche Algebra**. Um für bestimmte, vorgegebene Ereignisse eine Borelsche Algebra zu finden, müssen die Komplementärereignisse hinzugefügt und dann mit allen Ereignissen die möglichen Vereinigungs- und Durchschnittsereignisse gebildet werden. Nur bei bestimmten Zufallsvorgängen ist die Potenzmenge, obwohl sie die vorgegebenen Ereignisse als Elemente enthält, auch eine Borel'sche Algebra.

Beispiel 2.2 *Das Zufallsexperiment „Werfen einer Münze" hat die beiden Ausgänge Kopf* (K) *oder Zahl* (Z). *Der Stichprobenraum wird gegeben durch:* $\Omega = \{K, Z\}$. *Die Potenzmenge* $PM(\Omega)$ *enthält* $2^2 = 4$ *Ereignisse; diese sind:* $\emptyset, \Omega, \{K\}, \{Z\}$. $PM(\Omega) = \{\emptyset, \Omega, \{K\}, \{Z\}\}$ *stellt genau wie* $\{\emptyset, \Omega\}$ *eine Algebra dar. Es soll nun die Borel'sche Algebra erzeugt werden, die das Ereignis* $\{K\}$ *enthält. Hierzu muss das zu* $\{K\}$ *komplementäre Ereignis* $\{Z\}$ *aufgenommen werden. Mit den Ereignissen* $\{K\}$ *und* $\{Z\}$ *sind alle möglichen Vereinigungs- und Durchschnittsereignisse zu bilden. Man erhält:* $\{K\} \cup \{Z\} = \{K, Z\} = \Omega$ *und* $\{K\} \cap \{Z\} = \emptyset$. *Die Borel'sche Algebra lautet:* $\{\emptyset, \Omega, \{K\}, \{Z\}\}$ *und ist hier mit der Potenzmenge identisch.*

Die Ergebnisse des Beispiels 2.2 fasst Satz 2.2 zusammen:

Satz 2.2 *Enthält der Stichprobenraum* Ω *nur zwei Elemente* ω_1 *und* ω_2, *existieren für ihn auch nur die beiden Ereignisalgebren* $\{\emptyset, \Omega\}$ *und* $PM(\Omega)$, *wobei die Potenzmenge* $PM(\Omega)$ *eine Borel'sche Algebra für das Elementarereignis* $\{\omega_i\}$, $i = 1, 2$ *ist.*

Beispiel 2.3 *Ein Zufallsexperiment lautet: „Zweimaliges Werfen einer Münze". Als Stichprobenraum erhält man:* $\Omega = \{(K, K), (K, Z), (Z, K), (Z, Z)\}$, *wobei das Elementarereignis z.B.* (K, K) *bedeutet, dass sowohl beim ersten als auch beim zweiten Wurf der Münze die Seite mit dem Kopf oben liegt. Die Potenzmenge enthält bereits* $2^4 = 16$ *Ereignisse, die aufzuzählen dem Leser als Übung überlassen bleibt. Es seien* $A_1 = \{(K, K)\}$, $A_2 =$

$\{(K,Z),(Z,K), (Z,Z)\}$, $A_3 = \{(K,Z),(Z,K)\}$, $A_4 = \{(K,K),(Z,Z)\}$, $A_5 = \{(K,K),(K,Z),(Z,K)\}$ und $A_6 = \{(Z,Z)\}$. Die Menge $\mathcal{A} = \{\emptyset, \Omega, A_1, A_2, A_3, A_4, A_5, A_6\}$ stellt eine Algebra dar. Die Borel'sche Algebra für A_1 jedoch wird gegeben durch: $\{\emptyset, \Omega, A_1, A_2\}$ und enthält weniger Elemente als die Menge $\mathcal{A}$.

Ein Zufallsvorgang kann jetzt durch den Stichprobenraum Ω und durch eine geeignete Algebra $\mathcal{A}$ beschrieben werden. Das Paar $(\Omega, \mathcal{A})$ heißt **Messraum**. Für abzählbare Stichprobenräume wird die umfassendste Ereignisalgebra durch die Potenzmenge $PM(\Omega)$ gegeben. Je nachdem, an welchen Ereignissen eines Zufallsvorgangs man interessiert ist, lässt sich $PM(\Omega)$ durch eine Algebra mit weniger Elementen, z.B. durch die Borel'sche Algebra ersetzen. Bei überabzählbaren Stichprobenräumen, wie das z.B. bei $\Omega = \mathbb{R}$ der Fall ist, muss eine σ-Algebra aus offenen, halboffenen und geschlossenen Intervallen der reellen Zahlen bestehen.[9] Im Allgemeinen finden bei überabzählbar unendlichen Stichprobenräumen Borel'sche Algebren Verwendung.

Übungsaufgaben zu 2.2

2.2.1 Der Stichprobenraum eines Zufallsvorgangs wird gegeben durch $\Omega = \{1, 2, 3, 4\}$.

a) Geben Sie für diesen Zufallsvorgang eine Ereignisalgebra an !

b) Stellen Sie die Borel'sche Algebra auf, die das Ereignis $B = \{1, 2\}$ enthält !

c) Warum ist das vollständige Ereignissystem $\{A_1, A_2, A_3, A_4\}$ mit $A_j = \{j\}$, $j = 1, \ldots, 4$ keine Ereignisalgebra ?

d) Begründen Sie die Verallgemeinerung der Aussage unter (c), dass ein vollständiges Ereignissystem definitionsgemäß nie eine Ereignisalgebra sein kann !

---

[9] Ein Intervall der reellen Zahlen mit den Grenzen $a < b$ heißt offen, wenn gilt: $a < x < b$, halboffen bei $a \leq x < b$ bzw. $a < x \leq b$ und geschlossen für $a \leq x \leq b$.

2.3 Der Wahrscheinlichkeitsbegriff

Da es bei Zufallsvorgängen immer ungewiss ist, welches ihrer möglichen Ereignisse tatsächlich eintritt, wäre die Angabe von Zahlen nützlich, um die Chance des Eintretens zu quantifizieren. Diese Zahlen heißen Wahrscheinlichkeitsmaße oder kurz **Wahrscheinlichkeiten** und werden mit P symbolisiert. Stellt $A \subset \Omega$ ein Ereignis dar, gibt $P(A)$ jetzt die Wahrscheinlichkeit für das Eintreten des Ereignisses A an. Es handelt sich bei P also um eine Funktion, die den Ereignissen reelle Zahlen zuordnet,[10] die Wahrscheinlichkeiten heißen. Diese Zahlenzuordnung zur Quantifizierung der Chance kann natürlich nicht willkürlich geschehen, sondern muss bestimmten Grundanforderungen genügen. Besteht ein Zufallsvorgang z.B. darin, aus einem Topf mit 6 weißen und 4 roten Kugeln zufällig eine Kugel zu entnehmen, so ist die Chance, eine weiße Kugel zu erhalten, größer als die Chance, eine rote Kugel zu ziehen. Es leuchtet in diesem Fall unmittelbar ein, sich bei der Quantifizierung der Chancen auf die relativen Häufigkeiten h zu beziehen, die hier $h(\text{weiß}) = 0,6$ und $h(\text{rot}) = 0,4$ betragen. Diese beiden Zahlen vermitteln eine bessere intuitive Vorstellung von den Chancen der beiden Ereignisse als z.B. die Zahlenzuordnung 30 und 20.

Die axiomatische Grundlage für Wahrscheinlichkeiten wurde von Kolmogoroff entwickelt. Auf der Basis dieser Axiomatik lässt sich die Wahrscheinlichkeitsfunktion wie folgt definieren.

Definition 2.2 *Eine auf einer Algebra $\mathcal{A}$ definierte Funktion $P\colon \mathcal{A} \longrightarrow \mathbb{R}$ heißt* **Wahrscheinlichkeitsfunktion**, *wenn sie die folgenden drei Axiome, die* **Kolmogoroff–Axiome** *heißen, erfüllt:*

(1) $P(A) \geq 0$ *für alle* $A \in \mathcal{A}$,

(2) $P(\Omega) = 1$,

(3) $P(\bigcup_{j=1}^{\infty} A_j) = P(A_1) + P(A_2) + \ldots = \sum_{j=1}^{\infty} P(A_j)$
für alle A_i *und* A_j, *die paarweise disjunkt sind:* $A_i \cap A_j = \emptyset,\ i \neq j$.

Das Axiom (1) besagt, dass die Wahrscheinlichkeit nie negativ werden kann; Axiom (2) normiert die Wahrscheinlichkeit. Axiom (3), auch **Voll-**

[10] Da Ereignisse immer Teilmengen des Stichprobenraumes Ω sind, bezeichnet man P auch als **Mengenfunktion** da formal Mengen in die reellen Zahlen abgebildet werden.

bzw. **σ–Additivität** genannt, gibt die Berechnung der Wahrscheinlichkeit für die Vereinigung paarweise disjunkter Ereignisse als Summe der Einzelwahrscheinlichkeiten an. Jedes Ereignis $A \subset \Omega$ wird somit durch P in das geschlossene Intervall $[0,1] \subset \mathbb{R}$ abgebildet. Ein Zufallsvorgang lässt sich nun durch das Tripel $(\Omega, \mathcal{A}, P)$ charakterisieren, das **Wahrscheinlichkeitsraum** heißt. Definition 2.2 bleibt auch dann gültig, wenn Bedingung (3) nur in schwächerer Form als $P(\bigcup\limits_{j=1}^{n} A_j) = \sum\limits_{j=1}^{n} P(A_j)$ eingeführt wird.

Obwohl aus den Axiomen von Kolmogoroff nicht folgt, wie groß die Wahrscheinlichkeit für das Eintreten bestimmter Ereignisse eines Zufallsvorgangs ist, lassen sich dennoch aus ihnen bestimmte Rechenregeln für Wahrscheinlichkeiten ableiten, die im Satz 2.3 zusammengefasst sind.

Satz 2.3 *Es sei P eine Wahrscheinlichkeitsfunktion für eine Algebra $\mathcal{A}$. Dann gilt:*

(a) $P(A) + P(\bar{A}) = 1$,

(b) $P(A) \leq P(B)$ *für* $A \subset B$,

(c) $P(A_1 \cup A_2 \cup \ldots \cup A_n) = \sum\limits_{j=1}^{n} P(A_j)$ *für paarweise disjunkte Ereignisse,*

(d) $P(A \cup B) = P(A) + P(B) - P(A \cap B)$.

Die Rechenregeln 2.3.a bis 2.3.d lassen sich mit den Kolmogoroff–Axiomen beweisen, die hier mit $(K1)$, $(K2)$ und $(K3)$ abgekürzt werden.

Regel (a): Aus $A \cup \bar{A} = \Omega$ und $A \cap \bar{A} = \emptyset$ gilt wegen (K2) und (K3): $P(A \cup \bar{A}) = P(\Omega) = 1 = P(A) + P(\bar{A})$.

Regel (b): Ist A ein Teilereignis von B, dann gilt: $\bar{A} \cap B \neq \emptyset$. Das Ereignis B kann daher zerlegt werden in: $B = A \cup (\bar{A} \cap B)$. Da A und $(\bar{A} \cap B)$ disjunkt sind, gilt wegen (K3): $P(B) = P(A) + P(\bar{A} \cap B)$ oder: $P(A) = P(B) - P(\bar{A} \cap B)$ bzw. $P(A) \leq P(B)$, da $P(\bar{A} \cap B) \geq 0$.

Regel (c): Diese Regel folgt direkt aus (K3) für eine endliche Anzahl paarweise disjunkter Ereignisse.

Regel (d): Das Ereignis $(A \cup B)$ lässt sich in drei paarweise disjunkte Ereignisse zerlegen:

$$(A \cup B) = (A \cap B) \cup (A \cap \bar{B}) \cup (\bar{A} \cap B).$$

Wegen (K3) gilt:
($\star$) $P(A \cup B) = P(A \cap B) + P(A \cap \bar{B}) + P(\bar{A} \cap B)$.
Die Ereignisse A und B lassen sich ebenfalls in paarweise disjunkte Ereignisse zerlegen:
$A = (A \cap B) \cup (A \cap \bar{B})$ und $B = (A \cap B) \cup (\bar{A} \cap B)$. Somit gilt für $P(A \cap \bar{B})$ bzw. $P(\bar{A} \cap B)$:

$$P(A \cap \bar{B}) = P(A) - P(A \cap B) \quad \text{und}$$
$$P(\bar{A} \cap B) = P(B) - P(A \cap B).$$

Ersetzt man in Gleichung ($\star$) die entsprechenden Terme durch diese Ergebnisse, folgt:

$$\begin{aligned} P(A \cup B) &= P(A \cap B) + P(A) - P(A \cap B) + P(B) - P(A \cap B) \\ &= P(A) + P(B) - P(A \cap B). \end{aligned}$$

Regel 2.3.d, die **Additionssatz** der Wahrscheinlichkeitsrechnung heißt, kann anhand eines Venn–Diagramms veranschaulicht werden.

Abb. 2.7: Veranschaulichung des Additionssatzes

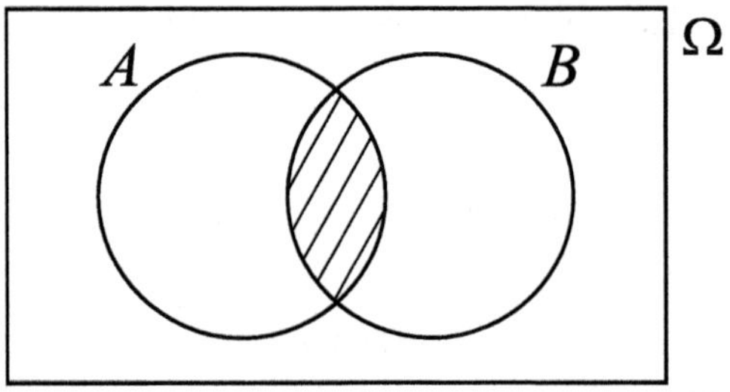

Die Ereignisse A und B sind nicht disjunkt, da $A \cap B \neq \emptyset$; das Durchschnittsereignis $A \cap B$ entspricht der schraffierten Fläche in Abbildung 2.7. Die Berechnung der Wahrscheinlichkeit für das Vereinigungsereignis $(A \cup B)$ mit $P(A)+P(B)$ würde die Wahrscheinlichkeit für das Ereignis $A \cap B$ doppelt erfassen; folglich muss $P(A \cap B)$ subtrahiert werden. Analog hierzu berechnet man die Wahrscheinlichkeit für das Vereinigungsereignis $(A \cup B \cup C)$ dreier nicht disjunkter Ereignisse A, B und C als:

$$\begin{aligned} P(A \cup B \cup C) = &P(A) + P(B) + P(C) - P(A \cap B) - P(A \cap C) \\ &- P(B \cap C) + P(A \cap B \cap C). \end{aligned}$$

Bereits diese Erweiterung zeigt, dass der Additionssatz recht aufwendig wird. Seine Verallgemeinerung für abzählbar viele Ereignisse A_j, $j = 1, \ldots, n$ (Formel von Sylvester) soll daher hier entfallen.[11] Bei paarweise disjunkten Ereignissen A_j, $j = 1, \ldots, n$ entspricht der Additionssatz der Regel (c) des Satzes 2.3.

Aus dem **Additionssatz** 2.3.c **für disjunkte Ereignisse** folgt eine einfache Vorschrift für die Berechnung der Wahrscheinlichkeit eines Ereignisses $A = \{\omega_1, \omega_2, \ldots, \omega_n\}$ eines abzählbar unendlichen Stichprobenraumes Ω. In kanonischer Darstellung lässt sich A schreiben als Vereinigung von Elementarereignissen: $A = \{\omega_1\} \cup \{\omega_2\} \cup \ldots \cup \{\omega_n\}$. Da die Elementarereignisse $\{\omega_j\}$, $j = 1, \ldots, n$, paarweise disjunkt sind, folgt:

Satz 2.4 $P(A) = P(\{\omega_1\}) + P(\{\omega_2\}) + \ldots + P(\{\omega_n\}) = \sum\limits_{\omega_j \in A} P(\{\omega_j\})$.

Mit den Axiomen von Kolmogoroff und den Regeln (a) bis (d) des Satzes 2.3 sind nur die allgemeinen, formalen Eigenschaften der Wahrscheinlichkeiten festgelegt, nicht jedoch, welche Werte sie bei bestimmten Ereignissen eines Zufallsvorgangs annehmen. Hierzu muss erst eine Entscheidung über die dem Zufallsvorgang adäquate Wahrscheinlichkeitsinterpretation getroffen werden. Wahrscheinlichkeiten lassen sich subjektiv oder objektiv begründen. Die **subjektive Wahrscheinlichkeit** ist ein Maß für den Grad der Überzeugtheit einer Person, dass ein Ereignis A eintritt. Sie heißt daher auch **assertorische Wahrscheinlichkeit.** Da die subjektive Wahrscheinlichkeit personenabhängig ist, können demselben Ereignis verschiedene (subjektive) Wahrscheinlichkeiten zugeordnet werden. Dies ist auch der Haupteinwand gegen die Verwendung subjektiver Wahrscheinlichkeiten. Dennoch kommt diese Interpretation in der Realität oft vor. Subjektive Wahrscheinlichkeiten liegen stets Wetten zugrunde. Ist z.B. jemand bereit, auf das Eintreten des Ereignisses A im Verhältnis von $a : 1$ zu wetten, beträgt die subjektive

[11] Der daran interessierte Leser sei auf SCHLITTGEN (1996), S. 8 ff. verwiesen.

Wahrscheinlichkeit $P_S(A)$ mindestens $\frac{a}{1+a}$. Alternativ kann auch der Einsatz einer Wette zur Ermittlung der subjektiven Wahrscheinlichkeiten dienen. Erhält man bei Eintritt des Ereignisses A eine Auszahlung in Höhe von G und bei Eintreten des Komplementärereignisses $\bar{A}$ nichts, gilt für den maximalen Einsatz E, den man für dieses Spiel zu zahlen bereit ist: $E = P_S(A)G + [1 - P_S(A)] \cdot 0 = P_S(A)G$ oder $P_S(A) = \frac{E}{G}$.

Auch bei der Beurteilung ökonomischer Entwicklungen werden subjektive Wahrscheinlichkeiten vereinzelt herangezogen. So verwendet das Ifo–Institut in München einen Konjunkturtest, der auf der subjektiven Einschätzung befragter Unternehmen basiert.[12]

Bei der **objektiven Wahrscheinlichkeitsinterpretation** können zwei Richtungen unterschieden werden: die a–priori und die statistische bzw. frequentistische Interpretation der Wahrscheinlichkeit. Die a–priori Wahrscheinlichkeit kann weiter in die klassische bzw. Laplace–Wahrscheinlichkeit und in die geometrische Wahrscheinlichkeit unterteilt werden. Die verschiedenen möglichen Unterteilungen der objektiven Wahrscheinlichkeit sind in Abbildung 2.8 zusammengestellt.

Können bei Zufallsvorgängen die Wahrscheinlichkeiten für das Eintreten der Ereignisse allein durch logische Schlüsse berechnet werden, liegt eine **a–priori Interpretation des Wahrscheinlichkeitsbegriffs** vor. Die Wahrscheinlichkeiten lassen sich angeben, ohne dass der Zufallsvorgang jemals durchgeführt werden müsste. Die **geometrische Konzeption der Wahrscheinlichkeit** basiert auf dieser Interpretation. Hierbei sind die Wahrscheinlichkeiten durch das Verhältnis geometrischer Figuren definiert, z.B. durch Flächen-, Winkel- oder Streckenverhältnisse. So könnte man in Abbildung 2.7 die Wahrscheinlichkeit für das Ereignis A als das Verhältnis der Kreis- zur Rechteckfläche berechnen. Analog hierzu ergeben sich die Wahrscheinlichkeiten für die Ereignisse A, B und C, dargestellt als Kreissektoren eines Glücksrades (siehe Abbildung 2.9), als Winkelverhältnisse. Da dem Ereignis C ein Winkel von 90° entspricht und die Winkel der Ereignisse A und B gleich groß sind, betragen die geometrischen Wahrscheinlichkeiten: $P(A) = P(B) = \frac{3}{8}$ und $P(C) = \frac{1}{4}$.

Obwohl das geometrische Wahrscheinlichkeitskonzept auch für überabzählbar unendliche Stichprobenräume geeignet ist, existieren nur wenige praktische

[12] Zum Aufbau dieses Tests siehe ASSENMACHER (1998b), S. 27 ff.

Abb. 2.8: Wahrscheinlichkeitsinterpretationen

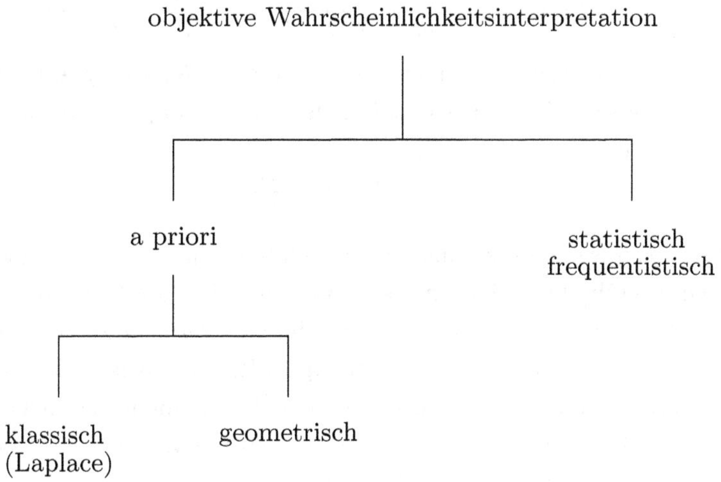

Abb. 2.9: Glücksrad

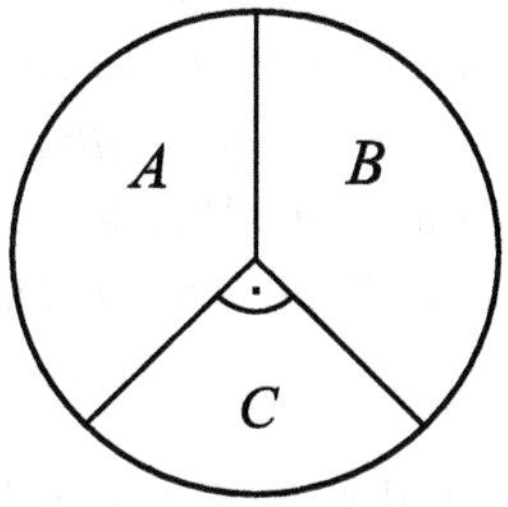

Zufallsvorgänge, bei denen die Überführung der Ereignisse in geometrische Figuren gelingt.

Die klassische Interpretation der Wahrscheinlichkeit, zu Ehren ihres Begründers auch **Laplace–Wahrscheinlichkeit** genannt, findet bei Zufallsvorgängen Anwendung, deren Stichprobenraum endlich ist und deren Elementarereignisse gleiche Chancen besitzen, einzutreten. Zufallsvorgänge mit dieser Eigenschaft heißen **Laplace–Experimente**. Die Wahrscheinlichkeit für ein beliebiges Elementarereignis $\{\omega_i\}$, $i = 1, \ldots, m$ beträgt dann $P(\{\omega_i\}) = \frac{1}{m}$. Nach Satz 2.4 erhält man die Wahrscheinlichkeit $P(A)$ für ein Ereignis A als:

$$P(A) = \frac{\text{Anzahl der für } A \text{ günstigen Ausgänge}}{\text{Anzahl der möglichen Ausgänge}}.$$

Die Anzahl der Elemente einer Menge M heißt **Mächtigkeit** und wird mit $|M|$ symbolisiert. Die Formel der klassischen bzw. Laplace–Wahrscheinlichkeit lautet dann:

$$P(A) = \frac{|A|}{|\Omega|}.$$

Laplace–Experimente können als die zufällige Entnahme aus einer endlichen Menge von Objekten charakterisiert werden. Die Vorschrift „zufällig" sichert, dass alle Objekte die gleiche Chance haben, gezogen zu werden. Eine solche Vorgehensweise wird als **„zufälliges Ziehen aus einer Urne"** oder als **„Laplace–Urnen–Modell"** bezeichnet. Geschieht das Ziehen mehrmals hintereinander, muss noch zwischen „Ziehen mit Zurücklegen" oder „Ziehen ohne Zurücklegen" unterschieden werden.

Beispiel 2.4 *(a) In einer Urne befinden sich 20 Kugeln, von denen 8 rot sind. Die Wahrscheinlichkeit, eine rote Kugel bei einer zufälligen Entnahme zu erhalten, beträgt* $P(rot) = \frac{8}{20} = 0,4$. *Beim „Ziehen mit Zurücklegen" bleibt diese Wahrscheinlichkeit von Zug zu Zug gleich. Wird die entnommene Kugel nach dem ersten Zug nicht wieder in die Urne zurückgelegt, befinden sich nur noch 19 Kugeln in der Urne, die aber bei zufälligem Ziehen wieder die gleiche Chance haben, entnommen zu werden. Wurde im ersten Zug eine rote Kugel gezogen, sind von den 19 Kugeln 7 rot, und die klassische Wahrscheinlichkeit beträgt jetzt* $P(rot) = \frac{7}{19}$.

(b) Ein **Laplace–Würfel**[13] *wird geworfen. Die Wahrscheinlichkeit, dass eine Augenzahl größer als 2 oben liegt, beträgt:*

$$P(Augenzahl > 2) = \frac{|\{3,4,5,6\}|}{|\{1,2,3,4,5,6\}|} = \frac{4}{6} = \frac{2}{3}.$$

Obwohl die klassische Definition der Wahrscheinlichkeit intuitiv überzeugt, bleibt sie doch logisch unbefriedigend. Die Definition basiert auf „gleichmöglichen" Elementarereignissen, also auf dem zu definierenden Begriff selbst

[13] Ein Laplace–Würfel ist so gefertigt, dass alle Seiten die gleiche Chancen haben, oben zu liegen. Man bezeichnet ihn auch als **„idealen"** bzw. **„fairen" Würfel**.

und ist daher zirkulär. Auch muss angemerkt werden, dass die Voraussetzungen zur Berechnung der klassischen Wahrscheinlichkeit bei vielen praktischen Problemen nicht vorliegen: Entweder lassen sich die Wahrscheinlichkeiten nicht durch logische Schlüsse aus einem konkreten Sachverhalt ableiten oder die Elementarereignisse besitzen keine gleichen Eintrittswahrscheinlichkeiten.

Bei der **statistischen** bzw. **frequentistischen Interpretation** werden die Wahrscheinlichkeiten nicht aufgrund logischer Schlüsse, sondern erst nach einer, in der Regel großen Anzahl von Durchführungen eines Zufallsexperiments quantifiziert. Es handelt sich somit um eine **a–posteriori** Bestimmung der Wahrscheinlichkeit. Diese Interpretation der Wahrscheinlichkeit verdeutlicht das folgende Experiment. Eine Laplace–Münze wird n-mal geworfen. Für jeden Wurf lautet der Stichprobenraum $\Omega = \{Z, K\}$ mit Z: Zahl und K: Kopf. Das Ereignis A sei definiert als $A = \{Z\}$; seine Wahrscheinlichkeit lässt sich a–priori mit $\frac{1}{2}$ angeben. Die Anzahl der Würfe, für die das Ereignis A eintritt, wird mit $n(A)$ bezeichnet; die relative Häufigkeit für A beträgt dann: $h_n(A) = \dfrac{n(A)}{n}$. Wird die Münze sehr oft geworfen, schwankt die relative Häufigkeit nur noch geringfügig um den Wert 0,5 (siehe Abbildung 2.10).

Dieses empirisch bestätigte stabile Verhalten der relativen Häufigkeiten nutzte Richard von Mises (1883 – 1953) zur Definition der **statistischen Wahrscheinlichkeit**: Strebt die Anzahl n der Durchführungen eines Zufallsexperimentes gegen unendlich und konvergiert die relative Häufigkeit $h_n(A)$ eines Ereignisses A gegen die Zahl p_A, so stellt p_A die statistische Wahrscheinlichkeit des Ereignisses A dar. Formal schreibt man diese Definition als:

$$P(A) = \lim_{n \to \infty} h_n(A) = p_A. \tag{2.2}$$

Lassen sich bei Zufallsexperimenten den Ereignissen nicht wie beim obigen Beispiel a–priori Wahrscheinlichkeiten zuordnen, ist p_A unbekannt. Da unendlich viele Wiederholungen des Zufallsexperimentes unmöglich sind, dient die für endlich viele Durchführungen berechnete relative Häufigkeit zur Schätzung der unbekannten Wahrscheinlichkeit. Dass dies auch theoretisch die richtige Vorgehensweise ist, wird in Kapitel 6.1 gezeigt.

Abb. 2.10: Relative Häufigkeiten beim Werfen einer fairen Münze

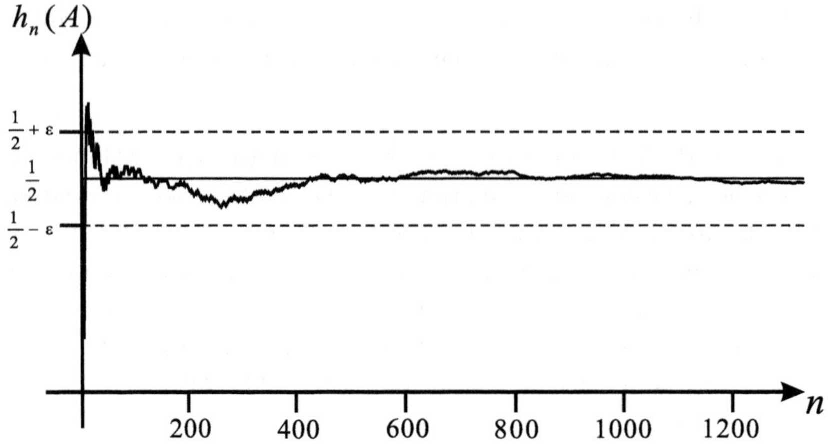

Übungsaufgaben zu 2.3

2.3.1 Die Ereignisse A, B und $A \cap B$ haben folgende Wahrscheinlichkeiten:

$$P(A) = 0,7;\ P(B) = 0,5 \text{ und } P(A \cap B) = 0,4.$$

Berechnen Sie:

a) $P(A \cup B)$, *b)* $P(\bar{A} \cup \bar{B})$, *c)* $P(\bar{A} \cap \bar{B})$,

d) $P(\bar{A} \cup B)$, *e)* $P(A \cap \bar{B})$, *f)* $P(\overline{A \cup B})$!

2.3.2 Prüfen Sie, ob die Wahrscheinlichkeitsangaben $P(A) = 0,5$, $P(B) = 0,2$ und $P(A \cap B) = 0,3$ richtig sind!

2.3.3 a) Bestimmen Sie die Wahrscheinlichkeit $P(A \cup B)$ mit $A = \{1\}$ und $B = \{3,4\}$ für das Zufallsexperiment „Werfen eines idealen Würfels“!

b) Bestimmen Sie die Wahrscheinlichkeit $P(A \cup B)$ mit $A = \{1\}$ und $B = \{3,4\}$ für das Zufallsexperiment „Zweimaliges Werfen eines idealen Würfels“, wobei sich das Ereignis A auf den ersten Wurf und Ereignis B auf den zweiten Wurf bezieht!

2.3.4 Ein idealer Würfel wird zweimal geworfen. Die Ereignisse A, B und C sind definiert als:

A: Augenzahl 6 im ersten Wurf, B: gerade Augenzahl im zweiten Wurf, C: Summe aus Augenzahl im ersten und zweiten Wurf ist größer oder gleich 10.

a) Berechnen Sie $P(A), P(B)$ und $P(C)$!

b) Wie groß ist die Wahrscheinlichkeit, dass wenigstens eins der drei Ereignisse eintritt?

2.4 Bedingte Wahrscheinlichkeit, stochastische Unabhängigkeit und Multiplikationssätze

Die Berechnung von Wahrscheinlichkeiten erfolgt bislang unter Bezug auf den ganzen Stichprobenraum Ω. Es lassen sich aber auch dann Wahrscheinlichkeiten für ein Ereignis A berechnen, wenn nicht mehr der gesamte Stichprobenraum, sondern nur noch ein Teil davon relevant ist. Abbildung 2.11 verdeutlicht die Veränderung des Bezugssystems. Das Ereignis A wird durch den

Abb. 2.11: Änderung des Stichprobenraumes

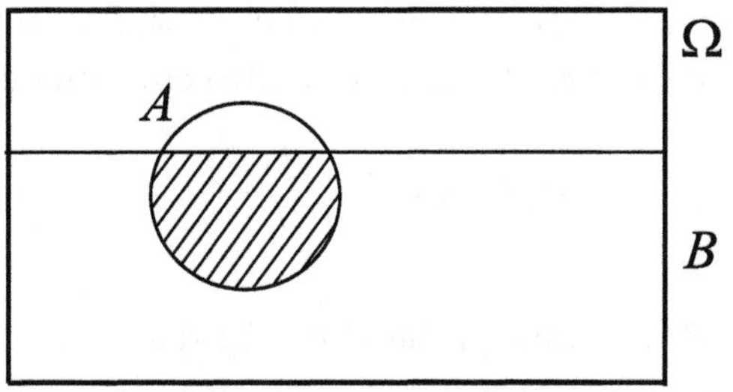

Kreis, das Ereignis B durch das untere Rechteck[14] und das Durchschnittsereignis $A \cap B$ durch das schraffierte Kreissegment wiedergegeben. $P(A)$, $P(B)$ und $P(A \cap B)$ sind die Wahrscheinlichkeiten für die Ereignisse A, B und $A \cap B$, wenn der Stichprobenraum Ω zugrunde liegt. Es kann aber auch die Wahrscheinlichkeit für das Eintreten des Ereignisses A unter der Bedingung

[14]Da B offensichtlich Teilmenge von Ω ist, stellt B auch ein zu Ω gehörendes Ereignis dar.

berechnet werden, dass nur noch die Ausgänge von Interesse sind, für die auch das Ereignis B eintritt. Diese Wahrscheinlichkeit wird mit $P(A|B)$ bezeichnet und heißt **bedingte Wahrscheinlichkeit**.

Bedingten Wahrscheinlichkeiten liegt nicht mehr der Stichprobenraum Ω, sondern ein neuer Stichprobenraum zugrunde, der durch die Bedingung, hier durch das Ereignis B, gegeben wird. Die Auswirkung des Stichprobenraumwechsels lässt sich an Abbildung 2.11 leicht nachvollziehen. Verwendet man das geometrische Wahrscheinlichkeitskonzept, erhält man $P(A)$ als Verhältnis der Kreisfläche zur Fläche des Rechtecks Ω; die bedingte Wahrscheinlichkeit $P(A|B)$ jedoch als Verhältnis der schraffierten Fläche des Kreissegmentes zur Fläche des Rechtecks B. Da die bedingte Wahrscheinlichkeit die Bedingung vorraussetzt, nennt man sie auch a–posteriori Wahrscheinlichkeit.

Beim Stichprobenraum B stellt das Ereignis B das sichere Ereignis dar, für dessen Wahrscheinlichkeit gelten muss: $P(B|B) = 1$. Um den Wert 1 zu erhalten, dividiert man $P(B)$ einfach durch $P(B)$. Analog hierzu berechnet man die Wahrscheinlichkeit für das Ereignis $A \cap B$, unter der Bedingung, dass B der Stichprobenraum ist, als: $P(A \cap B|B) = P(A \cap B)/P(B)$. Da $[(A \cap B)|B]$ und $(A|B)$ dieselben Ereignisse sind, ist eine einfache Formel für das Berechnen bedingter Wahrscheinlichkeiten gefunden:

Satz 2.5 *Es seien* A, $B \subset \Omega$ *Ereignisse und* $(\Omega, \mathcal{A}, P)$ *der Wahrscheinlichkeitsraum,* $P(B) > 0$. *Für die* **bedingte Wahrscheinlichkeit** $P(A|B)$ *gilt:*

$$P(A|B) = \frac{P(A \cap B)}{P(B)}.$$

Ist $P(B) = 0$, ist B das unmögliche Ereignis; dann kann aber auch nicht das Ereignis $A|B$ eintreten. Seine Wahrscheinlichkeit wird daher festgelegt als: $P(A|B) = 0$ für $P(B) = 0$. Der Wechsel des Bezugssystems von Ω zu B bei der Wahrscheinlichkeitsberechnung kommt auch bei der Angabe des Wahrscheinlichkeitsraumes für bedingte Ereignisse zum Ausdruck. Dieser lautet jetzt $\left(B, \mathcal{A}_B, \frac{P(\cdot \cap B)}{P(B)}\right)$, wobei $\mathcal{A}_B$ eine für den Stichprobenraum B definierte Algebra mit der hierauf definierten bedingten Wahrscheinlichkeit $P(\cdot \cap B)/P(B)$ ist.

Die Axiome von Kolmogoroff gelten auch bei bedingten Wahrscheinlichkeiten. Während bereits bei der Herleitung der bedingten Wahrscheinlichkeit von den Axiomen (1) und (2) der Definition 2.2 Gebrauch gemacht wurde, lautet das 3. Axiom für $A_1, A_2, B \subset \Omega$ mit $A_1 \cap A_2 = \emptyset$ und $P(B) > 0$:

$$P(A_1 \cup A_2|B) = P(A_1|B) + P(A_2|B).$$

Für $A_2 = \bar{A}_1$ erhält man:

$$P(A_1 \cup \bar{A}_1|B) = P(A_1|B) + P(\bar{A}_1|B) = 1.$$

Beispiel 2.5 *a) Ein idealer Würfel wird geworfen. Stichprobenraum und Wahrscheinlichkeiten lauten:* $\Omega = \{1, 2, \ldots, 6\}$ *und* $P(\{\omega_i\}) = \frac{1}{6}$ *für* $i = 1, \ldots, 6$. *A ist das Ereignis, eine „1“ zu würfeln; B das Ereignis, eine ungerade Augenzahl zu erhalten. Das Ereignis* $A \cap B$ *tritt ein, wenn nach dem Wurf die „1“ oben liegt. Die Wahrscheinlichkeiten für diese Ereignisse betragen:* $P(A) = \frac{1}{6}$, $P(B) = \frac{1}{2}$ *und* $P(A \cap B) = \frac{1}{6}$. *Die Wahrscheinlichkeit, eine „1“ zu würfeln unter der Bedingung, dass eine ungerade Augenzahl eintritt, lässt sich direkt ermitteln. Der durch die Bedingung gegebene Stichprobenraum lautet:* $B = \{1, 3, 5\}$, *also gilt:* $P(A|B) = \frac{1}{3}$. *Denselben Wert erhält man nach Satz 2.5:*

$$P(A|B) = \frac{P(A \cap B)}{P(B)} = \frac{\frac{1}{6}}{\frac{1}{2}} = \frac{1}{3}.$$

b) In einer Urne liegen n Kugeln, von denen $k < n$ *die Eigenschaft A und* $m < n$ *die Eigenschaft B aufweisen; i Kugeln besitzen beide Eigenschaften. Die Wahrscheinlichkeiten, eine Kugel mit der Eigenschaft A, B oder* $A \cap B$ *zu ziehen, betragen:* $P(A) = \frac{k}{n}$, $P(B) = \frac{m}{n}$ *und* $P(A \cap B) = \frac{i}{n}$. *Die Wahrscheinlichkeit, eine Kugel mit der Eigenschaft A zu erhalten unter der Bedingung, dass sie auch die Eigenschaft B besitzt, beträgt* $P(A|B) = \frac{i}{m}$, *da m Kugeln die Eigenschaft B besitzen, von denen i Kugeln noch die Eigenschaft A aufweisen. Erweitert man den Bruch mit* $\frac{1}{n}$, *folgt:*

$$P(A|B) = \frac{i}{m} = \frac{\frac{i}{n}}{\frac{m}{n}} = \frac{P(A \cap B)}{P(B)} \quad (\textit{Satz } 2.5).$$

An dieser Berechnung erkennt man auch, dass für $P(B|A)$ *gelten muss:*

$$P(B|A) = \frac{i}{k} = \frac{\frac{i}{n}}{\frac{k}{n}} = \frac{P(A \cap B)}{P(A)}.$$

Die bedingte Wahrscheinlichkeit $P(A|B)$ lässt sich als ein Maß für die Wahrscheinlichkeit des Eintretens von A unter der zusätzlichen Information interpretieren, dass B bereits eingetreten ist. Übt diese Zusatzinformation keinen Einfluß auf die Eintrittswahrscheinlichkeit von A aus, gilt: $P(A|B) = P(A)$; A ist unabhängig von B. Dann ist aber auch B unabhängig von A, wie folgende Umformung zeigt:

$$\begin{aligned} P(B|A) &= \frac{P(A \cap B)}{P(A)} = \frac{P(A|B)P(B)}{P(A)} \quad \text{(wegen Satz 2.5)} \\ &= \frac{P(A)P(B)}{P(A)} = P(B) \quad \text{(wegen } P(A|B) = P(A)\text{).} \end{aligned}$$

Die Wahrscheinlichkeit für B ist von der Bedingung A unabhängig. Diese, über die Wahrscheinlichkeiten festgelegte Eigenschaft zweier Ereignisse heißt paarweise stochastische Unabhängigkeit. Hieraus lässt sich eine einfache Überprüfungsmöglichkeit auf stochastische Unabhängigkeit gewinnen, die in der Definition 2.3 festgehalten ist.

Definition 2.3 *Zwei Ereignisse A und B heißen* **paarweise stochastisch unabhängig**, *wenn eine der drei folgenden Bedingungen erfüllt ist:*

$$\begin{aligned} &(1) \quad P(A \cap B) = P(A)P(B), \\ &(2) \quad P(A|B) = P(A) \quad \textit{falls } P(B) > 0, \\ &(3) \quad P(B|A) = P(B) \quad \textit{falls } P(A) > 0; \end{aligned}$$

andernfalls bezeichnet man sie als **stochastisch abhängig**.

Beispiel 2.6 *Die Ereignisse des Beispiels 2.5.a sind stochastisch abhängig, da $P(A \cap B) = \frac{1}{6} \neq P(A)P(B) = \frac{1}{6} \cdot \frac{1}{2}$.*

Beispiel 2.7 *Ein idealer Würfel wird zweimal geworfen. Das Ereignis A ist festgelegt als „Augenzahl 1 im ersten Wurf“; das Ereignis B lautet „Augenzahl 2 im zweiten Wurf“. Der Stichprobenraum umfasst 36 geordnete Zahlenpaare, weil zu unterscheiden ist, wann welche Augenzahl eintritt:*

$$\Omega = \{(1,1)\dots(1,6),\dots,(6,1)\dots(6,6)\}.$$

Für die Ereignisse erhält man:

$$A = \{(1,1)\dots(1,6)\},\ P(A) = \frac{|A|}{|\Omega|} = \frac{6}{36} = \frac{1}{6},$$
$$B = \{(1,2)\dots(6,2)\},\ P(B) = \frac{|B|}{|\Omega|} = \frac{6}{36} = \frac{1}{6},$$
$$A \cap B = \{(1,2)\} \quad ,\ P(A \cap B) = \frac{|A \cap B|}{|\Omega|} = \frac{1}{36}.$$

Da gilt: $P(A \cap B) = \frac{1}{36} = P(A)P(B) = \frac{1}{6} \cdot \frac{1}{6}$, *folgt paarweise stochastische Unabhängigkeit.*

Die Verallgemeinerung der stochastischen Unabhängigkeit für mehr als zwei Ereignisse gibt Definition 2.4 wieder.

Definition 2.4 *Es seien* $A_j \in \mathcal{A}$, $j = 1, 2, \dots n$ *Ereignisse und* $(\Omega, \mathcal{A}, P)$ *der Wahrscheinlichkeitsraum. Die Ereignisse* A_j, $j = 1, 2, \dots n$ *heißen* **gemeinsam bzw. vollständig stochastisch unabhängig**, *wenn für jede Teilmenge* $\{j_1, j_2, \dots, j_m\} \subset \{1, 2, \dots, n\}$ *gilt:*

$$P(A_{j_1} \cap A_{j_2} \cap \dots \cap A_{j_m}) = P(A_{j_1})P(A_{j_2}) \cdot \dots \cdot P(A_{j_m}).$$

Diese formale Definition besagt anschaulich, dass alle Schnittereignisse, die mit den Ereignissen A_j, $j = 1, \dots, n$ gebildet werden können, auf stochastische Unabhängigkeit zu untersuchen sind. Das folgende Beispiel verdeutlicht diese Definition und zeigt, dass aus paarweiser stochastischer Unabhängigkeit nicht immer auch gemeinsame stochastische Unabhängigkeit folgt.[15]

Beispiel 2.8 *Ein idealer Würfel wird zweimal geworfen. Das Ereignis A liegt vor, wenn beim ersten Wurf eine ungerade Augenzahl realisiert wird; das Ereignis B tritt bei einer ungeraden Augenzahl im zweiten Wurf ein. Das Ereignis C bedeutet eine ungerade Summe der Augenzahl beider Würfe. Der Stichprobenraum ist hier derselbe wie beim Beispiel 2.7; die Ereignisse lassen sich daher angeben als:*

$$A = \{(1,j),(3,j),(5,j) | j = 1, 2, \dots, 6\},$$
$$B = \{(i,1),(i,3),(i,5) | i = 1, 2, \dots, 6\},$$
$$C = \{(i,j) | i + j : \textit{ungerade}\}.$$

[15] Paarweise stochastische Unabhängigkeit ist somit eine notwendige, aber keine hinreichende Bedingung für gemeinsame bzw. vollständige stochastische Unabhängigkeit. Sind Ereignisse gemeinsam stochastisch unabhängig, dann sind sie es auch paarweise; die Umkehr jedoch gilt nicht.

Die Wahrscheinlichkeiten für A und B sind leicht zu berechnen als: $P(A) = P(B) = \frac{18}{36} = \frac{1}{2}$. *Eine ungerade Summe* $i + j$ *tritt nur dann ein, wenn* i *oder* j*, aber nicht beide, ungerade sind. Insgesamt gibt es 18 solcher Summen, also:* $P(C) = \frac{18}{36} = \frac{1}{2}$. *Die Ereignisse* A*,* B *und* C *wären gemeinsam bzw. vollständig stochastisch unabhängig, wenn gemäß der Definition 2.4 neben der paarweisen stochastischen Unabhängigkeit noch gilt:* $P(A \cap B \cap C) = P(A)P(B)P(C)$. *Die Schnittereignisse* $A \cap B$*,* $A \cap C$ *und* $B \cap C$ *kommen im Stichprobenraum jeweils 9-mal vor; ihre Wahrscheinlichkeiten stimmen daher überein und betragen* $\frac{9}{36} = \frac{1}{4}$. *Die drei Ereignisse sind paarweise stochastisch unabhängig, denn es gilt z.B. für* $P(A \cap B)$ *:* $P(A \cap B) = \frac{1}{4} = P(A)P(B) = \frac{1}{2} \cdot \frac{1}{2}$. *Das Ereignis* $A \cap B \cap C$ *ist das unmögliche Ereignis, da eine ungerade Augenzahl im ersten und zweiten Wurf immer zu einer geraden Summe führt. Daher folgt:*

$$P(A \cap B \cap C) = 0 \neq \frac{1}{2} \cdot \frac{1}{2} \cdot \frac{1}{2};$$

die Ereignisse A*,* B *und* C *sind nicht vollständig stochastisch unabhängig.*

Mit dem Konzept der bedingten Wahrscheinlichkeiten lassen sich nützliche Sätze der Wahrscheinlichkeitsalgebra gewinnen. Die Auflösung von Satz 2.5 nach $P(A \cap B)$ heißt Multiplikationssatz für zwei Ereignisse, wobei noch zu unterscheiden ist, ob sie stochastisch abhängig sind oder nicht. Satz 2.6 gibt die Regeln an.

Satz 2.6 Multiplikationssatz für zwei Ereignisse
Es seien $A, B \subset \Omega$ *Ereignisse mit* $P(A) > 0$ *und* $P(B) > 0$. *Dann gilt*

a) bei stochastischer Abhängigkeit:

$$P(A \cap B) = P(A|B)P(B) = P(B|A)P(A);$$

b) bei stochastischer Unabhängigkeit:

$$P(A \cap B) = P(A)P(B).$$

Die Verallgemeinerung des Satzes 2.6 für n Ereignisse $A_j \subset \Omega$, $j = 1, \ldots, n$ führt zu Satz 2.7.

Satz 2.7 Multiplikationssatz für n Ereignisse
Es seien $A_j \subset \Omega$, $j = 1, \ldots, n$ *Ereignisse mit* $A_1 \cap A_2 \cap \ldots \cap A_{n-1} \neq \emptyset$. *Dann gilt*

a) bei stochastischer Abhängigkeit:

$$P(A_1 \cap A_2 \cap \ldots \cap A_n) = P(A_1)P(A_2|A_1)P(A_3|A_1 \cap A_2) \cdot \ldots \cdot P(A_n|A_1 \cap A_2 \cap \ldots \cap A_{n-1});$$

b) bei gemeinsamer stochastischer Unabhängigkeit:

$$P(A_1 \cap A_2 \cap \ldots \cap A_n) = P(A_1)P(A_2) \cdot \ldots \cdot P(A_n).$$

Jede Wahrscheinlichkeit $P(B) > 0$ kann auf bedingte Wahrscheinlichkeiten zurückgeführt werden. Wie dies geschieht, zeigt der Satz von der totalen Wahrscheinlichkeit.

Satz 2.8 Satz von der totalen Wahrscheinlichkeit
Es seien $(\Omega, \mathcal{A}, P)$ ein Wahrscheinlichkeitsraum und $\{A_1, \ldots, A_n\}$, mit $A_j \in \mathcal{A}$ für $j = 1, \ldots, n$ ein vollständiges System von Ereignissen. Für jedes Ereignis $B \in \mathcal{A}$ gilt dann:

$$P(B) = P(B|A_1)P(A_1) + P(B|A_2)P(A_2) + \ldots + P(B|A_n)P(A_n) = \sum_{j=1}^{n} P(B|A_j)P(A_j).$$

Der Beweis dieses Satzes verdeutlicht seine Anwendungsmöglichkeiten. Das Ereignis B lässt sich disjunkt zerlegen in:

$$B = (B \cap A_1) \cup (B \cap A_2) \cup \ldots \cup (B \cap A_n) \text{ mit}$$
$$(B \cap A_i) \cap (B \cap A_j) = \emptyset \text{ für } i \neq j \text{ und } i, j = 1, \ldots, n.$$

Abbildung 2.12 zeigt eine solche Zerlegung für das Ereignissystem $\{A_1, \ldots, A_4\}$.[16]

Nach dem Additionssatz für disjunkte Ereignisse erhält man:

$$P(B) = P(B \cap A_1) + P(B \cap A_2) + \ldots + P(B \cap A_n);$$

wegen Satz 2.5 gilt: $P(B \cap A_j) = P(B|A_j)P(A_j), j = 1, \ldots, n$ und daher:

$$P(B) = \sum_{j=1}^{n} P(B|A_j)P(A_j).$$

[16] Bei einer Zerlegung kann durchaus vorkommen: $B \cap A_1 = \emptyset$, wie dies in Abbildung 2.12 bei $A_1 \cap B$ der Fall ist.

Abb. 2.12: Zerlegung eines Ereignisses B

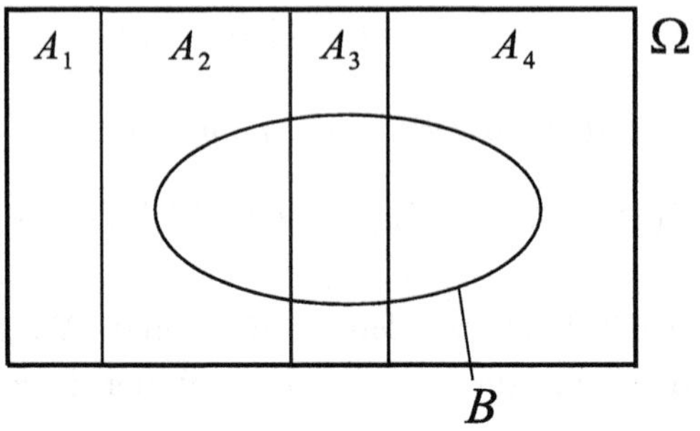

Die „totale" Wahrscheinlichkeit $P(B)$ ist gleich dem gewogenen arithmetischen Mittel der bedingten Wahrscheinlichkeiten $P(B|A_j)$ und den Gewichten $P(A_j)$.

Mit den Sätzen 2.5 und 2.6 lässt sich eine weitere Regel gewinnen, vorausgesetzt es gilt $P(B) > 0$:

$$\begin{aligned} P(A_i|B) &= \frac{P(A_i \cap B)}{P(B)} \quad \text{(nach Satz 2.5)} \\ &= \frac{P(B|A_i)P(A_i)}{P(B)} \quad \text{(nach Satz 2.6)} \end{aligned}$$

Ersetzt man im letzten Bruch $P(B)$ durch Satz 2.8, folgt:

Satz 2.9 Bayes'sches Theorem

$$P(A_i|B) = \frac{P(B|A_i)P(A_i)}{\sum\limits_{j=1}^{n} P(B|A_j)P(A_j)} \quad \textit{für alle } i = 1, \ldots, n.$$

Im nächsten Beispiel kommen die Sätze zur Anwendung.

Beispiel 2.9 *Bei der Fertigung von Sicherungen sind 10% der Produkte defekt. Ein zur Qualitätskontrolle durchgeführter Test zeigt bei fehlerhaften Sicherungen in 95%, bei fehlerfreien Sicherungen in 15% der Fälle einen Defekt an. Wie groß ist die Wahrscheinlichkeit, dass*

a) eine Sicherung, für die der Test einen Defekt anzeigt, auch tatsächlich defekt ist,

b) eine Sicherung fehlerfrei ist, wenn dies der Test anzeigt?

Der Stichprobenraum Ω *besteht hier aus den Ausgängen* ω_1 = *fehlerhafte Sicherung und* ω_2 = *fehlerfreie Sicherung; die Ereignisse* $A_1 = \{\omega_1\}$ *und* $A_2 = \{\omega_2\}$ *bilden ein vollständiges System von Ereignissen. Das Ereignis* B *lautet: Test zeigt Fehler an. Damit sind folgende Wahrscheinlichkeiten bekannt:*

$$P(A_1) = 0,1, \; P(A_2) = 0,9, \; P(B|A_1) = 0,95, \; P(\bar{B}|A_1) = 0,05$$
$$P(B|A_2) = 0,15 \text{ und } P(\bar{B}|A_2) = 0,85.$$

Die (unbedingte=totale) Wahrscheinlichkeit, dass der Test einen Fehler anzeigt, erhält man mit dem Satz von der totalen Wahrscheinlichkeit als:

$$P(B) = P(B|A_1)P(A_1) + P(B|A_2)P(A_2) = 0,95 \cdot 0,1 + 0,15 \cdot 0,9$$
$$= 0,23.$$

Die unter a) gesuchte Wahrscheinlichkeit für das Ereignis $A_1|B$ *beträgt nach dem Theorem von Bayes:*

$$P(A_1|B) = \frac{P(B|A_1)P(A_1)}{P(B|A_1)P(A_1) + P(B|A_2)P(A_2)} = \frac{P(B|A_1)P(A_1)}{P(B)}$$
$$= \frac{0,95 \cdot 0,1}{0,23} = 0,413.$$

Für die unter b) gesuchte Wahrscheinlichkeit $P(A_2|\bar{B})$ *benötigt man die Wahrscheinlichkeit des Komplementärereignisses* $\bar{B}$. *Diese beträgt:* $P(\bar{B}) = 1 - P(B) = 0,77$. *Mithin gilt nach dem Bayesschen Theorem:*

$$P(A_2|\bar{B}) = \frac{P(\bar{B}|A_2)P(A_2)}{P(\bar{B})} = \frac{0,85 \cdot 0,9}{0,77} = 0,994.$$

$P(\bar{B})$ *erhält man auch über den Satz von der totalen Wahrscheinlichkeit:*

$$P(\bar{B}) = P(\bar{B}|A_1)P(A_1) + P(\bar{B}|A_2)P(A_2) = 0,05 \cdot 0,1 + 0,85 \cdot 0,9 = 0,77.$$

Das Ereignis $A_1 \cap B$ *liegt vor, wenn eine fehlerhafte Sicherung eintritt* <u>*und*</u> *der Test dieses anzeigt;*[17] *die Wahrscheinlichkeit hierfür berechnet man nach dem Multiplikationssatz 2.6.a als:*

$$P(A_1 \cap B) = P(B|A_1)P(A_1) = 0,95 \cdot 0,1 = 0,095, \; \textit{oder:}$$
$$P(A_1 \cap B) = P(A_1|B)P(B) = 0,413 \cdot 0,23 = 0,095.$$

[17] Man mache sich die Unterschiede der Ereignisse $A_1 \cap B$, $A_1|B$ und $B|A_1$ ganz klar!

Die auf den ersten Blick geringe Wahrscheinlichkeit ist dadurch zu erklären, dass fehlerhafte Sicherungen nur bei 10% der Produktion vorliegen. Schließlich kann noch gezeigt werden, dass die Ereignisse B *und* $B|A_1$ *stochastisch abhängig sind, denn:* $P(B) = 0,23 \neq P(B|A_1) = 0,95$.

Das Theorem von Bayes gibt an, wie die Wahrscheinlichkeit für ein Ereignis A nach Vorliegen des Ergebnisses eines Experimentes oder einer Beobachtung neu berechnet werden kann. Hierzu wird das vollständige Ereignissystem A_j, $j = 1, ..., n$ als Menge sich ausschließender Hypothesen oder disjunkter Zustände interpretiert. Die Wahrscheinlichkeit $P(A_j)$ der Zustände ist aufgrund von Ausgangsinformationen bestimmt; sie stellt daher die a–priori Wahrscheinlichkeit für jedes A_j dar. Mit dem Bayes'schen Theorem erhält man jetzt die a–posteriori Wahrscheinlichkeiten für A_j, wenn die Beobachtung B bzw. das experimentelle Ergebnis B vorliegt. Das Eintereten des Ereignisses B bedeutet eine zusätzliche Information, die genutzt werden kann.

Wird ein Stichprobenraum Ω in zwei vollständige Ereignissysteme A_i, $i = 1, \ldots, m$ und B_j, $j = 1, \ldots, n$ zerlegt, können insgesamt mn Durchschnittsereignisse $(A_i \cap B_j)$ gebildet werden. Ihre Wahrscheinlichkeiten lassen sich übersichtlich in einer Wahrscheinlichkeitstabelle zusammenfassen (vgl. Tabelle 2.1). In der Vorspalte steht die Zerlegung A_i, in der Kopfzeile die Zerlegung B_j; die Wahrscheinlichkeiten $P(A_i \cap B_j)$ der Durchschnittsereignisse stellen die Feldwerte der Tabelle dar.

Weil A_i, $i = 1, \ldots, m$ und B_j, $j = 1, \ldots, n$ jeweils vollständige Ereignissysteme sind, muss jede Zeilensumme die Wahrscheinlichkeit für A_i, $P(A_i) = \sum_{j=1}^{n} P(A_i \cap B_j)$ und jede Spaltensumme die Wahrscheinlichkeit für B_j, $P(B_j) = \sum_{i=1}^{m} P(A_i \cap B_j)$ sein. Im Zusammenhang mit Wahrscheinlichkeitstabellen bezeichnet man diese Wahrscheinlichkeiten als Randwahrscheinlichkeiten.[18]

[18]In Kapitel 5 wird auf Randwahrscheinlichkeiten genauer eingegangen.

Tab. 2.1: Wahrscheinlichkeitstabelle

	B_1	B_2	$\dots$	B_j	$\dots$	B_n	$P(A_i)$
A_1							$P(A_1)$
A_2							$P(A_2)$
$\vdots$							$\vdots$
A_i				$P(A_i \cap B_j)$			$P(A_i)$
$\vdots$							$\vdots$
A_m							$P(A_m)$
$P(B_j)$	$P(B_1)$	$P(B_2)$	$\dots$	$P(B_j)$	$\dots$	$P(B_n)$	

Übungsaufgaben zu 2.4

2.4.1 a) Sind disjunkte Ereignisse A und B mit $P(A) > 0$ und $P(B) > 0$ auch stochastisch unabhängig?

b) Es seien A und B zwei stochastisch unabhängige Ereignisse. Zeigen Sie, dass dann auch die Ereignispaare $(A, \bar{B}), (\bar{A}, B)$ und $(\bar{A}, \bar{B})$ stochastisch unabhängig sind!

2.4.2 Beweisen Sie mit Satz 2.6, dass für drei Ereignisse A, B und C gilt: $P(A \cap B \cap C) = P(A|B \cap C)P(B|C)P(C)$!

2.4.3 Aus einem Satz von 32 Spielkarten wird zufällig eine Karte gezogen.

a) Wie groß ist die Wahrscheinlichkeit für das Eintreten der folgenden Ereignisse:

A: es wird eine Dame gezogen,

B: es wird eine rote Karte gezogen,

C: es wird kein Kreuz gezogen,

D: es wird Herz König gezogen?

b) Untersuchen Sie die Ereignisse auf paarweise und gemeinsame stochastische Unabhängigkeit!

2.4.4 Drei Urnen sind mit Kugeln gefüllt. In der Urne A befinden sich 3 rote und 5 grüne Kugeln. Die Urne B enthält 5 rote und 3 grüne und in der Urne C sind 2 rote und 6 grüne Kugeln. Um zu entscheiden, aus welcher Urne Kugeln entnommen werden, wird eine Kugel aus einer vierten Urne gezogen, die 5 Kugeln für A, 4 für B und 3 für C enthält. Wie groß ist die Wahrscheinlichkeit, dass

a) man aus der Urne B zieht?

b) wenn man aus der Trommel A zieht, eine rote Kugel erhält?

c) man eine grüne Kugel zieht?

d) man aus der Urne C zieht und eine rote Kugel erhält?

e) wenn man eine rote Kugel zieht, sie aus Urne A kommt?

2.4.5 Am Düsseldorfer Flughafen kommen 50% der landenden Maschinen aus Hamburg, 30% aus Berlin und 20% aus München. Man weiß, dass 10% der Maschinen aus Hamburg, 12% der aus Berlin und 8% der aus München Verspätung haben. Wie groß ist die Wahrscheinlichkeit, dass

a) eine landende Maschine verspätet eintrifft,

b) ein Flugzeug zu spät ankommt, wenn es in Berlin abgeflogen ist,

c) eine Maschine aus München kommt und keine Verspätung hat,

d) wenn eine Maschine Verspätung hat, sie aus Hamburg kommt?

2.4.6 In einer Urne befinden sich 3 schwarze und 2 weiße Kugeln. Wie groß ist die Wahrscheinlichkeit, nach dreimaligem Ziehen ohne Zurücklegen

a) eine weiße Kugel im zweiten Zug,

b) im dritten Zug die erste weiße Kugel,

c) alle weißen Kugeln

zu ziehen?

2.4.7 In einem Karton befinden sich fünf Glühbirnen, von denen drei defekt sind. Wenn diese Glühbirnen nacheinander getestet werden, wie groß ist die Wahrscheinlichkeit, dass die zweite defekte Glühbirne

a) die zweite Glühbirne, b) die dritte Glühbirne ist,

die getestet wurde?

2.4.8 Zwei Angestellte fehlen jeweils 2 von 10 Tagen unabhängig voneinander. Wie groß ist die Wahrscheinlichkeit, dass mindestens einer von ihnen anwesend ist?

2.4.9 Eine Werbeaktion für ein bestimmtes Produkt erreicht 50% aller Konsumenten, von denen sich dann 60% für einen Kauf entscheiden. Von denjenigen ohne Kenntnis der Werbeaktion kaufen 30% das Produkt.

a) Wie groß ist die Wahrscheinlichkeit, dass das Produkt gekauft wird?

b) Berechnen Sie die Wahrscheinlichkeit, dass ein Käufer die Werbeaktion kennt!

2.5 Grundlagen der Kombinatorik

Zur Berechnung von Wahrscheinlichkeiten nach dem klassischen Konzept müssen die hinsichtlich einer Fragestellung günstigen Ausgänge zu den möglichen Ausgängen ins Verhältnis gesetzt werden. Oft bereitet aber gerade die Ermittlung der günstigen Ausgänge erhebliche Schwierigkeiten.[19] Es ist daher vorteilhaft, Formeln für ihre Berechnung zu entwickeln. Der Zweig der Mathematik, der sich hiermit beschäftigt, ist die **Kombinatorik**. Sie untersucht die verschiedenen Möglichkeiten der Anordnung oder Auswahl von Objekten, die im Folgenden Elemente heißen.

Allgemein können bei der Anordnung oder Auswahl von Elementen vier Kriterien unterschieden werden:

(1) Sind die Elemente verschieden oder einige gleich,

(2) sollen nur einige Elemente ausgewählt oder alle angeordnet werden,

(3) spielt die Reihenfolge der Elemente eine Rolle oder ist dies unerheblich und schließlich

(4) soll eine Wiederholung der Elemente zulässig sein oder nicht?

Mit diesen Kriterien lassen sich alle Kombinatorikprobleme klassifizieren. Werden alle N Elemente einer Gesamtheit angeordnet, liegt eine **Permutation** vor. Sind n Elemente auszuwählen, ohne dabei auf die Reihenfolge ihrer Auswahl zu achten, spricht man von **Kombinationen**. **Variationen**

[19] Dasselbe gilt auch für die Berechnung der Möglichkeiten, aus einer Grundgesamtheit nach bestimmten Verfahren Teilerhebungen zu gewinnen. Diese, für die induktive Statistik charakteristische Vorgehensweise wird in Kapitel 7 behandelt.

ergeben sich, wenn bei der Auswahl der Reihenfolge Bedeutung zukommt. Variationen stellen daher geordnete Kombinationen dar und werden mitunter auch so bezeichnet. Bei jeder der drei Klassifikationen ist schließlich noch zu unterscheiden, ob eine Wiederholung der Elemente möglich sein soll oder nicht.

Die Entwicklung der Kombinatorikformeln lässt sich anschaulich an einer Gesamtheit mit N nummerierten Kugeln $1, 2, \ldots, N$ zeigen. Jede Zusammenstellung aller N Kugeln (Zahlen) in irgendeiner Anordnung ist eine Permutation. Die Anzahl unterscheidbarer Permutationen erhält man durch folgende Überlegung. Um die erste Stelle der Anordnung zu besetzen, stehen N Kugeln zur Auswahl. Gleichgültig, welche man wählt, bleiben zur Besetzung der zweiten Stelle $N-1$, zur Besetzung der dritten Stelle $N-2$ Kugeln und schließlich zur Besetzung der letzten (N-ten) Stelle nur noch eine Kugel übrig. Die Gesamtzahl unterscheidbarer Permutationen ist das Produkt aus all diesen Besetzungsmöglichkeiten, also:

$$N(N-1)(N-2) \cdot \ldots \cdot 1.$$

Ein solches Produkt heißt **N–Fakultät** und wird kompakt geschrieben als: $N!$, wobei N eine natürliche Zahl ist. Für $N = 4$ erhält man: $4! = 4 \cdot 3 \cdot 2 \cdot 1 = 24$, für $N = 1$: $1! = 1$. Damit die Rekursionsformel $N! = N(N-1)!$ uneingeschränkt auf der Menge der natürlichen Zahlen gilt, muss definiert werden $0! = 1$. Bezeichnet man die Permutationen mit P,[20] gibt Satz 2.10 die Anzahl der Anordnungen von N verschiedenen Elementen wieder.

Satz 2.10 Permutationen ohne Wiederholung

$$P(N) = N! = N(N-1)(N-2) \cdot \ldots \cdot 1.$$

Da die Werte von $N!$ mit zunehmendem N sehr schnell anwachsen, kann bei großem N die **Stirling'sche Nährungsformel $St(N)$** benutzt werden:

$$St(N) = \sqrt{2\pi N} \left(\frac{N}{e}\right)^N \approx N!\,.$$

[20] Obwohl Permutationen dieselbe Abkürzung wie Wahrscheinlichkeiten erhalten, geht aus dem Zusammenhang stets klar hervor, was mit P gemeint ist. Verwechslungen sind daher (nahezu) ausgeschlossen.

Der Approximationswert $St(N)$ ist stets kleiner als $N!$, und der Fehler $N! - St(N)$ divergiert gegen unendlich. Jedoch konvergiert der relative Fehler $\frac{N!-St(N)}{N!}$ gegen null für $N \to \infty$: $\lim\limits_{N\to\infty} \frac{N!-St(N)}{N!} = 1 - \lim\limits_{N\to\infty} \frac{St(N)}{N!} = 0$.

Beispiel 2.10 *Es sollen drei Kugeln mit den Ziffern 1,2 und 3 unterschiedlich angeordnet werden. Die möglichen Permutationen lauten:*

$$\begin{array}{ccc} 1\;2\;3 & 1\;3\;2 & 3\;1\;2 \\ 2\;1\;3 & 2\;3\;1 & 3\;2\;1 \end{array},$$

ihre Anzahl erhält man nach Satz 2.10 als $3! = 6$.

Wären die Kugeln mit den Ziffern 1 und 2 weiß (w), die Kugel mit der Ziffer 3 rot (r) und sollen jetzt die Permutationen hinsichtlich der Farbe gebildet werden, lassen sich die untereinander stehenden Permutationen nicht mehr unterscheiden, weil sich bei ihnen die weißen Kugeln auf denselben Positionen befinden. Es können nun Klassen gebildet werden, die durch die Positionen der weißen Kugeln definiert sind. In der ersten Klasse nehmen die weißen Kugeln die Plätze 1 und 2, in der zweiten Klasse die Plätze 1 und 3 und in der dritten Klasse die Plätze 2 und 3 ein. Unterscheidbar bleiben daher nur noch pro Klasse die Permutationen wwr, wrw und rww. Diese Art der Klassierung lässt sich auch auf den allgemeinen Fall übertragen. Von den N Elementen einer Gesamtheit seien nur $m < N$ verschieden. Die Gesamtheit lässt sich dann in m Gruppen zerlegen, deren Elemente gleich sind und die n_1-mal, n_2-mal und schließlich n_m-mal vorkommen, mit $\sum\limits_{i=1}^{m} n_i = N$. Es sei zunächst angenommen, alle Elemente seien verschieden. Die $N!$ Permutationen werden jetzt hinsichtlich der Positionen, die von den n_1 Elementen der Gruppe 1 in einer Permutation eingenommen werden können, wie in Beispiel 2.10 klassiert. Permutationen innerhalb einer Klasse weisen immer dieselbe Besetzung auf den $N - n_1$ übrigen Permutationsplätzten auf. Jede Klasse umfasst dann genau $n_1!$ Permutationen. Sind die Elemente der Gruppe 1 jedoch gleich, lassen sich die Permutationen in den einzelnen Klassen nicht mehr unterscheiden. Anstelle von $n_1!$ Permutationen bleibt pro Klasse nur eine Permutation übrig. Die Gesamtzahl unterscheidbarer Permutationen beträgt dann aber nur $\frac{N!}{n_1!}$, sofern die Elemente in den übrigen Gruppen 2 bis m verschieden wären. Da dies nicht der Fall ist, werden nun die $\frac{N!}{n_1!}$ Permutationen hinsichtlich der Positionen der Elemente der Gruppe 2 auf die beschriebene Weise klassiert. Jede Klasse enthält jetzt $n_2!$ Permutationen, die bei Gleichheit der Elemente der Gruppe 2 wiederum identisch sind. Die Anzahl unterscheidbarer Permutationen reduziert sich erneut und beträgt: $\frac{N!}{n_1!n_2!}$. Verfährt man so mit allen Gruppen, erhält man die Anzahl unterscheidbarer Anordnungen, die wegen der Merkmalsgleichheit einiger Elemente als Permutationen mit Wiederholung $P_W(N)$ bezeichnet werden.

Satz 2.11 Permutationen mit Wiederholung

$$P_W(N) = \frac{N!}{\prod\limits_{i=1}^{m} n_i!}.$$

Beispiel 2.11 *Von 10 durchnummerierten Kugeln sind fünf blau, vier rot und eine weiß. Die Anzahl der Permutationen hinsichtlich der Ziffern erhält man nach Satz 2.10 als:*

$$P(10) = 10! = 3\,628\,800.$$

Sucht man die Anordnungen gemäß der Farbe, sind nur die Ausprägungen blau, rot und weiß relevant, die mit den Häufigkeiten $n_1 = 5$, $n_2 = 4$ *und* $n_3 = 1$ *vorkommen. Nach Satz 2.11 folgt:*

$$P_W(10) = \frac{10!}{5!4!1!} = \frac{3\,628\,800}{2880} = 1260.$$

Will man wissen, wie viele dieser Permutationen eine blaue, rote oder weiße Kugel an erster Stelle aufweisen, ist die erste Position der Permutation mit der vorgegebenen Kugel besetzt, und es können nur noch 9 Kugeln mit Wiederholung permutiert werden. Die entsprechenden Anzahlen betragen:

$$\begin{aligned} P_{blau}(9) &= \frac{9!}{4!4!} = 630, \\ P_{rot}(9) &= \frac{9!}{5!3!} = 504, \\ P_{weiß}(9) &= \frac{9!}{5!4!} = 126. \end{aligned}$$

Die Auswahl von n Elementen, ohne dabei auf die Reihenfolge der Entnahme zu achten, aus einer Gesamtheit von N Elementen wird als **Kombination** von N Elementen zur Klasse n bezeichnet und mit $K(N, n)$ abgekürzt. Um die Anzahl möglicher Kombinationen zu ermitteln, muss unterschieden werden, ob eine Wiederholung der Elemente in der Kombination zulässig sein soll oder nicht. Die Formel für die Anzahl an Kombinationen ohne Wiederholung zur Klasse n mit $n < N$ kann über Permutationen entwickelt werden. Da bei Kombinationen die Reihenfolge der Auswahl unerheblich ist, lassen sich die N Elemente der Gesamtheit in n Elemente, die in eine Kombination aufgenommen werden und in $N - n$ Elemente, die ausgeschlossen bleiben, unterteilen. Die N Elemente unterscheiden sich jetzt nur noch hinsichtlich dieser beiden Merkmale. Berechnet man hierfür die Anzahl der Permutationen mit Wiederholung für die so unterteilte Gesamtheit, entspricht diese der Anzahl der Kombinationen ohne Wiederholung von N Elementen zur Klasse n. Gemäß Satz 2.11 ergibt sich:

$$K(N, n) = \frac{N!}{n!(N-n)!}.$$

Durch Kürzen kann der Bruch in eine andere Form gebracht werden:

$$\begin{aligned}\frac{N!}{n!(N-n)!} &= \frac{N(N-1)\cdot \ldots \cdot (N-n+1)(N-n)(N-n-1)\cdot \ldots \cdot 1}{n(n-1)\cdot \ldots \cdot 1 \cdot (N-n)(N-n-1)\cdot \ldots \cdot 1} \\ &= \frac{N(N-1)\cdot \ldots \cdot (N-n+1)}{n(n-1)\cdot \ldots \cdot 1} = \binom{N}{n}.\end{aligned}$$

Der letzte Term der Umformung ist der **Binomialkoeffizient**, der als „N über n“ gelesen wird. Somit kann die Anzahl der Kombinationen ohne Wiederholung berechnet werden mit:

Satz 2.12 Kombinationen ohne Wiederholung zur Klasse n

$$K(N, n) = \frac{N!}{n!(N-n)!} = \binom{N}{n}.$$

Mit der Definition des Binomialkoeffizienten $\binom{N}{n} = \frac{N!}{n!(N-n)!}$ für natürliche Zahlen N, ganze Zahlen $n \geq 0$ und $N \geq n$ lässt sich zeigen, dass gilt:

$$\text{(a)} \binom{N}{n} = \binom{N}{N-n} \text{ und, wegen } 0! = 1, \quad \text{(b)} \binom{N}{N} = \binom{N}{0} = 1;$$

für $N < n$ wird definiert: $\binom{N}{n} = 0.$

Beispiel 2.12 *Gegeben ist der endliche Stichprobenraum* $\Omega = \{\omega_1, \ldots, \omega_m\}$ *mit der Potenzmenge* $PM(\Omega) = \{\emptyset, \{\omega_1\}, \ldots, \{\omega_m\}, \{\omega_1, \omega_2\}, \ldots, \Omega\}$. *Die*

Elemente der Potenzmenge ergeben sich als Kombinationen zu den Klassen $0, 1, \ldots, m$. Die Kombination zur Klasse 0 stellt die leere Menge, das unmögliche Ereignis dar; die Kombination zur Klasse m liefert die Menge Ω, das sichere Ereignis. Die Anzahl aller Kombinationen, summiert über die Klassen, beträgt:

$$\binom{m}{0} + \binom{m}{1} + \binom{m}{2} + \ldots + \binom{m}{m}.$$

Gemäß des **binomischen Satzes** *gilt:*

$$(a+b)^m = \binom{m}{0} a^m b^0 + \binom{m}{1} a^{m-1} b + \ldots + \binom{m}{m} a^0 b^m.$$

Setzt man $a = b = 1$, führt dies zu:

$$2^m = \binom{m}{0} + \binom{m}{1} + \ldots + \binom{m}{m}.$$

Das beweist, dass die Potenzmenge 2^m Elemente enthält.

Lässt man bei Kombinationen eine Wiederholung zu, steht jedes Element mehrmals zur Verfügung, ausgewählt zu werden. Da es jetzt vorkommen kann, dass eine Kombination n-mal dasselbe Element enthält, muss jedes Element $(n-1)$-mal zusätzlich zur Verfügung stehen. Die Anzahl der Kombinationen mit Wiederholung von N Elementen zur Klasse n, $K_W(N, n)$, beträgt daher:

Satz 2.13 Kombinationen mit Wiederholung

$$K_W(N, n) = \binom{N+n-1}{n}.$$

Die Wiederholungsmöglichkeit der Elemente erreicht man dadurch, dass die Kombinationen durch „Ziehen mit Zurücklegen“ gebildet werden. Bei dieser Vorgehensweise erschöpft sich die Gesamtheit durch Entnahme ihrer Elemente nicht, und die bei Kombinationen ohne Wiederholung notwendige Einschränkung $n < N$ entfällt.

Beispiel 2.13 *Mit den Buchstaben b und u sollen alle Kombinationen mit Wiederholung zur Klasse 4 gebildet werden. Es gilt: $N = 2$ und $n = 4$; nach Satz 2.13 beträgt die Anzahl:*

$$K_W(2,4) = \binom{2+4-1}{4} = \binom{5}{4} = \frac{5 \cdot 4 \cdot 3 \cdot 2}{4 \cdot 3 \cdot 2} = 5.$$

Die fünf Kombinationen lauten: (bbbb), (bbbu), (bbuu), (buuu) und (uuuu).

Variationen ohne Wiederholung $V(N,n)$ sind definitionsgemäß geordnete Kombinationen ohne Wiederholung. Jede dieser Kombinationen zur Klasse n kann auf $n!$ verschiedene Arten angeordnet (permutiert) werden. Da es insgesamt $\binom{N}{n}$ Kombinationen ohne Wiederholung gibt, erhält man die Anzahl der Variationen ohne Wiederholung als $\binom{N}{n}n!$. Dieses Produkt lässt sich leicht in eine Form bringen, wie sie in Satz 2.14 verwendet wird.

Satz 2.14 Variationen ohne Wiederholung

$$V(N,n) = \binom{N}{n} n! = \frac{N!}{(N-n)!}.$$

Bei Variationen mit Wiederholung $V_W(N,n)$ hat man N verschiedene Besetzungsmöglichkeiten für jeden Platz in der Variation. Ihre Anzahl gibt Satz 2.15 wieder.

Satz 2.15 Variationen mit Wiederholung

$$V_W(N,n) = N^n.$$

Beispiel 2.14 *Für eine Gesamtheit mit $N = 4$ verschiedenen Elementen lassen sich $\binom{4}{3} = 4$ Kombinationen ohne Wiederholung zur Klasse $n = 3$ bilden. Jede Kombination kann $3! = 6$ mal permutiert werden. Die Anzahl der Variationen ohne Wiederholung beträgt 24. Dasselbe Ergebnis stellt sich nach Satz 2.14 als $\frac{4!}{1!} = 4 \cdot 3 \cdot 2 = 24$ ein. Sucht man die Anzahl der Variationen mit Wiederholung, erhält man nach Satz 2.15: $V_W(4,3) = 4^3 = 64$.*

In Abbildung 2.13 sind die Kriterien und entwickelten Regeln der Kombinatorik zusammengestellt. Identifiziert man bei einem kombinatorischen Problem die in Abbildung 2.13 rechts angeführten Kriterien, sollten die Pfade schnell zur entsprechenden Formel führen.

Abb. 2.13: Flussdiagramm zur Kombinatorik

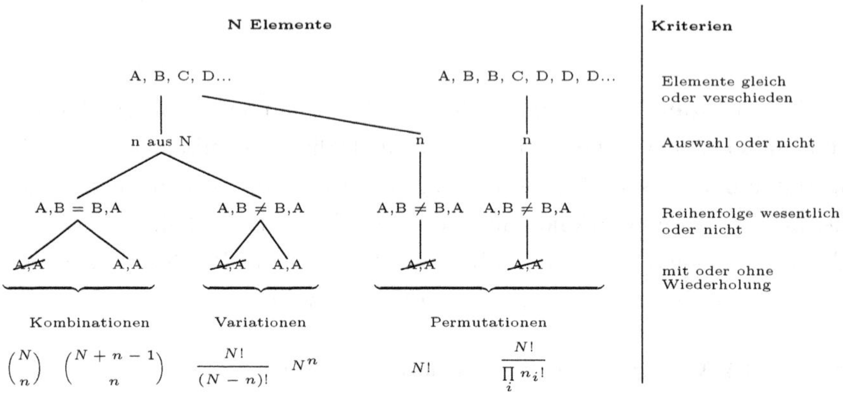

Übungsaufgaben zu 2.5

2.5.1 Wie viele Möglichkeiten gibt es,

a) einen Lottoschein „6 aus 49“,

b) einen Totoschein für 12 Fußballspiele, bei denen die Tendenz getippt werden muss (0: Unentschieden, 1: Sieg der Heimmannschaft, 2: Sieg der Gastmannschaft),

c) auf der Pferderennbahn bei 18 teilnehmenden Pferden einen Wettschein, bei dem die drei bestplatzierten Pferde in richtiger Reihenfolge getippt werden sollen,

auszufüllen?

2.5.2 Zwölf verschiedene Bücher werden zufällig auf einem Regal angeordnet. Bestimmen Sie die Wahrscheinlichkeit dafür, dass vier bestimmte Bücher nebeneinander stehen!

2.5.3 Wie viele vierstellige Zahlen lassen sich mit den Ziffern 1 bis 5 bilden, wenn die Ziffer 3 immer enthalten sein soll und keine Ziffer mehrfach vorkommen darf?

2.5.4 In einem binären System werden die natürlichen Zahlen mit den Ziffern 0 und 1 dargestellt. Wie viele verschiedene natürliche Zahlen können mit

a) genau fünf Stellen, b) bis zu fünf Stellen

dargestellt werden?

2.5.5 Wie viele Anordnungen kann man aus den Buchstaben der Wörter:

a) „Symbol“, b) „Bubu“, c) „Statistik“

bilden, wenn jeweils alle Buchstaben verwendet werden?

2.5.6 Die folgende Abbildung stellt ein (stilisiertes) Straßennetz dar:

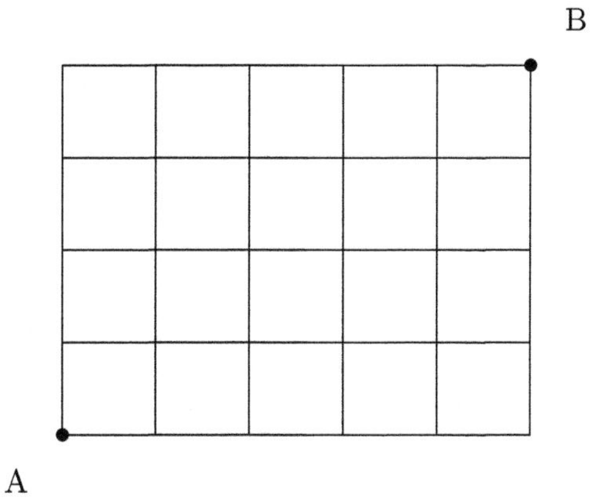

Auf wie vielen verschiedenen kürzesten Wegen kann man von A nach B gelangen?

2.5.7 Auf wie viele Arten lassen sich 10 Bücher auf 3 Personen verteilen, wenn immer Person A fünf, Person B drei und Person C zwei Bücher erhalten sollen?

2.5.8 Auf einer Statistikkonferenz waren 50 Teilnehmer. Wie oft wurden zur Begrüßung die Hände geschüttelt? Am darauf folgenden Weihnachtsfest schicken sich alle gegenseitig eine Karte. Wie viele Weihnachtsgrüße werden verschickt?

2.5.9 a) Wie viele Anordnungen der Personen gibt es für drei Damen und vier Herren, sich

(1) an einen runden Tisch, (2) auf eine Bank

zu setzen, wenn die drei Damen immer nebeneinander sitzen möchten?

b) Auf wie viele unterschiedliche Weisen lassen sich die 7 Personen auf die Plätze 1 bis 7 verteilen, wenn die Herren nur die ungeraden Plätze einnehmen?

3 Eindimensionale Zufallsvariablen und ihre Verteilungen

3.1 Eindimensionale Zufallsvariable

Die im Stichprobenraum Ω aufgeführten Ausgänge ω_i müssen nicht notwendigerweise Zahlen sein, sondern sind in sehr vielen Fällen artmäßig angegeben. Beim Zufallsexperiment „Münzwurf" lautet der artmäßig festgelegte Stichprobenraum:

$$\Omega = \{\omega_1 : \text{Kopf liegt oben}, \ \omega_2 : \text{Zahl liegt oben}\};$$

das Zufallsexperiment „Würfelwurf" führt zu Ausgängen, bei denen eine bestimmte Augenzahl oben liegt. Beim Würfelbeispiel sieht man, dass eine Überführung der Ausgänge in Zahlen hier leicht möglich ist. Setzt man $\omega_i = i$, $i = 1, \ldots, 6$, enthält der Stichprobenraum nur Zahlen: $\Omega = \{1, \ldots, 6\}$. Beim Münzwurf liegt keine natürliche Zahlenvorgabe vor. Die Zuordnung könnte lauten: Kopf $\longrightarrow$ 0 und Zahl $\longrightarrow$ 1, aber auch: Kopf $\longrightarrow$ 12 und Zahl $\longrightarrow$ 27.

Die Charakterisierung eines Stichprobenraumes durch Zahlen bringt erhebliche Erleichterungen bei der Analyse von Zufallsvorgängen und steigert die Übersichtlichkeit. Da eine Zahlenzuordnung bei allen Zufallsvorgängen möglich ist, soll die Vorgehensweise allgemeingültig entwickelt werden. Obwohl gerade die beiden obigen Zahlenzuordnungen beim Münzwurf die Vermutung nahe legen, dass jede auf Ω definierte reellwertige Funktion Verwendung finden könnte, ist dies nicht der Fall. Denn mit den Ausgängen werden auch alle Ereignisse eines Zufallsexperimentes in die reellen Zahlen abgebildet und es muss möglich sein, die Wahrscheinlichkeiten von Ereignissen auf die ihnen entsprechenden reellen Zahlen bzw. Zahlenintervalle zu übertragen. Mit der Zahlenzuordnung findet ein Übergang zu einem neuen Wahrscheinlichkeitsraum statt. Um diesen festzulegen, ist es zunächst zweckmäßig, für den ursprünglichen Wahrscheinlichkeitsraum $(\Omega, \mathcal{A}, P)$ eine geeignete Funktion zu definieren, mit der die Abbildung von Ereignissen in die reellen Zahlen erfolgen kann.

Definition 3.1 *Eine Funktion X, die jedem Ausgang $\omega \in \Omega$ eine reelle Zahl $x \in \mathbb{R}$ zuordnet, also:*

$$X : \quad \Omega \longrightarrow \mathbb{R},$$

heißt **eindimensionale Zufallsvariable** *oder kurz auch* **Zufallsvariable,** *wenn gilt:* $\{\omega \in \Omega | X(\omega) \leq x\} \in \mathcal{A}$ *für alle* $x \in \mathbb{R}$.

Man bezeichnet $x = X(\omega)$ als **Wert** bzw. **Realisation** von X; die Menge $\{x | x = X(\omega) \in \mathbb{R}\ ,\ \omega \in \Omega\} = X(\Omega)$ heißt **Wertebereich**. Er gibt an, welche Werte die Zufallsvariable X bei gegebenem Stichprobenraum Ω annehmen kann. Durch die Bedingung in Definition 3.1 lassen sich alle Ereignisse A des Wahrscheinlichkeitsraumes $(\Omega, \mathcal{A}, P)$ als Intervalle der reellen Zahlen oder als reelle Zahlen selbst angeben, die jetzt die Ereignisse für X darstellen. Und umgekehrt folgt, dass für jedes Intervall $X \leq x$ ein Ereignis $A \in \mathcal{A}$ existiert. X bildet somit Ω und jedes Ereignis $A \in \mathcal{A}$ auf den Zahlenstrahl der reellen Zahlen ab (vgl. Abbildung 3.1).

Abb. 3.1: Die Zufallsvariable X

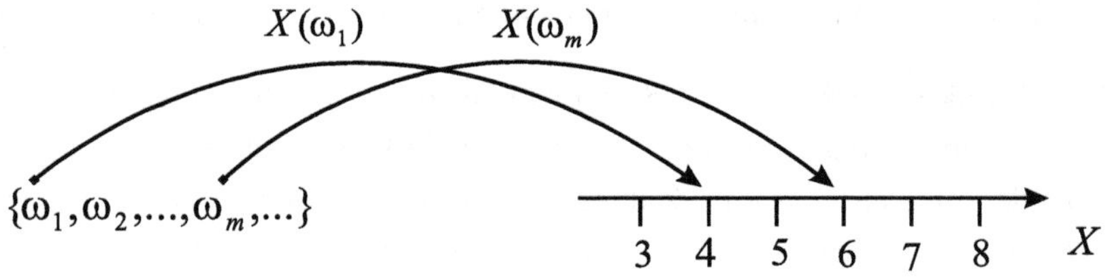

Dem Ereignis $\{X \leq x\} \subset \mathbb{R}$ entspricht ein Ereignis A, das diejenigen Ausgänge als Elemente enthält, bei denen die Funktionswerte $X(\omega)$ kleiner oder gleich einer beliebigen, vorgegebenen reellen Zahl x sind. Als Menge lautet $A:\ A = \{\omega \in \Omega | X(\omega) \leq x\}$ und entspricht der in Definition 3.1 angegebenen Bedingung. Existiert nur ein ω, das die Vorgabe $X(\omega) \leq x$ erfüllt, ist A ein Elementarereignis.

Für das Ereignis $A = \{\omega \in \Omega | X(\omega) \leq x\}$ existiert die Wahrscheinlichkeit $P(A)$, die jetzt als die Wahrscheinlichkeit für das Ereignis $\{X \leq x\}$ interpretiert werden kann:

$$P(A) = P(\{X \leq x\}).$$

Die Zufallsvariable X überträgt somit auch die Wahrscheinlichkeiten von den Ereignissen eines Zufallsexperimentes auf die reellen Zahlen, d.h. der Wahrscheinlichkeitsraum $(\Omega, \mathcal{A}, P)$ wird durch den neuen Wahrscheinlichkeitsraum $(\mathbb{R}, \mathcal{A}_x, P)$ abgelöst, wobei $\mathbb{R}$ der neue Stichprobenraum und $\mathcal{A}_x$ eine auf den reellen Zahlen $\mathbb{R}$ definierte Borel'sche Algebra kennzeichnet.[1]

Beispiel 3.1 *Nach Beispiel 2.3 erhält man den Stichprobenraum für das zweimalige Werfen einer Münze als:*

$$\Omega = \{(K,K),(K,Z),(Z,K),(Z,Z)\}, \quad Z: \text{ Zahl, } K: \text{ Kopf.}$$

Als Ereignisalgebra wird die Potenzmenge $PM(\Omega)$ festgelegt. Die Zufallsvariable X bildet die Ausgänge ω_i, $i = 1, \ldots, 4$ wie folgt in die reellen Zahlen ab:

$$X = \begin{cases} 0, & \text{für } (K,K), \\ 1, & \text{für } (K,Z) \text{ oder } (Z,K), \\ 2, & \text{für } (Z,Z). \end{cases}$$

Als Wertebereich erhält man: $X(\Omega) = \{0,1,2\}$. Für z.B. $X(\omega) = 0$ lautet das zugehörige Ereignis: $A_1 = \{(K,K)\}$. Dem Ereignis $\{X \leq 1\}$ entspricht das Ereignis $A_2 = \{(K,K),(K,Z),(Z,K)\}$. Wird eine Laplace-Münze geworfen, sind alle Elementarereignisse gleich wahrscheinlich: $P(\{K,K\}) = P(\{K,Z\}) = P(\{Z,K\}) = P(\{Z,Z\}) = \frac{1}{4}$. Um die Wahrscheinlichkeiten für die Ereignisse $\{X = 0\}$ und $\{X \leq 1\}$ zu ermitteln, berechnet man $P(A_1)$ und $P(A_2)$ und ordnet sie entsprechend zu:

$$P(X = 0) = P(A_1) = \frac{1}{4} \quad \text{und} \quad P(X \leq 1) = P(A_2) = \frac{3}{4}.$$

Spezifiziert man auf diese Weise für alle Ereignisse des neuen Stichprobenraumes $X(\Omega)$ die zugehörenden Wahrscheinlichkeiten, erhält man die **Wahrscheinlichkeitsverteilung** von X. Diese Vorgehensweise ist sehr aufwendig, oftmals gar nicht möglich und meistens unnötig. Denn mit der Verteilungsfunktion (siehe Kapitel 3.2) steht ein Ansatz zur Verfügung, der die Information der Wahrscheinlichkeitsverteilung komprimiert und das Berechnen von Wahrscheinlichkeiten erleichtert.

[1] Vgl. hierzu auch die Ausführungen auf S. 20. Stellen die Ereignisse reelle Zahlen oder Intervalle dar, wird im Folgenden bei ihrer Wahrscheinlichkeitsangabe auf die Mengenklammer verzichtet. Anstelle der aufwendigen Notation $P(\{X < x\})$ tritt $P(X \leq x)$.

Reale Zufallsvorgänge führen meist dazu, dass die Zufallsvariable X eine inhaltliche Dimension erhält, die aus der konkreten Problemstellung resultiert. Die inhaltliche Festlegung einer Zufallsvariablen überführt diese in ein Merkmal, das bei den Ausgängen ω_i, $i = 1, \ldots, m$ mit unterschiedlichen Merkmalsausprägungen vorkommt. Damit ist meistens der Wertebereich einer Zufallsvariablen auf natürliche Weise festgelegt. So könnte im Beispiel 3.1 die Zufallsvariable X aus der Problemstellung hervorgegangen sein, wie oft beim zweimaligen Werfen einer Münze die Seite mit „Zahl" oben liegt. Die Anzahl oben liegender „Zahl" -Seiten stellt das Merkmal dar, das mit den Ausprägungen 0, 1 und 2 vorkommen kann. Wegen dieser Übereinstimmung sind Zufallsvariablen wie das durch sie erfasste Merkmal skaliert. Bei mindestens ordinal skalierten Merkmalen ist die formale Analyse von Zufallsvariablen von der Skalierung weitgehend unabhängig, so dass hierauf kein Bezug genommen wird. Jedoch sollte – wie auch bei einigen Verfahren der deskriptiven Statistik – beachtet werden, dass unter Umständen bestimmte Aussagen nicht für alle Skalenarten in gleicher Weise gelten.

Aus der Mächtigkeit des Stichprobenraumes, auf dem X definiert ist, resultiert eine Unterscheidung für Zufallsvariablen, die spezifische mathematische Vorgehensweisen verlangt. Ist der Stichprobenraum Ω endlich oder abzählbar unendlich, gilt dies auch für den Wertebereich $X(\omega)$. Es liegt dann eine **diskrete Zufallsvariable** X vor. Bei einem überabzählbar unendlichen Stichprobenraum kann X jeden beliebigen Zahlenwert eines vorgegebenen Intervalls der reellen Zahlen annehmen, wobei auch das Intervall $(-\infty, \infty)$ zulässig ist. Die Zufallsvariable X heißt dann **stetig**.

Beispiel 3.2 *a) Wirft man eine Münze so oft, bis zum erstenmal der Ausgang „Zahl liegt oben" eintritt und gibt die Zufallsvariable X die Anzahl der notwendigen Würfe wieder, sind Stichprobenraum Ω und Wertebereich $X(\Omega)$ abzählbar unendlich.*[2] *X ist daher eine diskrete Zufallsvariable mit $X(\omega_i) = x_i = i$ für $i = 1, 2 \ldots, m, m+1, \ldots$.*

b) Bei dem Zufallsvorgang „Verspätung eines Zuges" kann bei unendlich genauer Zeitmessung jede Verspätung eines vorgegebenen Intervalls $[x_1, x_2] \subset \mathbb{R}$ mit $x_1 < x_2$ eintreten. Die als „Verspätung" definierte Zufallsvariable X hat einen überabzählbar unendlichen Wertebereich und ist daher stetig.

---

[2]Vgl. hierzu auch S. 10.

Aus der Definition einer Zufallsvariablen folgt, dass jede auf $X(\Omega)$ definierte reellwertige Funktion g die Zufallsvariable X in eine neue Zufallsvariable $Y = g(X)$ überführt. Auch der Zufallsvariablen Y liegt der Stichprobenraum Ω zugrunde, denn Y stellt eine geschachtelte Funktion dar: $Y = g[X(\Omega)]$. Im Beispiel 3.2.b kann X in Minuten gemessen werden. Gibt man die Verspätung des Zuges in Sekunden an, resultiert hieraus eine neue Zufallsvariable Y, die aus X durch die Funktion $Y = 60X$ hervorgeht. Beträgt die Verspätung $X = 3$ (Minuten), nimmt Y den Wert 180 (Sekunden) an. Die Wahrscheinlichkeit dafür, dass die Verspätung zwischen 2 und 3 Minuten liegt, ist dieselbe wie für eine Verspätung zwischen 120 und 180 Sekunden:

$$P(2 \leq X \leq 3) = P(120 \leq Y \leq 180).$$

Man überträgt die Wahrscheinlichkeiten für Ereignisse des Stichprobenraumes Ω jetzt auf die entsprechenden Ereignisse der Zufallsvariablen Y.

3.2 Wahrscheinlichkeitsverteilungen von Zufallsvariablen

Mit der Einführung der Zufallsvariablen X hat sich auch die Notation der Ereignisse geändert. Die auf X bezogenen Ereignisse stellen jetzt Intervalle oder reelle Zahlen dar. Um z.B. die Wahrscheinlichkeit für Ereignisse der Art $\{X \leq x\}$, $\{x_1 < X \leq x_2\}$, $\{X = x_1\}$ oder $\{X \neq x_1\}$ zu berechnen, ist die Verteilungsfunktion hilfreich.

Definition 3.2 *Es sei* $(\Omega, \mathcal{A}, P)$ *ein Wahrscheinlichkeitsraum und* $X : \Omega \longrightarrow \mathbb{R}$ *eine hierauf definierte Zufallsvariable. Eine Funktion* $F : \mathbb{R} \longrightarrow \mathbb{R}$ *mit*

$$F(x) = P(X \leq x), \quad x: \textit{ beliebige reelle Zahl,}$$

heißt **Verteilungsfunktion** *der eindimensionalen Zufallsvariablen* X.

Wie im vorangegangenen Abschnitt dargestellt, gilt für die Wahrscheinlichkeit:

$$P(X \leq x) = P(\{\omega \in \Omega | X(\omega) \leq x\}).$$

Die Verteilungsfunktion ist für alle $x \in \mathbb{R}$ definiert. Aufgrund der Kolmogoroff–Axiome hat $F(x)$ folgende Eigenschaften:

(1) $F(x)$ ist auf dem gesamten Definitionsbereich **monoton wachsend**[3] mit Werten des Intervalls [0,1]: Gilt $x_2 > x_1$, so folgt daraus: $F(x_2) \geq F(x_1)$.

(2) $\lim_{x \to -\infty} F(x) = F(-\infty) = 0$ und $\lim_{x \to \infty} F(x) = F(\infty) = 1$,

(3) $F(x)$ ist an jeder Stelle x **rechtsseitig stetig** bzw. rechtsstetig, d.h.: $\lim_{h \to 0^+} F(x+h) = F(x)$. Die Notation $h \to 0^+$ besagt, dass h positiv ist und sich von rechts der Zahl 0 nähert.[4]

(4) Für jedes Ereignis $\{x_1 < X \leq x_2\}$ gilt:

$$P(x_1 < X \leq x_2) = P(X \leq x_2) - P(X \leq x_1) = F(x_2) - F(x_1).$$

Diese vier allgemeinen Eigenschaften liegen bei diskreten und stetigen Zufallsvariablen vor. Da aber die weitere mathematische Behandlung eine Fallunterscheidung verlangt, erfolgt eine für beide Variablenarten getrennte Darstellung, die zunächst mit diskreten Zufallsvariablen beginnt.

Beispiel 3.3 *Es sei X eine diskrete Zufallsvariable für das Zufallsexperiment „Werfen eines fairen Würfels". Der Wertebereich ergibt sich als $X(\Omega) = \{1, 2, 3, 4, 5, 6\}$ mit den Wahrscheinlichkeiten $P(X = x_i) = \frac{1}{6}$ für $i = 1, \ldots, 6$. Die Verteilungsfunktion $F(x)$ lautet dann:*

$$F(x) = \begin{cases} 0, & \text{für } x < 1 \\ \frac{1}{6}, & \text{für } 1 \leq x < 2 \\ \frac{2}{6}, & \text{für } 2 \leq x < 3 \\ \vdots & \\ \frac{5}{6} & \text{für } 5 \leq x < 6 \\ 1, & \text{für } 6 \leq x \end{cases} .$$

Den Graph dieser Verteilungsfunktion gibt Abbildung 3.2.a wieder. Die Punkte an den linken Enden der Geradenstücken dokumentieren die rechtsseitige Stetigkeit. So gilt z.B.: $\lim_{h \to 0^+} F(5+h) = \frac{5}{6}$. Die Wahrscheinlichkeit für das Ereignis $(2 < X \leq 4)$ beträgt:

---

[3] Monoton wachsende Funktionen werden auch als **monoton nicht fallend** bezeichnet. Folgt aus $x_2 > x_1$ immer auch $F(x_2) > F(x_1)$, dann heißt F **streng monoton wachsend**.

[4] Strebt x gegen x_1 von rechts oder links, schreibt man für den entsprechenden Grenzwert auch: $\lim_{x \to x_1^+} F(x) = F(x_1^+)$ bzw. $\lim_{x \to x_1^-} F(x) = F(x_1^-)$.

$$P(2 < X \leq 4) = F(4) - F(2) = \frac{4}{6} - \frac{2}{6} = \frac{1}{3}.$$

Abb. 3.2: Diskrete Verteilungsfunktion

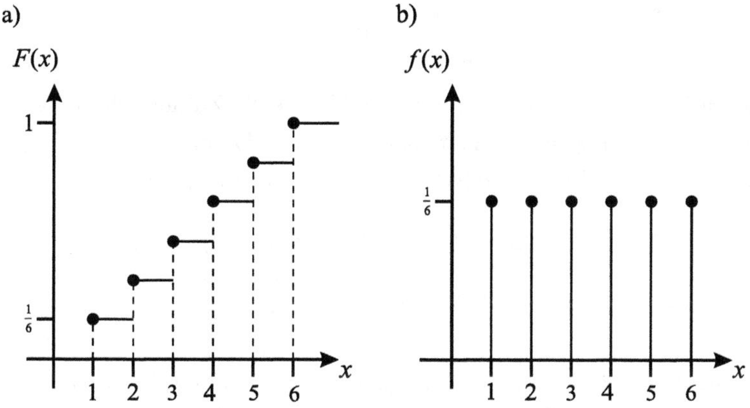

Bei diskreten Zufallsvariablen stellt $F(x)$ immer eine Treppenfunktion dar. Die Stufenhöhen entsprechen den Wahrscheinlichkeiten für $X = x_i$. Die Zuordnung von Wahrscheinlichkeiten zu den Realisationen $x_i = X(\omega_i)$ für $i = 1, 2, \ldots$ einer diskreten Zufallsvariablen geschieht mit der Wahrscheinlichkeitsfunktion $f(x)$, die manchmal auch Wahrscheinlichkeitsmassefunktion heißt.

Definition 3.3 *Die Funktion* $f : X(\Omega) \longrightarrow \mathbb{R}^+$ *mit*

$$f(x) = \begin{cases} P(X = x_i) = p_i, \ \textit{für}\ i = 1, 2, \ldots \\ 0, \ \textit{sonst.} \end{cases}$$

heißt **Wahrscheinlichkeitsfunktion** *von X.*

Im Beispiel 3.3 lautet die Wahrscheinlichkeitsfunktion:

$$f(x) = \begin{cases} P(X = x_i) = p_i = \frac{1}{6}, \ i = 1, \ldots, 6 \\ 0, \ \text{sonst} \end{cases}$$

und ist in der Abbildung 3.2.b wiedergegeben.

Ist die Wahrscheinlichkeitsfunktion einer diskreten Zufallsvariablen X bekannt, kann die Wahrscheinlichkeit $P(x_1 < X \leq x_2)$ wie folgt berechnet werden:

$$\begin{aligned} P(x_1 < X \leq x_2) &= \sum_{x_1 < x_i \leq x_2} f(x_i) = \sum_{x_1 < x_i \leq x_2} P(X = x_i) \\ &= \sum_{i: x_1 < x_i \leq x_2} p_i. \end{aligned}$$

Die Intervallgrenzen x_1 und x_2 sind beliebige reelle Zahlen; sie müssen nicht Elemente des Wertebereichs $X(\Omega)$ sein. Wäre z. B. $x_1 = 1,5$ und $x_2 = 4,8$, folgt mit der Wahrscheinlichkeitsfunktion des Beispiels 3.3:

$$\begin{aligned} P(1,5 < X \leq 4,8) &= P(X = 2) + P(X = 3) + P(X = 4) \\ &= p_1 + p_2 + p_3 = \frac{1}{2}. \end{aligned}$$

Eine stetige Zufallsvariable kann jeden Wert eines Intervalls der reellen Zahlen annehmen. Die Wahrscheinlichkeit für das Ereignis $X \leq x$ resultiert hier wegen der überabzählbar unendlich vielen Realisationen von X durch Integration einer geeigneten Funktion $f(x)$. Da das Ereignis $-\infty < X < \infty$ bei jedem Wert von X eintritt, es somit das sichere Ereignis darstellt, sind nur Funktionen zulässig, für die gilt: $f(x) \geq 0$ und $P(-\infty < X < \infty) = \int_{-\infty}^{\infty} f(x)\,dx = 1$.[5] In dieser Klasse gibt es bestimmte Funktionen, die Dichtefunktionen heißen.

Definition 3.4 *Eine Funktion* $f: X(\Omega) \longrightarrow \mathbb{R}^+$ *heißt* **Wahrscheinlichkeitsdichte** *oder* **Dichtefunktion**, *wenn gilt:*[6]

$$F(x) = P(X \leq x) = \int_{-\infty}^{x} f(u)\,du \quad \textit{für jedes } x \in \mathbb{R}.$$

Für alle Werte von x, in denen $F(x)$ stetig ist, erhält man: $\frac{dF(x)}{dx} = f(x)$; d.h. die Dichtefunktion ist die erste Ableitung der Verteilungsfunktion.

[5] Da die Integrationsgrenzen $-\infty$ und ∞ unbestimmt sind, liegt ein **uneigentliches Integral** vor.

[6] Da die obere Grenze des Integrationsintervalls mit x bezeichnet wird, muss die Integrationsvariable von x in u umbenannt werden.

Ist die Dichtefunktion bekannt, lässt sich die Wahrscheinlichkeit für ein Ereignis $(x_1 < X \leq x_2)$ jetzt ermitteln als:

$$P(x_1 < X \leq x_2) = F(x_2) - F(x_1) = \int_{-\infty}^{x_2} f(x)\,dx - \int_{-\infty}^{x_1} f(x)\,dx$$
$$= \int_{x_1}^{x_2} f(x)\,dx.$$

Hieran zeigt sich, dass im stetigen Fall für alle Ereignisse, bei denen X nur einen Wert annimmt, gilt: $P(X = x_1) = \int_{x_1}^{x_1} f(x)\,dx = 0$ für beliebiges x_1. Dies bedeutet jedoch nicht, dass diese Ereignisse unmöglich sind; vielmehr zeigt es, dass im Unterschied zum diskreten Fall die Dichtefunktion $f(x)$ nicht die Wahrscheinlichkeit für $X = x$ angibt. Daher ist es auch zulässig, wenn einige Werte von X zu $f(x) > 1$ führen. Da im stetigen Fall immer gilt: $P(X = x) = 0$, stimmen folgende Wahrscheinlichkeiten überein:

$$P(x_1 \leq X \leq x_2) = P(x_1 < X \leq x_2) = P(x_1 \leq X < x_2)$$
$$= P(x_1 < X < x_2).$$

Abgesehen von den aufgezeigten Ausnahmen überwiegen die inhaltlichen Gemeinsamkeiten der Wahrscheinlichkeits- und Dichtefunktion. Aus diesem Grund kennzeichnet der Buchstabe f beide Funktionen. Das folgende Beispiel verdeutlicht die eingeführten neuen Begriffe und die Rechenwege.

Beispiel 3.4 *Eine stetige Zufallsvariable X hat die Verteilungsfunktion:*

$$F(x) = \begin{cases} 0, & \textit{für } x < 0 \\ \frac{1}{8}x^3, & \textit{für } 0 \leq x < 2 \\ 1, & \textit{für } 2 \leq x \end{cases}.$$

Da $F(x)$ über den drei Teilintervallen stetig und differenzierbar ist, folgt die Dichtefunktion als Ableitung von $F(x)$:

$$f(x) = \begin{cases} \frac{3}{8}x^2, & 0 \leq x < 2 \\ 0, & \textit{sonst} \end{cases}.$$

In Abbildung 3.3 sind beide Funktionen dargestellt.

Abb. 3.3: Stetige Verteilungsfunktion

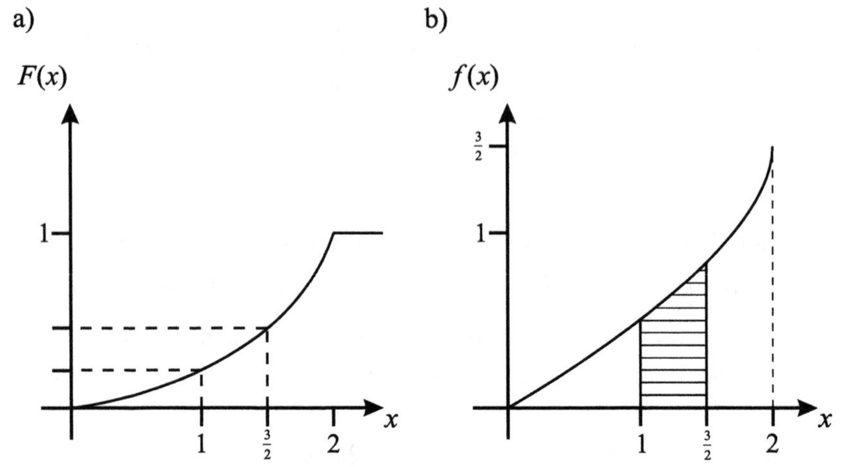

Die Wahrscheinlichkeit $P(1 < X \leq \frac{3}{2})$ lässt sich über $F(x)$ und $f(x)$ berechnen. Man erhält:

$$P\left(1 < X \leq \frac{3}{2}\right) = F\left(\frac{3}{2}\right) - F(1) = \frac{27}{64} - \frac{1}{8} = \frac{19}{64};$$

aber auch: $\int\limits_1^{\frac{3}{2}} \frac{3}{8}x^2\,dx = \frac{1}{8}x^3\Big|_1^{\frac{3}{2}} = \frac{27}{64} - \frac{1}{8} = \frac{19}{64}$. *Abbildung 3.3.a gibt die Wahrscheinlichkeit als Differenz der beiden Funktionswerte, Abbildung 3.3.b als Flächeninhalt wieder.*

Beispiel 3.5 *Die stetige Zufallsvariable X bedeutet die in Minuten gemessene Verspätung eines Zuges mit den Werten des geschlossenen Intervalls [0,10]. Die Dichtefunktion lautet:*

$$f(x) = \begin{cases} \frac{1}{5} - \frac{1}{50}x, & 0 \leq x \leq 10 \\ 0, & sonst \end{cases}.$$

Die Verteilungsfunktion $F(x)$ gewinnt man hieraus durch Integration. Über dem Intervall [0,x] mit $x \leq 10$ erhält man:

$$\int\limits_0^x f(u)\,du = \int\limits_0^x \left(\frac{1}{5} - \frac{1}{50}u\right)du = \left(\frac{1}{5}u - \frac{1}{100}u^2\right)\Big|_0^x = \frac{1}{5}x - \frac{1}{100}x^2.$$

Die Verteilungsfunktion über dem gesamten Bereich der reellen Zahlen ist dann:

$$F(x) = \begin{cases} 0, & x < 0 \\ \frac{1}{5}x - \frac{1}{100}x^2, & 0 \leq x < 10 \\ 1, & 10 \leq x \end{cases}$$

Abbildung 3.4 zeigt den Graphen beider Funktionen.

Abb. 3.4: Verteilungsfunktion des Beispiels 3.5

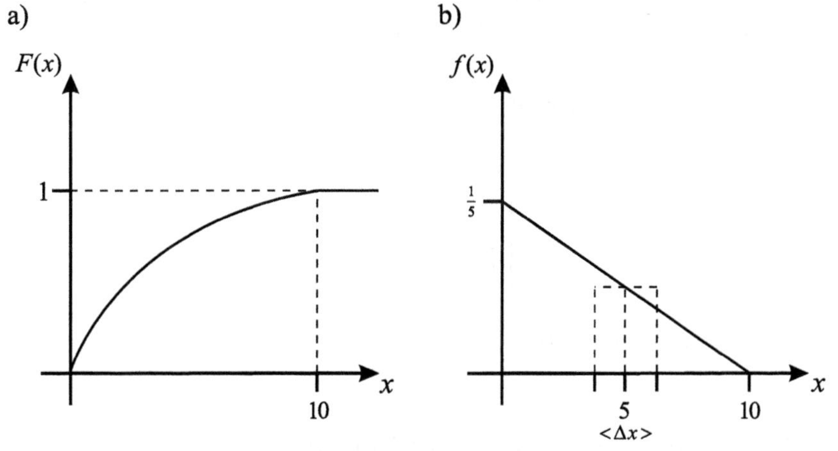

Die Wahrscheinlichkeit für eine Verspätung zwischen 5 und 8 Minuten beträgt $P(5 \leq X \leq 8) = F(8) - F(5) = 0,96 - 0,75 = 0,21$. *Die Wahrscheinlichkeit für eine Verspätung von genau 5 Minuten lässt sich mit der Dichtefunktion nicht ermitteln. Sie kann nur als Näherungswert angegeben werden:*

$$P(X = x) = f(x)\Delta x,$$

wobei das Intervall Δx *sehr klein und symmetrisch zur Stelle* x *sein sollte. Abbildung 3.4.b verdeutlicht die Berechnung. Bei einem Intervall* $\Delta x = \frac{1}{10}$ *schätzt man* $P(X = 5)$ *durch:*

$$P(X = 5) \approx \frac{1}{10} f(5) = \frac{1}{10} \cdot \frac{1}{10} = 0,01.$$

Die Schätzung $\frac{1}{10}f(5) = 0,01$ *approximiert die Wahrscheinlichkeit für das Ereignis* $\{4,95 \leq X \leq 5,05\}$, *dessen exakte Wahrscheinlichkeit als* $\int\limits_{4,95}^{5,05} f(x)dx$ *zu berechnen ist. Bei linearen Dichtefunktionen gilt jedoch immer:*

$$P(x - \frac{1}{2}\Delta x \leq X \leq x + \frac{1}{2}\Delta x) = f(x)\Delta x.$$

Weist eine Verteilungsfunktion an der Stelle x_1 eine Sprungstelle auf, ist $F(x)$ über dem gesamten Definitionsbereich $\mathbb{R}$ weder diskret noch stetig (vgl. Abbildung 3.5.a). Für $X = x_1$ verhält sich $F(x)$ wie im diskreten Fall; es kann daher die Wahrscheinlichkeit $P(X = x_1)$ berechnet werden. Da links- und rechtsseitiger Grenzwert für $x \longrightarrow x_1$ verschieden ausfallen, stellt die Differenz zwischen beiden die Wahrscheinlichkeit für $X = x_1$ dar.

Beispiel 3.6 *Die Zufallsvariable X hat die Verteilungsfunktion:*

$$F(x) = \begin{cases} 0, & x < 1 \\ \frac{1}{2} + \frac{1}{4}x, & 1 \leq x < 2 \\ 1, & 2 \leq x \end{cases},$$

die in Abbildung 3.5 dargestellt ist.

Abb. 3.5: Gemischt diskret–stetige Verteilung

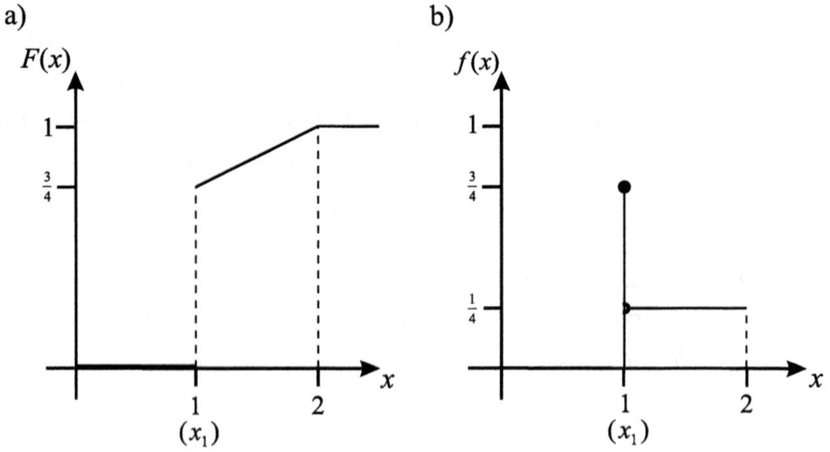

An der Stelle $x_1 = 1$ *liegt eine Sprungstelle vor; rechts- und linksseitiger Grenzwert betragen hier:*

$$\lim_{x \to 1^+} F(x) = F(1^+) = \frac{3}{4} \text{ und } \lim_{x \to 1^-} F(x) = F(1^-) = 0$$

Die Wahrscheinlichkeit für $X = x_1$ *folgt daher als:*

$$P(X = x_1) = F(x_1^+) - F(x_1^-) = \frac{3}{4} - 0 = \frac{3}{4}.$$

Analog hierzu geht man bei mehreren Sprungstellen vor. Die aus $F(x)$ *ableitbare Funktion ist wegen der Sprungstelle* x_1 *weder eine reine Dichte- noch eine reine Wahrscheinlichkeitsfunktion:*

$$f(x) = \begin{cases} \frac{3}{4}, & \text{für } x = 1 \\ \frac{1}{4}, & \text{für } 1 < x \leq 2 \\ 0, & \text{sonst} \end{cases} .$$

Der Graph dieser Funktion ist in Abbildung 3.5.b dargestellt. Die Vereinigung der beiden Ereignisse $\{X = 1\}$ *und* $\{1 < X \leq 2\}$ *liefert das sichere Ereignis, für dessen Wahrscheinlichkeit gelten muss:*

$$P(\{X = 1\} \cup \{1 < X \leq 2\}) = f(1) + \int_1^2 \frac{1}{4}\, dx = \frac{3}{4} + \frac{1}{4} = 1.$$

Die Beispiele 3.3 bis 3.5 verdeutlichen den theoretischen Zusammenhang, dass die Dichtefunktion bzw. Wahrscheinlichkeitsfunktion aus der Verteilungsfunktion ableitbar ist und umgekehrt. Beide Funktionen sind daher gleichwertig. Sowohl mit $F(x)$ als auch mit $f(x)$ erhält man genaue Informationen über alle Eigenschaften einer Verteilung.

Sind für eine Zufallsvariable X Verteilungsfunktion und Wahrscheinlichkeits- bzw. Dichtefunktion bekannt, lassen sich diese Funktionen auch für die transformierte Zufallsvariable $Y = g(X)$ ermitteln. In vielen Fällen sind die Herleitungen dieser Funktionen mathematisch sehr anspruchsvoll, so dass im Folgenden nur die Ergebnisse ohne Herleitung präsentiert werden. Eine erste Vorstellung von der Vorgehensweise vermittelt das folgende Beispiel.

Beispiel 3.7 *Die stetige Zufallsvariable* X *hat den Wertebereich* $-2 < x < 2$ *und die Dichtefunktion:* $f(x) = \frac{1}{4}$ *für* $-2 < x < 2$*, sonst null. Eine neue*

Zufallsvariable Y sei definiert als: $Y = X^2$. Ihr Wertebereich beträgt: $0 \leq y < 4$. Für jedes $y \in [0,4]$ gilt:

$$P(Y \leq y) = P(X^2 \leq y) = P(-\sqrt{y} \leq X \leq \sqrt{y}).$$

Die Wahrscheinlichkeit für das Ereignis $\{-\sqrt{y} \leq X \leq \sqrt{y}\}$ berechnet man mit der Dichtefunktion $f(x) = \frac{1}{4}$ als: $\int\limits_{-\sqrt{y}}^{\sqrt{y}} \frac{1}{4}\,dx = \frac{1}{4}x\Big|_{-\sqrt{y}}^{\sqrt{y}} = \frac{1}{2}\sqrt{y}$. Die Verteilungsfunktion $F_Y(y)$ lautet daher:

$$F_Y(y) = \begin{cases} 0, & y < 0 \\ \dfrac{1}{2}\sqrt{y}, & 0 \leq y < 4 \\ 1, & 4 \leq y \end{cases}.$$

Hieraus gewinnt man die Dichtefunktion $f_Y(y)$ durch Ableiten der Funktion $F_Y(y)$ nach y:

$$f_Y(y) = \begin{cases} \dfrac{1}{4\sqrt{y}}, & 0 \leq y < 4 \\ 0, & \textit{sonst} \end{cases}.$$

Obwohl zur vollständigen Analyse der Zufallsvariablen Y die Kenntnis der Funktionen $F_Y(y)$ und $f_Y(y)$ notwendig ist, lassen sich einige Aussagen über Y bereits aus den Verteilungseigenschaften von X gewinnen.

Auch die Berechnung bedingter Wahrscheinlichkeiten gemäß Satz 2.5 kann mit den bis jetzt entwickelten Konzepten erfolgen. Mitunter ist es jedoch vorteilhafter, hierzu die bedingte Dichte- bzw. Wahrscheinlichkeitsfunktion heranzuziehen.

Definition 3.5 *Es sei X eine Zufallsvariable und $f(x)$ ihre Wahrscheinlichkeits- bzw. Dichtefunktion. Die Funktion*

$$f(x|a \leq x_i \leq b) = \begin{cases} \dfrac{f(x)}{\sum\limits_{a \leq x_i \leq b} f(x_i)} \\ 0 \end{cases} \quad \textit{(diskreter Fall)} \quad \textit{bzw.}$$

$$f(x|a \leq x \leq b) = \begin{cases} \dfrac{f(x)}{\int\limits_a^b f(x)\,dx} \\ 0 \end{cases} \quad \textit{(stetiger Fall)}$$

heißt **bedingte Wahrscheinlichkeits-** *bzw.* **bedingte Dichtefunktion** *für X unter der Bedingung, dass X nur Werte des Intervalls* $a \leq X \leq b$ *annimmt, falls gilt:* $\sum_{a \leq x_i \leq b} f(x_i) > 0$ *bzw.* $\int_a^b f(x)dx > 0$.

Beispiel 3.8 *Im Beispiel 3.4 lautet die Dichtefunktion:* $f(x) = \frac{3}{8}x^2$ *für* $0 < x \leq 2$, *sonst null; die (unbedingte) Wahrscheinlichkeit für* $1 < X \leq \frac{3}{2}$ *beträgt* $\frac{19}{64}$. *Es soll jetzt die Wahrscheinlichkeit für dasselbe Intervall, jedoch unter der Bedingung* $1 \leq X \leq 2$ *berechnet werden. Da* $P(1 \leq X \leq 2) = F(2) - F(1) = \frac{7}{8}$, *folgt nach Satz 2.5 die Wahrscheinlichkeit als:*

$$P(1 < X \leq \frac{3}{2} | 1 \leq X \leq 2) = \frac{P(1 < X \leq \frac{3}{2})}{P(1 \leq X \leq 2)} = \frac{19}{56}.$$

Dieselbe Wahrscheinlichkeit resultiert aus der bedingten Dichtefunktion. Diese lautet für den vorliegenden Fall gemäß Definition 3.5:

$$f(x|1 \leq X \leq 2) = \begin{cases} \frac{3}{7}x^2, & 1 \leq x \leq 2 \\ 0, & \textit{sonst} \end{cases},$$

weil gilt: $\int_1^2 \frac{3}{8}x^2 dx = \frac{7}{8}$. *Mit der bedingten Dichtefunktion erhält man jetzt:*

$$P(1 < X \leq \frac{3}{2} | 1 \leq X \leq 2) = \int_1^{\frac{3}{2}} \frac{3}{7}x^2 dx = \frac{1}{7}x^3 \Big|_1^{\frac{3}{2}} = \frac{19}{56}.$$

Liegt die bedingte Dichtefunktion vor, führt ihre Integration zur **bedingten Verteilungsfunktion**. *Im obigen Beispiel erhält man die bedingte Verteilungsfunktion als:*

$$F(x|1 \leq X \leq 2) = \int_1^x \frac{3}{7}u^2 du = \frac{1}{7}u^3 \Big|_1^x = \frac{1}{7}(x^3 - 1) \text{ für } 1 \leq x \leq 2;$$

mit den Werten $F(1|1 \leq X \leq 2) = 0$ *und* $F(2|1 \leq X \leq 2) = 1$.

Auch für diskrete Zufallsvariablen lassen sich bedingte Wahrscheinlichkeits- und Verteilungsfunktionen angeben. Hierauf wird aber erst bei der Diskussion bivariater Zufallsvariablen in Kapitel 5 näher eingegangen.

3.3 Parameter von Verteilungen

Interpretiert man die Wahrscheinlichkeit $P(X \leq x)$ als kumulierte relative Häufigkeit $H(X \leq x_i)$, geht die mit der Definition 3.2 festgelegte Verteilungsfunktion in die empirische Verteilungsfunktion, auch relative Häufigkeitssummenfunktion genannt, der deskriptiven Statistik über.[7] Daher stimmen auch die aus der Verteilungsfunktion ableitbare Wahrscheinlichkeits- und Dichtefunktion mit den entsprechenden, aus der empirischen Verteilungsfunktion ableitbaren Funktionen formal überein. Der Wahrscheinlichkeitsfunktion einer diskreten Zufallsvariablen entspricht die relative Häufigkeitsfunktion und der Dichtefunktion einer stetigen Zufallsvariablen die empirische Häufigkeitsdichtefunktion. Wegen dieser Analogie lassen sich alle Parameter, die zur Charakterisierung empirischer Verteilungsfunktionen in der deskriptiven Statistik entwickelt wurden, auch auf Wahrscheinlichkeitsverteilungen übertragen.

Die wichtigsten Maßzahlen von Verteilungen sind Lage- und Streuungsparameter.[8] Die zentrale Stellung des arithmetischen Mittels in der deskriptiven Statistik nimmt in der Wahrscheinlichkeitstheorie der Erwartungswert, auch mathematische Erwartung genannt, ein. Der mit E symbolisierte Erwartungswert soll zunächst an einem Beispiel erläutert werden.

Beispiel 3.9 *Bei einem Glücksspiel bekommt man für den Einsatz von 2 € die Hälfte der Augenzahl ausgezahlt, die nach dem Werfen eines fairen Würfels oben liegt. Der Auszahlungsbetrag X ist eine Zufallsvariable mit dem Wertebereich:* $X = \{\frac{1}{2}, 1, \frac{3}{2}, 2, \frac{5}{2}, 3\}$. *Berücksichtigt man den Spieleinsatz von 2 €, gibt* $Y = X - 2$ *die möglichen Nettoauszahlungen pro Spiel an:* $Y = \{-\frac{3}{2}, -1, -\frac{1}{2}, 0, \frac{1}{2}, 1\}$, *wobei negative Zahlungen Verlust bedeuten. Um den zu erwartenden Gewinn zu ermitteln, ist es intuitiv einleuchtend, jeden möglichen Ausgang mit seiner Eintrittswahrscheinlichkeit zu multiplizieren und die so gebildeten Produkte zu addieren: Dies führt zu:* $E(Y) = (-\frac{3}{2}) \cdot \frac{1}{6} + (-1) \cdot \frac{1}{6} + (-\frac{1}{2}) \cdot \frac{1}{6} + 0 \cdot \frac{1}{6} + \frac{1}{2} \cdot \frac{1}{6} + 1 \cdot \frac{1}{6} = -0,25$ €.

Vor dem Hintergrund dieses Beispiels lässt sich der Erwartungswert einer diskreten Zufallsvariablen definieren.

---

[7] Zur empirischen Verteilungsfunktion siehe z.B. Assenmacher (2003), S. 47 ff.

[8] Eine Vorschrift, die einer Funktion reelle Zahlen zuordnet, heißt **Funktional**. Daher müssten die einer Funktion zugeordneten Parameter Funktionalparameter heißen. In Übereinstimmung mit dem überwiegenden Teil der statistischen Lehrbuchdarstellung wird auf das Vorwort „Funktional“ verzichtet.

Definition 3.6 *Ist X eine diskrete Zufallsvariable mit der Wahrscheinlichkeitsfunktion $f(x_i)$ und $g(x)$ eine auf X definierte reellwertige Funktion, dann heißt*

$$E[g(X)] = \sum_{i=1}^{m} g(x_i) f(x_i)$$

Erwartungswert von $g(X)$, *falls gilt: $\sum |g(x_i)| f(x_i) < \infty$, d.h. die Summe existiert.*

Analog zum diskreten Fall ist der Erwartungswert für eine stetige Zufallsvariable definiert.

Definition 3.7 *Ist X eine stetige Zufallsvariable mit der Dichtefunktion $f(x)$ und $g(x)$ eine auf X definierte stetige, reellwertige Funktion, so heißt der Ausdruck*

$$E[g(X)] = \int_{-\infty}^{\infty} g(x) f(x)\, dx$$

Erwartungswert von $g(X)$, *falls gilt: $\int_{-\infty}^{\infty} |g(x)| f(x)\, dx < \infty$.*

Das Integral in Definition 3.7 bezieht sich auf den größtmöglichen Wertebereich von X. Falls die Dichtefunktion nur über einem Intervall $a \leq X \leq b$ Werte größer als null annimmt, erfolgt die Integration über diesem Intervall. Der Erwartungswert $\int_a^b g(x) f(x)\, dx$ ist für jedes geschlossene Intervall immer endlich.

Für die Spezifikation $g(X) = X^\alpha$, $\alpha \in \mathbb{N}$ heißt der in den Definitionen (3.6) und (3.7) festgelegte Erwartungswert **Anfangsmoment**[9] **der Ordnung α**:

$$E(X^\alpha) = \begin{cases} \sum_{i=1}^{m} x_i^\alpha f(x_i), & X: \text{ diskret} \\ \int_{-\infty}^{\infty} x^\alpha f(x)\, dx, & X: \text{ stetig} \end{cases} . \tag{3.1}$$

Für $\alpha = 1$ erhält man das **erste Anfangsmoment**, das Erwartungswert von X heißt und mit μ bezeichnet wird.

[9] Vgl. hierzu auch ASSENMACHER (2003), S. 111f.

Definition 3.8 *Der* **Erwartungswert einer Zufallsvariablen** X *ist definiert als:*

$$E(X) = \mu = \begin{cases} \sum\limits_{i=1}^{m} x_i f(x_i), & X: \text{ diskret} \\ \int\limits_{-\infty}^{\infty} x f(x)\,dx, & X: \text{ stetig} \end{cases}.$$

Beispiel 3.10 *a) Der Erwartungswert beim Werfen eines fairen Würfels beträgt:* $E(X) = \sum\limits_{i=1}^{m} x_i f(x_i) = \sum\limits_{i=1}^{m} x_i p_i = 1 \cdot \frac{1}{6} + 2 \cdot \frac{1}{6} + \ldots + 6 \cdot \frac{1}{6} = 3,5$. *Man sieht an diesem Ergebnis, dass der Erwartungswert diskreter Zufallsvariablen nicht eine Realisation von* X *sein muss.*

b) Als Erwartungswert der stetigen Zufallsvariablen des Beispiels 3.4 mit $f(x) = \frac{3}{8}x^2$, $0 < x \leq 2$ *erhält man:*

$$E(X) = \int\limits_0^2 x f(x)\,dx = \int\limits_0^2 \frac{3}{8}x^3\,dx = \frac{3}{32}x^4 \Big|_0^2 = \frac{3}{2}.$$

Die beiden Definitionen und das Beispiel zeigen, dass das Symbol E ganz bestimmte Rechenoperationen festlegt. Man bezeichnet E daher auch als Erwartungswert**operator**. Für diesen Operator gelten unabhängig davon, ob X diskret oder stetig ist, folgende Regeln:

$$\begin{aligned} &\text{(a)} \quad \mathrm{E}(a) = a, \\ &\text{(b)} \quad \mathrm{E}(a + bX) = a + b\mathrm{E}(X), \qquad (3.2) \\ &\text{(c)} \quad \mathrm{E}\left[\sum_{j=1}^{n} c_j g_j(X)\right] = \sum_{j=1}^{n} c_j \mathrm{E}[g_j(X)] = c_1 \mathrm{E}[g_1(X)] + \ldots + c_n \mathrm{E}[g_n(X)], \end{aligned}$$

falls g_j eine stetige Funktion für alle $j = 1, \ldots, n$ ist.

Regel (3.2.b) gibt den Erwartungswert einer linearen Transformation der Zufallsvariablen X wieder. Ihr Beweis wird für den diskreten und stetigen Fall durchgeführt. Die beiden übrigen Rechenregeln kann der Leser als Übung selbst beweisen. Ist X diskret, folgt für $g(X) = a + bX$ nach Definition 3.6:

$$\mathrm{E}(a + bX) = \sum_{i=1}^{m} (a + bx_i) f(x_i) = a \sum_{i=1}^{m} f(x_i) + b \sum_{i=1}^{m} x_i f(x_i).$$

Wegen $\sum\limits_{i=1}^{m} f(x_i) = 1$ und $\sum\limits_{i=1}^{m} x_i f(x_i) = \mathrm{E}(X)$ resultiert nach entsprechender Substitution direkt Regel (3.2.b). Bei einer stetigen Zufallsvariablen folgt aus

Definition 3.7:

$$\mathrm{E}(a+bX)=\int_{-\infty}^{\infty}(a+bx)f(x)\,dx=a\int_{-\infty}^{\infty}f(x)\,dx+b\int_{-\infty}^{\infty}xf(x)\,dx.$$

Wegen $\int_{-\infty}^{\infty} f(x)\,dx = 1$ und $\int_{-\infty}^{\infty} xf(x)\,dx = \mathrm{E}(X)$ folgt auch jetzt unmittelbar Regel (3.2.b).

Der Erwartungswert einer diskreten Zufallsvariablen stimmt formal mit dem arithmetischen Mittel der deskriptiven Statistik überein, das definiert ist als: $\bar{x} = \sum_{i=1}^{m} x_i h_i$, wobei h_i die relative Häufigkeit der i-ten Merkmalsausprägung im Datensatz bezeichnet. Daher heißt $\mathrm{E}(X)$ auch arithmetisches Mittel der Zufallsvariablen X. Trotz der formalen Übereinstimmung besteht zwischen beiden Maßzahlen doch ein erheblicher Unterschied, dessen Beachtung für ein genaues Verständnis beider Konzepte bedeutsam ist. Der Erwartungswert $\mathrm{E}(X)$ charakterisiert die Verteilung einer Zufallsvariablen X und kann berechnet werden, wenn der Wertebereich und die Eintrittswahrscheinlichkeiten bzw. Dichtefunktion bekannt sind. Dieser Wert bedarf keiner tatsächlichen Durchführungen und ist von diesen unabhängig. Das arithmetische Mittel hingegen kennzeichnet den durchschnittlichen Wert eines empirischen Datensatzes, d.h. um es berechnen zu können, müssen Beobachtungen vorliegen. Wird nun ein Zufallsexperiment n-mal durchgeführt, so liegen die Realisationen $x_1, \ldots, x_n$ der Zufallsvariablen X vor, für die das arithmetische Mittel $\bar{x} = \frac{1}{n}\sum_{j=1}^{n} x_j$ berechnet werden kann. Das arithmetische Mittel kennzeichnet jetzt den Datensatz, der durch die n-malige Wiederholung des Zufallsexperimentes erzeugt wurde, nicht jedoch den Erwartungswert der Zufallsvariablen X. Erhöht man die Anzahl n der Ausführungen, wird sich das arithmetische Mittel mit Wahrscheinlichkeit dem Erwartungswert $\mathrm{E}(X)$ annähern. Daher kann der Erwartungswert einer Zufallsvariablen auch als Durchschnitt ihrer Realisationen interpretiert werden.[10]

Als Lageparameter interpretiert kennzeichnet $\mathrm{E}(X)$ die zentrale Lage der Wahrscheinlichkeitsverteilung. Als weitere Lageparameter verwendet man

[10] Auch bei subjektiven Wahrscheinlichkeiten lässt sich $\mathrm{E}(X)$ auf diese Weise deuten. Jedoch sollte beachtet werden, dass der Erwartungswert jetzt eine subjektive Komponente enthält. Diese resultiert daraus, dass die Wahrscheinlichkeitsmaße den Grad der Überzeugung für das Eintreten der Realisationen von X angeben.

den Modus und Median, die bereits in der deskriptiven Statistik definiert wurden.[11] Ihre Berechnung im stetigen Fall zeigt das folgende Beispiel.

Beispiel 3.11 *Die Dichtefunktion einer Zufallsvariablen X wird gegeben durch $f(x) = 2x^{-3}$ für $x \geq 1$, sonst null. Erwartungswert μ, Median x_{Med} und Modus x_M betragen:*

$$\mu = \int_1^\infty x(2x^{-3})\,dx = 2\int x^{-2}\,dx = 2(-x^{-1})\Big|_1^\infty = 2;$$

x_{Med} erhält man aus folgender Gleichung: $\frac{1}{2} = \int_1^{x_{Med}} 2x^{-3}\,dx = (-x^{-2})\Big|_1^{x_{Med}} = -x_{Med}^{-2} + 1$. Hieraus folgt: $x_{Med} = \sqrt{2}$. Schließlich hat die Funktion $f(x) = 2x^{-3}$ ein Randmaximum bei $x = 1$, so dass gilt: $x_M = 1$.

Der wichtigste Parameter zur Quantifizierung der Streuung einer Wahrscheinlichkeitsverteilung ist die Varianz bzw. Standardabweichung. Auch die Varianz lässt sich wie der Erwartungswert durch eine spezielle Festlegung der Funktion $g(X)$ aus den Definitionen 3.6 und 3.7 gewinnen. Wählt man: $g(X) = (X - \mu)^\alpha$, $\alpha \in \mathbb{N}$, heißt der Erwartungswert

$$\mathrm{E}[(X-\mu)^\alpha] = \begin{cases} \sum\limits_{i=1}^{m} (x_i - \mu)^\alpha f(x_i), & X: \text{ diskret} \\ \int\limits_{-\infty}^{\infty} (x-\mu)^\alpha f(x)\,dx, & X: \text{ stetig} \end{cases} \tag{3.3}$$

Zentralmoment der Ordnung α. Für $\alpha = 2$ resultiert das Zentralmoment zweiter Ordnung, das **Varianz** heißt:

$$\mathrm{var}(X) = \mathrm{E}[(X-\mu)^2] = \sigma^2.$$

Die **Standardabweichung** σ ist definiert als $\sigma = \sqrt{\sigma^2}$. Die Varianz kann als Summe von Anfangsmomenten dargestellt werden:

$$\sigma^2 = \mathrm{E}[(X-\mu)^2] = \mathrm{E}(X^2) - 2\mu\mathrm{E}(X) + \mathrm{E}(\mu^2).$$

Wegen Definition 3.8 und Gleichung (3.2.a) lässt sich die rechte Seite zusammenfassen zu:

$$\sigma^2 = \mathrm{E}(X^2) - [\mathrm{E}(X)]^2 = \mathrm{E}(X^2) - \mu^2. \tag{3.4}$$

[11] Vgl. z.B. Assenmacher (2003), S. 65 ff.

Gleichung (3.4) heißt **spezieller Verschiebungssatz**; $\mathrm{E}(X^2)$ ist das Anfangsmoment zweiter Ordnung, $[\mathrm{E}(X)]^2$ das Quadrat des Anfangsmoments erster Ordnung.

Für die Varianz gelten zwei Regeln, die als Gleichung (3.5) angegeben sind:

$$\text{(a)}\quad \mathrm{var}(a) = 0, \qquad \text{(b)}\quad \mathrm{var}(a + bX) = b^2 \mathrm{var}(X), \qquad (3.5)$$

für alle $a, b \in \mathbb{R}$.

Der Beweis dieser Regeln ist dem Leser als Übung empfohlen.

Neben der Varianz können auch die weiteren, bei der deskriptiven Analyse verwendeten Maßzahlen der Streuung auf Wahrscheinlichkeitsverteilungen übertragen werden. So erhält man z.B. die mittlere absolute Abweichung, indem in den Definitionen 3.6 und 3.7 die Spezifikation $g(X) = |X - \mu|$ gewählt wird. Da andere Maßzahlen als die Varianz zur Charakterisierung von Wahrscheinlichkeitsverteilungen doch selten sind und – wenn benötigt – recht leicht analog zur Vorgehensweise in der deskriptiven Statistik ermittelt werden können, wird hier auf eine weitere Behandlung verzichtet.

Sind nur Erwartungswert μ und Varianz $\sigma^2 < \infty$ einer Zufallsvariablen X bekannt, nicht jedoch ihre konkrete Verteilungsfunktion, lassen sich die Wahrscheinlichkeiten für komplementäre Ereignisse der Art $\{|X - \mu| < c\} = \{\mu - c < X < \mu + c\}$ und $\{|X - \mu| \geq c\} = \{X \leq \mu - c, X \geq \mu + c\}$ für jede beliebige Konstante $c > 0$ abschätzen. Auf diese Weise gewinnt man zusätzlich zu μ und σ^2 weitere Informationen über Lage und Streuung der Verteilung von X. Die Abschätzung geschieht mit der Tschebyscheff'schen Ungleichung, die in zwei äquivalenten Versionen angegeben werden kann.

Es lässt sich zeigen, dass für jede Zufallsvariable X mit $\sigma^2 < \infty$:

$$\text{(a)}\ P(|X - \mu| \geq c) \leq \frac{\sigma^2}{c^2} \ \text{bzw. (b)}\ P(|X - \mu| < c) > 1 - \frac{\sigma^2}{c^2} \quad \text{für alle } c > 0. \qquad (3.6)$$

Setzt man: $c = k\sigma$, folgt die **Tschebyscheff'sche Ungleichung**:

$$\text{(a)}\ P(|X - \mu| \geq k\sigma) \leq \frac{1}{k^2} \quad \text{oder (b)}\ P(|X - \mu| < k\sigma) > 1 - \frac{1}{k^2}\,. \qquad (3.7)$$

An den Gleichungen (3.6) und (3.7) wird deutlich, dass nur für $c > \sigma$ bzw. $k > 1$ informative Wahrscheinlichkeitsschätzungen vorliegen. Die Abschätzung der Wahrscheinlichkeit mit der Tschebyscheff'schen Ungleichung liefert eine untere bzw. obere Grenze für die exakte Wahrscheinlichkeit. Der Approximationsfehler kann, wie das nächste Beispiel zeigt, jedoch beträchtlich sein.

Beispiel 3.12 : *Die stetige Zufallsvariable* X *mit der Dichtefunktion* $f(x) = \frac{3}{8}x^2$, $0 < x \leq 2$, *sonst null, hat einen Erwartungswert von* $\mu = \frac{3}{2}$ *(siehe Beispiel 3.9.b). Um die Varianz nach dem Verschiebungssatz (3.4):* $\sigma^2 = E(X^2) - \mu^2$ *zu berechnen, benötigt man den Wert des Anfangsmoments zweiter Ordnung:*

$$E(X^2) = \int_0^2 x^2 \left(\frac{3}{8}x^2\right) dx = \frac{3}{8}\int_0^2 x^4\, dx = \frac{3}{40}x^5\Big|_0^2 = \frac{12}{5}.$$

Daher gilt: $\sigma^2 = \frac{12}{5} - (\frac{3}{2})^2 = 0,15$ *und* $\sigma \approx 0,3873$.

Die exakte Wahrscheinlichkeit für das Ereignis $1 \leq X \leq 2$ *beträgt* $P(1 \leq X \leq 2) = \int_1^2 \frac{3}{8}x^2\, dx = F(2) - F(1) = \frac{7}{8} = 0,875$. *Zur Abschätzung mit der Tschebyscheff'schen Ungleichung müssen c und k bestimmt werden. Da gilt:* $1 \leq X \leq 2 \Leftrightarrow |x - \frac{3}{2}| \leq \frac{1}{2}$, *folgt:* $c = \frac{1}{2}$. *Die Konstante k ergibt sich wegen* $k\sigma = c$ *durch Lösen der Gleichung* $0,3873k = \frac{1}{2}$ *als:* $k = 1,291$. *Damit kann die Abschätzung berechnet werden:*

$$P\left(|X - \frac{3}{2}| \leq \frac{1}{2}\right) > 1 - \frac{1}{(1,291)^2} \approx 0,4.$$

In Beispiel 3.12 unterschätzt man die exakte Wahrscheinlichkeit mit der Tschebyscheff'schen Ungleichung beträchtlich. Dieser Fehler hängt von der angenommenen Verteilungsfunktion ab. Bei anderen Verteilungsfunktionen lassen sich genauere Abschätzungen ermitteln.

3.4 Erwartungswert und Varianz bei Linearkombinationen von eindimensionalen Zufallsvariablen

Mehrere Zufallsvariablen, die entweder alle diskret oder alle stetig sind, lassen sich funktional zu einer neuen Zufallsvariablen verbinden. Eine wichtige funktionale Verknüpfung stellt die Linearkombination von Zufallsvariablen dar.

Definition 3.9 *Gegeben sind die Zufallsvariablen* $X_1, X_2, \ldots, X_n$ *und die reellwertigen Konstanten* $\lambda_1, \lambda_2, \ldots, \lambda_n$. *Die Zufallsvariable* $Y = \lambda_1 X_1 + \lambda_2 X_2 + \ldots + \lambda_n X_n = \sum_{j=1}^{n} \lambda_j X_j$ *heißt* **Linearkombination** *der Zufallsvariablen* X_j, $j = 1, \ldots, n$.

Je nach Vorgabe der Konstanten λ_j resultieren bestimmte Linearkombinationen. Besonders häufig kommen in der induktiven Statistik die drei folgenden Spezifikationen vor:

(1) Sind alle $\lambda_j = 1$, erhält man:

$$S = X_1 + X_2 + \ldots + X_n = \sum_{j=1}^{n} X_j. \tag{3.8}$$

Die Zufallsvariable S ist die Summe der Realisationen der n Zufallsvariablen X_j.

(2) Für $\lambda_j = \frac{1}{n}$ resultiert:

$$\bar{X} = \frac{1}{n} X_1 + \frac{1}{n} X_2 + \ldots + \frac{1}{n} X_n = \frac{1}{n} \sum_{j=1}^{n} X_j = \frac{1}{n} S. \tag{3.9}$$

Die Zufallsvariable $\bar{X}$ ist das arithmetische Mittel der n Zufallsvariablen X_j.

(3) Gilt $\lambda_j = 0$ für $j = 3, \ldots, n$ und $X_2 = 1$, geht die Linearkombination über in:

$$Y = \lambda_1 X_1 + \lambda_2 \tag{3.10}$$

Die Zufallsvariable Y ist eine lineare Funktion von X_1 und heißt deshalb auch **Lineartransformation**.

Erwartungswert und Varianz für diese drei Linearkombinationen lassen sich mit den Regeln (3.2) und (3.5) berechnen; bei der Varianzberechnung muss noch unterschieden werden, ob die Zufallsvariablen X_j paarweise stochastisch unabhängig sind oder nicht. Es sei hier paarweise stochastische Unabhängigkeit angenommen.[12] Man erhält für die drei speziellen Linearkombinationen unter der Annahme, dass für alle X_j sowohl μ_j als auch σ_j^2 existieren, jetzt im Einzelnen:

[12] Stochastische Abhängigkeit zwischen Zufallsvariablen behandelt Kapitel 5.4. Dann wird auch der Additionssatz für Varianzen unabhängiger Zufallsvariablen bewiesen.

Fall (1):

$$\begin{aligned}\mathrm{E}(S) &= \mathrm{E}(X_1 + \ldots + X_n) = \mathrm{E}(X_1) + \ldots + \mathrm{E}(X_n) \\ &= \sum_{j=1}^{n} \mathrm{E}(X_j) = \sum_{j=1}^{n} \mu_j = \mu_S. \end{aligned} \tag{3.11}$$

Die Umformungen zeigen, dass die Operatoren E und $\sum$ in ihrer Anwendung vertauscht werden können.

$$\begin{aligned}\mathrm{var}(S) &= \mathrm{var}(X_1 + \ldots + X_n) = \sigma_1^2 + \ldots + \sigma_n^2 \\ &= \sum_{j=1}^{n} \sigma_j^2 = \sigma_S^2. \end{aligned} \tag{3.12}$$

Diese Berechnung heißt **Additionssatz für Varianzen (paarweise) stochastisch unabhängiger Zufallsvariablen.**

Fall (2):

$$\mathrm{E}(\bar{X}) = \mathrm{E}(\frac{1}{n}\sum_{j=1}^{n} X_j) = \frac{1}{n}\mathrm{E}(S) = \frac{1}{n}\sum_{j=1}^{n} \mu_j = \mu_{\bar{X}}, \tag{3.13}$$

$$\begin{aligned}\mathrm{var}(\bar{X}) &= E(\bar{X}^2) - [E(\bar{X})]^2 = E[(\frac{1}{n}S)^2] - [E(\frac{1}{n}S)]^2 \\ &= \frac{1}{n^2}\{E(S^2) - [E(S)]^2\} = \frac{1}{n^2}\mathrm{var}(S) = \frac{1}{n^2}\sum_{j=1}^{n}\sigma_j^2 \\ &= \sigma_{\bar{X}}^2. \end{aligned} \tag{3.14}$$

Fall (3):

$$\mathrm{E}(Y) = \mathrm{E}(\lambda_1 X_1 + \lambda_2) = \lambda_1 \mathrm{E}(X_1) + \lambda_2 = \lambda_1\mu_1 + \lambda_2 = \mu_Y, \tag{3.15}$$

$$\begin{aligned}\mathrm{var}(Y) &= E[(Y - \mu_Y)^2] = E[(\lambda_1 X_1 + \lambda_2 - \lambda_1\mu_1 - \lambda_2)^2] \\ &= E\{[\lambda_1(X_1 - \mu_1)]^2\} = \lambda_1^2 E[(X_1 - \mu_1)^2] \\ &= \lambda_1^2 \mathrm{var}(X_1) = \lambda_1^2\sigma_1^2 = \sigma_Y^2. \end{aligned} \tag{3.16}$$

Legt man bei der Lineartransformation (3.10) die Parameter als $\lambda_1 = \frac{1}{\sigma_1}$ und $\lambda_2 = -\frac{\mu_1}{\sigma_1}$ fest, folgt: $\mathrm{E}(Y) = \frac{1}{\sigma_1}\mu_1 - \frac{\mu_1}{\sigma_1} = 0$; die Varianz beträgt: $\mathrm{var}(Y) = \frac{1}{\sigma_1^2}\sigma_1^2 = 1$. Zufallsvariablen mit diesen Werten für Erwartungswert und Varianz heißen **standardisiert**. Alle Zufallsvariablen mit endlichem Erwartungswert und einer endlichen Varianz größer als null lassen sich auf diese Weise standardisieren.

Gehören die Wahrscheinlichkeitsverteilungen der Zufallsvariablen $X_j, j = 1, 2, \ldots, n$ im Fall (1) alle zu derselben Klasse und folgt dies dann auch für die Wahrscheinlichkeitsverteilung ihrer Summe $S = \sum_{j=1}^{n} X_j$, liegt die sogenannte **Reproduktionseigenschaft** bzw. **Reproduktivität** vor; man sagt auch, die Verteilungsfunktion ist reproduktiv.

Übungsaufgaben zu 3.1 bis 3.4

3.1 Ein Glücksspiel hat folgenden Aufbau. Der Spieler zieht verdeckt viermal eine Karte mit Zurücklegen aus den Karten Herzdame, Herzkönig und Herzbube. Die Zufallsvariable X bezeichnet die Anzahl der gezogenen Damen.

a) Bestimmen Sie die Wahrscheinlichkeits- und Verteilungsfunktion für X!

b) Berechnen Sie die Wahrscheinlichkeit, (1) genau eine Dame zu ziehen, (2) mehr als zwei Damen und (3) eine oder vier Damen zu ziehen!

c) Ermitteln Sie $\mathrm{E}(X)$!

d) Der Spieleinsatz beträgt y €; der Spieler erhält X € als Auszahlung. Geben Sie die Gewinn–Verlust–Funktion des Spielers an! Wie hoch muss der Spieleinsatz y sein, bei dem der Spieler weder Gewinn noch Verlust erwarten kann?

3.2 Eine Betriebsstatistik hat ergeben, dass die Anzahl X der abwesenden Beschäftigten an einem Arbeitstag folgende Wahrscheinlichkeitsfunktion besitzt:

x	0	1	2	3	4	5	6	7
$f(x)$	0,005	0,025	0,31	0,34	0,22	0,08	0,019	0,001

a) Bestimmen Sie die Verteilungsfunktion! Wie groß ist die Wahrscheinlichkeit, dass an einem Tag

(1) mehr als fünf und (2) genau drei

Beschäftigte nicht zur Arbeit erscheinen?

b) Welche Anzahl von Abwesenden ist am wahrscheinlichsten und welche darf erwartet werden?

3.3 Gegeben ist folgende Wahrscheinlichkeitsdichtefunktion:

$$f(x) = 3(1-x)^2 \quad \text{für} \quad 0 < x < 1.$$

a) Ermitteln Sie die Verteilungsfunktion, und bestimmen Sie die Wahrscheinlichkeit $P(X \geq 0{,}25)$!

b) Wie groß sind Erwartungswert und Varianz?

3.4 Zeigen Sie, dass $f(x) = x^{-2}$ für $x \geq 1$ eine Dichtefunktion ist!

3.5 Gegeben ist die folgende Funktion:

$$f(x) = \begin{cases} k[1-(x-3)^2] & , \quad 2 \leq x \leq 4 \\ 0 & , \quad \text{sonst} \end{cases}.$$

a) Für welchen Wert von k ist $f(x)$ eine Wahrscheinlichkeitsdichte?

b) Berechnen Sie dann $\mathrm{E}(X)$ und $\mathrm{var}(X)$!

3.6 Eine Zufallsvariable X hat den Erwartungswert $\mathrm{E}(X) = 10$ und die $\mathrm{var}(X) = 36$. Bestimmen Sie ein Intervall, in dem die Werte von X mit einer Wahrscheinlichkeit von mindestens 75% liegen! Begründen Sie, warum die Ungleichung von Tschebyscheff nur für $k > 1$ sinnvoll ist!

3.7 Eine Studentin plant, ein Viertel ihres Vermögens in einen Immobilienfonds und den Rest in einen Aktienfonds zu investieren. Die erwartete Rendite des Immobilienfonds beträgt 28% mit einer Standardabweichung von 20%, während der Aktienfonds eine erwartete Rendite von 12% und eine Standardabweichung von 6% besitzt. Die Renditen beider Fonds sind voneinander unabhängig.

a) Wie groß ist die erwartete Gesamtrendite und die Standardabweichung der Gesamtrendite für das eingesetzte Vermögen?

b) Erstellen Sie eine Rangfolge für das Risiko (Größe der Varianz) des Immobilien- und Aktienfonds sowie der Kombination beider Anlageformen.

4 Ausgewählte theoretische Verteilungen

Mit dem Konzept der Zufallsvariablen und ihrer Wahrscheinlichkeitsverteilung findet eine Abstraktion von den tatsächlichen, in der Realität ablaufenden Zufallsvorgängen statt. So ist es in den Beispielen 3.6, 3.7 und 3.8 nicht notwendig, die Zufallsvorgänge explizit anzugeben, die zu den angeführten Verteilungs- bzw. Dichtefunktionen führen. Wegen dieser Abstraktion kann theoretisch jede reelle Funktion, die den in Abschnitt 3.2 aufgestellten Bedingungen genügt, als Verteilungsfunktion verwendet werden, unabhängig davon, ob hierfür ein realer Zufallsvorgang existiert. All diese Funktionen bilden die Klasse theoretischer Verteilungen. Aus der unendlichen Anzahl theoretischer, diskreter und stetiger Verteilungsfunktionen müssen diejenigen identifiziert werden, die der Wahrscheinlichkeitsverteilung eines vorgegebenen, empirischen Zufallsvorgangs entsprechen oder diese zumindest gut approximieren. Eine wesentliche Aufgabe der angewandten Statistik liegt darin, aus der Klasse theoretischer Verteilungen diejenige zu finden, die einen in der (ökonomischen) Realität stattfindenden Zufallsvorgang am besten erfasst. Da viele ökonomische Zufallsvorgänge auf gleichen Voraussetzungen basieren, reichen einige ausgewählte Verteilungsfunktionen zur Lösung der meisten praktischen Probleme aus.

Bei diskreten Zufallsvariablen lassen sich theoretische Verteilungsfunktionen oft über das Laplacesche Urnenmodell oder ein Bernoulli–Experiment gewinnen. Ein **Bernoulli–Experiment** liegt vor, wenn ein Zufallsvorgang

1. nur in zwei Ausgänge A und $\bar{A}$ mündet, deren
2. Wahrscheinlichkeiten von Durchführung zu Durchführung konstant bleiben und
3. die einzelnen Durchführungen unabhängig voneinander sind.

Obwohl die dritte Bedingung suggeriert, dass bei einem Bernoulli–Experiment mehrere Durchführungen vorliegen müssen, bezeichnet man so auch die einmalige Durchführung. Bei Wiederholungen gibt man deren Anzahl an und nennt sie auch **Bernoulli–Kette der Länge n.** Treffen alle Annahmen der auf diese Weise gewonnenen theoretischen Verteilungsfunktionen auch bei empirischen Zufallsvorgängen zu, ist deren Verteilungsfunktion gefunden.

Die Ableitung theoretischer, stetiger Verteilungen aus einfachen Annahmen eines Zufallsexperiments wie im diskreten Fall gelingt nur selten und dann für wenig praxisrelevante Vorgaben. Jedoch lassen sich aus diskreten Verteilungen nach Grenzübergang für die Anzahl der Durchführungen stetige Verteilungen gewinnen. Auch zeigt die Erfahrung, dass sich in vielen empirischen Situationen bestimmte theoretische, stetige Verteilungen als Approximation gut eignen.

4.1 Verteilungen diskreter Zufallsvariablen

4.1.1 Einpunkt-, Zweipunkt-, Bernoulli- und Gleichverteilung

Ordnet eine Zufallsvariable X jedem Ausgang ω_i, $i = 1, \ldots, m$ eines Stichprobenraumes Ω immer dieselbe reelle Zahl x_0 zu, also: $X(\omega_i) = x_0$ für alle i, heißt X **einpunktverteilt**. Obwohl X bei dieser Grenzsituation keine genuine Zufallsvariable mehr darstellt, lassen sich Wahrscheinlichkeits- und Verteilungsfunktion aufstellen als:

$$f(x) = \begin{cases} 1, & x = x_0 \\ 0, & \text{sonst} \end{cases}, \qquad F(x) = \begin{cases} 0, & x < x_0 \\ 1, & x \geq x_0 \end{cases}.$$

Abbildung 4.1 gibt beide Funktionen wieder.

Abb. 4.1: Einpunktverteilung

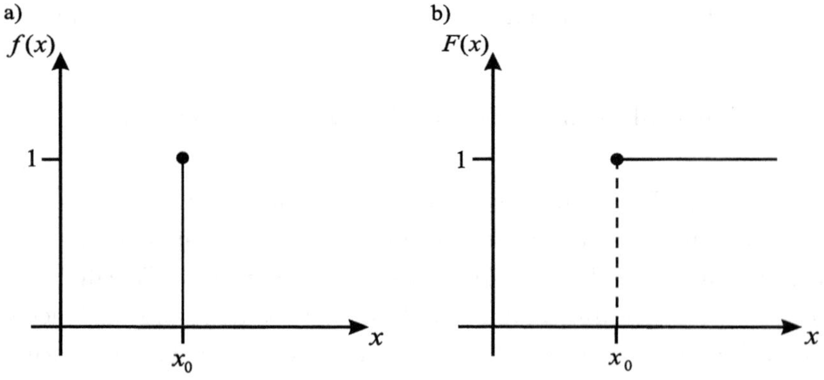

Erwartungswert und Varianz betragen: $\mu = x_0$ und $\sigma^2 = 0$. Auch die Varianz zeigt an, dass es sich hier um den Grenzfall einer Zufallsvariablen handelt.

Eine **Zweipunktverteilung** liegt vor, wenn eine Zufallsvariable X nur zwei Werte x_1 und x_2 mit positiven Wahrscheinlichkeiten annimmt: $X(\Omega) = \{x_1, x_2\}$ mit: $P(X = x_1) = p_1$ und $P(X = x_2) = p_2 = 1 - p_1$, $0 < p_1 < 1$. Die Wahrscheinlichkeits- und Verteilungsfunktion lassen sich angeben als:

$$f(x) = \begin{cases} p_1, & x = x_1 \\ p_2 = 1 - p_1, & x = x_2 \\ 0, & \text{sonst} \end{cases}, \tag{4.1}$$

$$F(x) = \begin{cases} 0, & x < x_1 \\ p_1, & x_1 \leq x < x_2 \\ 1, & x_2 \leq x \end{cases}. \tag{4.2}$$

Die Graphen beider Funktionen sind für fiktive Werte $p_1 < p_2$ in Abbildung 4.2 dargestellt.

Abb. 4.2: Zweipunktverteilung

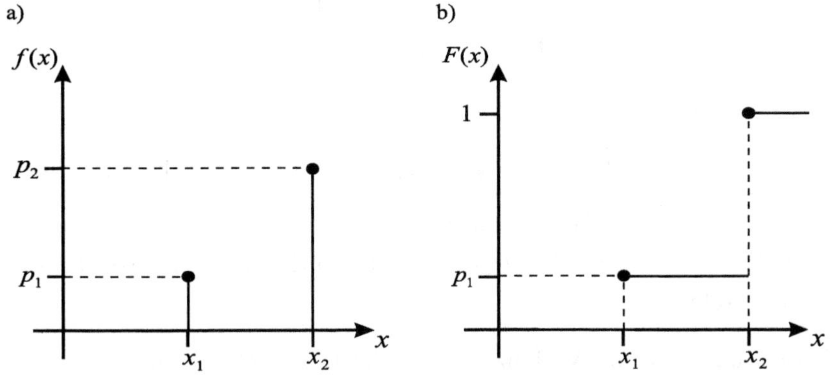

Erwartungswert und Varianz erhält man als:

$$\mu = \sum_{i=1}^{2} x_i p_i = x_1 p_1 + x_2 p_2,$$

$$
\begin{aligned}
\sigma^2 &= \mathrm{E}(X^2) - [\mathrm{E}(X)]^2 = \sum_{i=1}^{2} x_i^2 p_i - [x_1 p_1 + x_2(1-p_1)]^2 \\
&= x_1^2 p_1 + x_2^2(1-p_1) - [x_1^2 p_1^2 + x_2^2(1-p_1)^2 + 2x_1 x_2 p_1(1-p_1)] \\
&= p_1(1-p_1)x_1^2 + (1-p_1)[1-(1-p_1)]x_2^2 - p_1(1-p_1)2x_1x_2 \\
&= p_1(1-p_1)(x_1-x_2)^2.
\end{aligned}
$$

Beispiel 4.1 *Für eine zweipunktverteilte Zufallsvariable* X *mit* $P(X = x_1 = -2) = \frac{1}{4}$ *und* $P(X = x_2 = 6) = \frac{3}{4}$ *betragen Erwartungswert und Varianz:* $\mu = (-2)\frac{1}{4} + 6(\frac{3}{4}) = 4$, $\sigma^2 = \frac{1}{4} \cdot \frac{3}{4}(-2-6)^2 = 12$. *Die Standardabweichung hat den Wert:* $\sigma = \sqrt{12} = 3,4641$.

Nimmt X nur die Realisationen $x_1 = 1$ und $x_2 = 0$ an, nennt man die Zweipunktverteilung **Nulleins**– oder **Bernoulli–Verteilung** . Die letzte Bezeichnung deutet darauf hin, dass die Zufallsvariable X auf einem Bernoulli–Experiment basiert. Die Wahrscheinlichkeitsfunktion wird gegeben durch: $f(x) = p_1^x(1-p_1)^{1-x}$ für $x = 0,\ 1$; sonst null. Erwartungswert und Varianz lauten jetzt: $\mu = p_1$ und $\sigma^2 = p_1(1-p_1) = p_1 p_2$.

Eine **Gleichverteilung** liegt vor, wenn die Werte x_i, $i = 1, \ldots, m$ einer Zufallsvariablen X alle gleich wahrscheinlich sind. Es gilt dann:

$$
f(x) = \begin{cases} \dfrac{1}{m}, & x = x_i,\ i = 1, \ldots, m \\ 0, & \text{sonst} \end{cases}, \tag{4.3}
$$

$$
F(x) = \begin{cases} 0, & x < x_1 \\ \dfrac{i}{m}, & x_i \le x < x_{i+1},\ i = 1, \ldots, m-1 \\ 1, & x_m \le x \end{cases}. \tag{4.4}
$$

Die Graphen beider Funktionen sind bereits in den Abbildungen 3.2.a und 3.2.b dargestellt.

Erwartungswert und Varianz der Gleichverteilung erhält man als:

$$
\mu = \frac{1}{m}\sum_{i=1}^{m} x_i \quad \text{und} \quad \sigma^2 = \frac{1}{m}\sum_{i=1}^{m} x_i^2 - \mu^2.
$$

Bei der Gleichverteilung stimmen sowohl Erwartungswert und Varianz mit den entsprechenden Formeln der deskriptiven Statistik überein, die für Datensätze entwickelt wurden, deren Beobachtungen alle verschieden ausfallen. Während der Quotient $1/m$ in der deskriptiven Statistik die relative

Häufigkeit einer Beobachtung angibt, stellt er in der Wahrscheinlichkeitstheorie ihre klassische Eintrittswahrscheinlichkeit dar.

Bei den hier besprochenen einfachen Verteilungen liefern die übrigen Lage- und Streuungsparameter keine weiteren wesentlichen Informationen.

Übungsaufgaben zu 4.1.1

4.1.1.1 Einem Unternehmen liegen zwei Investitionsalternativen vor. Die Investitionsalternative A erwirtschaftet einen Gewinn von 3 Millionen € mit Sicherheit, während die Investitionsalternative B mit einer Wahrscheinlichkeit von 40% einen Gewinn von 2 Millionen € und mit einer Wahrscheinlichkeit von 60% einen Gewinn von 8 Millionen € erbringt. Für welche Alternative sollte sich das Unternehmen entscheiden, wenn (a) der Erwartungswert und (b) die Varianz Entscheidungsgrundlage ist?

4.1.1.2 Beim Zufallsexperiment „Werfen eines idealen Würfels" ist X definiert als die geworfene Augenzahl.

a) Bestimmen Sie Wahrscheinlichkeits- und Verteilungsfunktion!

b) Berechnen Sie folgende Wahrscheinlichkeiten:

$$\begin{array}{lll} (1)\ P(X=2), & (2)\ P(X \leq 2), & (3)\ P(X < 2), \\ (4)\ P(X > 0), & (5)\ P(X > 4), & (6)\ P(X < 2 \cup X > 5)! \end{array}$$

c) Geben Sie Erwartungswert und Varianz von X an!

4.1.2 Die Binomialverteilung

Viele praktische Zufallsvorgänge besitzen die Struktur eines Bernoulli–Experiments, d.h. sie münden in nur zwei Ausgänge A und $\bar{A}$ und sind beliebig oft unter gleichen Bedingungen wiederholbar. Beispiele hierfür sind:

(a) Ausspielung eines Glücksspiels mit dem Ausgang A als Gewinn,

(b) Geburten in einer Stadt, wobei der Ausgang A die Geburt eines Mädchens anzeigt,

(c) Überprüfung einer Anzeigekampagne mit dem Ausgang A als Kenntnis der Aktion,

(d) Qualitätskontrolle bei der Serienproduktion mit dem Ausgang A als „defektes" Produkt.

Jeder dieser Vorgänge kann auch als „Ziehen mit Zurücklegen einer Kugel aus einer Urne" idealisiert werden, wobei die Gesamtheit der Kugeln gemäß der beiden Eigenschaften A oder $\bar{A}$ unterteilt ist. Die für diesen Zufallsvorgang definierte Zufallsvariable ist dann pro Durchführung j, $j = 1, \ldots, n$ zweipunktverteilt und wird mit X_j bezeichnet. Interessiert man sich nur für das Eintreten des Ereignisses A, ist eine Bernoulli–Verteilung zweckmäßig, wobei die Zufallsvariable X_j das Ereignis A in die reelle Zahl 1 und das Komplementärereignis $\bar{A}$ in die reelle Zahl 0 abbildet: $X_j(\Omega) = \{0, 1\}$ mit $X_j(A) = 1$ und $X_j(\bar{A}) = 0$. Wegen der Unabhängigkeit der Durchführungen gilt für jedes j:

$$P(X_j = 0) = 1 - p = q \quad \text{und} \quad P(X_j = 1) = p.$$

Bei n-maliger Durchführung eines Bernoulli–Experiments lässt sich eine Verteilung für die Zufallsvariable X entwickeln, die als „Anzahl des Eintritts von A bei n-maliger Durchführung eines Bernoulli–Experiments" definiert ist. Wegen der Definition von X_j stellt die Summe $X = X_1 + X_2 + \ldots + X_n$ die Anzahl der Eintritte von A in einer Bernoulli–Kette der Länge n dar. Der Wertebereich für X entspricht den möglichen Summenwerten und lautet daher $X = \{x | x = 0, 1, 2, \ldots, n\}$. Das Ereignis $X = x$ tritt genau dann ein, wenn x der Zufallsvariablen $X_1, \ldots, X_n$ den Wert eins und die übrigen $(n - x)$ Variablen den Wert null annehmen. Eine mögliche Realisationsfolge, die zu $X = x$ führt, stellt folgende Bernoulli–Kette dar:

$$\underbrace{1\,1 \ldots 1}_{x-\text{mal}}\;\underbrace{0\,0 \ldots 0}_{(n-x)-\text{mal}}$$

Da die Durchführungen und damit die Zufallsvariablen X_j stochastisch unabhängig sind, beträgt die Wahrscheinlichkeit für das Eintreten dieser Bernoulli–Kette nach Satz 2.7.b: $p^x(1-p)^{n-x}$. Das Ereignis $X = x$ tritt aber auch bei jeder Permutation dieser Kette ein, nach Satz 2.11 und 2.12 also insgesamt $\binom{n}{x}$-mal.[1] Damit ist die Wahrscheinlichkeitsfunktion für X

[1] Man kann diese Anzahl auch als Kombinationsproblem auffassen. Hierzu berechnet man nach Satz 2.12 die Möglichkeiten, x Objekte aus n zu wählen, wobei die Reihenfolge der Auswahl unerheblich ist. Die ausgewählten x Objekte sind die Zufallsvariablen X_j, die den Wert eins annehmen.

gefunden:

$$f(x) = \begin{cases} \binom{n}{x} p^x (1-p)^{n-x}, & x = 0, 1, \ldots, n \\ 0, & \text{sonst} \end{cases} . \tag{4.5}$$

Eine Zufallsvariable mit der Wahrscheinlichkeitsfunktion (4.5) heißt **binomialverteilt**. Da die Binomialverteilung nur von den Parametern n und p abhängt, symbolisiert man sie mit: $B(n, p)$. Es lässt sich leicht zeigen, dass für Gleichung (4.5) gilt: $\sum_{x=0}^{n} f(x) = 1$. Aus dem binomischen Satz: $(a+b)^n = \sum_{x=0}^{n} \binom{n}{x} a^x b^{n-x}$ folgt für $a = p$ und $b = 1 - p$:

$$[p + (1-p)]^n = 1 = \sum_{x=0}^{n} \binom{n}{x} p^x (1-p)^{n-x}.$$

Die Verteilungsfunktion $F(x)$ erhält man aus Gleichung (4.5) als:

$$F(x) = \begin{cases} 0, & x < 0 \\ \sum_{k=0}^{[x]} \binom{n}{k} p^k (1-p)^{n-k}, & 0 \le x < n,\ k = 0, 1, \ldots, [x] \\ 1, & x \ge n \end{cases} . \tag{4.6}$$

In Gleichung (4.6) stellt $[x]$ den ganzzahligen Teil von x dar, der auch mit $\text{int}(x)$, gelesen als **Integer von x**, bezeichnet wird. Integer von x legt die größte ganze Zahl g mit $g \le x$ fest. Es bedeutet daher z.B. $[3,81] = \text{int}(3,81) = 3$.

Bleiben die Parameter $n \ge 1$ und p, $0 < p < 1$, numerisch unbestimmt, stellt $B(n, p)$ eine Schar bzw. Klasse von Binomialverteilungen dar. Man nennt n und p daher auch **Scharparameter**. Erst die Festlegung von n und p spezifiziert eine konkrete Verteilung aus dieser Schar. Für $n = 1$ resultiert als Spezialfall die Zweipunktverteilung, die auch mit $B(1, p)$ bezeichnet wird. Abbildung 4.3 zeigt den Effekt, den der Parameter p bei Konstanz von n (hier $n = 10$) auf die Wahrscheinlichkeitsfunktion ausübt. Für $0 < p < 0,5$ ist die Wahrscheinlichkeitsfunktion linkssteil, für $0,5 < p < 1$ rechtssteil und für $p = 0,5$ symmetrisch.

Den Effekt des Parameters n bei Konstanz von p verdeutlicht Abbildung 4.4. In allen drei Fällen beträgt $p = 0,2$; die Anzahl der Durchführungen durchläuft die Werte $n = 10$, $n = 30$ und $n = 50$. Es lässt sich hier deutlich erkennen, dass die Symmetrie mit zunehmendem n ausgeprägter wird.

Abb. 4.3: Binomialverteilungen für $n = 10$ und $p = 0,2$, $p = 0,5$ und $p = 0,8$

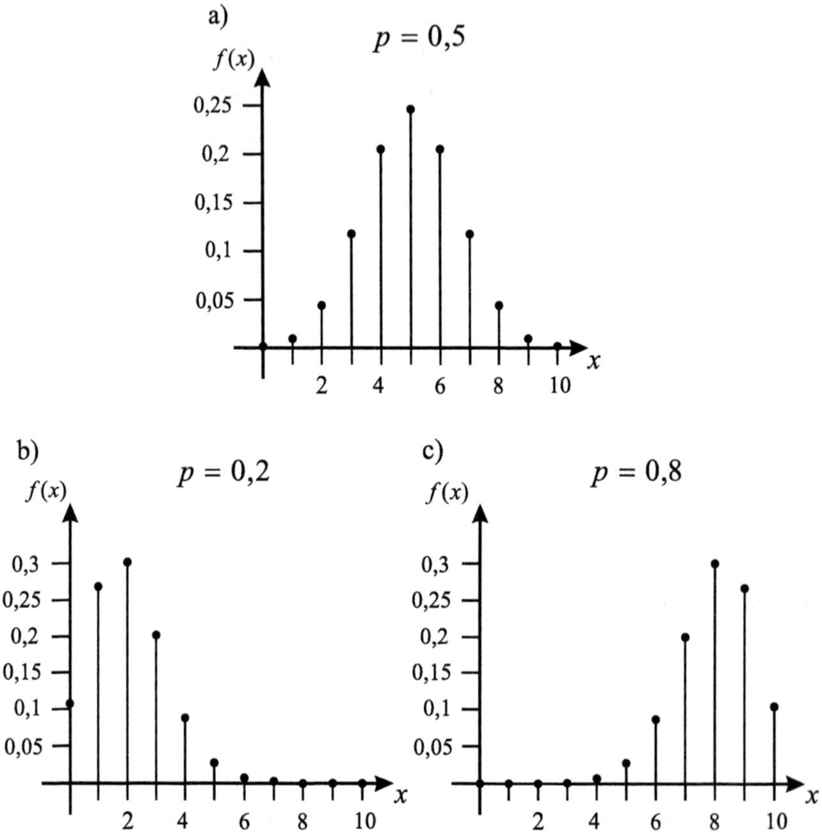

In Abbildung 4.5 ist die Verteilungsfunktion (4.6) für $p = 0,2$ und $n = 10$ dargestellt. Man erhält sie durch sukzessive Summation der Wahrscheinlichkeiten, die sich für die in Abbildung 4.3.b dargestellten Wahrscheinlichkeitsfunktion $f(x)$ ergeben. $F(x)$ macht an der Stelle $x = 2$, bei der f(x) ein Maximum besitzt, den größten Sprung. Obwohl die in den Abbildungen 4.3 und 4.4 dargestellten Wahrscheinlichkeitsfunktionen alle ein eindeutiges Maximum, also einen **wahrscheinlichsten Wert** besitzen, muss das nicht immer so sein. Es gibt auch binomialverteilte Zufallsvariablen mit zwei wahrscheinlichsten Werte, die dann aber beide nebeneinander liegen.

Abb. 4.4: Binomialverteilungen für $p = 0,2$ und $n = 10$, $n = 30$ und $n = 50$

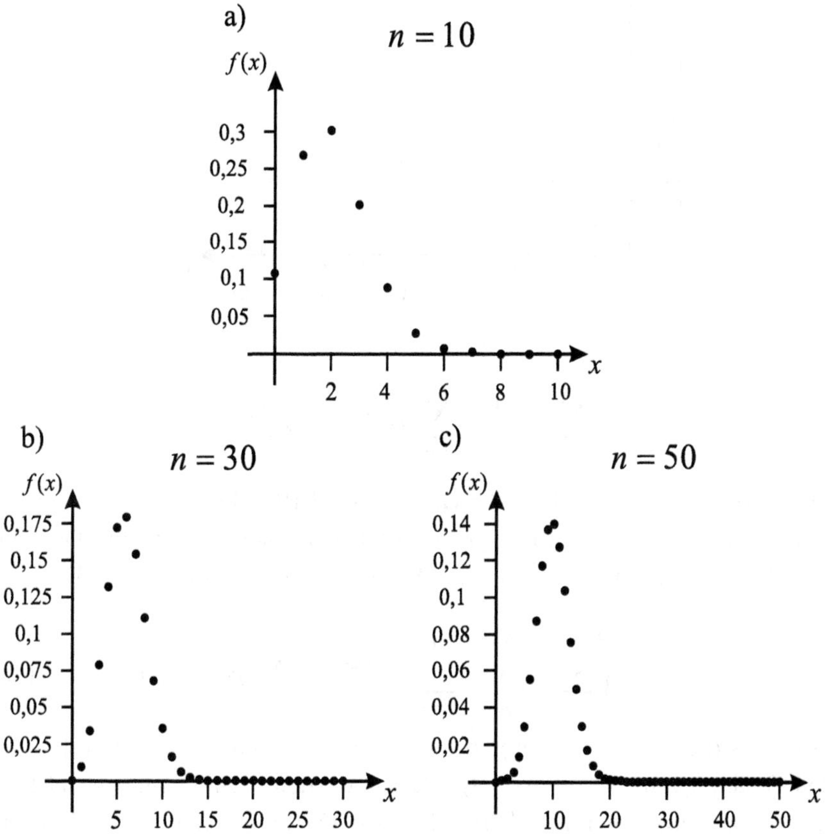

Nach Definition 3.8 ergibt sich der Erwartungswert einer binomialverteilten Zufallsvariablen X als:

$$\mu = \sum_{x=0}^{n} xf(x) = \sum_{x=0}^{n} x\binom{n}{x}p^x q^{n-x}.$$

Die Berechnung des Erwartungswertes ist nach dieser Gleichung sehr umständlich. Da X jedoch als $X = \sum_{j=1}^{n} X_j$ definiert ist und jedes X_j einer Bernoulli–Verteilung mit dem Erwartungswert $\mathrm{E}(X_j) = p$ folgt, gilt:

Abb. 4.5: $F(x)$ für $p = 0,2$ und $n = 10$

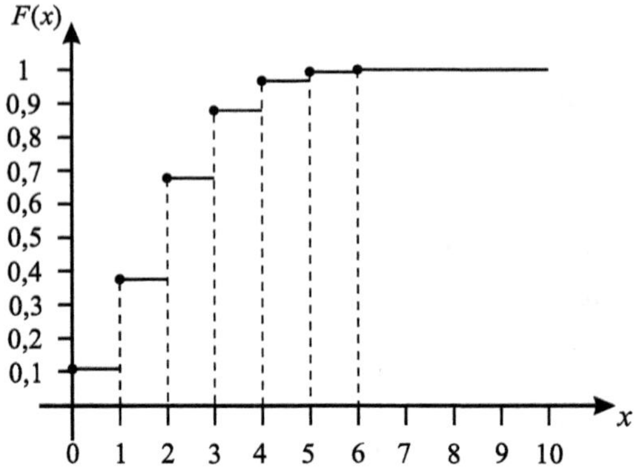

$$\mu = \mathrm{E}\left(\sum_{j=1}^{n} X_j\right) = \sum_{j=1}^{n} \mathrm{E}(X_j) = \sum_{j=1}^{n} p = np. \tag{4.7}$$

Die Varianz von X lässt sich mit Gleichung (3.12), dem Additionssatz für Varianzen stochastisch unabhängiger Zufallsvariablen, ermitteln. Da jedes $X_j, j = 1, \ldots, n$ dieselbe Varianz $\mathrm{var}(X_j) = pq$ besitzt, folgt für die Summe X:

$$\sigma^2 = \mathrm{var}\left(\sum_{j=1}^{n} X_j\right) = \sum_{j=1}^{n} \mathrm{var}(X_j) = \sum_{j=1}^{n} pq = npq. \tag{4.8}$$

Der Einfluss der Scharparameter n und p auf die Binomialverteilungen kann an den Gleichungen (4.7) und (4.8) erkannt werden. Erhöht man n bei Konstanz von p, steigen μ und σ^2; für die drei Verteilungen in Abbildung 4.4 erhält man: $\mu_1 = 2$, $\sigma_1^2 = 1,6$; $\mu_2 = 6$, $\sigma_2^2 = 4,8$ und $\mu_3 = 10$, $\sigma_3^2 = 8$. Eine Zunahme von p bei Konstanz von n lässt μ wachsen, während die Varianz nur bis zum Wert $p = 0,5$ steigt, dann wieder fällt. Die letzte Eigenschaft zeigt man durch Differentiation von σ^2 nach p:

$$\frac{d(\sigma^2)}{dp} = n - 2np = 0 \qquad \text{und} \qquad \frac{d^2(\sigma^2)}{dp^2} = -2n.$$

Aus der ersten Ableitung folgt ein stationärer Wert bei $p = 0,5$, der nach der zweiten Ableitung ein Maximum festlegt. Bei den Verteilungen der Abbildung 4.3 durchläuft μ die Werte 2, 5 und 8. Die Binomialverteilung $B(10; 0,5)$ besitzt mit $\sigma^2 = 2,5$ die größte Varianz, während sie für die Binomialverteilungen $B(10; 0,2)$ und $B(10; 0,8)$ gleich groß sein muss; sie beträgt $\sigma^2 = 1,6$.

Die Graphen der Wahrscheinlichkeitsfunktionen der beiden Binomialverteilungen $B(10;0,2)$und $B(10;0,8)$ liegen spiegelbildlich zueinander. Dieser Befund gilt allgemein: Die Wahrscheinlichkeitsfunktion der Verteilung $B(n,p)$ liegt spiegelbildlich zur Wahrscheinlichkeitsfunktion $B(n,1-p)$ für alle p, $0<p<1$, wobei die Gerade $x=\frac{1}{2}n$ die Spiegelachse darstellt.

Beispiel 4.2 *Bei einem Glücksspiel beträgt die Wahrscheinlichkeit zu gewinnen $p=0,2$. Die Wahrscheinlichkeit, dass bei 5-maliger Teilnahme mindestens einmal gewonnen wird, erhält man unter der Annahme, dass die Ausspielungen unabhängig voneinander erfolgen, mit der Binomialverteilung $B(5;0,2)$. Die gesuchte Wahrscheinlichkeit $P(X\geq 1)$ berechnet sich nach dem Additionssatz 2.3.c für disjunkte Ereignisse als:*

$$\begin{aligned} P(X\geq 1) &= f(x=1)+\ldots+f(x=5)\\ &= \binom{5}{1}(0,2)(0,8)^4+\ldots+\binom{5}{5}(0,2)^5(0,8)^0\\ &= 0,4096+0,2048+0,0512+0,0064+0,0003=0,6723. \end{aligned}$$

Schneller findet man die gesuchte Wahrscheinlichkeit über das Komplemantärereignis „kein Gewinn", das zu $X=0$ führt. Aus $P(X=0)+P(X\geq 1)=1$ folgt: $P(X\geq 1)=1-P(X=0)=1-\binom{5}{0}(0,2)^0(0,8)^5=1-0,3277=0,6723$. Schließlich sei darauf hingewiesen, dass $P(X\leq x)$ am einfachsten mit der Verteilungsfunktion $F(x)$ berechnet wird, da sie die gesuchte Wahrscheinlichkeit direkt liefert.

Obwohl sich die Wahrscheinlichkeiten der Binomialverteilung mit Hilfe eines Taschenrechners im allgemeinen schnell ermitteln lassen, bietet die **Rekursionsformel** eine Rechenvereinfachung. Mit dieser Formel lässt sich aus der Kenntnis des Wertes $f(x)$ die Wahrscheinlichkeit für $x+1$ oder $x-1$ finden. Für den Quotient aus $f(x+1)$ und $f(x)$ gilt:

$$\frac{f(x+1)}{f(x)}=\frac{\binom{n}{x+1}p^{x+1}q^{n-x-1}}{\binom{n}{x}p^xq^{n-x}}=\frac{\binom{n}{x+1}p}{\binom{n}{x}q}. \tag{4.9}$$

Die Binomialkoeffizienten erhält man nach Satz 2.12: $\binom{n}{x+1}=\frac{n!}{(x+1)!(n-x-1)!}$ und $\binom{n}{x}=\frac{n!}{x!(n-x)!}$; ihr Quotient geht nach Kürzen über in:

$$\frac{\binom{n}{x+1}}{\binom{n}{x}} = \frac{x!(n-x)!}{(x+1)!(n-x-1)!} = \frac{n-x}{x+1}.$$

Gleichung (4.9) lautet jetzt: $\frac{f(x+1)}{f(x)} = \frac{(n-x)p}{(x+1)q}$ oder als Rekursionsformel:

$$f(x+1) = \frac{(n-x)p}{(x+1)q} f(x). \tag{4.10}$$

Im Beispiel 4.2 beträgt $f(x=1) = 0,4096$. Nach der Rekursionsformel berechnet man: $f(x+1=2) = \frac{4 \cdot 0,2}{2 \cdot 0,8} 0,4096 = 0,2048$.

Ist X eine binomialverteilte Zufallsvariable, gilt dies auch für $Y = n - X$. Da X die Anzahl der Erfolge in einer Bernoulli–Kette mit der Länge n angibt, misst $Y = n - X$ die Anzahl der Misserfolge in dieser Kette. Formal lässt sich die Verteilungsübereinstimmung leicht zeigen. Da: $\binom{n}{x} = \binom{n}{n-x}$, gilt folgende Umformung:

$$f(x) = \binom{n}{x} p^x q^{n-x} = \binom{n}{n-x} q^{n-x} p^x = \binom{n}{y} q^y p^{n-y} = f(y).$$

Wegen der Symmetrieeigenschaft $B_X(n,p) = B_Y(n,q)$ liegen Wahrscheinlichkeits- und Verteilungsfunktion nur für $0 < p \leq 0,5$ tabelliert vor.

Stimmen bei einem Bernoulli–Experiment die Wahrscheinlichkeit für Erfolg und für Misserfolg überein, gilt also: $p = q = \frac{1}{2}$, bezeichnet man diesen Spezialfall häufig als **Laplace–Verteilung**. Wahrscheinlichkeits- und Verteilungsfunktion lauten:

$$f(x) = \begin{cases} \binom{n}{x} \left(\frac{1}{2}\right)^n, & x = 0, 1, \ldots, n \\ 0, & \text{sonst} \end{cases} \qquad \text{und}$$

$$F(x) = \begin{cases} 0, & x < 0 \\ \left(\frac{1}{2}\right)^n \sum\limits_{k=0}^{[x]} \binom{n}{k}, & 0 \leq x < n,\ k = 0, 1, \ldots, [x] \\ 1, & x \geq n \end{cases}.$$

Erwartungswert und Varianz der Laplace–Verteilung folgen aus den Gleichungen (4.7) und (4.8) als: $\mu = \frac{n}{2}$ und $\sigma^2 = \frac{n}{4}$.

Bei einer **relativierten Binomialverteilung** ist nicht die Anzahl an Erfolgen, sondern ihr Anteil in einer Bernoulli–Kette der Länge n von Interesse. Die Zufallsvariable $Y = \frac{X}{n}$ stellt den Anteil dar mit dem Erwartungswert $E(\frac{X}{n}) = \frac{1}{n}E(X) = p$ und der Varianz $\text{var}(\frac{X}{n}) = \frac{1}{n^2}\text{var}(X) = \frac{pq}{n}$. Die Wahrscheinlichkeiten der einzelnen Anteilswerte sind mit der Funktion $f(x)$ für $x = 0, 1, \ldots, n$ zu ermitteln.

Die Summe $S = X + Y$ zweier unabhängiger, binomialverteilter Zufallsvariablen X und Y mit derselben Wahrscheinlichkeit p für Erfolg ist ebenfalls binomialverteilt. Aus $X : B(m, p)$ und $Y : B(n, p)$ folgt: $S : B(m+n, p)$. Das bedeutet, die Binomialverteilung ist reproduktiv. Die Reproduktivität lässt sich leicht zeigen. Da X die Summe von m unabhängigen, zweipunktverteilten Zufallsvariablen und Y die Summe von n unabhängigen, zweipunktverteilten Zufalssvariablen ist, muss S die Summe von $m + n$ unabhängigen Zufallsvariablen sein. Die Wahrscheinlichkeitsfunktion $f(s)$ für $s = 0, 1, 2, \ldots, m + n$ erhält man daher analog zur Herleitung der Wahrscheinlichkeitsfunktion $f(x)$ als: $f(s) = \binom{m+n}{s} p^s q^{m+n-s}$, null sonst.

Die Binomialverteilung ist theoretisch nur bei Zufallsvorgängen heranzuziehen, deren Struktur einem Bernoulli–Experiment bzw. dem Urnenmodell mit Zurücklegen entspricht. Jedoch findet sie auch bei Zufallsvorgängen Verwendung, die durch das Urnenmodell ohne Zurücklegen charakterisiert werden können. Voraussetzung hierfür ist, dass eine sehr große Grundgesamtheit vorliegt und die Auswahl sehr gering ist, d.h. der **Auswahlsatz** n/N ist vernachlässigbar klein. Als Faustregel gilt: $n/N < 0,05$. Beispiel 4.3 verdeutlicht den erweiterten Anwendungsbereich.

Beispiel 4.3 *Eine Werbekampagne in einer Großstadt wird von 25% der Bewohner wahrgenommen. Die Wahrscheinlichkeit, dass von fünf zufällig ausgewählten Bewohnern der Stadt drei die Werbung kennen, kann mit der Binomialverteilung berechnet werden, da der Auswahlsatz vernachlässigbar klein ist und daher bei jeder der fünf Befragungen die Wahrscheinlichkeit, dass das Ereignis „Werbung wahrgenommen" eintritt, praktisch konstant bleibt. Als Wahrscheinlichkeit erhält man:* $f(x = 3) = \binom{5}{3}(0,25)^3(0,75)^2 = 0,0879$. *Wegen dieser Erweiterung des Anwendungsbereichs sind nicht nur im ökonomischen Bereich viele Probleme mit der Binomialverteilung zu lösen.*

Die Binomialverteilung lässt sich für Zufallsvorgänge verallgemeinern, bei denen mehr als zwei disjunkte Ausgänge eintreten können, die den Ereignisraum vollständig zerlegen und die beliebig oft unter gleichen Bedingungen wiederholbar sind. Die einzelnen Durchführungen des Zufallsvorgangs entsprechen einem Urnenmodell bei Ziehen mit Zurücklegen; die disjunkten Ausgänge repräsentieren bestimmte Eigenschaften, die den Elementen der Urne zu eigen sind. Von den N Elementen einer Grundgesamtheit haben N_1 die Eigenschaft 1, N_2 die Eigenschaft 2, ... und N_K die Eigenschaft K; es gilt wegen der vollständigen Zerlegung: $N = N_1 + \ldots + N_K$. Die Wahrscheinlichkeit, ein Element mit der Eigenschaft k, $k = 1, \ldots, K$ zufällig der Urne zu entnehmen, bleibt von Zug zu Zug konstant und beträgt: $p_k = \frac{N_k}{N}$, $k = 1, \ldots, K$ mit $\sum_{k=1}^{K} p_k = 1$. Die Zufallsvariable X_k gibt an, wieviele Elemente mit der Eigenschaft k bei n Ziehungen mit Zurücklegen der Urne entnommen werden können. Ihr Wertebereich lautet für alle k: $x_k = 0, 1, 2, \ldots, n$. Analog zur Entwicklung der Wahrscheinlichkeitsfunktion der Binomialverteilung erhält man die Wahrscheinlichkeit für $X_1 = x_1, X_2 = x_2, \ldots, X_K = x_K$ als:

$$f(x_1, x_2, \ldots, x_K) = \frac{n!}{x_1! x_2! \cdot \ldots \cdot x_K!} p_1^{x_1} p_2^{x_2} \cdot \ldots \cdot p_K^{x_K}. \qquad (4.11)$$

Gleichung (4.11) ist die Wahrscheinlichkeitsfunktion der **Multinomialverteilung**, die von den Parametern $n, p_1, \ldots, p_K$ abhängt; man kürzt sie daher mit $MV(n, p_1, \ldots, p_K)$ ab.

Beispiel 4.4 *In einer Urne befinden sich 10 Kugeln, von denen 5 blau, 3 rot und 2 weiß sind. Die Wahrscheinlichkeiten für die Eigenschaften „blau", „rot" und „weiß" betragen: $P(blau) = 0,5$, $P(rot) = 0,3$ und $P(weiß) = 0,2$. Die Wahrscheinlichkeit, dass bei 5-maliger Entnahme mit Zurücklegen 2 blaue, 2 rote und 1 weiße Kugel gezogen werden erhält man nach Gleichung 4.11 als:*

$$f(x_1 = 2, x_2 = 2, x_3 = 1) = \frac{5!}{2!2!1!}(0,5)^2(0,3)^2(0,2) = 0,135.$$

Ist der Auswahlsatz n/N bei Ziehen ohne Zurücklegen kleiner als 5%, können die Wahrscheinlichkeiten solcher Zufallsvorgänge ebenfalls mit der Multinomialverteilung berechnet werden.

Übungsaufgaben zu 4.1.2

4.1.2.1 Ein Restaurant mit sehr großem Kundenkreis weiß aus Erfahrung, dass durchschnittlich 5% der Reservierungen nicht eingehalten werden. Daher nimmt es 33 Reservierungen an, obwohl das Restaurant nur mit 30 Plätzen ausgestattet ist. Wie groß ist die Wahrscheinlichkeit, dass

a) alle Plätze besetzt sind und kein Gast warten muss,

b) Gäste, die reserviert haben, keinen Platz erhalten,

c) zwischen 27 und 30 Plätzen besetzt sind?

d) Bestimmen Sie Erwartungswert und Varianz der Verteilung!

4.1.2.2 In einem Kaufhaus einer Großstadt zahlen 20% der Kunden mit Kreditkarte. An einem bestimmten Tag erscheinen 25 Käufer.

a) Wie groß ist die Wahrscheinlichkeit, dass davon
(1) wenigstens 2 Kunden, (2) zwischen 4 und 6 Kunden
mit Kreditkarten zahlen?

b) Im Durchschnitt hat das Kaufhaus 100 Kunden pro Tag. Wie viele bezahlen davon erwartungsgemäß mit ihrer Kreditkarte? Wie groß ist dabei die Varianz?

4.1.2.3 Ein Bernoulli–Experiment wird zweimal durchgeführt. Die Wahrscheinlichkeit für einen erfolgreichen Ausgang beträgt p. Berechnen Sie p, wenn die Wahrscheinlichkeit für mindestens einen Misserfolg bei zweifacher Durchführung 16/25 beträgt!

4.1.2.4 Der Anteil von Linksfüßern in der männlichen Bevölkerung liegt bei 20%. Wie viele Spieler müssen zufällig zu einem Fußballspiel kommen, damit mit mindestens 95%iger Wahrscheinlichkeit mindestens ein Linksfüßer dabei ist?

4.1.2.5 Berechnen Sie die Wahrscheinlichkeitsfunktion der Aufgabe 3.1 mit der Binomialverteilung!

4.1.3 Die geometrische Verteilung und die negative Binomialverteilung

Mit der Binomialverteilung wird die Wahrscheinlichkeit für x-mal „Erfolg“ in einer Bernoulli–Kette mit gegebener Länge n ermittelt. Bestimmte Problemlagen erfordern aber die Kenntnis der Wahrscheinlichkeit dafür, dass eine Bernoulli–Kette die Länge n erreicht, bevor zum ersten Mal „Erfolg“ eintritt. Da in dieser Situation die Länge der Bernoulli–Kette die Zufallsvariable X darstellt, ist diese definiert als Anzahl der Fehlversuche bis zum ersten Erfolg. Bei $X = 0$ tritt der Erfolg bereits bei der ersten Durchführung des Bernoulli–Experimentes ein, bei $X = x$ bei der $(x + 1)$-ten Wiederholung. Die Wahrscheinlichkeiten für diese abzählbar unendlich vielen Ereignisse können mit dem Multiplikationssatz 2.7.b für unabhängige Ereignisse berechnet werden. Beträgt die Wahrscheinlichkeit für „Erfolg“ wieder p und für „Misserfolg“ $q = 1 - p$, ergibt sich:

$$P(X = 0) = p,\; P(X = 1) = pq,\; P(X = 2) = pq^2, \text{ usw.}$$

Verallgemeinert erhält man die Wahrscheinlichkeitsfunktion $f(x)$ als:

$$f(x) = \begin{cases} pq^x, & x = 0, 1, 2, \ldots \\ 0, & \text{sonst.} \end{cases} \tag{4.12}$$

Die nach Gleichung (4.12) berechneten Wahrscheinlichkeiten bilden für $x = 0, 1, 2, \ldots$ eine geometrische Folge mit dem Anfangsglied $a_1 = p$ und einem konstanten Quotient q für zwei benachbarte Glieder der Folge. Eine Zufallsvariable mit der Wahrscheinlichkeitsfunktion 4.12 heißt **geometrisch verteilt**; ihre Verteilung hängt nur vom Parameter p ab. In Kurzform schreibt man die **geometrische Verteilung** als: $G(p)$. Für $f(x)$ gilt:

$$\sum_{x=0}^{\infty} f(x) = p + pq + pq^2 + \ldots = \sum_{x=0}^{\infty} pq^x = 1.$$

Dieses Ergebnis folgt unmittelbar aus der Summenformel für eine unendliche geometrische Reihe $S_\infty = \frac{a_1}{1-q}$ mit $a_1 = p$ und $1 - q = p$:

$$S_\infty = \frac{a_1}{1-q} = \frac{p}{p} = 1.$$

Die Verteilungsfunktion $F(x)$ lautet:

$$F(x) = \sum_{k=0}^{x} pq^k, \quad x = 0, 1, 2, \ldots \tag{4.13}$$

In dieser Form ist die Berechnung von $F(x)$ für große Werte von x sehr aufwendig. Durch Ausnutzen der Summeneigenschaft unendlicher geometrischer Reihen kann Gleichung (4.13) in eine geeignetere Form gebracht werden. Für $x \to \infty$ gilt:

$$F(\infty) = \sum_{k=0}^{\infty} pq^k = 1.$$

Die Zerlegung dieser Summe in zwei Partialsummen ergibt:

$$\sum_{k=0}^{\infty} pq^k = \sum_{k=0}^{x} pq^k + \sum_{k=x+1}^{\infty} pq^k = 1.$$

Ersetzt man $\sum\limits_{k=0}^{x} pq^k$ gemäß Gleichung (4.13), folgt:

$$F(x) + \sum_{k=x+1}^{\infty} pq^k = 1 \text{ oder: } F(x) = 1 - \sum_{k=x+1}^{\infty} pq^k.$$

Der letzte Term stellt wieder eine unendliche geometrische Reihe mit dem Anfangsglied pq^{x+1} dar; ihr Wert beträgt nach der Summenformel: $S_\infty = \frac{pq^{x+1}}{1-q} = q^{x+1}$. Damit vereinfacht sich Gleichung (4.13) zu:

$$F(x) = 1 - q^{x+1}. \tag{4.14}$$

Somit lautet die Verteilungsfunktion nun:

$$F(x) = \begin{cases} 0, & x < 0 \\ 1 - q^{[x]+1}, & x \geq 0 \text{ mit } [x] = \text{int}(x) \\ 1, & x = \infty \end{cases} . \tag{4.15}$$

Wahrscheinlichkeits- und Verteilungsfunktion der geometrischen Verteilung für $p = 0,6$ gibt Abbildung 4.6 wieder. Je größer der Wert für p, desto schneller konvergiert $f(x)$ gegen null und $F(x)$ gegen eins.

Nach Gleichung (4.14) ist q^{x+1} die Komplementärwahrscheinlichkeit zu $F(x)$. Da $F(x)$ die Wahrscheinlichkeit des Ereignisses $X \leq x$, also höchstens x Fehlversuche, ist, gibt q^{x+1} die Wahrscheinlichkeit für das Ereignis $X > x$, also mehr als x Fehlversuche, an: $P(X > x) = q^{x+1}$. Damit das Ereignis $X > x$ überhaupt eintreten kann, müssen zunächst genau $x + 1$ Misserfolge realisiert werden; die Anzahl nachfolgender Fehlversuche ist dann unerheblich.

Abb. 4.6: Die geometrische Verteilung für $p = 0,6$

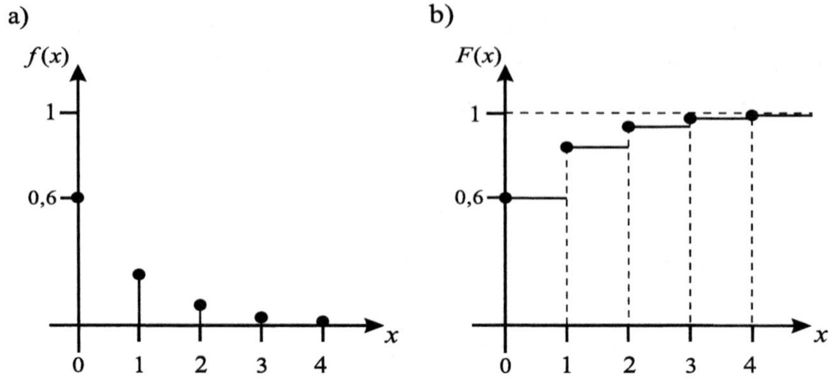

Beispiel 4.5 *Bei einem Investitionsprojekt beträgt die Wahrscheinlichkeit, Gewinn pro Periode zu erzielen: $p = 0,7$. Geht man davon aus, dass die Periodengewinne unabhängig voneinander sind, erhält man die Wahrscheinlichkeit für den ersten Gewinn in der vierten Periode mit der geometrischen Verteilung. Die Zufallsvariable X nimmt den Wert $x = 3$ an, der zu einer Wahrscheinlichkeit von $f(x = 3) = (0,7)(0,3)^3 = 0,0189$ führt. Die Verteilungsfunktion hat an der Stelle $x = 3$ den Wert: $F(x = 3) = 1 - (0,3)^4 = 0,9919$. Dies ist die Wahrscheinlichkeit des Ereignisses $X \leq 3$, d.h. die Wahrscheinlichkeit dafür, dass es höchstens drei Perioden bis zum ersten Gewinn dauert. Man bezeichnet wegen dieser Interpretationsmöglichkeit die geometrische Verteilung anschaulich als* **Wartezeitverteilung**. *Die Wahrscheinlichkeit der geometrischen Verteilung $f(x = 3) = 0,0189$ darf nicht mit der Wahrscheinlichkeit der Binomialverteilung verwechselt werden, die man für $n = 4$ und $x = 1$ (Erfolg) erhält. Diese beträgt $f(x = 1) = \binom{4}{1}(0,7)(0,3)^3 = 0,0756$. Sie gibt die Wahrscheinlichkeit für das Ereignis an, bei einer Bernoulli–Kette der Länge $n = 4$ einmal „Erfolg“ zu realisieren. Da dieser eine Erfolg nicht erst bei der vierten Durchführung eintreten muss, ist die berechnete Wahrscheinlichkeit notwendigerweise größer als bei der geometrischen Verteilung.*

Definitionsgemäß erhält man den Erwartungswert μ der geometrischen Verteilung als:

$$\mu = \sum_{x=0}^{\infty} xpq^x = pq \sum_{x=1}^{\infty} xq^{x-1}. \tag{4.16}$$

Um die Summe in Gleichung (4.16) zu ermitteln, wird der Ausdruck xq^{x-1} als Ableitung der Funktion q^x nach q aufgefasst: $\frac{d}{dq}(q^x) = xq^{x-1}$. Bei endlichen Summen können die beiden Operationen „$\sum$" und „$\frac{d}{dp}$ " vertauscht werden:

$$\sum_{x=1}^{\infty} xq^{x-1} = \sum_{x=1}^{\infty} \frac{d}{dq}(q^x) = \frac{d}{dq}(\sum_{x=1}^{\infty} q^x).$$

Wegen $0 < q < 1$ existiert $\sum\limits_{x=1}^{\infty} q^x$; mit der Summenformel für unendliche geometrische Reihen erhält man: $\sum\limits_{x=1}^{\infty} q^x = \frac{q}{1-q}$. Die Ableitung dieser Summe lautet: $\frac{d}{dq}(\frac{q}{1-q}) = \frac{1}{(1-q)^2}$. Damit ist die Summenformel für eine wichtige Reihe gefunden:

$$\sum_{x=1}^{\infty} xq^{x-1} = \frac{1}{(1-q)^2} \quad \text{für } |q| < 1. \tag{4.17}$$

Setzt man Gleichung (4.17) in Gleichung (4.16) ein, folgt für den Erwartungswert:

$$\mu = \frac{pq}{(1-q)^2} = \frac{q}{p}. \tag{4.18}$$

Zur Berechnung der Varianz geht man nach Gleichung (3.4) vor: $\sigma^2 = \mathrm{E}(X^2) - \mu^2$. Da μ mit Gleichung (4.18) bereits vorliegt, fehlt nur noch das Anfangsmoment 2. Ordnung. Gemäß Gleichung (3.1) erhält man dieses als:

$$\mathrm{E}(X^2) = \sum_{x=0}^{\infty} x^2 pq^x = pq \sum_{x=1}^{\infty} x^2 q^{x-1}.$$

Die letzte Summe lässt sich wieder als Ableitung nach q darstellen:

$$\sum_{x=1}^{\infty} x^2 q^{x-1} = \frac{d}{dq}\left(\sum_{x=1}^{\infty} xq^x\right) = \frac{d}{dq}\left(q\sum_{x=1}^{\infty} xq^{x-1}\right).$$

Ersetzt man jetzt die rechte Summe durch Gleichung (4.17), folgt:

$$\sum_{x=1}^{\infty} x^2 q^{x-1} = \frac{d}{dq}\left[\frac{q}{(1-q)^2}\right] = \frac{1+q}{(1-q)^3} \quad \text{für } |q| < 1. \tag{4.19}$$

Mit Gleichung (4.19) geht $\mathrm{E}(X^2)$ über in:

$$\mathrm{E}(X^2) = pq\frac{1+q}{(1-q)^3} = \frac{q(1+q)}{(1-q)^2}.$$

Die Varianz der geometrischen Verteilung folgt jetzt als:

$$\sigma^2 = \mathrm{E}(X^2) - \mu^2 = \frac{q(1+q)}{(1-q)^2} - \frac{q^2}{p^2} = \frac{q}{(1-q)^2}\text{, oder:}$$

$$\sigma^2 = \frac{q}{p^2}. \tag{4.20}$$

Die Problemstellung, die der geometrischen Verteilung zugrunde liegt, lässt sich verallgemeinern, indem jetzt gefragt wird, wie oft ein Bernoulli–Experiment durchzuführen ist, bis genau r Erfolge eingetreten sind. Auch hier ist die Zufallsvariable X definiert als die Anzahl der Misserfolge, jetzt jedoch nicht bis zum ersten, sondern bis zum r-ten Erfolg. Damit überhaupt r Erfolge eintreten können, muss das Bernoulli–Experiment mindestens r-mal durchgeführt werden. Die Zufallsvariable X nimmt den Wert null an, wenn bei jedem der r Durchführungen Erfolg eintritt; entsprechend bedeutet $X = x$, dass sich der r-te Erfolg bei der $(x+r)$-ten Ausführung einstellt. Vor dem r-ten Erfolg müssen in den $(x+r-1)$ Durchführungen des Bernoulli–Experimentes genau $r-1$ Erfolge realisiert worden sein; in der letzten, der $(x+r)$-ten Wiederholung muss „Erfolg" eintreten. Die Wahrscheinlichkeit für $(r-1)$ Erfolge bei $(x+r-1)$ Durchführungen erhält man mit der Binomialverteilung als:

$$\binom{x+r-1}{r-1} p^{r-1} q^x,$$

die Wahrscheinlichkeit für Erfolg im $(x+r)$-ten Durchgang beträgt wie bei allen anderen Durchführungen p. Die Wahrscheinlichkeit des Ereignisses, dass der r-te Erfolg genau bei der $(r+x)$-ten Durchführung eintritt, ist wegen der Unabhängigkeit der Bernoulli–Experimente gleich dem Produkt beider Wahrscheinlichkeiten. Damit ist die Wahrscheinlichkeitsfunktion gefunden:

$$f(x) = \begin{cases} \binom{x+r-1}{r-1} p^r q^x, & x = 0, 1, 2, \ldots \\ 0, & \text{sonst} \end{cases}. \tag{4.21.a}$$

Wegen $\binom{x+r-1}{r-1} = \binom{x+r-1}{x}$ lässt sich die Wahrscheinlichkeitsfunktion auch schreiben als:

$$f(x) = \begin{cases} \binom{x+r-1}{x} p^r q^x, & x = 0, 1, 2, \ldots \\ 0, & \text{sonst} \end{cases}. \tag{4.21.b}$$

Eine Zufallsvariable mit der Wahrscheinlichkeitsfunktion (4.21) heißt **negativ binomialverteilt** oder auch **Pascal–verteilt**. Die negative Binomialverteilung hängt von den Parametern r und p ab; daher symbolisiert man sie mit $NB(r, p)$. Die Verteilungsfunktion gibt Gleichung (4.22) an:

$$F(x) = \begin{cases} 0, & x < 0 \\ \sum\limits_{k=0}^{[x]} \binom{k+r-1}{r-1} p^r q^k \,, & 0 \le x,\ k = 0, 1, \ldots [x], \end{cases} \qquad (4.22)$$

In Abbildung 4.7 sind Wahrscheinlichkeits- und Verteilungsfunktion der negativen Binomialverteilung für $r = 4$ und $p = 0,4$ dargestellt.

Abb. 4.7: Graph der Verteilung $NB(4; 0, 4)$

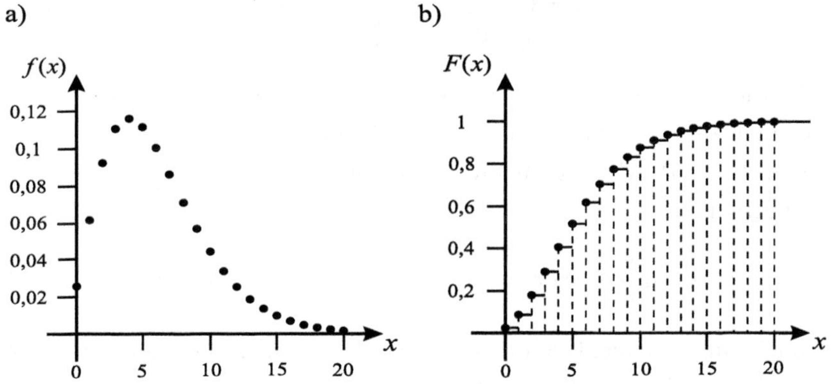

Die Herleitung des Erwartungswertes und der Varianz der negativen Binomialverteilung wird an einer Bernoulli–Kette illustriert, wobei der 3. Erfolg in der 9. Durchführung des Bernoulli–Experimentes eintritt. Kennzeichnet die Ziffer 0 das Eintreten eines Misserfolges und die Ziffer 1 den Ausgang Erfolg, könnte eine Bernoulli–Kette wie folgt aussehen:

$$\underbrace{00}_{X_1}1\,\underbrace{000}_{X_2}1\,\underbrace{0}_{X_3}1$$

Diese Kette wird gemäß der geschweiften Klammer zerlegt. Die Zufallsvariable X_1 stellt die Anzahl der Misserfolge bis zum 1. Erfolg dar; X_2 ist die Anzahl der Misserfolge nach dem 1. Erfolg bis zum 2. Erfolg, X_3 die Anzahl der Misserfolge nach dem 2. Erfolg bis zum 3. Erfolg. Diese drei Zufallsvariablen sind jeweils geometrisch verteilt; ihre Realisationen in der angebenen Bernoulli–Kette betragen: $X_1 = 2$, $X_2 = 3$ und $X_3 = 1$. Die Zufallsvariable

$X = X_1+X_2+X_3$ stellt dann die Anzahl der Misserfolge bis zum 3. Erfolg dar und ist negativ binomialverteilt. Bei obiger Bernoulli–Kette beträgt $X = 6$. Soll allgemein der r-te Erfolg bei der $(x + r)$-ten Durchführung eintreten, sind r Zerlegungen wie oben vorzunehmen und für X gilt dann: $X = \sum_{j=1}^{r} X_j$. Alle X_j sind unabhängig und geometrisch verteilt mit $\mu = \frac{q}{p}$ und $\sigma^2 = \frac{q}{p^2}$. Erwartungswert und Varianz für X betragen daher:

$$\mu = \mathrm{E}\left(\sum_{j=1}^{r} X_j\right) = \sum_{j=1}^{r} \mathrm{E}(X_j) = \frac{rq}{p} \quad \text{und} \tag{4.23}$$

$$\sigma^2 = \mathrm{var}\left(\sum_{j=1}^{r} X_j\right) = \sum_{j=1}^{r} \mathrm{var}(X_j) = \frac{rq}{p^2}. \tag{4.24}$$

Auch für die negative Binomialverteilung existiert eine Rekursionsformel, die man analog zur Vorgehensweise bei der Binomialverteilung herleitet. Mit Gleichung (4.21.a) erhält man für den Quotient $f(x+1)/f(x)$ nach wenigen Umformungen:

$$f(x+1) = q\frac{x+r}{x+1}f(x) \quad \text{für } x \geq 0 \quad \text{und } f(x=0) = p^r. \tag{4.25}$$

Liegt die Wahrscheinlichkeit für ein x vor, lassen sich mit Gleichung (4.25) die Wahrscheinlichkeiten für $x + 1$, $x + 2$ usw. schnell berechnen.

Beispiel 4.6 *Bei einem Glücksspiel hat derjenige gewonnen, der 4-mal die Augenzahl „6" mit der geringsten Anzahl an Würfen erzielt. Die Wahrscheinlichkeit, dass ein Teilnehmer mit sechs Würfen siegt, berechnet man mit der negativen Binomialverteilung. In diesem Fall muss beim sechsten Wurf zum vierten Mal die Augenzahl „6" eintreten. Die Parameter der für dieses Ereignis relevanten negativen Binomialverteilung lauten:* $p = \frac{1}{6}$ *und* $r = 4$*; die Zufallsvariable* X *nimmt den Wert zwei an. Nach der Wahrscheinlichkeitsfunktion (4.21.a) erhält man:* $f(2) = \binom{5}{3}p^4q^2 = 0,0054$. *Der Erwartungswert des Spiels beträgt nach Gleichung (4.23):* $\mu = \frac{4 \cdot 5/6}{1/6} = 20$, *d.h. der vierte Erfolg kann nach 20 Misserfolgen erwartet werden bzw. es muss durchschnittlich 23-mal gespielt werden, bis der vierte Erfolg in der 24. Durchführung eintritt. Die Varianz folgt nach Gleichung (4.24) als:* $\sigma^2 = \frac{4 \cdot 5/6}{1/36} = 120$, *was zu einer Standardabweichung von* $\sigma = 10,9545$ *führt. Je größer Varianz bzw. Standardabweichung ausfallen, desto geringer ist die Information, die der Erwartungswert, als mittlere Wartezeit interpretiert, liefert. Aus der* *berechneten Wahrscheinlichkeit für $X = 2$ kann mit der Rekursionsformel (4.25) die Wahrscheinlichkeit für $X = 3$ gewonnen werden. Man erhält sie als:* $f(3) = \frac{5}{6} \cdot \frac{6}{3}\, f(2) = \frac{5}{3} \cdot 0,0054 = 0,009$. *Dieser Wert ergibt sich natürlich auch aus Gleichung (4.21), jedoch mit einem größeren Rechenaufwand.*

Da die negative Binomialverteilung durch Verallgemeinerung aus der geometrischen Verteilung hervorgeht, muss umgekehrt auch die geometrische Verteilung als Spezialfall aus der negativen Binomialverteilung folgen. Für $r = 1$ liegt die Problemstellung der geometrischen Verteilung vor; Gleichung (4.21) geht dann über in: $f(x) = pq^x$ und stimmt mit der Wahrscheinlichkeitsfunktion (4.12) überein.

Übungsaufgaben zu 4.1.3

4.1.3.1 Wie groß ist die Wahrscheinlichkeit, erst im 10. Wurf mit einem idealen Würfel eine 6 zu würfeln? Berechnen Sie Erwartungswert und Standardabweichung der Anzahl X bis zur ersten 6!

4.1.3.2 Ein Betrunkener steht vor seiner verschlossenen Haustür. Um sie zu öffnen, holt er seinen Schlüsselbund mit 8 Schlüsseln heraus und probiert die Schlüssel durch. Aufgrund seines Alkoholkonsums kann er aber nicht nachvollziehen, welche Schlüssel schon ausprobiert wurden.

a) Wie groß ist die Wahrscheinlichkeit, dass der dritte Schlüssel der richtige ist?

b) Wie groß ist die Wahrscheinlichkeit, dass er mehr als fünf Versuche benötigt?

c) Berechnen Sie den Erwartungswert und die Varianz für die Anzahl X der Versuche, bis er die Tür öffnen kann!

4.1.3.3 Eine Hochspringerin überspringt die Höhe von 2 Metern in 80% der Versuche. Bei einem Wettkampf sind drei Versuche für das Überspringen einer vorgegebenen Höhe zugelassen. Wie groß ist die Wahrscheinlichkeit, dass die Springerin die Höhe von 2 Metern (a) überspringt, (b) erst im 2. Versuch überspringt, (c) nicht überspringt?

4.1.3.4 Die mit einer Maschine hergestellten Produkte werden in Zehnerkartons verpackt. Der Anteil normgerecht produzierter Produkte beträgt 85%. Wie groß ist die Wahrscheinlichkeit, dass das dritte fehlerhafte Produkt als letztes in den Karton kommt?

4.1.3.5 Die Zufallsvariable X ist definiert als Nummer der Durchführung eines Bernoulli–Experiments, bei dem zum ersten Mal „Erfolg" mit $P(\text{Erfolg}) = p$ eintritt. Entwickeln Sie $f(x), \mathrm{E}(X)$ und $\mathrm{var}(X)$!

4.1.4 Die Poisson–Verteilung und der Poisson–Prozess

Die Herleitung der Poisson–Verteilung kann auf zwei Weisen erfolgen, die auch ihren Anwendungsbereich kennzeichnen. Zum einen erhält man die Poisson–Verteilung als Grenzverteilung der Binomialverteilung, zum anderen ist sie die Verteilung bestimmter Zufallsvorgänge, die deswegen Poisson–Prozesse genannt werden.

Im Jahr 1837 veröffentlichte Siméon–Denis Poisson eine Arbeit, in der er die Entwicklung von Binomialverteilungen untersucht, bei denen der Parameter n gegen unendlich strebt, der Erwartungswert $\mu = np$ aber auf einem vorgegebenen Wert $\lambda > 0$ konstant bleibt. Wegen der Konstanz des Erwartungswerts $np = \lambda$ muss mit wachsendem n die Wahrscheinlichkeit p gegen null konvergieren: $p = \dfrac{\lambda}{n} \to 0$ für $n \to \infty$. Die Wahrscheinlichkeitsfunktion (4.5) läßt sich nach Absorption der Bedingung $np = \lambda$ schreiben als:

$$f(x) = \binom{n}{x}\left(\frac{\lambda}{n}\right)^x \left(1 - \frac{\lambda}{n}\right)^{n-x}. \tag{4.26}$$

Bleibt x auf einem bestimmten Wert konstant, erzeugt $n \to \infty$ eine Folge von Wahrscheinlichkeiten. Für $\lambda = 1$ und $X = 2$ z.B. geht Gleichung (4.26) über in:

$$f(x = 2) = \binom{n}{2}\left(\frac{1}{n}\right)^2 \left(1 - \frac{1}{n}\right)^{n-2}.$$

Durchläuft n die Werte 10, 20, 30 und 40, betragen die Wahrscheinlichkeiten:

$$f(2|10) = 0,1937;\ f(2|20) = 0,1887;\ f(2|30) = 0,1871 \text{ und}$$
$$f(2|40) = 0,1863.$$

Um den Grenzwert dieser Wahrscheinlichkeitsfolge für $n \to \infty$ nicht nur bei $X = 2$, sondern bei jedem festen x zu ermitteln, zerlegt man Gleichung (4.26) wie folgt:

$$f(x|n) = \binom{n}{x}\left(\frac{\lambda}{n}\right)^x\left(1-\frac{\lambda}{n}\right)^{n-x} \tag{4.27}$$
$$= \frac{n!}{x!(n-x)!}\frac{1}{n^x}\lambda^x\left(1-\frac{\lambda}{n}\right)^n\left(1-\frac{\lambda}{n}\right)^{-x}$$
$$= \frac{1}{x!}\frac{n(n-1)\cdot\ldots\cdot(n-x+1)}{n^x}\lambda^x\left(1-\frac{\lambda}{n}\right)^{-x}\left(1-\frac{\lambda}{n}\right)^n$$

Der Grenzwert $\lim_{n\to\infty} f(x|n)$ wird unter Anwendung der beiden Sätze ermittelt, dass der Grenzwert einer Konstanten gleich dieser Konstanten und dass der Grenzwert eines Produktes gleich dem Produkt der Grenzwerte ist. Von den fünf Faktoren in Gleichung (4.27) sind $\frac{1}{x!}$ und λ^x von n unabhängig und daher konstant; für die übrigen gilt:

$$\lim_{n\to\infty}\frac{n(n-1)\cdot\ldots\cdot(n-x+1)}{n^x} = 1, \quad \lim_{n\to\infty}\left(1-\frac{\lambda}{n}\right)^{-x} = 1 \text{ und}$$
$$\lim_{n\to\infty}\left(1-\frac{\lambda}{n}\right)^n = e^{-\lambda}.$$

Damit ist der Grenzwert von Gleichung (4.27) gefunden:

$$\lim_{n\to\infty} f(x|n) = e^{-\lambda}\frac{\lambda^x}{x!}.$$

Da dies für jedes (feste) x gilt, stellt die Funktion

$$f(x) = \begin{cases} e^{-\lambda}\dfrac{\lambda^x}{x!}, & x = 0,1,2,\ldots \\ 0, & \text{sonst} \end{cases} \tag{4.28}$$

die Wahrscheinlichkeitsfunktion der **Poisson–Verteilung** dar, sofern $\sum_{x=0}^{\infty} f(x) = \sum_{x=0}^{\infty} e^{-\lambda}\frac{\lambda^x}{x!} = e^{-\lambda}\sum_{x=0}^{\infty}\frac{\lambda^x}{x!}$ gleich eins ist. Die letzte Summe stellt die Taylor-Reihenentwicklung von e^λ dar:

$$e^\lambda = 1 + \lambda + \frac{\lambda^2}{2!} + \frac{\lambda^3}{3!} + \ldots = \sum_{x=0}^{\infty}\frac{\lambda^x}{x!}.$$

Nach Substitution erhält man: $\sum_{k=0}^{\infty} f(x) = e^{-\lambda}e^{\lambda} = 1.$

Summation über alle $k \leq x$ liefert die Verteilungsfunktion:

$$F(x) = \begin{cases} 0, & x < 0 \\ e^{-\lambda}\displaystyle\sum_{k=0}^{[x]}\frac{\lambda^k}{k!}, & x \geq 0,\ k = 0,1,\ldots,[x]. \end{cases} \tag{4.29}$$

Abb. 4.8: Poisson–Verteilung für $\lambda = 1$

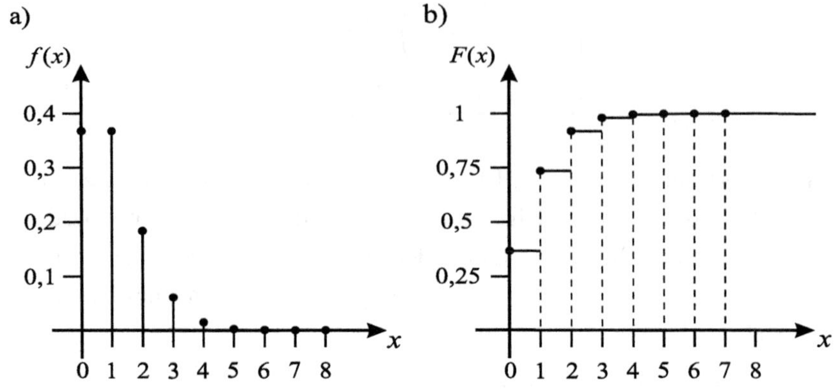

Abbildung 4.8 gibt beide Funktionen für $\lambda = 1$ wieder.

Die Wahrscheinlichkeits- und Verteilungsfunktion haben nur den Parameter λ; man kennzeichnet daher die Poissonverteilung kompakt mit: $PV(\lambda)$.

Der Parameter λ ist gleichzeitig Erwartungswert und Varianz der Poisson–Verteilung. Da np der Erwartungswert der Binomialverteilung ist, erhält man hieraus durch Grenzübergang den Erwartungswert der Poisson–Verteilung. Annahmegemäß bleibt aber np auf dem Wert λ für $n \to \infty$ konstant; somit gilt $\mu = \lambda$. Die Varianz der Binomialverteilung wird durch $\sigma^2 = npq$ gegeben; mit $n \to \infty$ strebt $p \to 0$ und $q \to 1$ bei Konstanz von $np = \lambda$. Somit gilt: $\lim\limits_{n \to \infty} npq = \lambda$. Gleichung (4.30) fasst diese Ergebnisse zusammen:

$$\mu = \sigma^2 = \lambda. \tag{4.30}$$

Da die Poisson–Verteilung Grenzverteilung der Binomialverteilung für $n \to \infty$ und $np = \lambda$ ist, findet sie bei großem n und kleinem p anstelle der Binomialverteilung Verwendung. Eine gute Approximation erreicht man mit der Faustregel: $n \geq 100$ und $p \leq 0,1$. Beträgt $\lambda = 1$ und $n = 100$, ist $p = 0,01$. Für $x = 2$ lautet die Wahrscheinlichkeit nach der Poisson–Verteilung:

$$f(x = 2) = e^{-1}\frac{1}{2!} = \frac{1}{2e} = 0,18393972;$$

nach der Binomialverteilung:

$$f(x = 2) = \binom{100}{2}(0,01)^2(0,99)^{98} = 0,18486482.$$

Der Approximationsfehler beträgt 0,0009251, ein Wert, der als vernachlässigbar klein einzustufen ist.

Die Rekursionsformel der Poisson–Verteilung lässt sich direkt aus der Wahrscheinlichkeitsfunktion (4.28) herleiten. Für $X = x+1$ folgt: $f(x+1) = e^{-\lambda}\dfrac{\lambda^{x+1}}{(x+1)!} = e^{-\lambda}\dfrac{\lambda^x \lambda}{(x+1)x!} = \dfrac{\lambda}{x+1}e^{-\lambda}\dfrac{\lambda^x}{x!}$. Somit lautet die Rekursionsformel:

$$f(x+1) = \frac{\lambda}{x+1} f(x). \tag{4.31}$$

Bei $\lambda = 1$ folgt aus $f(x=2) = 0,1839$ die Wahrscheinlichkeit für $X = 3$ als: $f(x=3) = \frac{1}{3} f(x=2) = 0,0631$.

Sind X_1 und X_2 unabhängige, poissonverteilte Zufallsvariablen mit den Parametern λ_1 und λ_2, dann ist auch ihre Summe $X = X_1 + X_2$ poissonverteilt mit dem Parameter $\lambda = \lambda_1 + \lambda_2$. Die Zufallsvariable X nimmt den Wert $X = x$ für $X_1 = z$ und $X_2 = x - z$ an. Weil keine der beiden Zufallsvariablen X_1 und X_2 negative Werte annehmen kann, muss gelten: $z = 0, 1, 2, \ldots, x$. Für $z > x$ wäre X_2 negativ, was ausgeschlossen ist. Wegen der Unabhängigkeit erhält man die Wahrscheinlichkeit für $X = x$ als:

$$\begin{aligned}P(X = x) &= \sum_{z=0}^{x} P(X_1 = z, X_2 = x - z) = \sum_{z=0}^{x} f(z, \lambda_1) f(x - z, \lambda_2) \\ &= \sum_{z=0}^{x} e^{-\lambda_1}\frac{\lambda_1^z}{z!} e^{-\lambda_2}\frac{\lambda_2^{x-z}}{(x-z)!} = e^{-(\lambda_1+\lambda_2)} \sum_{z=0}^{x} \frac{\lambda_1^z \lambda_2^{x-z}}{z!(x-z)!}.\end{aligned}$$

Die letzte Summe kann nach Multiplikation mit $\dfrac{x!}{x!}$ auf den binomischen Satz zurückgeführt werden:

$$\frac{1}{x!}\sum_{z=0}^{x} \frac{x!}{z!(x-z)!}\lambda_1^z \lambda_2^{x-z} = \frac{1}{x!}\sum_{z=0}^{x}\binom{x}{z}\lambda_1^z \lambda_2^{x-z} = \frac{1}{x!}(\lambda_1 + \lambda_2)^x.$$

Damit erhält man:

$$P(X = x) = e^{-(\lambda_1+\lambda_2)}\frac{(\lambda_1 + \lambda_2)^x}{x!} = e^{-\lambda}\frac{\lambda^x}{x!} \text{ mit } \lambda = \lambda_1 + \lambda_2.$$

Verallgemeinert man dieses Ergebnis, lautet die Reproduktivität der Poisson–Verteilung: Sind X_j, $j = 1, \ldots, n$ unabhängige, poissonverteilte Zufallsvariablen mit $\lambda_j, j = 1, 2, \ldots, n$, so ist $X = \sum\limits_{j=1}^{n} X_j$ ebenfalls poissonverteilt mit $\lambda = \sum\limits_{j=1}^{n} \lambda_j$.

Wie im folgenden Beispiel sind in vielen Anwendungsfällen die Parameter n und p nicht bekannt, wohl aber ihr Produkt.

Beispiel 4.7 *Beim sorgfältigen Lesen eines Statistiklehrbuches wurden auf 300 Seiten 60 Druckfehler gefunden. Zur Berechnung der Wahrscheinlichkeit für* $x = 0, 1, 2, \ldots$ *Druckfehler pro Seite verwendet man die Poisson–Verteilung. Der Erwartungswert für Druckfehler pro Seite beträgt:* $\lambda = \frac{60}{300} = 0,2$*; die Wahrscheinlichkeitsfunktion lautet jetzt:* $f(x) = e^{-0,2}\frac{(0,2)^x}{x!}$*. Die Wahrscheinlichkeit für eine druckfehlerfreie Seite beträgt daher:* $f(x = 0) = 0,8187$.

Das zweite große Anwendungsgebiet der Poisson–Verteilung sind Zufallsvorgänge, für deren Ausgänge entweder die Zeit oder der Ort von Bedeutung sind. Die Zufallsvariable X gibt die Anzahl des Eintretens eines interessierenden Ereignisses in einem vorgegebenen Zeitintervall oder an einem bestimmten Ort an. So kann X z.B. die Anzahl von Telefonanrufen in einer viertel Stunde oder die Anzahl der Regentropfen, die auf einen Pflasterstein fallen, sein. Zufallsvorgänge mit zeitlichem oder örtlichem Bezug heißen Poisson–Prozesse, wenn sie den folgenden drei Bedingungen genügen, wobei zwecks Vereinfachung von Vorgängen mit zeitlichem Bezug ausgegangen wird. Ein **Poisson–Prozess** liegt vor, wenn

(1) die Ereignisse über die Zeit zufällig verteilt eintreten, wobei die Wahrscheinlichkeit für $X = 1$ in jedem gleich langen Zeitintervall Δt gleich groß ist: $P(X = 1|\Delta \mathrm{t})=$ konst. für festes Δt;

(2) bei einer Verkleinerung des Intervalls Δt die Wahrscheinlichkeit für $X > 1$ (schnell) gegen null strebt: $\lim_{\Delta t \to 0} P(X > 1|\Delta t) = 0$;

(3) die Häufigkeiten des Eintretens der Ereignisse in nicht überlappenden, also disjunkten Zeitintervallen unabhängig sind.

Liegt ein Poisson–Prozess vor, sind die Wahrscheinlichkeiten für X Ereignisse im Zeitintervall Δt Poisson–verteilt. Da der Parameter λ jetzt vom gewählten Zeitintervall abhängig ist, wird er mit $\lambda(\Delta t)$ bezeichnet; die Wahrscheinlichkeitsfunktion geht bei dieser Notation über in:

$$f(x) = e^{-\lambda(\Delta t)}\frac{[\lambda(\Delta t)]^x}{x!}. \tag{4.32}$$

Beispiel 4.8 : *Das Eintreffen von 18 Anrufen in einer Stunde wird durch Punkte auf der Zeitachse festgehalten:*

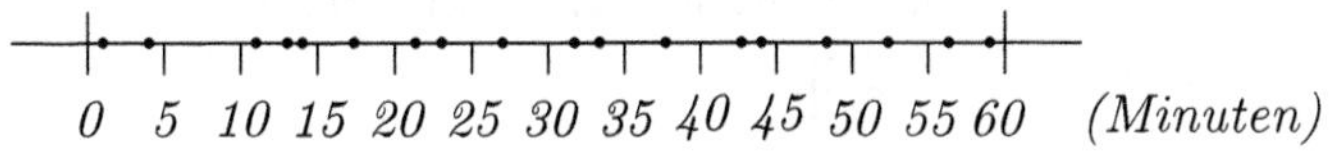

Zerlegt man die Zeitachse in 60 Einminuten–Intervalle und betrachtet die Anzahl der Anrufe in diesen Intervallen als voneinander unabhängig, bilden die Anrufe pro Minute einen Poisson–Prozess mit dem Parameter $\lambda(\Delta t) = \frac{18\ (Anrufe)}{60\ (Minuten)} = 0,3$. *Dies führt zu der Wahrscheinlichkeitsfunktion* $f(x) = e^{-0,3}\frac{(0,3)^x}{x!}$. *Die Wahrscheinlichkeit für mindestens einen Anruf innerhalb von einer Minute beträgt:*

$$P(X > 0) = 1 - f(x = 0) = 1 - 0,7408 = 0,2592.$$

Ändert man das Zeitintervall auf 5 Minuten, resultiert auch ein neuer Wert für $\lambda(\Delta t)$: $\lambda(\Delta t) = 0,3 \cdot 5 = 1,5$. *Alternativ hätte man auch berechnen können:* $\lambda(\Delta t) = 18 : 12\,(5 - Minutenintervalle) = 1,5$.

Bei Zufallsvorgängen mit örtlichem Bezug ergeben sich keine neuen Aspekte. Sie stellen einen Poisson–Prozess dar, wenn in den drei hierfür angegebenen Bedingungen der Zeit- durch den Ortsbezug ersetzt wird. In Beispiel 4.7 hat die Zufallsvariable „Druckfehler pro Seite“ örtlichen Bezug, und es macht formal keinen Unterschied, ob λ für Zeitintervalle oder örtliche Vorgaben, wie z.B. Buchseite, berechnet wird.

Poisson–Prozesse kommen in der Realität häufiger vor, als man vermuten mag. So unterliegen viele Schadensmeldungen bei Versicherungen ebenso einer Poisson–Verteilung wie Ausschuss bei der Produktion oder Warteschlangen an Servicestellen unterschiedlichster Art. Bestehen die Realisationen einer empirischen statistischen Variablen aus den natürlichen Zahlen einschließlich der Null und stimmen wie bei der Poisson–Verteilung μ und σ^2 überein, kann vermutet werden, dass das empirische Geschehen gemäß einer Poisson–Verteilung zufallsgesteuert ist. Das arithmetische Mittel dient als Näherungswert für λ, womit dann die Wahrscheinlichkeitsfunktion festgelegt ist.

Übungsaufgaben zu 4.1.4

4.1.4.1 Auf einer stark befahrenen Kreuzung ereignen sich pro Woche durchschnittlich 2 Unfälle.

a) Mit welcher Wahrscheinlichkeit treten in einer beliebigen Woche auf dieser Kreuzung mindestens 4 Unfälle ein?

b) Wie groß ist die Wahrscheinlichkeit, dass sich pro Woche 2 bis 4 Unfälle ereignen?

c) Mit wie vielen Unfällen muss man in einem Zeitraum von 4 Wochen rechnen?

4.1.4.2 In einem Büro kommen 6 Anrufe pro Stunde an. Die Anzahl X der Anrufe sei poissonverteilt. Wie groß ist die Wahrscheinlichkeit, dass

a) in einer beliebigen Minute kein Anruf kommt,

b) innerhalb von 10 Minuten zweimal angerufen wird,

c) innerhalb einer viertel Stunde weniger als 2 Anrufe eintreffen,

d) innerhalb einer halben Stunde mehr als 3 und weniger als 6 Anrufe kommen?

4.1.4.3 In einem Industriegebiet ereignen sich pro Jahr 2 Brände. Wie groß ist die Wahrscheinlichkeit, dass im nächsten Jahr mehr als 2 Brände ausbrechen?

4.1.5 Die hypergeometrische Verteilung

Die bis jetzt vorgestellten Wahrscheinlichkeitsverteilungen entstehen aus Zufallsvorgängen, denen das Urnenmodell „Ziehen mit Zurücklegen" zugrunde liegt. Die hypergeometrische Verteilung ergibt sich, wenn die Zufallsvorgänge durch „Ziehen ohne Zurücklegen" charakterisiert werden können und bei denen wiederum nur das Eintreten einer bestimmten Eigenschaft relevant ist. Ausgangspunkt ist daher eine endliche Grundgesamtheit im Umfang N, bei der $M < N$ Elemente eine bestimmte Eigenschaft A besitzen, die bei den übrigen $(N - M) > 0$ Elementen nicht vorliegt. Die Zufallsvariable X_j, $j = 1, \ldots, n$ erfasst das Ergebnis der j-ten Entnahme mit dem Wert eins, wenn das gezogene Element die Eigenschaft A aufweist; sie hat den Wert null, wenn dies nicht der Fall ist. Wird n-mal ein Element ohne Zurücklegen entnommen, gibt die Zufallsvariable $X = \sum_{j=1}^{n} X_j$ an, wie oft bei den n Entnahmen Elemente mit der Eigenschaft A gezogen wurden. Die möglichen Realisationen von X hängen von den Werten für N, M und n ab. Intuitiv ist klar, dass immer $n < N$ gelten soll. Denn wenn $n = N$ Ziehungen erfolgen würden, wäre X einpunktverteilt mit $X = M$. Für $n < N$ existieren zwei Beschränkungen für den Wertebereich von X. Besitzen $N - M$ Elemente nicht die Eigenschaft A und werden $n > N - M$ Elemente entnommen, müssen immer mindestens $n - (N - M) = n + M - N$ Elemente mit der Eigenschaft A entnommen worden sein. Gilt hingegen $n < N - M$, so könnte die Entnahme ausschließlich Elemente liefern, die nicht die Eigenschaft A aufweisen. Somit gilt als untere Grenze für $X : \max\{0, n + M - N\}$. Analog hierzu findet man die obere Grenze. Ist $n > M$, können bei der Auswahl maximal M Elemente mit der Eigenschaft A vorkommen, für $n < M$ maximal n Elemente. Als obere Grenze erhält man daher: $\min\{n, M\}$. Der Realisationsbereich für X ist mit $\max\{0, n + M - N\} \leq x \leq \min\{n, M\}$ gefunden.

Beispiel 4.9 *In einer Urne befinden sich $N = 20$ Kugeln, von denen $M = 5$ rot sind. Entnimmt man zufällig 8 Kugeln ohne Zurücklegen, erhält man untere und obere Grenze für X als:* $\max\{0, -7\} = 0$ *und* $\min\{8, 5\} = 5$*; die Menge der Realisationen lautet:* $\{0, 1, 2, 3, 4, 5\}$.

Um für die Werte von X die Wahrscheinlichkeiten zu bestimmen, muss zunächst die Anzahl der Kombinationen ohne Wiederholung nach Satz 2.12 berechnet werden. Man erhält $K(N, n) = \binom{N}{n}$ mögliche Kombinationen, von denen angenommen wird, dass sie alle die gleiche Wahrscheinlichkeit besitzen, realisiert zu werden. Um die Wahrscheinlichkeit für $X = x$ zu gewinnen, benötigt man die Anzahl an Kombinationen, die genau x Elemente mit der Eigenschaft A enthalten. Es gibt $\binom{M}{x}$ Möglichkeiten, x aus M Elementen ohne Zurücklegen auszuwählen. Zu jeder dieser Möglichkeit existieren $\binom{N-M}{n-x}$ Möglichkeiten, $(n-x)$ Elemente aus $(N-M)$ Elementen auszuwählen, die nicht die Eigenschaft A aufweisen. Insgesamt gibt es somit $\binom{M}{x}\binom{N-M}{n-x}$ Kombinationen, die genau x Elemente mit der Eigenschaft A enthalten. Das Verhältnis dieser Anzahl zu den insgesamt möglichen Kombinationen ist die Wahrscheinlichkeit für $X = x$. Die Wahrscheinlichkeitsfunktion der hypergeometrischen Verteilung resultiert hieraus als:

$$f(x) = \begin{cases} \dfrac{\binom{M}{x}\binom{N-M}{n-x}}{\binom{N}{n}}, & \max\{0, n+M-N\} \leq x \leq \min\{n, M\} \\ 0, & \text{sonst.} \end{cases} \tag{4.33}$$

Die Verteilungsfunktion folgt nach Summation über k:

$$F(x) = \begin{cases} 0, & x < \max\{0, n+M-N\} = a \\ \dfrac{\sum\limits_{k=a}^{[x]} \binom{M}{k}\binom{N-M}{n-k}}{\binom{N}{n}}, & a \leq x \leq \min\{n, M\},\ k = a, \ldots, [x] \\ 1, & x > \min\{n, M\} \end{cases} \tag{4.34}$$

An den Funktionen (4.33) und (4.34) wird deutlich, dass die hypergeometrische Verteilung drei Parameter, nämlich N, M und n besitzt; man kürzt sie daher mit $H(N, M, n)$ ab. Abbildung 4.9 zeigt zwei Wahrscheinlichkeitsfunktionen, die sich nur durch den Parameter M unterscheiden. Mit zunehmendem M wandert $f(x)$ nach rechts.

Abb. 4.9: Hypergeometrische Wahrscheinlichkeitsfunktion für a) $N = 10$, $n = 5$, $M = 2$, b) $N = 10$, $n = 5$, $M = 6$

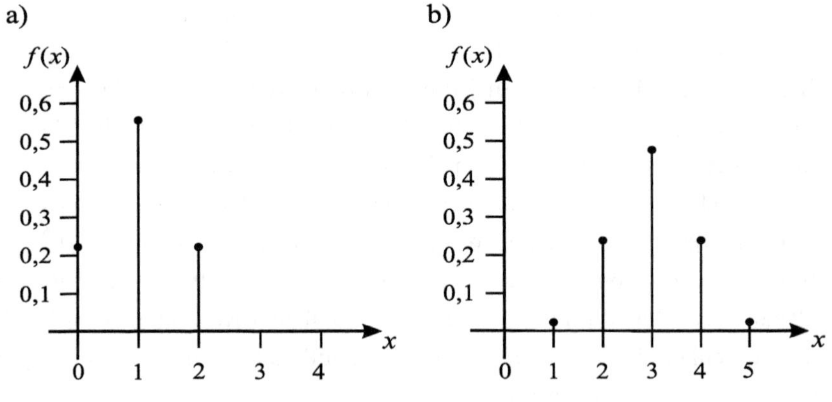

Um die Gleichungen für Erwartungswert und Varianz einer hypergeometrischen Verteilung zu entwickeln, ist eine Umformungsmöglichkeit des Binomialkoeffizienten hilfreich. Es gilt:

$$\binom{M}{x} = \frac{M!}{x!(M-x)!} = \frac{M(M-1)!}{x(x-1)!(M-x)!} = \frac{M}{x}\binom{M-1}{x-1}. \tag{4.35}$$

Der Erwartungswert kann dann wie folgt aus seiner Definitionsgleichung ermittelt werden:[2]

$$\mu = \sum_{x=0}^{n} x \frac{\binom{M}{x}\binom{N-M}{n-x}}{\binom{N}{n}} = \sum_{x=1}^{n} x \frac{\frac{M}{x}\binom{M-1}{x-1}\binom{N-M}{n-x}}{\frac{N}{n}\binom{N-1}{n-1}} = n\frac{M}{N}\sum_{x=1}^{n} \frac{\binom{M-1}{x-1}\binom{N-M}{n-x}}{\binom{N-1}{n-1}}$$

Der Quotient $\frac{M}{N}$ stellt die Wahrscheinlichkeit dar, dass beim ersten Zug ein Element mit der Eigenschaft A eintritt. Diese Wahrscheinlichkeit beträgt p. Setzt man $z = x - 1$, kann die letzte Summe geschrieben werden:

$$\sum_{x=1}^{n} \frac{\binom{M-1}{x-1}\binom{N-M}{n-x}}{\binom{N-1}{n-1}} = \sum_{z=0}^{n-1} \frac{\binom{M-1}{z}\binom{N-M}{n-1-z}}{\binom{N-1}{n-1}}.$$

Der letzte Bruch ist aber nach Gleichung (4.33) die Wahrscheinlichkeitsfunktion einer hypergeometrisch verteilten Zufallsvariablen Z mit den Parametern $N-1$, $M-1$ und $n-1 : f(z|N-1, M-1, n-1)$. Da ihre Summe über alle $z = 0, \ldots, n-1$ gleich eins sein muss, hat man den Erwartungswert μ einer hypergeometrisch verteilten Zufallsvariablen als:

$$\mu = np, \text{ mit } p = \frac{M}{N}\,. \tag{4.36}$$

Binomial- und hypergeometrische Verteilung besitzen denselben Erwartungswert, obwohl sich die ihnen zugrunde liegenden Zufallsvorgänge unterscheiden. Für den Erwartungswert ist es also unbedeutend, ob bei dem Urnenmodell das entnommene Element zurückgelegt wird oder nicht.

Zur Ermittlung der Varianz ist es vorteilhaft, Gleichung (3.4) leicht umzuformen. Da gilt: $X^2 = (X-1)X + X$, folgt die Varianz als:

$$\sigma^2 = E(X^2) - [E(X)]^2 = E[X(X-1)] + E(X) - [E(X)]^2.$$

Beachtet man, dass aus Gleichung (4.35) auch folgt:

[2] Bei der Herleitung des Erwartungswertes und der Varianz werden für X nur die Grenzen 0 und n beachtet. Für die möglichen anderen Begrenzungen des Wertebereichs von X stellen sich dieselben Resultate ein, jedoch nach erheblich größerem Rechenaufwand.

$$\binom{M}{x} = \frac{M(M-1)}{x(x-1)}\binom{M-2}{x-2} \quad \text{und} \quad \binom{N}{n} = \frac{N(N-1)}{n(n-1)}\binom{N-2}{n-2},$$

ergibt sich für $E[X(X-1)]$:

$$E[X(X-1)] = \sum_{x=0}^{n} x(x-1)\frac{\binom{M}{x}\binom{N-M}{n-x}}{\binom{N}{n}} = \frac{M(M-1)}{\frac{N(N-1)}{n(n-1)}}\sum_{x=2}^{n}\frac{\binom{M-2}{x-2}\binom{N-M}{n-x}}{\binom{N-2}{n-2}}.$$

Setzt man jetzt $z = x - 2$ und stellt den Bruch vor dem letzten Summenzeichen unter Betrachtung von $\frac{M}{N} = p$ um, erhält man:

$$E[X(X-1)] = \frac{p(M-1)n(n-1)}{(N-1)}\sum_{z=0}^{n-2}\frac{\binom{M-2}{z}\binom{N-M}{n-2-z}}{\binom{N-2}{n-2}}.$$

Der letzte Bruch stellt analog zu oben die Wahrscheinlichkeitsfunktion einer hypergeometrisch verteilten Zufallsvariablen Z dar, jetzt aber mit den Parametern $N-2, M-2$ und $n-2$; da aber auch ihre Summe eins ist, resultiert:

$$E[X(X-1)] = \frac{p(M-1)n(n-1)}{(N-1)} = \frac{np(pN-1)(n-1)}{N-1}.$$

In der Formel für die Varianz σ^2 sind nun alle Terme bestimmt. Es gilt:

$$\sigma^2 = \frac{np(pN-1)(n-1)}{N-1} + np - n^2p^2, \text{ oder nach einigen Umformungen:}$$

$$\sigma^2 = np(1-p)\frac{N-n}{N-1}. \tag{4.37}$$

Bis auf den Faktor $\frac{N-n}{N-1}$ stimmt die Varianz der hypergeometrischen Verteilung mit der für die Binomialverteilung überein. Da sich beim „Ziehen mit Zurücklegen“ die Grundgesamtheit nicht erschöpft, sie also hypothetisch unendlich ist, nennt man $\frac{N-n}{N-1}$ den **Korrekturfaktor für endliche Gesamtheiten**. Er liegt in der Nähe von eins, wenn N im Vergleich zu n sehr groß ist. Bei $N = n$ ist er null; wie bereits oben erwähnt, liegt dann für X eine Einpunktverteilung vor. Für hinreichend große N gilt: $\frac{N-n}{N-1} \approx \frac{N-n}{N} = 1 - \frac{n}{N}$. Der Korrekturfaktor ist bei kleinem Auswahlsatz n/N fast eins. Dann bleibt aber die Wahrscheinlichkeit, Elemente mit der Eigenschaft A zu erhalten, auch beim Ziehen ohne Zurücklegen von Entnahme zu Entnahme fast gleich. Als Faustregel gilt, dass die Binomialverteilung als Approximation für die hypergeometrische Verteilung dienen kann, wenn der Auswahlsatz n/N kleiner als 5% ist.

Beispiel 4.10 *Beim Lotto sind auf einem Tippschein sechs der natürlichen Zahlen 1 bis 49 anzukreuzen. Dies kann auf* $\binom{N}{n} = \binom{49}{6}$ *=13 983 816 unterschiedliche Möglichkeiten geschehen. Durch Ziehen ohne Zurücklegen werden sechs Gewinnzahlen ermittelt. Damit sind die 49 Zahlen der Grundgesamtheit in zwei Teilmengen zerlegt. Eine Teilmenge enthält die* $M = 6$ *Gewinnzahlen; die andere Teilmenge umfasst die* $N - M = 43$ *Zahlen, die diese Eigenschaft nicht besitzen. Die Wahrscheinlichkeit dafür, dass in einer Kombination genau* $x = 0, 1, 2, \ldots, 6$ *Gewinnzahlen vorkommen, erhält man mit der Wahrscheinlichkeitsfunktion (4.33), die nach Spezifikation ihrer Parameter lautet:* $f(x) = \frac{\binom{6}{x}\binom{43}{6-x}}{\binom{49}{6}}$.

Die Wahrscheinlichkeiten für $x = 0, x = 3$ *und* $x = 5$ *betragen gerundet:*

$$f(x = 0) = 0,4360, \; f(x = 3) = 0,0177 \text{ und } f(x = 5) = 0,0002.$$

Nach der Ziehung der sechs Gewinnzahlen wird eine Zusatzzahl gezogen. Die Wahrscheinlichkeit für das Ereignis „drei Gewinnzahlen und die Zusatzzahl" erhält man durch folgende Überlegung: Soll eine Kombination die Zusatzzahl enthalten, sind nur noch fünf aus den verbleibenden 48 Zahlen zu wählen, wovon drei Gewinnzahlen sein müssen. Die Anzahl der Kombinationen beträgt: $\binom{6}{3}\binom{42}{2} = 17220$*; die Wahrscheinlichkeit somit P(3 Gewinnzahlen und Zusatzzahl)=* $0,0012$.

Auch die hypergeometrische Verteilung lässt sich in relativierter Form angeben. Anstelle der Anzahl X verwendet man den Anteil $\frac{X}{n}$. Erwartungswert und Varianz der relativierten hypergeometrischen Verteilung erhält man unter Beachtung der Gleichungen (4.36) und (4.37) als:

$$\mathrm{E}\left(\frac{X}{n}\right) = \frac{1}{n}\mathrm{E}(X) = p \qquad \text{und}$$
$$\mathrm{var}\left(\frac{X}{n}\right) = \frac{1}{n^2}\mathrm{var}(X) = \frac{p(1-p)}{n}\frac{N-n}{N-1}.$$

Genau wie die Binomialverteilung lässt sich auch die hypergeometrische Verteilung für Grundgesamtheiten verallgemeinern, deren Elemente hinsichtlich mehrerer disjunkter Eigenschaften unterteilt werden können. Weisen in einer Grundgesamtheit mit N Elementen N_1 die Eigenschaft 1, N_2 die Eigenschaft 2,$\ldots, N_K$ die Eigenschaft K auf, mit $N_1 + \ldots + N_K = N$, erhält man die Wahrscheinlichkeit für x_1 Elemente mit der Eigenschaft 1, x_2 Elemente mit der Eigenschaft 2,..., x_K Elemente mit der Eigenschaft K in einer Kombination vom Umfang n durch:

$$f(x_1, \ldots, x_K) = \frac{\binom{N_1}{x_1}\binom{N_2}{x_2} \cdot \ldots \cdot \binom{N_K}{x_K}}{\binom{N}{n}} \tag{4.38}$$

$$\text{mit: } x_1 + x_2 + \ldots + x_K = n.$$

Gleichung (4.38) ist die Wahrscheinlichkeitsfunktion der **verallgemeinerten hypergeometrischen Verteilung**.

Beispiel 4.11 *Ein Skatkartenspiel mit 32 Karten wird zum Pokern benutzt. Um die Wahrscheinlichkeit für 2 Asse und 2 Könige bei 5 ausgegebenen Karten zu berechnen, teilt man die 32 Karten gemäß der interessierenden Eigenschaften in* $N_1 = 4$ *Asse,* $N_2 = 4$ *Könige und* $N_3 = 24$ *übrige Karten auf. Nach Gleichung (4.38) folgt:*

$$f(x_1 = 2, x_2 = 2, x_3 = 1) = \frac{\binom{4}{2}\binom{4}{2}\binom{24}{1}}{\binom{32}{5}} = \frac{864}{201376} = 0,0043.$$

Das Berechnen der Wahrscheinlichkeiten der verallgemeinerten hypergeometrischen Verteilung ist bei großen Grundgesamtheiten sehr aufwendig. Bei einem Auswahlsatz n/N kleiner als 5% stellt die Multinomialverteilung eine gute Approximation für die verallgemeinerte hypergeometrische Verteilung dar.

Übungsaufgaben zu 4.1.5

4.1.5.1 In einer Lostrommel befinden sich 10 Gewinnlose und 90 Nieten. Wie groß ist die Wahrscheinlichkeit, dass man bei 10 gekauften Losen 3 Gewinne zieht?

4.1.5.2 In einer Weingummitüte, die maximal 20 Weingummis enthalten kann, befinden sich zwei rote Fruchtgummis. Zudem weiß man, dass die Wahrscheinlichkeit, bei zehnmaligem, zufälligen Auswählen aus der Tüte, genau ein rotes Fruchtgummi zu erhalten, 0,5 beträgt. Wie viele Fruchtgummis sind in der Tüte?

4.1.5.3 Der Student S hat wegen eines bevorstehenden Umzugs seine wirtschaftswissenschaftlichen Fachbücher in 40 Kartons verpackt. In zwei Kartons befinden sich nur Statistikbücher. Leider hat er vergessen, in welchen. Um nicht alle Kartons öffnen zu müssen, trifft er eine Zufallsauswahl. Wie viele Kartons muss er öffnen, um mit einer Wahrscheinlichkeit von 0,9 mindestens einen Karton mit Statistikbüchern zu finden?

4.1.5.4 Eine Urne enthält 4 weiße, 4 rote und 4 schwarze Kugeln, aus der Kugeln ohne Zurücklegen zufällig entnommen werden.

a) Wie groß ist die Wahrscheinlichkeit bei vier Entnahmen, dass die Auswahl nur Kugeln zweier Farben enthält?

b) Es werden 6 Kugeln zufällig gezogen. Wie groß ist die Wahrscheinlichkeit, von jeder Farbe jeweils 2 Kugeln zu ziehen?

4.2 Verteilungen stetiger Zufallsvariablen

4.2.1 Die Rechteckverteilung

Kann eine Zufallsvariable X jeden Wert eines geschlossenen Intervalls $[a, b] \subset \mathbb{R}$, $a < b$ annehmen und verhält sich die Wahrscheinlichkeit für das Ereignis $x \leq X \leq x + \Delta x$ proportional zur Intervalllänge Δx, dann ist X stetig und **rechteckverteilt**. Da die Fläche zwischen der Dichtefunktion $f(x)$ und dem Intervall $a \leq x \leq b$ (sicheres Ereignis) gleich eins sein muss, lautet die Dichtefunktion:

$$f(x) = \begin{cases} \dfrac{1}{b-a}, & a \leq x \leq b \\ 0, & \text{sonst} \end{cases} . \tag{4.39}$$

Die Verteilungsfunktion ergibt sich wegen $\int\limits_a^x \frac{1}{b-a}\,du = \frac{1}{b-a}u\Big|_a^x = \frac{x-a}{b-a}$ als:

$$F(x) = \begin{cases} 0, & x < a \\ \dfrac{x-a}{b-a}, & a \leq x \leq b \\ 1, & x > b \end{cases} . \tag{4.40}$$

In Abbildung 4.10 sind beide Funktionen dargestellt.

Abb. 4.10: Rechteckverteilung

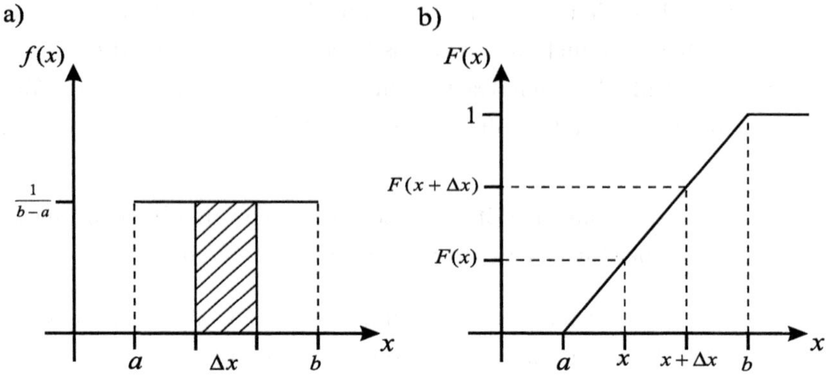

Die Rechteckverteilung ist das stetige Analogon zur diskreten Gleichverteilung; daher werden beide Bezeichnungen auch synonym verwendet. Die Wahrscheinlichkeit für das Ereignis $x \leq X \leq x + \Delta x$ erhält man mit $F(x)$ als:

$$P(x \leq X \leq x + \Delta x) = F(x + \Delta x) - F(x) = \frac{\Delta x}{b - a}$$

und entspricht dem Flächeninhalt des Rechtecks in Abbildung 4.10.a. Die Wahrscheinlichkeit ist, wie vorausgesetzt, zur Intervalllänge Δx proportional.

Den Erwartungswert der Rechteckverteilung berechnet man gemäß Definition 3.8 als:

$$\mu = \int_a^b x f(x)\, dx = \int_a^b \frac{x}{b-a}\, dx = \left. \frac{x^2}{2(b-a)} \right|_a^b = \frac{1}{2}(a+b). \tag{4.41}$$

Um die Varianz nach Gleichung (3.4) zu berechnen, ist $\mathrm{E}(X^2)$ zu ermitteln:

$$\begin{aligned} \mathrm{E}(X^2) &= \int_a^b \frac{x^2}{b-a}\, dx = \left. \frac{1}{3(b-a)} x^3 \right|_a^b = \frac{1}{3} \frac{b^3 - a^3}{b-a} \\ &= \frac{1}{3} \frac{(b-a)(b^2 + ab + a^2)}{b-a} \\ &= \frac{1}{3}(b^2 + ab + a^2). \end{aligned}$$

Somit erhält man für σ^2:

$$\sigma^2 = \mathrm{E}(X^2) - [\mathrm{E}(X)]^2 = \frac{1}{3}(b^2 + ab + a^2) - \frac{1}{4}(a+b)^2$$
$$= \frac{1}{12}(b-a)^2. \tag{4.42}$$

Beispiel 4.12 *Dichte- und Verteilungsfunktion einer über dem Intervall* $[1, 3]$ *rechteckverteilten Zufallsvariablen werden gegeben durch:*

$$f(x) = \begin{cases} \frac{1}{2}, & 1 \le x \le 3 \\ 0, & \textit{sonst} \end{cases}, \qquad F(x) = \begin{cases} 0, & x < 1 \\ \frac{x}{2}, & 1 \le x \le 3 \\ 1, & x > 3 \end{cases}$$

Mittelwert μ *und Varianz* σ^2 *betragen nach Gleichung (4.41) und (4.42):*

$$\mu = \frac{1}{2}(a+b) = 2 \quad \textit{und} \quad \sigma^2 = \frac{1}{12}(b-a)^2 = \frac{1}{3}.$$

Die Wahrscheinlichkeit für das Ereignis $2 \le X \le 2,5$ *lässt sich mit* $F(x)$ *gewinnen:*

$$P(2 \le X \le 2,5) = F(2,5) - F(2) = 1,25 - 1 = 0,25;$$

bei Verwendung der Dichtefunktion rechnet man: $\dfrac{\Delta x}{2} = \dfrac{0,5}{2} = 0,25.$

Die Intervallgrenzen a und b sind die Scharparameter der Rechteckverteilung. Liegen sie numerisch vor, ist eine konkrete Rechteckverteilung spezifiziert.

Übungsaufgaben zu 4.2.1

4.2.1.1 Das Füllgewicht X eines 500g Gurkenglases ist über dem Intervall 480g bis 520g rechteckverteilt.

a) Bestimmen Sie $f(x)$!

b) Berechnen Sie $P(490 \le X \le 510)$!

c) Zeigen Sie, dass der Median mit dem Erwartungswert übereinstimmt!

d) Zeigen Sie, dass für beliebige Quantilswerte x_p mit $P(X \le x_p) = p$ bei rechteckverteilten Zufallsvariablen X mit $a < X < b$ gilt: $x_p = a + p(b-a)$!

4.2.1.2 Der Produktionsmanager eines Autoherstellers hat beobachtet, dass die Wartezeit von 240 bis 480 Minuten zwischen der Bestellung von Vorprodukten und deren Lieferung einer Rechteckverteilung folgt.

a) Geben Sie die Dichtefunktion an, und zeichnen Sie ihren Graph!

b) Welcher Anteil der Bestellungen wird zwischen 5 und 6 Stunden geliefert?

4.2.2 Die Exponentialverteilung

Nimmt eine Zufallsvariable X nur Werte größer oder gleich null an, und kommen kleine Werte relativ häufiger als große Werte vor, kann die Exponentialverteilung als Erklärung des Zufallsvorgangs dienen. Eine stetige Zufallsvariable X heißt **exponentialverteilt**, wenn ihre Dichtefunktion durch

$$f(x) = \begin{cases} \lambda e^{-\lambda x}, & x \geq 0 \\ 0, & \text{sonst} \end{cases} \tag{4.43}$$

mit $\lambda > 0$ gegeben wird.

Die Verteilungsfunktion erhält man durch Integration von $f(x)$:

$$F(x) = \int_0^x \lambda e^{-\lambda u}\, du = \left(-e^{-\lambda u}\right)\Big|_0^x = -e^{-\lambda x} + 1$$

oder

$$F(x) = \begin{cases} 0, & x < 0 \\ 1 - e^{-\lambda x}, & 0 \leq x < \infty \end{cases}. \tag{4.44}$$

Abbildung 4.11 zeigt beide Funktionen.

Die Exponentialverteilung hat nur den Parameter λ; sie wird in Kurzform geschrieben als: $Ex(\lambda)$. Je größer λ, desto schneller nähert sich $F(x)$ der oberen Grenze 1 an.

Den Erwartungswert $\mu = \int_0^\infty x(\lambda e^{-\lambda x})\, dx$ ermittelt man mit der **partiellen Integration**. Die Formel für dieses Verfahren lautet mit u und v als Funktionen in x:

$$\int u'v\, dx = uv - \int uv'\, dx.$$

Abb. 4.11: Exponentialverteilung

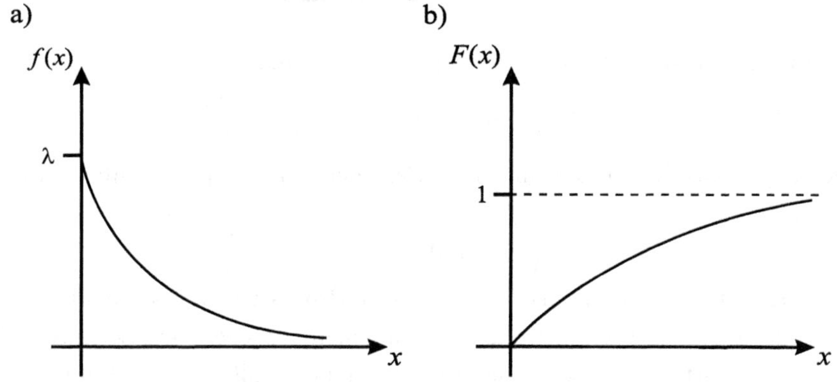

Setzt man $u' = \lambda e^{-\lambda x}$ und $v = x$, folgt: $u = -e^{-\lambda x}$ und $v' = 1$. Die Integration ergibt dann:

$$\int_0^\infty x\left(\lambda e^{-\lambda x}\right)dx = \underbrace{\left(-e^{-\lambda x}\right)x\Big|_0^\infty}_{=0} - \int_0^\infty \left(-e^{-\lambda x}\right)dx = \int_0^\infty e^{-\lambda x}\,dx$$

Für das letzte Integral erhält man:

$$\int_0^\infty e^{-\lambda x}\,dx = -\frac{1}{\lambda}e^{-\lambda x}\Big|_0^\infty = -\frac{1}{\lambda}\left(\frac{1}{e^{\lambda x}}\right)\Big|_0^\infty = -\frac{1}{\lambda}(0-1) = \frac{1}{\lambda}.$$

Damit ist der Erwartungswert mit $\mu = \dfrac{1}{\lambda}$ gefunden.

Ebenfalls mit der partiellen Integration gewinnt man den für σ^2 benötigten Erwartungswert $\mathrm{E}(X^2)$:

$$\mathrm{E}(X^2) = \int_0^\infty x^2(\lambda e^{-\lambda x})\,dx = \underbrace{x^2\left(-e^{-\lambda x}\right)\Big|_0^\infty}_{=0} - \int_0^\infty 2x\left(-e^{-\lambda x}\right)dx.$$

Multipliziert man das letzte Integral mit $\dfrac{\lambda}{\lambda}$ und zieht dann die Konstante $\dfrac{2}{\lambda}$ vor das Integralzeichen, kann man es auf den Erwartungswert μ einer exponentialverteilten Zufallsvariablen zurückführen:

$$-\int_0^\infty \frac{2}{\lambda}\lambda x \left(-e^{-\lambda x}\right)\,dx = \frac{2}{\lambda}\underbrace{\int_0^\infty x\left(\lambda e^{-\lambda x}\right)\,dx}_{\mu} = \frac{2}{\lambda}\mu = \frac{2}{\lambda^2}.$$

$E(X^2)$ ist gefunden und für die Varianz σ^2 erhält man:

$$\sigma^2 = E(X^2) - [E(X)]^2 = \frac{2}{\lambda^2} - \frac{1}{\lambda^2} = \frac{1}{\lambda^2}.$$

Gleichung (4.45) fasst die ermittelten Parameter der Exponentialverteilung zusammen:

$$\text{(a)} \quad \mu = \frac{1}{\lambda} \qquad \text{und} \qquad \text{(b)} \quad \sigma^2 = \frac{1}{\lambda^2}. \tag{4.45}$$

Die Exponentialverteilung tritt bei Poisson–Prozessen auf, wenn nicht die Anzahl des Eintreffens eines Ereignisses in einem vorgegebenen Zeitintervall, sondern die Wartezeit zwischen den Eintritten die Zufallsvariable X darstellt. Die Zufallsvariable X sei definiert als Wartezeit bis zum ersten Eintreten eines poissonverteilten Ereignisses, z.B. Telefonanruf. Das Ereignis $X \leq x$ bedeutet, dass die Wartezeit bis zum ersten Eintreten höchstens die Länge x hat. Dies impliziert, dass im Intervall $[0, x)$ das Ereignis mindestens einmal eintritt. Eine Wartezeit länger als x führt zu $X > x$, d.h.: im Intervall $[0, x]$ tritt das Ereignis keinmal ein. Die Wahrscheinlichkeit hierfür erhält man mit der Wahrscheinlichkeitsfunktion (4.32) der Poisson–Verteilung für $\Delta t = x$ als: $P(X > x) = e^{-\lambda x}$. Da die Ereignisse $(X \leq x)$ und $(X > x)$ komplementär sind, gilt: $P(X \leq x) = 1 - P(X > x) = 1 - e^{-\lambda x}$. Dies ist aber die Verteilungsfunktion (4.44). Somit ist die Wartezeit exponentialverteilt mit der Dichtefunktion (4.43). Diese Verteilungseigenschaft gilt für alle Wartezeiten, unabhängig davon, zwischen welchen Eintritten sie liegen. So ist nicht nur die Wartezeit bis zum ersten Eintreten des Ereignisses exponentialverteilt, sondern auch die Wartezeit zwischen dem n-ten und $(n+1)$-ten Eintreten. Zudem hängt die Wahrscheinlichkeit der Dauer bis zum Eintreffen des Ereignisses nicht davon ab, wie lange bereits gewartet wurde. Hat man die Zeit d bereits gewartet, so gilt für die Wahrscheinlichkeit, dass das Ereignis nach einer Wartezeit von $d + t$ eintritt:

$$P(X > d + t | X > d) = \frac{P[(X > d + t) \cap (X > d)]}{P(X > d)} = \frac{P(X > d + t)}{P(X > d)} = \frac{e^{-\lambda(d+t)}}{e^{-\lambda d}}$$
$$= e^{-\lambda t} = P(X > t) \ \text{ für } d, t > 0.$$

Die bedingte Wahrscheinlichkeit für eine Wartezeit X größer als $d + t$, wenn die Wartedauer bereits eine Länge von d erreicht hat, ist gleich der unbedingten Wahrscheinlichkeit für eine Wartezeit größer als t. Wie lange bereits gewartet wurde, hat keinen Einfluss auf die Wahrscheinlichkeit der Restwartezeit. Diese Eigenschaft wird häufig als Gedächtnislosigkeit bezeichnet.

Da die Exponentialverteilung zur Erklärung der Stochastik von Vorgängen geeignet ist, bei denen die Dauer die Zufallsvariable darstellt, erfolgt ihr Einsatz nicht nur bei Wartezeitproblemen, z.B. Eintreffen von Kunden, sondern auch bei Stör- bzw Unfällen, z.B. bei Maschinen, der Dauer von Verrichtungen, z.B. Länge von Telefongesprächen und bei Lebensversicherungen.

Beispiel 4.13 *Im Beispiel 4.8 unterliegen die Telefonanrufe in einem Einminuten–Intervall* ($\Delta t = 1$) *einem Poisson–Prozess mit* $\lambda = 0,3$. *Die durchschnittliche Wartezeit bis zum Eintreffen eines Anrufs beträgt:* $\frac{1}{\lambda} = 3,\bar{3}$ *Minuten. Die Dichtefunktion der Zufallsvariablen* X: *Wartezeit bis zum Eintreffen eines Telefonanrufs wird gegeben durch* $f(x) = 0,3e^{-0,3x}$. *Die Wahrscheinlichkeit, dass man länger als eine Minute auf einen Telefonanruf warten muss, lässt sich auf zwei Wegen ermitteln. Eine Wartezeit länger als eine Minute bedeutet, dass innerhalb dieser Minute kein Anruf erfolgt. Nach dem Poisson–Prozess mit* $\lambda = 0,3$ *folgt für* $X = 0$ *aus Gleichung (4.32):* $f(0) = e^{-0,3} = 0,7408$. *Dieselbe Wahrscheinlichkeit erhält man unter Verwendung der Exponentialverteilung (4.44) als:*

$$\begin{aligned} P(X > 1) &= 1 - P(X \leq 1) = 1 - F(1) \\ &= 1 - (1 - e^{-\lambda x}) = e^{-0,3} = 0,7408. \end{aligned}$$

Beispiel 4.14 *In der Reklamationsabteilung eines Kaufhauses ist die Dauer von Telefongesprächen exponentialverteilt mit einer durchschnittlichen Länge von 4 Minuten. Die Wahrscheinlichkeit für ein Telefongespräch kürzer als 3 Minuten berechnet man mit Gleichung (4.44); der Parameter* λ *beträgt:* $\lambda = \frac{1}{4} = 0,25$. *Damit erhält man:* $F(3) = 1 - e^{-0,25\cdot 3} = 0,5276$. *Will man die Gesprächsdauer bestimmen, die 50% der Anrufer maximal erreichen, muss der Median* x_{Med} *ermittelt werden. Für ihn gilt* $P(X \leq x_{Med}) = 0,5$. *Aus Gleichung (4.44) folgt:*[3]

$$F(x_{Med}) = 1 - \exp(-0,25x_{Med}) = 0,5.$$

Die Auflösung dieser Gleichung nach x_{Med} *liefert:*

$$x_{Med} = \frac{\ln 2}{0,25} = 2,7726.$$

[3]Potenzen zur Basis e, bei denen der Exponent ein langer Ausdruck ist, schreibt man übersichtlich als: $e^{(\cdot)} = \exp(\cdot)$.

Da die Exponentialverteilung linkssteil ist, erfüllt $x_{Med} \approx 2,8 < \bar{x} = 4$ *die Fechner'sche Lageregel.*

Stellt die Zufallsvariable X die Lebensdauer von Menschen oder Geräten dar, erhält man mit $1 - F(x) = P(X > x)$ die sogenannte Überlebensfunktion. Diese gibt die Wahrscheinlichkeit an, den Zeitpunkt x zu überleben. Die Veränderungsrate der Überlebenswahrscheinlichkeit ist definiert durch die Ableitung der logarithmierten Überlebensfunktion nach x:

$$\frac{d\, ln[1 - F(x)]}{dx} = -\frac{f(x)}{1 - F(x)} < 0.$$

Der absolute Betrag dieser Ableitung heißt Ausfallrate, die wegen ihrer englischen Bezeichnung „hazard rate"mit $h(x)$ symbolisiert wird: $h(x) = \frac{f(x)}{1-F(x)}$. Für kleine Zeitintervalle Δx gibt $h(x)\Delta x$ approximativ die Wahrscheinlichkeit dafür an, dass ein Objekt im Zeitintervall Δx ausfällt unter der Bedingung, dass es den Zeitpunkt x erlebt. Denn es gilt:

$$h(x)\Delta x = \frac{f(x)\Delta x}{1 - F(x)} \approx \frac{P(x < X < x + \Delta x)}{P(X > x)} = P(x < X < x + \Delta x | X > x).$$

Bei einer exponentialverteilten Zufallsvariablen X lautet die dazu gehörende Überlebensfunktion $P(X > x) = 1 - F(x) = e^{-\lambda x}$, die zu einer konstanten Ausfallsrate $h(x)$ führt: $h(x) = \frac{f(x)}{1-F(x)} = \frac{\lambda e^{-\lambda x}}{e^{-\lambda x}} = \lambda$. Nur bei einer exponentialverteilten Zufalssvariablen stellt sich eine konstante Ausfallrate ein.

Beispiel 4.15 *Eine Bank weiß aus Erfahrung, dass von ihren Konsumentenkrediten 4% nicht getilgt werden und dass bei diesen die durchschnittliche Dauer bis zur Zahlungsunfähigkeit zwei Jahre beträgt. Um die Wahrscheinlichkeit zu berechnen, dass ein gerade vergebener Konsumentenkredit innerhalb des nächsten Jahres platzt, geht man wie folgt vor. Unter der Bedingung, dass es sich bei dem zugeteilten Kredit um einen schlechten Kredit (S) handelt, ist die Zufallsvariable* X*: „Wartezeit bis zur Zahlungsunfähigkeit" exponentialverteilt mit* $E(X) = \frac{1}{\lambda} = 2$ *oder* $\lambda = \frac{1}{2}$*. Damit erhält man die bedingte Wahrscheinlichkeit als:* $P(X \leq x|S) = F(x|S) = 1 - e^{-\frac{x}{2}}$ *und für* $x = 1$*:* $F(1, S) = 1 - e^{-\frac{1}{2}} = 0,3935$*. Die Wahrscheinlichkeit, dass der zugeteilte Kredit zu den schlechten zählt, beträgt* $P(S) = 0,04$*. Als unbedingte Wahrscheinlichkeit ergibt sich somit:*

$$P(X \leq 1) = P(X \leq 1|S) \cdot P(S) = 0,3935 \cdot 0,04 = 0,0157.$$

Um solche Kreditrisiken abzusichern, berechnen Banken einen Risikoaufschlag.

Übungsaufgaben zu 4.2.2

4.2.2.1 Die Stärke der beobachteten Erdbeben in Japan ist exponentialverteilt mit einem Erwartungswert von 2,4 Punkten auf der Richterskala.

a) Wie groß ist die Wahrscheinlichkeit, dass das nächste Beben einen Wert größer als 6 Punkte erreicht?

b) Wie groß ist die Wahrscheinlichkeit, dass das Beben einen Wert zwischen 2 und 3 Punkten annimmt?

4.2.2.2 Zeigen Sie, dass gilt: $P(X > d + t|X > d) = P(X > t)$!

4.2.2.3 Die Zufallsvariable X ist exponentialverteilt. Wie groß ist die Wahrscheinlichkeit, dass X
(a) seinen Erwartungswert, (b) das Dreifache seines Erwartungswertes
übertrifft?

4.2.2.4 Die Zeitspanne zwischen zwei Störfällen bei einem Produktionsprozess ist exponentialverteilt und beträgt durchschnittlich 120 Stunden. Berechnen Sie die Wahrscheinlichkeit, dass diese Zeitspanne

a) höchstens 60 Stunden,

b) zwischen 60 und 80 Stunden und

c) mehr als 150 Stunden

beträgt!

4.2.2.5 Zeigen Sie, dass die Ausfallrate $h(x)$ bei einer Exponentialverteilung konstant bleibt! Ist die Ausfallrate alterabhängig?

4.2.3 Die Normalverteilung

Die wohl wichtigste Verteilung der Statistik ist die **Normalverteilung**. Sie wurde von Moivre, Laplace und Gauß entwickelt. Moivre fand bereits im

Jahre 1718 die Normalverteilung als Grenzverteilung der standardisierten Binomialverteilung, wenn die Anzahl n der Durchführungen eines Bernoulli–Experimentes bei fester Erfolgswahrscheinlichkeit p gegen unendlich strebt;[4] Gauß fand sie später im Zusammenhang mit seinen Untersuchungen zur Theorie der Messfehler. Daher heißt sie heute auch noch **Gauß'sche Fehlerkurve** oder, wegen ihrer Gestalt, **Gauß'sche Glockenkurve**.

Allgemein gilt, dass eine Zufallsvariable X dann zumindest annähernd normalverteilt ist, wenn sie aus dem Zusammenwirken vieler zufälliger Einzeleinflüsse resultiert. Daher ist sie nicht nur die Verteilung von Messfehlern, sondern eignet sich als Verteilungsmodell immer dann, wenn Abweichungen von einem Norm-, Soll- oder Durschnittswert betrachtet werden. So sind die Abweichungen der Tagesproduktion einer Unternehmung vom (langfristigen) Tagesproduktionsdurchschnitt ebenso normalverteilt wie die Abweichungen der Körpergröße deutscher Männer von ihrem Jahresdurchschnittswert. Diese beiden Beispiele zeigen, dass die Normalverteilung konkrete empirische Verteilungen recht gut beschreibt. Für die Induktive Statistik aber noch bedeutsamer als ihre Verwendung bei empirischen Verteilungen ist ihre Eigenschaft, dass bei hinreichend großem Stichprobenumfang auch viele in der Schätz- und Testtheorie auftretenden theoretischen Verteilungen durch die Normalverteilung gut approximiert werden. Die theoretische Begründung dieser wichtigen Eigenschaft erfolgt im 6. Kapitel.

Eine Zufallsvariable X ist **normalverteilt**, wenn ihre Dichtefunktion gegeben wird durch:

$$f(x) = \frac{1}{\sqrt{2\pi}b} e^{-\frac{1}{2}\left(\frac{x-a}{b}\right)^2}, \quad -\infty < x < \infty.$$

Die Konstanten a und b besitzen eine besondere Eigenschaft, die man erkennt, wenn für X Erwartungswert und Varianz berechnet werden. Da der Rechenweg kompliziert ist, sollen nur die Ergebnisse angegeben werden. Es gilt:

$$a = E(X) = \mu \quad \text{und} \quad b^2 = \text{var}(X) = \sigma^2.$$

Damit lässt sich die Dichtefunktion schreiben als:

$$f(x) = \frac{1}{\sqrt{2\pi}\sigma} e^{-\frac{1}{2}\left(\frac{x-\mu}{\sigma}\right)^2} \tag{4.46}$$

[4]Man beachte den Unterschied zur Ableitung der Poisson–Verteilung als Grenzverteilung der Binomialverteilung. Hier strebt mit $n \to \infty$ die Wahrscheinlichkeit p so gegen null, dass $\lambda = np$ konstant bleibt.

mit den Scharparametern μ und σ^2. Aus Gleichung (4.46) erhält man die Verteilungsfunktion $F(x)$ als:

$$F(x) = \frac{1}{\sqrt{2\pi}\sigma} \int_{-\infty}^{x} e^{-\frac{1}{2}\left(\frac{u-\mu}{\sigma}\right)^2} du \,, \quad -\infty < x < \infty. \tag{4.47}$$

Die Normalverteilung gibt man in Kurzform mit $N(\mu, \sigma^2)$, seltener mit $N(\mu, \sigma)$ an.

Das Integral in Gleichung (4.47) lässt sich nicht analytisch lösen, d.h. es existiert keine elementare Stammfunktion. Daher müsste für jedes feste x und gegebenen Scharparametern μ und σ der Wert des Integrals durch numerische Integration bestimmt werden. Der große Rechenaufwand legt es nahe, die Verteilungsfunktion in tabellarischer Form wiederzugeben. Im nächsten Abschnitt wird gezeigt, dass zur Berechnung der Wahrscheinlichkeiten jeder Normalverteilung nur die Verteilung für $\mu = 0$ und $\sigma^2 = 1$ tabelliert vorliegen muss. Die Normalverteilung $N(0, 1)$ heißt **Standardnormalverteilung**.

Abb. 4.12: Normalverteilung $N(3, 1)$

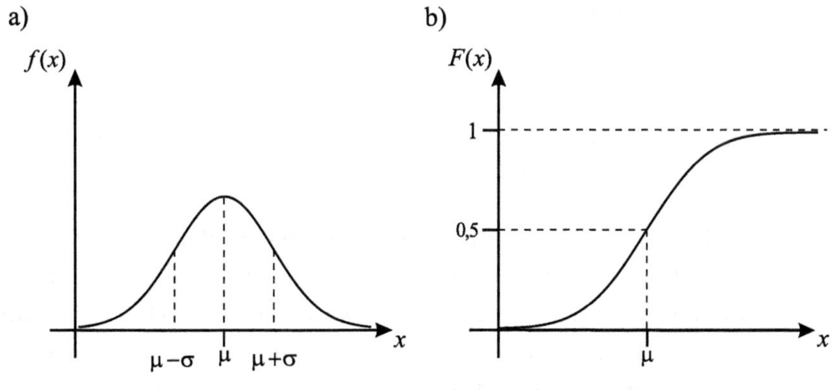

In Abbildung 4.12 sind $f(x)$ und $F(x)$ für $\mu = 3$ und $\sigma^2 = 1$ dargestellt.Die Dichtefunktion hat an der Stelle $x = \mu$ ein Maximum und an den Stellen $x = \mu - \sigma$ und $x = \mu + \sigma$ jeweils einen Wendepunkt. Um dies zu zeigen, bildet man für die Dichtefunktion (4.46) die erste und zweite Ableitung, nachdem sie vereinfacht geschrieben wird als:

$$f(x) = ce^{-\frac{1}{2\sigma^2}(x-\mu)^2}, \quad c := \frac{1}{\sqrt{2\pi}\sigma}.$$

Die Differentation ergibt:

$$\frac{d}{dx}f(x) = ce^{-\frac{1}{2\sigma^2}(x-\mu)^2}\left[-\frac{1}{\sigma^2}(x-\mu)\right] \quad \text{und}$$

$$\frac{d^2}{dx^2}f(x) = ce^{-\frac{1}{2}\left(\frac{x-\mu}{\sigma}\right)^2}\left[-\frac{1}{\sigma^2}(x-\mu)\right]^2 + ce^{-\frac{1}{2}\left(\frac{x-\mu}{\sigma}\right)^2}\left(-\frac{1}{\sigma^2}\right)$$

$$= ce^{-\frac{1}{2}\left(\frac{x-\mu}{\sigma}\right)^2}\left[\frac{1}{\sigma^4}(x-\mu)^2 - \frac{1}{\sigma^2}\right].$$

Die erste Ableitung nimmt für $x = \mu$ den Wert null an; wie man an der zweiten Ableitung sieht, ist diese für $x = \mu$ negativ. Somit ist der Extremwert ein Maximum.

Die Wendepunkte ermittelt man, indem die zweite Ableitung gleich null gesetzt wird und die dritte Ableitung für die gefundenen Werte ungleich null ist. Die zweite Ableitung ist null, wenn die eckige Klammer null wird:

$$\frac{1}{\sigma^4}(x-\mu)^2 - \frac{1}{\sigma^2} = 0.$$

Man erhält nach Auflösen dieser Gleichung: $(x-\mu)^2 = \sigma^2$ oder:

$$x_1 = \mu - \sigma \quad \text{und} \quad x_2 = \mu + \sigma.$$

Der Nachweis, dass bei diesen Werten die dritte Ableitung ungleich null ist, sei dem Leser als Übung überlassen.

Die Dichtefunktion ist symmetrisch um μ; an den Stellen $\mu + x$ und $\mu - x$ nimmt $f(x)$ für alle $x \in \mathbb{R}$ dieselben Werte an. Wegen der Symmetrie stimmen auch Median und Modus mit dem Erwartungswert überein. Die Dichtefunktion fällt rechts und links von μ streng monoton und nähert sich asymptotisch der Abszisse für $x \to \pm\infty$. Aus diesen Eigenschaften folgen bestimmte Charakteristika der Verteilungsfunktion. Sie besitzt bei $\mu = 0$ einen Wendepunkt und ist für $x \to \pm\infty$ konvergent mit $\lim_{x\to-\infty} F(x) = F(-\infty) = 0$ und $\lim_{x\to\infty} F(x) = F(\infty) = 1$. Alle Eigenschaften beider Funktionen kommen in der Abbildung 4.12 zum Ausdruck.

Eine Veränderung der Parameter μ und σ führt zu anderen Normalverteilungen. Wird nur μ variiert, löst das eine Verschiebung der Dichte- und der

Verteilungsfunktion auf der x-Achse aus, ohne dass sich dabei ihre Formen ändern. Die Auswirkung einer Variation von σ erkennt man, wenn der Funktionswert $f(x)$ an der Stelle $x = \mu$ betrachtet wird. Aus Gleichung (4.46) folgt für $x = \mu : f(\mu) = \frac{1}{\sigma\sqrt{2\pi}}$. Nimmt σ zu, wird $f(\mu)$ kleiner. Daher verlaufen Dichte- und Verteilungsfunktion mit zunehmendem σ flacher. Abbildung 4.13.a zeigt die Dichtefunktion für $\mu = 2$ und $\mu = 3$ bei konstantem σ; Abbildung 4.13.b die Auswirkung einer Erhöhung von $\sigma^2 = 0,25$ über $\sigma^2 = 1$ auf $\sigma^2 = 4$ bei konstantem $\mu = 0$.

Abb. 4.13: Normalverteilungen für verschiedene Scharparameter

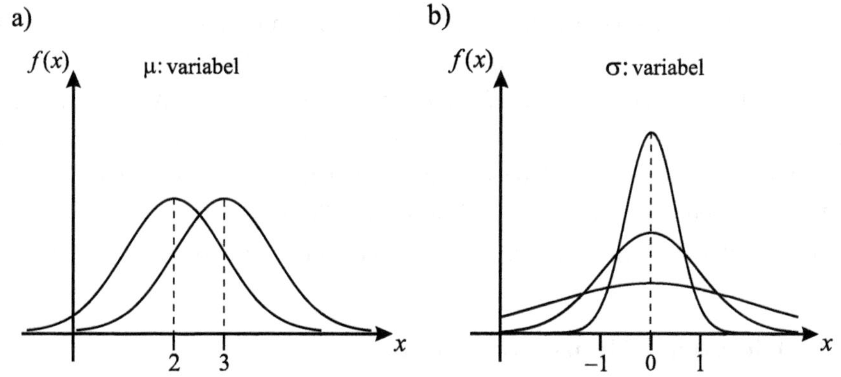

Die Normalverteilung besitzt die Reproduktivitätseigenschaft. Sind die Zufallsvariablen $X_1, \ldots, X_n$ unabhängig und jede normalverteilt mit $N(\mu_j, \sigma_j^2)$, $j = 1, \ldots, n$, so ist auch die Linearkombination $Y = \lambda_1 X_1 + \ldots + \lambda_n X_n$ mit mindestens einem $\lambda_j \neq 0$ normalverteilt: $N(\sum_{j=1}^{n} \lambda_j \mu_j, \sum_{j=1}^{n} \lambda_j^2 \sigma_j^2)$. Damit ist auch die Verteilungseigenschaft zweier wichtiger Spezialfälle festgelegt:

(a) Sind alle $\lambda_j = 1$, stellt die Linearkombination die Summe der n unabhängigen Zufallsvariablen dar. Die Summe $S = \sum_{j=1}^{n} X_j$ ist normalverteilt mit $N(\sum_{j=1}^{n} \mu_j, \sum_{j=1}^{n} \sigma_j^2)$.

(b) Gilt $\lambda_j = \frac{1}{n}$ und sind alle X_j identisch normalverteilt, d.h. sie haben alle dieselbe Verteilung $N(\mu, \sigma^2)$,[5] ist das arithmetische Mittel $\bar{X} = \frac{1}{n}\sum_{j=1}^{n} X_j$ der n unabhängigen Zufallsvariablen ebenfalls normalverteilt mit:

$$\mu_{\bar{X}} = \frac{1}{n}\sum_{j=1}^{n} \mu = \mu \quad \text{und} \quad \sigma^2_{\bar{X}} = \frac{1}{n^2}\sum_{j=1}^{n} \sigma^2 = \frac{1}{n}\sigma^2.$$

Beispiel 4.16 *Die vier Zufallsvariablen $X_1, \ldots, X_4$ sind unabhängig identisch verteilt mit $N(1, 4)$. Ihre Summe $S = \sum_{j=1}^{4} X_j$ ist dann normalverteilt mit $\mu_S = 4$ und $\sigma^2_S = 16$, also $N(4, 16)$. Das arithmetische Mittel $\bar{X}$ ist auch normalverteilt, hat aber die Parameter $\mu_{\bar{X}} = 1$ und $\sigma^2_{\bar{X}} = 1$, also $N(1, 1)$.*

Die Reproduktivitätseigenschaft lässt zu Recht vermuten, dass nach einer Lineartransformation der Zufallsvariablen X in die Zufallsvariable Y diese dieselbe Verteilungseigenschaft wie X aufweist. Gilt $Y = a+bX$, $X : N(\mu_X, \sigma^2_X)$, dann ist auch Y normalverteilt mit den Parametern $\mu_Y = a + b\mu_X$ und $\sigma^2_Y = b^2\sigma^2_X$. Gerade diese Übertragung der Verteilungseigenschaft von X auf Y ist bei der Berechnung der Wahrscheinlichkeiten für normalverteilte Zufallsvariablen außerordentlich hilfreich, wie der folgende Abschnitt zeigt.

4.2.4 Die Standardnormalverteilung

In Abschnitt 3.4 wurde bereits gezeigt, dass die Lineartransformation $Y = a + bX$ mit $a = -\frac{\mu_X}{\sigma_X}$ und $b = \frac{1}{\sigma_X}$ zu einer standardisierten Zufallsvariablen führt, für deren Parameter gilt: $\mu_Y = 0$ und $\sigma^2_Y = 1$. Ist X normalverteilt, so folgt auch die standardisierte Zufallsvariable einer Normalverteilung mit den Parametern $\mu = 0$ und $\sigma^2 = 1$. Eine so verteilte Zufallsvariable heißt **standardnormalverteilt** und wird mit Z bezeichnet. Aufgrund der Festlegung der Koeffizienten a und b lautet ihre Transformationsgleichung:

$$Z = \frac{X - \mu}{\sigma}, \text{ mit } X : N(\mu, \sigma^2) \text{ und } Z : N(0, 1). \tag{4.48}$$

Dichte- und Verteilungsfunktion von Z haben die einfache Form:

[5] Haben unabhängige Zufallsvariablen dieselbe Verteilung, nicht notwendigerweise die Normalverteilung, bezeichnet man sie als **unabhängig identisch verteilt** und kürzt dies mit **i. i. d.** ab. Die Abkürzung stammt aus der englischen Bezeichnung dieser Eigenschaft: i: independently, i: identically, d: distributed.

$$f(z) = \frac{1}{\sqrt{2\pi}} e^{-\frac{z^2}{2}} \quad (4.49) \quad , \quad F(z) = \frac{1}{\sqrt{2\pi}} \int_{-\infty}^{z} e^{-\frac{u^2}{2}}\, du. \quad (4.50)$$

Die Dichtefunktion hat das Maximum an der Stelle $z = \mu = 0$ und Wendepunkte bei $z = \pm\sigma = \pm 1$; der Wendepunkt der Verteilungsfunktion $F(z)$ liegt bei $z = \mu = 0$. Abbildung 4.14 zeigt beide Funktionen.

Abb. 4.14: Die Standardnormalverteilung

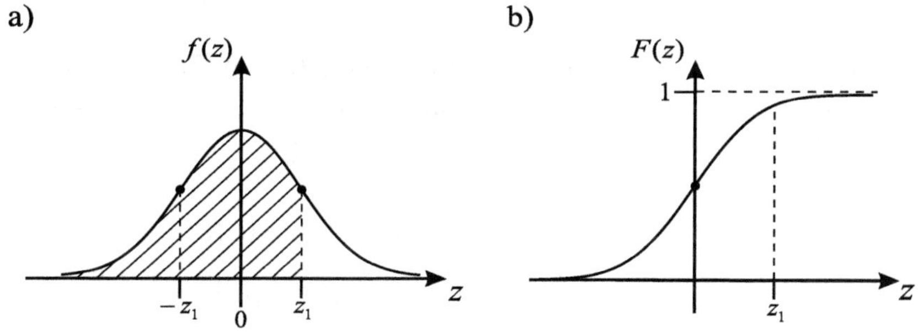

Für die standardnormalverteilte Zufallsvariable Z sind die Werte der Verteilungsfunktion $F(z)$ tabelliert (siehe Tabelle 1 im Anhang). Wegen der Symmetrieeigenschaft der Normalverteilung genügt es, $F(z)$ nur für $z \geq 0$ anzugeben, denn es gilt: $P(Z \leq -z_1) = P(Z \geq z_1) = 1 - P(Z \leq z_1)$ für jedes $z_1 \in \mathbb{R}$. Die schraffierte Fläche in Abbildung 4.14.a hat denselben Wert wie die Ordinate $F(z_1)$ in Abbildung 4.14.b und gibt die Wahrscheinlichkeit für $Z \leq z_1$ an. Die Wahrscheinlichkeit, dass Z Werte eines **Schwankungsintervalls** $[z_1, z_2]$ annimmt,[6] berechnet man mit der Tabelle als: $P(z_1 \leq Z \leq z_2) = P(Z \leq z_2) - P(Z < z_1) = F(z_2) - F(z_1)$.

Beispiel 4.17 *Für die standardnormalverteilte Zufallsvariable Z erhält man die Wahrscheinlichkeit für $Z \leq 1$ als* $P(Z \leq 1) = F(1) = 0,8413$; *die Wahrscheinlichkeit für $Z \leq -1$ beträgt:* $P(Z \leq -1) = P(Z \geq 1) = 1 - P(Z \leq$

[6]Liegt der Erwartungswert μ, wie in Abbildung 4.14.a, in der Mitte eines Schwankungsintervalls, heißt es **zentrales Schwankungsintervall**. Für dieses gilt: $P(Z < z_1) = P(Z > z_2)$.

$1) = 1 - F(1) = 0,1587$. *Damit ergibt sich die Wahrscheinlichkeit für Werte des zentralen Schwankungsintervalls* $-1 \leq Z \leq 1$*:*

$$P(-1 \leq Z \leq 1) = P(Z \leq 1) - P(Z \leq -1) = 0,8413 - 0,1587 = 0,6826.$$

Mit der Tabelle der Standardnormalverteilung können die Wahrscheinlichkeiten für alle übrigen Normalverteilungen berechnet werden, da diese mit der Transformationsgleichung (4.48) standardisiert werden können und für die Wahrscheinlichkeiten gilt:

$$P(X \leq a) = P\left(Z \leq \frac{a - \mu}{\sigma}\right).$$

Beispiel 4.18 *Die Zufallsvariable* X *ist normalverteilt:* $N(5, 16)$. *Aus dieser Angabe folgt die Standardisierungstransformation als:* $Z = \frac{X-\mu}{\sigma} = \frac{X-5}{4}$. *Die Wahrscheinlichkeit* $P(X \geq 8)$ *berechnet man wie folgt:*

$$\begin{aligned} P(X \geq 8) &= P\left(Z \geq \frac{8 - \mu}{\sigma}\right) = P(Z \geq 0,75) \\ &= 1 - P(Z < 0,75) = 1 - F(0,75). \end{aligned}$$

Aus der Tabelle 1 erhält man für $z = 0,75 : F(0,75) = P(Z \leq 0,75) = 0,7734$. *Die gesuchte Wahrscheinlichkeit beträgt daher:*

$$P(X \geq 8) = 1 - 0,7734 = 0,2266.$$

Um $P(3 \leq X \leq 8)$ *zu ermitteln, muss nur noch die untere Schwankungsintervallgrenze standardisiert werden. Der aus* $x = 3$ *resultierende* z*-Wert beträgt* $z = -0,5$. *Wegen der Symmetrieeigenschaft gilt:*

$$P(Z < -0,5) = P(Z > 0,5) = 1 - P(Z < 0,5) = 1 - F(0,5) = 0,3085.$$

Die Schwankungsintervallwahrscheinlichkeit resultiert hieraus als:

$$\begin{aligned} P(3 \leq X \leq 8) &= P(-0,5 \leq Z \leq 0,75) = F(0,75) - F(-0,5) \\ &= 0,7734 - 0,3085 = 0,4649. \end{aligned}$$

Für jede Normalverteilung $N(\mu, \sigma^2)$ lassen sich charakteristische Wahrscheinlichkeiten für drei ihrer zentralen Schwankungsintervalle angeben. Diese lauten:

$$P(\mu - \sigma \leq X \leq \mu + \sigma) = P(-1 \leq Z \leq 1) = 0,6826, \quad \text{(vgl. Beispiel 4.17)}$$
$$P(\mu - 2\sigma \leq X \leq \mu + 2\sigma) = P(-2 \leq Z \leq 2) = 0,9544,$$
$$P(\mu - 3\sigma \leq X \leq \mu + 3\sigma) = P(-3 \leq Z \leq 3) = 0,9973.$$

Damit kann man die Wahrscheinlichkeiten für andere (zentrale) Schwankungsintervalle leicht abschätzen.

Übungsaufgaben zu 4.2.3 und 4.2.4

4.2.4.1 Die Zufallsvariable X ist normalverteilt $N(\mu, \sigma^2)$. Folgende Wahrscheinlichkeiten sind bekannt:

$$P(X < 68) = 0,9 \quad \text{und} \quad P(X < 76) = 0,95.$$

Wie groß sind μ und σ?

4.2.4.2 Die Dauer einer menschlichen Schwangerschaft (von der Befruchtung bis zur Geburt) ist approximativ normalverteilt mit einem Erwartungswert von 266 Tagen und einer Standardabweichung von 16 Tagen.

a) Wie viel Prozent der Schwangerschaften dauern weniger als 240 Tage?

b) Wie viel Prozent der Schwangerschaften dauern zwischen 240 und 270 Tage?

c) Wie lange dauern die längsten 10% der Schwangerschaften mindestens?

4.2.4.3 Der Inhaber eines Kiosks glaubt, dass der Umsatz des nächsten Jahres einer Normalverteilung folgt mit einem erwarteten Umsatz von 250.000 € und einer Standardabweichung von 30.000 €.

a) Wie groß ist die Wahrscheinlichkeit, dass die Umsätze 300.000 € übersteigen?

b) Wie groß ist die Wahrscheinlichkeit, dass die Umsätze um nicht mehr als 45.000 € von dem erwarteten Umsatz abweichen?

c) Um die Fixkosten zu decken, müssen die Umsätze den Schwellenwert von 180.000 € überschreiten. Wie groß ist die Wahrscheinlichkeit?

d) Welcher Wert ergibt sich, wenn die unter (b) gesuchte Wahrscheinlichkeit mit der Tschebyscheff–Ungleichung ermittelt wird?

4.2.4.4 Für die normalverteilte Zufallsvariable $X : N(\mu, \sigma^2)$ soll b so bestimmt werden, dass gilt:

$$P(-b \leq \frac{X-\mu}{\sigma} \leq b) = 0,9 \ .$$

Welchen Wert hat b?

4.2.4.5 Empirische Studien haben gezeigt, dass die jährliche Rendite einer bestimmten Aktie approximativ normalverteilt ist mit $\mu = 16\%$ und $\sigma = 10\%$.

a) Wie groß ist die Wahrscheinlichkeit, dass die einjährige Rendite dieser Aktie größer als 30% ist?

b) Wie groß ist die Wahrscheinlichkeit einer negativen Rendite?

c) Die Unternehmung möchte auf einem neuen Markt Fuß fassen. Dieses Engagement ist sehr risikoreich, verspricht aber im Erfolgsfall auch hohe Renditen. Dies führt zu einer Neubewertung der erwarteten Rendite mit 25% sowie der Standardabweichung mit 20%. Berechnen Sie für diesen Fall die unter (a) und (b) gefragten Wahrscheinlichkeiten!

d) Wie sieht Ihre Entscheidung als Aktionär des Unternehmens hinsichtlich eines Engagements in diesem neuen Markt aus?

4.2.4.6 Die Zufallsvariable Z ist standardnormalverteilt. Bestimmen Sie mit Tabelle 1:

a) $P(Z \leq 1,5)\,; P(Z \leq 1,645)\,; P(Z \leq 3)$,

b) $P(Z \leq -1,5)\,; P(Z \leq -3,5)$,

c) $P(-1 \leq Z \leq 1)\,; P(-2 \leq Z \leq 2)\,; P(-3 \leq Z \leq 3)$,

d) $P(-1 \leq Z \leq 1,5)\,; P(-2 \leq Z \leq -1)$,

e) $P(Z < z) = 0,9$, $P(Z < z) = 0,5$, $P(Z < z) = 0,67$, $P(Z < z) = 0,78$, $P(Z < z) = 0,33$, $P(Z < z) = 0,05$?

4.2.4.7 Die Zufallsvariable X ist normalverteilt mit $N(40, 196)$. Man bestimme:

a) $P(X \leq 45)$, $P(X \leq 55)$, $P(X \leq 35)$,

b) $P(X > 42)$, $P(X > 28)$,

c) $P(24 < X \leq 47)$, $P(20 < X \leq 50)$, $P(25 < X \leq 30)$!

4.2.5 Die logarithmische Normalverteilung

Nicht nur im ökonomischen Bereich treten oft Verteilungen für eine (stetige) statistische Variable auf, bei denen X nur positive Werte annehmen kann und bei denen zudem noch ein großer Teil der Merkmalsträger um einen kleinen Wert von X streuen. Solche Verteilungen sind linkssteil bzw. rechtsschief. Als Beispiele können aus dem wirtschaftlichen Bereich die Einkommens- oder Vermögensverteilung, aber auch die Verteilung der Unternehmen nach ihrem Umsatz angeführt werden. Bei linkssteilen Verteilungen mit $x > 0$ kann es vorkommen, dass die logarithmierten Werte von X, also $Y = \ln X$, normalverteilt sind. Ist dies der Fall, heißt die Zufallsvariable X **logarithmisch normalverteilt** bzw. kurz **lognormalverteilt**. Die Lognormalverteilung wird mit $LN(\mu_L, \sigma_L^2)$ abgekürzt, wobei μ_L und σ_L^2 die Parameter der Normalverteilung für $\ln X$ angeben. Da X und Y nicht nur zwei verschiedene Zufallsvariablen sind, sondern auch unterschiedliche Dichte- und Verteilungsfunktionen besitzen, bezeichnen f und F die entsprechenden Funktionen der Zufallsvariablen X, g und G diejenigen der Zufallsvariablen Y. Abbildung 4.15 verdeutlicht die Zusammenhänge. Im Teil a ist die Dichtefunktion $g(y)$ der normalverteilten Zufallsvariablen $Y = \ln X$ mit den Parametern $\mu_L = 1$ und $\sigma_L^2 = 0,5$ dargestellt; Teil b gibt die Dichtefunktion $f(x)$ der lognormalverteilten Zufallsvariablen X wieder.

Um die Dichtefunktion der lognormalverteilten Zufallsvariablen X mathematisch anzugeben, geht man von der bekannten Dichtefunktion $g(y)$ aus. Diese lautet nach Gleichung (4.46):

$$g(y) = \frac{1}{\sqrt{2\pi}\sigma_L} e^{-\frac{1}{2}\left(\frac{y-\mu_L}{\sigma_L}\right)^2}, \quad -\infty < y < \infty.$$

Hieraus folgt die Verteilungsfunktion als:

$$G(y) = \frac{1}{\sqrt{2\pi}\sigma_L} \int_{-\infty}^{y} e^{-\frac{1}{2}\left(\frac{u-\mu_L}{\sigma_L}\right)^2} du \; .$$

Die Integrationsvariable wird wieder mit u bezeichnet, da y die obere Integrationsgrenze angibt. Wegen der eineindeutigen Transformationsbeziehung

Abb. 4.15: Lognormalverteilung

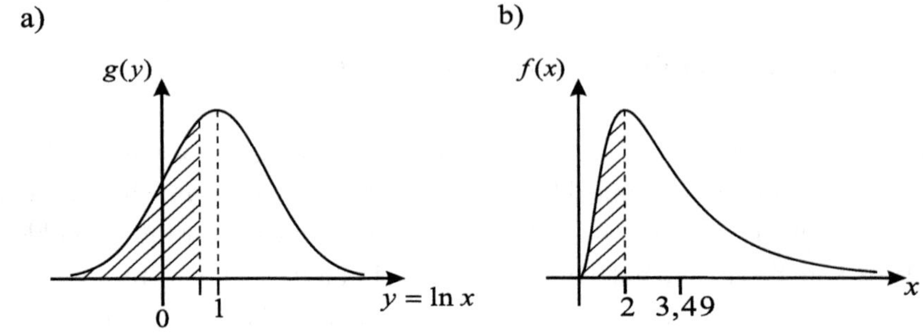

$Y = \ln X$ lässt sich die Wahrscheinlichkeit für $X \leq x$ über die Verteilungsfunktion $G(y)$ ermitteln als:

$$P(X \leq x) = F(x) = P(\ln X \leq \ln x) = P(Y \leq y) = G(y).$$

Zwischen den beiden Verteilungsfunktionen für X und Y gilt somit wegen $y = \ln x$ die Beziehung:

$$F(x) = G(\ln x) \tag{4.51}$$

Die Dichtefunktion für X folgt nach Ableiten der Verteilungsfunktion unter Beachtung der Kettenregel als:

$$f(x) = \frac{dF(x)}{dx} = \frac{G(\ln x)}{d(\ln x)} \cdot \frac{d(\ln x)}{dx} = G'(\ln x)\frac{1}{x} = g(y)\frac{1}{x}\,.$$

Damit ist die Dichtefunktion ermittelt:

$$f(x) = \begin{cases} \dfrac{1}{\sqrt{2\pi}\sigma_L \cdot x} e^{-\frac{1}{2}\left(\frac{\ln x - \mu_L}{\sigma_L}\right)^2}, & x > 0 \\ 0, & x \leq 0 \end{cases}\,. \tag{4.52}$$

Die Parameter μ_L und σ_L^2 der normalverteilten Zufalssvariablen $Y = \ln X$ sind nicht auch Erwartungswert und Varianz der lognormalverteilten Zufallsvariablen X. Diese erhält man aus Definition 3.8 und Gleichung (3.4) unter Verwendung der Dichtefunktion (4.52). Wegen der aufwendigen Herleitung werden nur die Ergebnisse angegeben:

$$\text{(a)} \quad \mu = e^{\mu_L + \sigma_L^2/2} \quad \text{und} \tag{4.53}$$

$$\text{(b)} \quad \sigma^2 = e^{2\mu_L + \sigma_L^2}\left(e^{\sigma_L^2} - 1\right).$$

Beispiel 4.19 *Die in Abbildung 4.15.a dargestellte Normalverteilung für* Y *hat die Parameter* $\mu_L = 1$ *und* $\sigma_L^2 = 0,5$. *Für die lognormalverteilte Zufallsvariable* X *(Abbildung 4.15.b) berechnet man Erwartungswert und Varianz nach Gleichung (4.53) als:* $\mu = e^{1,25} = 3,49$ *und* $\sigma^2 = e^{2,5}(e^{0,5} - 1) = 7,903$. *Die Wahrscheinlichkeit für* $X \leq 2$ *entspricht derjenigen für* $Y \leq \ln 2$ *(siehe die schraffierte Fläche in Abbildung 4.15):*

$$P(X \leq 2) = P(Y \leq \ln 2) = P(Y \leq 0,6931).$$

Um $P(Y \leq 0,6931)$ *zu berechnen, müssen* Y *und daher auch* $y = 0,6931$ *standardisiert werden. Wegen* $\mu_L = 1$ *und* $\sigma_L^2 = 0,5$ *erhält man:* $z = \frac{0,6931-1}{0,7071} = -0,4340$. *Die Wahrscheinlichkeit ergibt sich jetzt als:* $P(Z \leq -0,4340) = P(Z \geq 0,4340) = 1 - P(Z \leq 0,4340)$. *Die Tabelle der Standardnormalverteilung gibt* $F(z)$ *nur für zwei Dezimalstellen von* z *wieder. Daher ist* $F(z = 0,434)$ *durch Interpolation zu berechnen. Aus* $F(z = 0,43) = 0,6664$ *und* $F(z = 0,44) = 0,67$ *erhält man:* $\frac{0,6700-0,6664}{10} \cdot 4 = 0,00144$; *somit folgt:* $F(z = 0,434) = F(z = 0,43) + 0,00144 = 0,66784$. *Damit beträgt die gesuchte Wahrscheinlichkeit:* $P(X \leq 2) = P(Z \leq -0,4340) = 1 - F(z = 0,4340) = 0,33216$.

Wie das Beispiel zeigt, ist die konkrete Ermittlung der Wahrscheinlichkeit von lognormalverteilten Zufallsvariablen mitunter rechenaufwendig.

4.2.6 Die Chi–Quadrat, t– und F–Verteilung

Die in diesem Abschnitt behandelten drei Verteilungen gelten für Zufallsvariablen, die ihrerseits Funktionen von unabhängigen Zufallsvariablen sind, die direkt oder indirekt einer Normalverteilung unterliegen. Solche Verteilungen sind für die Schätz- und Testtheorie bedeutsam und werden deshalb hier in ihren Grundzügen dargestellt. Auf eine ausführliche Herleitung der Dichte- und Verteilungsfunktion wird jedoch wegen des mathematischen Aufwands verzichtet.

Ausgangspunkt sind n Zufallsvariablen $Z_1, \ldots, Z_n$, die unabhängig und standardnormalverteilt sind: $N(0,1)$. Bildet man aus diesen Zufallsvariablen eine neue Zufallsvariable der Art:

$$X = Z_1^2 + Z_2^2 + \ldots + Z_n^2,$$

besitzt X eine **Chi–Quadrat–Verteilung**. Die Anzahl der unabhängigen Zufallsvariablen, die diese Summe enthält, wird als **Freiheitsgrad** bezeichnet. Im vorliegenden Fall sind alle Zufallsvariablen unabhängig und der Freiheitsgrad beträgt n; wären von den n Zufallsvariablen jedoch nur $n-k$ unabhängig, besitzt die Summe einen Freiheitsgrad von $n-k$.

Die Dichtefunktion der Chi–Quadrat–Verteilung lautet:

$$f(x) = \begin{cases} \dfrac{1}{2^{\frac{n}{2}}\Gamma\left(\dfrac{n}{2}\right)} x^{\frac{n}{2}-1} e^{-\frac{x}{2}}, & x > 0 \\ 0, & x \leq 0 \end{cases} \tag{4.54}$$

Hierbei stellt $\Gamma(\frac{n}{2})$ die **Gammafunktion** dar. Diese ist definiert als:

$$\Gamma(\alpha) = \int_0^\infty e^{-t} t^{\alpha-1}\, dt, \quad \alpha > 0, \tag{4.55}$$

wobei t die unabhängige Variable bezeichnet. Die Bedeutung der Gammafunktion erkennt man, wenn das Integral für $\alpha + 1$ berechnet wird. Gleichung (4.55) geht dann über in: $\Gamma(\alpha+1) = \int_0^\infty e^{-t} t^{\alpha}\, dt$. Mit der Methode der partiellen Integration erhält man:

$$\begin{aligned} \int_0^\infty e^{-t} t^{\alpha}\, dt &= -\int_0^\infty \underbrace{(-e^{-t})}_{u'} \underbrace{t^{\alpha}}_{v}\, dt = -\left(uv \Big|_0^\infty - \int_0^\infty uv'\, dt \right) \\ &= -[\underbrace{(e^{-t} t^{\alpha}) \Big|_0^\infty}_{=0} - \int_0^\infty e^{-t} \left(\alpha t^{\alpha-1}\right) dt] \\ &= \alpha \int_0^\infty e^{-t} t^{\alpha-1}\, dt = \alpha\Gamma(\alpha). \end{aligned}$$

Daher gilt:

$$\Gamma(\alpha+1) = \alpha\Gamma(\alpha). \tag{4.56}$$

Für $\alpha = 1$ resultiert aus Gleichung (4.55):

$$\Gamma(1) = \int_0^\infty e^{-t}\, dt = \left(-e^{-t}\right) \Big|_0^\infty = 1;$$

$\Gamma(2)$ ergibt sich nach Gleichung (4.56) als: $\Gamma(2) = 1\Gamma(1) = 1$. Entsprechend berechnet man durch sukzessive Anwendung der Gleichung (4.56): $\Gamma(3) = 2\Gamma(2) = 2!$ oder allgemein für $\alpha = n \in \mathbb{N} : \Gamma(n+1) = n!$. Die Gammafunktion stellt somit eine Verallgemeinerung der elementaren Fakultät dar. In der Dichtefunktion ist daher $\Gamma(\frac{n}{2})$ für eine gerade Anzahl n an Freiheitsgraden bestimmt als $(\frac{n}{2}-1)!$. Liegt eine ungerade Anzahl an Freiheitsgraden vor, ist $n/2$ keine natürliche Zahl mehr. Ohne Beweis erhält man aus Gleichung (4.55) für $\alpha = \frac{1}{2} : \Gamma(\frac{1}{2}) = \int\limits_0^{\infty} e^{-t}t^{-\frac{1}{2}}dt = \sqrt{\pi}$. Damit sind auch die Funktionswerte für $\alpha = \frac{3}{2}, \frac{5}{2}, \frac{7}{2}, \ldots$ über Gleichung (4.56) festgelegt: $\Gamma(\frac{3}{2}) = \Gamma(1+\frac{1}{2}) = \frac{1}{2}\Gamma(\frac{1}{2}) = \frac{1}{2}\sqrt{\pi}$; entsprechend $\Gamma(\frac{5}{2}) = \Gamma(1+\frac{3}{2}) = \frac{3}{2}\Gamma(\frac{3}{2}) = \frac{3}{2}\frac{1}{2}\Gamma(\frac{1}{2}) = \frac{3}{4}\sqrt{\pi}$ usw. Die Dichtefunktion (4.54) ist jetzt für gerade und ungerade Freiheitsgrade definiert.

Berechnet man Erwartungswert und Varianz der Chi–Quadrat–Verteilung, führt dies zu:

$$\mu = n \quad \text{und} \quad \sigma^2 = 2n. \tag{4.57}$$

Die Freiheitsgrade n sind somit Scharparameter der Verteilung. Daher schreibt man die Chi–Quadrat–Verteilung kompakt als $\chi^2(n)$. Abbildung 4.16 zeigt die Dichtefunktion für $\chi^2(1)$, $\chi^2(3)$ und $\chi^2(4)$.

Abb. 4.16: Dichtefunktion der $\chi^2(n)$–Verteilung mit $n = 1$, 3 und 4

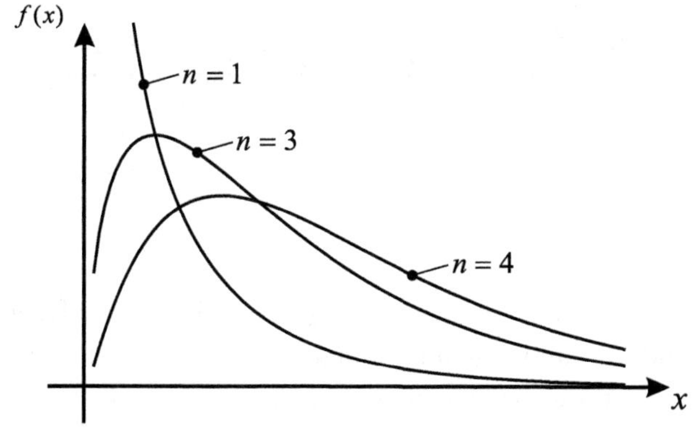

Die Verteilungsfunktion folgt aus der Dichtefunktion (4.54) als:

$$F(x) = \begin{cases} c\int\limits_0^x u^{\frac{n}{2}-1}e^{-\frac{u}{2}}\,du, & x > 0 \\ 0, & x \leq 0 \end{cases}, \quad c = \frac{1}{2^{\frac{n}{2}}\Gamma(\frac{n}{2})}. \tag{4.58}$$

Die Quantile für bestimmte, vorgegebene Wahrscheinlichkeiten $F(x) = \alpha$ liegen in Abhängigkeit der Freiheitsgrade n tabelliert vor (siehe Tabelle 3). Sie sollen mit $\chi^2(\alpha; n) = x_\alpha$ bezeichnet werden. Das Quantil $\chi^2(0,9; 10) = x_{0,9}$ ist somit der Wert für X, für den bei $n = 10$ Freiheitsgraden gilt: $P(X \leq x_{0,9}) = 0,9$. Das folgende Beispiel 4.19 erläutert das Arbeiten mit Tabelle 3.

Beispiel 4.20 *Die Zufallsvariable X ist $\chi^2(5)$–verteilt. Es soll nun der Wert x bestimmt werden, für den gilt: $P(X \leq x) = 0,95$. Aus der Tabelle erhält man für $F(x) = 0,95$ und $n = 5 : \chi^2(0,95; 5) = 11,07$. Damit ist das Quantil gefunden, für das gilt: $P(X \leq 11,07) = 0,95$. Die Wahrscheinlichkeit entspricht der schraffierten Fläche in Abbildung 4.17.*

Abb. 4.17: Dichte für $\chi^2(5)$

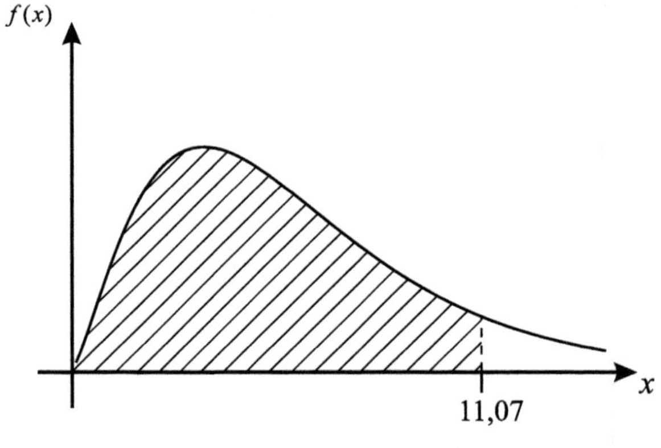

Schließlich ist für die Anwendung der χ^2–Verteilung ihre Reproduktivität bedeutsam. Sind X_1 und X_2 unabhängig und χ^2–verteilt mit n_1 und n_2 Freiheitsgraden, dann ist auch die Summe $X_1 + X_2$ χ^2–verteilt mit $n_1 + n_2$ Freiheitsgraden.

Bildet man aus den beiden unabhängigen Zufallsvariablen $Z: N(0,1)$ und $Y: \chi^2(n)$ einen Quotient der Art

$$X = \frac{Z}{\sqrt{Y/n}},$$

dann ist die Zufallsvariable X ***t*–verteilt**[7] mit n Freiheitsgraden. Dichte- und Verteilungsfunktion werden gegeben durch:

$$f(x) = \frac{\Gamma\left(\frac{n+1}{2}\right)}{\sqrt{\pi n}\,\Gamma\left(\frac{n}{2}\right)} \left(1 + \frac{x^2}{n}\right)^{-\frac{n+1}{2}}, \quad -\infty < x < \infty \tag{4.59}$$

$$F(x) = \frac{\Gamma\left(\frac{n+1}{2}\right)}{\sqrt{\pi n}\,\Gamma\left(\frac{n}{2}\right)} \int\limits_{-\infty}^{x} \left(1 + \frac{u^2}{n}\right)^{-\frac{n+1}{2}} du. \tag{4.60}$$

Die t–Verteilung hat nur einen Scharparameter, der wie bei der χ^2–Verteilung durch die Freiheitsgrade gegeben wird; man kürzt sie daher mit $t(n)$ ab. Der Erwartungswert ist für $n > 1$ definiert und beträgt dann unabhängig von n immer null. Die Varianz lautet:

$$\sigma^2 = \frac{n}{n-2} \quad \text{für } n > 2. \tag{4.61}$$

Die t–Verteilung ist axialsymmetrisch um $\mu = 0$, d.h. es gilt: $F(-x) = 1 - F(x)$. Abbildung 4.18 zeigt die Dichtefunktion der t–Verteilung für $n = 4$ Freiheitsgrade und die der Standardnormalverteilung. Für eine kleine Anzahl an Freiheitsgraden verläuft die t–Verteilung flacher als die Standardnormalverteilung. Dieser Unterschied verringert sich aber mit wachsenden Freiheitsgraden, so dass es ab $n \geq 30$ zulässig ist, anstelle der t– die Standardnormalverteilung zu verwenden.

Die t–Verteilung liegt tabelliert vor (Tabelle 2), da – wie bei der Normalverteilung – für das Integral in der Verteilungsfunktion (4.60) keine Stammfunktion angegeben werden kann. Der Tabellenaufbau entspricht dem bei der χ^2–Verteilung: In Abhängigkeit der Freiheitsgrade und ausgewählter, vorgegebener Wahrscheinlichkeiten $F(x)$ werden x–Werte (Quantile) so angegeben, dass gilt: $P(X \leq x) = F(x)$. Ist eine Zufallsvariable $t(5)$–verteilt, erhält man den x–Wert für $F = 0,9$ aus Tabelle 2 als $x = t(0,9;5) = 1,4759$; es gilt also:

[7] Diese Verteilung wurde von W. S. Gosset entwickelt und von ihm im Jahre 1908 unter dem Pseudonym „Student" veröffentlicht. Sie heißt deshalb auch Student–Verteilung.

Abb. 4.18: Dichtefunktion der $t(4)$– und $N(0,1)$–Verteilung

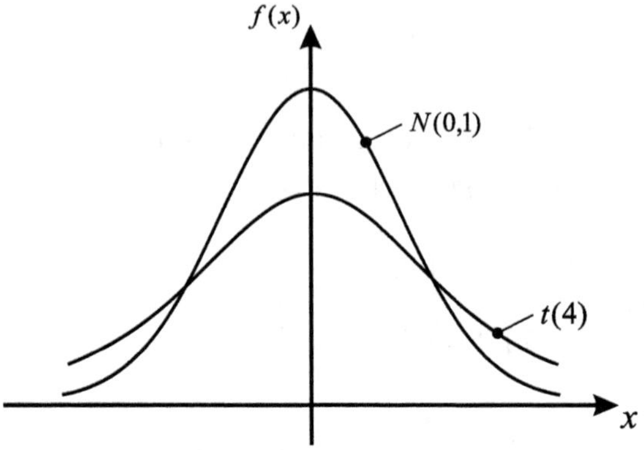

$P(X \leq 1,4759) = 0,9$. Wegen der Symmetrieeigenschaft werden x–Werte nur für $F(x) > 0,5$ ausgewiesen.

Die ***F*–Verteilung** wurde im Jahr 1924 von R. A. FISHER entwickelt und wird daher auch **Fisher–Verteilung** genannt. Sie entsteht, wenn eine Zufallsvariable so gebildet wird, dass zwei unabhängige, χ^2–verteilte Zufallsvariablen nach Division durch die Anzahl ihrer jeweiligen Freiheitsgrade ins Verhältnis gesetzt werden. Ist X_1: χ^2–verteilt mit m Freiheitsgraden und X_2: χ^2–verteilt mit n Freiheitsgraden, dann ist

$$X = \frac{X_1/m}{X_2/n}$$

F–verteilt mit m Freiheitsgraden im Zähler und n Freiheitsgraden im Nenner. Die Notation der Freiheitsgrade erfolgt durch F_n^m oder $F(m,n)$. Die komplizierte Dichtefunktion ist nur für $x > 0$ von null verschieden und lautet:

$$f(x) = \frac{\Gamma\left(\dfrac{m+n}{2}\right)}{\Gamma\left(\dfrac{m}{2}\right)\Gamma\left(\dfrac{n}{2}\right)} \left(\frac{m}{n}\right)^{\frac{m}{2}} x^{\frac{m}{2}-1} \left(1 + \frac{m}{n}x\right)^{-\frac{m+n}{2}}. \qquad (4.62)$$

Erwartungswert und Varianz betragen:

$$\text{(a)} \quad \mu = \frac{n}{n-2} \quad \text{für } n > 2, \qquad (4.63)$$

$$\text{(b)} \quad \sigma^2 = \frac{2n^2(m+n-2)}{m(n-2)^2(n-4)} \text{ für } n > 4.$$

Da auch die F-Verteilung tabelliert vorliegt, wird auf die Angabe der Verteilungsfunktion verzichtet. In den Tabellen 4 und 5 sind in der Kopfzeile die Zählerfreiheitsgrade m und in der Vorspalte die Nennerfreiheitsgrade n abgetragen. Tabelle 4 enthält die Quantile für $F(x) = 0,95$, Tabelle 5 $F(x) = 0,99$. Die Tabellenfelder geben für jede (m,n)–Kombination die zu $F(x)$ gehörenden Quantile an. In Abbildung 4.19 ist die $F(8,4)$–Verteilung dargestellt.

Abb. 4.19: $F(8,4)$–Verteilung

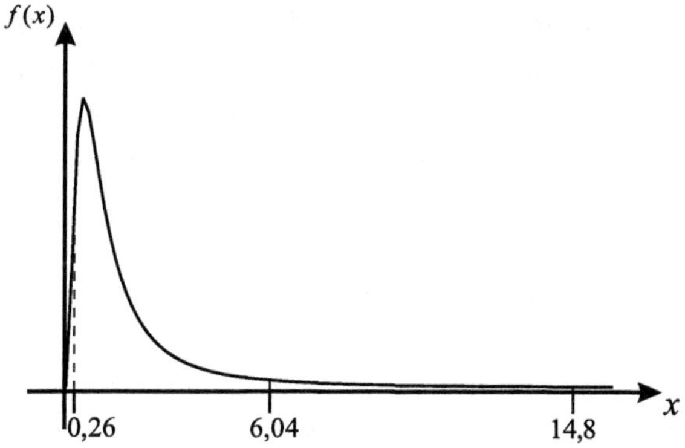

Das 0,95–Quantil erhält man aus der Tabelle 4 als $x = 6,04$; das $0,99$–Quantil aus der Tabelle 5 als: $x = 14,8$. Damit hat man folgende Wahrscheinlichkeiten ermittelt:

$$P(X \leq 6,04) = 0,95; \quad P(X \leq 14,8) = 0,99;$$
$$P(6,04 \leq X \leq 14,8) = 0,04.$$

Mit den Tabellen können auch die Quantile für $F(x) = 0,05$ und $F(x) = 0,01$ gefunden werden. Um das Quantil x_L zu berechnen, für das gilt: $P(X \leq x_L) = 0,05$, bildet man zunächst folgende Gleichsetzung:

$$P(X \leq x_L) = P\left(\frac{1}{X} \geq \frac{1}{x_L}\right) = P(Y \geq y_L) = 1 - P(Y \leq y_L) = 0,05.$$

Ist die Zufallsvariable X: $F(8,4)$–verteilt, besitzt Y eine $F(4,8)$–Verteilung, d.h. bei der Verteilung von Y sind die Freiheitsgrade vertauscht. Gilt $1 -$

$P(Y \leq y_L) = 0,05$, muss $P(Y \leq y_L) = 0,95$ sein. Nach Tabelle 4 erhält man bei 4 Zähler- und 8 Nennerfreiheitsgraden $y_L = 3,84$. Wegen $y_L = \frac{1}{x_L}$ folgt: $x_L = \frac{1}{y_L} = \frac{1}{3,84} = 0,2604$.

Diese Vorgehensweise wird bei der Berechnung des Quantils x_L für $F(x_L) = 0,01$ zusammengefasst:

1. Aus X: $F(8,4)$ folgt $Y = \dfrac{1}{X} : F(4,8)$,
2. Wegen $F(x_L) = 0,01$ gilt: $P(Y \leq y_L) = F(y_L) = 0,99$ und $y_L = 7,01$,
3. $x_L = \frac{1}{y_L} = \frac{1}{7,01} = 0,1427$.

Mit diesen Quantilen lassen sich nicht nur die Wahrscheinlichkeiten für offene, sondern auch für bestimmte geschlossene Intervalle angeben. Der Leser kann als Übung die Wahrscheinlichkeiten für alle möglichen Intervalle, die mit den ermittelten vier Quantilen gebildet werden können, selbst berechnen.

Übungsaufgaben zu 4.2.6

4.2.6.1 Bestimmen Sie für die χ^2–verteilte Zufallsvariable X mit $n = 15$ Freiheitsgraden folgende Quantile:

(a) $P(X < x) = 0,05$, (b) $P(X > x) = 0,9$,
(c) $P(X < x) = 0,975$, (d) $P(X > x) = 0,01$!

4.2.6.2 Die Zufallsvariable X ist t–verteilt mit $n = 20$ Freiheitsgraden. Berechnen Sie:

(a) $P(X < x) = 0,9$, (b) $P(|X| < x) = 0,9$,
(c) $P(X \geq 0,86) =?$, (d) $P(X < 2,307) =?$

4.2.6.3 Für eine $F(8;15)$–verteilte Zufallsvariable X sind folgende Quantile zu berechnen:

(a) $P(X \leq x) = 0,95$, (b) $P(X \leq x) = 0,99$,
(c) $P(X \leq x) = 0,05$, (d) $P(X \leq x) = 0,01$!

Mit den Ergebnissen (a) bis (d) können Wahrscheinlichkeiten für Ereignisse der Art $a \leq X \leq b$ berechnet werden. Welche Ereignisse lassen sich bilden und wie groß sind die Wahrscheinlichkeiten?

5 Zweidimensionale Zufallsvariablen und ihre Verteilungen

5.1 Zweidimensionale Zufallsvariable

Bis jetzt wurde bei den Ausgängen eines Zufallsvorgangs nur ein Merkmal betrachtet, das in eine eindimensionale Zufallsvariable überführt werden konnte. Besitzen die Ausgänge ω_j aber $K \geq 2$ interessierende Merkmale, kann für jedes eine eigene Zufallsvariable $X_1, \ldots, X_K$ eingeführt werden. Jeder Ausgang ω wird durch ein K-Tupel $[X_1(\omega),\ X_2(\omega), \ldots, X_K(\omega)]$ beschrieben, d.h. bei jedem Ausgang werden die Ausprägungen von K Merkmalen $X_1, \ldots, X_K$ gleichzeitig betrachtet, deren Werte dann als $x_1 = X_1(\omega), x_2 = X_2(\omega), \ldots, x_K = X_K(\omega)$ vorliegen. Um die Ausführungen übersichtlich zu halten und um sie grafisch veranschaulichen zu können, werden bei jedem Ausgang nur zwei Merkmale unterschieden. Die gewonnenen Ergebnisse lassen sich dann sinngemäß auf den allgemeineren Fall mit $K > 2$ betrachteten Merkmalen übertragen.

Jedes der beiden Merkmale stellt jetzt für sich eine (eindimensionale) Zufallsvariable dar, die mit X bzw. Y bezeichnet wird. Zusammen ergeben sie die zweidimensionale Zufallsvariable $[X(\omega), Y(\omega)]$, die jeden Ausgang ω in genau ein geordnetes Zahlenpaar abbildet. Dies führt zur Definition einer zweidimensionalen Zufallsvariablen (vgl. hierzu auch Definition 3.1).

Definition 5.1 *Die Abbildung (X,Y), die jeden Ausgang $\omega \in \Omega$ in ein geordnetes Zahlenpaar $(x,y) \in \mathbb{R}^2$ abbildet, also:*

$$(X,Y): \quad \Omega \longrightarrow \mathbb{R}^2,$$

heißt **zweidimensionale Zufallsvariable**, *wenn gilt: $\{\omega \in \Omega | X(\omega) \leq x$ und $Y(\omega) \leq y\} \in \mathcal{A}$ für alle $(x,y) \in \mathbb{R}^2$, wobei der Wahrscheinlichkeitsraum wie bisher durch $(\Omega, \mathcal{A}, P)$ gegeben wird.*

Der Stichprobenraum Ω wird durch (X,Y) in die Ebene $\mathbb{R}^2$ der reellen Zahlen abgebildet.

Beispiel 5.1 *Aus dem Einwohnermelderegister einer Stadt wird ein Haushalt zufällig ausgewählt. Der ausgewählte Haushalt ist Ausgang eines Zufallsvorgangs; seine beiden interessierenden Merkmale sind die Haushaltsgröße*

(Anzahl der Haushaltsmitglieder) und das Haushaltsjahresbruttoeinkommen. Die Zufallsvariabe X erfasst die Haushaltsgröße, die Zufallsvariable Y das Einkommen (oder umgekehrt). Die zweidimensionale Zufallsvariable (X, Y) bildet jeden Ausgang ω (=ausgewählter Haushalt) in ein geordnetes Zahlenpaar $[x = X(\omega), y = Y(\omega)]$ ab.

Will man berechnen, wie groß in Beispiel 5.1 die Wahrscheinlichkeit ist, dass ein zufällig ausgewählter Haushalt aus höchstens drei Mitgliedern besteht und sein Jahresbruttoeinkommen weniger als 100 000 € beträgt, benötigt man die Verteilungsfunktion einer zweidimensionalen Zufallsvariablen.

Definition 5.2 *Es sei $(\Omega, \mathcal{A}, P)$ ein Wahrscheinlichkeitsraum und (X, Y) eine hierauf definierte zweidimensionale Zufallsvariable. Eine Funktion $F : \mathbb{R}^2 \longrightarrow \mathbb{R}$ mit*

$$F(x, y) = P(X \leq x, Y \leq y)$$

heißt **Verteilungsfunktion der zweidimensionalen Zufallsvariablen (X, Y)** *oder einfach* **zweidimensionale Verteilungsfunktion**.

Die für den eindimensionalen Fall bereits angegebenen Eigenschaften lassen sich mit geringen Modifikationen auch auf $F(x, y)$ übertragen:

(1) $F(x, y)$ ist für alle $x, y \in \mathbb{R}$ definiert und monoton wachsend;

(2) $F(x, y)$ ist für beide Variablen x und y rechtsseitig stetig;

(3) für die Grenzwerte gilt:

$$\lim_{x \to -\infty} F(x, y) = 0, \quad \lim_{y \to -\infty} F(x, y) = 0, \quad \lim_{\substack{x \to \infty \\ y \to \infty}} F(x, y) = 1.$$

Das Ereignis $(x_1 < X \leq x_2, y_1 < Y \leq y_2)$ tritt ein, wenn die Zufallsvariable (X, Y) Werte des Rechtecks in Abbildung 5.1 annimmt. Mit der zweidimensionalen Verteilungsfunktion berechnet man die Wahrscheinlichkeit wie folgt:

$$\begin{aligned} P(x_1 < X \leq x_2, y_1 < Y \leq y_2) = & F(x_2, y_2) - F(x_1, y_2) - F(x_2, y_1) \\ & + F(x_1, y_1). \end{aligned}$$

Auch bei zweidimensionalen Zufallsvariablen muss unterschieden werden, ob X und Y beide diskret, beide stetig oder ob sie – wie in Beispiel 5.1 – gemischt stetig-diskret sind. Da die drei Fälle unterschiedliche mathematische

Abb. 5.1: Ereignis von (X, Y)

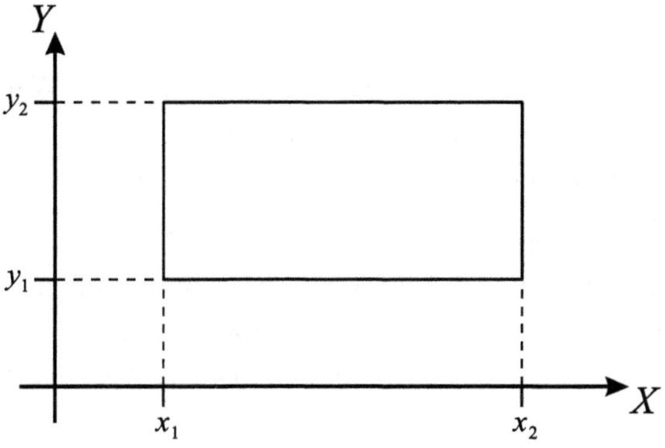

Vorgehensweisen erfordern, erfolgt eine getrennte Behandlung, wobei auf eine Darstellung des dritten Falles jedoch verzichtet wird. Man kann sich hier helfen, indem die diskrete durch eine stetige Verteilung oder umgekehrt approximiert wird.

5.2 Diskrete zweidimensionale Zufallsvariable

Eine **zweidimensionale Zufallsvariable** heißt **diskret**, wenn sie höchstens abzählbar unendlich viele Realisationen $(x_i, y_i) \in \mathbb{R}^2$ annehmen kann. Ihre Wahrscheinlichkeitsfunktion ist dann definiert als:

Definition 5.3 *Die Funktion $f : (X, Y) \longrightarrow \mathbb{R}^+$ mit*

$$f(x_i, y_j) = \begin{cases} P(X = x_i, Y = y_j) & , \textit{für } i, j = 1, 2, \dots \\ 0, & \textit{sonst} \end{cases} \tag{5.1}$$

heißt **gemeinsame Wahrscheinlichkeitsfunktion** *von (X, Y), wenn gilt:* $\sum\limits_i \sum\limits_j f(x_i, y_j) = 1$.

Die Funktion $f(x_i, y_j)$ gibt die Wahrscheinlichkeit dafür an, dass gleichzeitig die Zufallsvariable X den Wert x_i und die Zufallsvariable Y den Wert y_j annimmt.

Die Verteilungsfunktion lautet im diskreten Fall:

$$F(x,y) = P(X \leq x, Y \leq y) = \sum_{i, x_i \leq x} \sum_{j, y_j \leq y} f(x_i, y_j). \tag{5.2}$$

Die Doppelsumme berechnet man, indem bei festen i alle Wahrscheinlichkeiten $f(x_{i=\text{fest}}, y_j)$ mit $y_j \leq y$ addiert werden, um dann über i mit $x_i \leq x$ zu addieren. Summiert man die Wahrscheinlichkeitsfunktion über alle i und alle j, ergibt sich natürlich: $\sum_i \sum_j f(x_i, y_j) = 1$. Liegen für (X, Y) nur endlich viele Ausprägungen vor, lassen sich die Werte der gemeinsamen Wahrscheinlichkeitsfunktion oft übersichtlich mit der sogenannten **Kontingenztafel** bzw. **-tabelle** der Wahrscheinlichkeiten wiedergeben. In Beispiel 5.2 wird davon Gebrauch gemacht.

Beispiel 5.2 : *Die folgende Kontingenztabelle enthält die Wahrscheinlichkeiten der zweidimensionalen Zufallsvariablen (X, Y).*

Tab. 5.1: Gemeinsame Wahrscheinlichkeitsfunktion

	Y =1	Y =2	Y =3
X =1	0,1	0,3	0,1
X =2	0,05	0,05	0,1
X =3	0,1	0,15	0,05

Die Wahrscheinlichkeit für $(X = 1, Y = 2)$ beträgt $f(1,2) = 0,3$. Um die Summe $\sum_{i=1}^{3} \sum_{j=1}^{3} f(x_i, y_j)$ zu berechnen, addiert man zunächst die Werte in jeder Zeile (i: fest) und dann über die Zeilen (i: variabel). Aus Tabelle 5.1 gewinnt man durch Addition gemäß Gleichung (5.2) die Werte der gemeinsamen Verteilungsfunktion, die in Tabelle 5.2 eingetragen sind. Die Wahrscheinlichkeit für das Ereignis $(X \leq 3, Y \leq 2)$ berechnet man als: $F(3,2) = \sum_{i=1}^{3} \sum_{j=1}^{2} f(x_i, y_j) = f(1,1) + f(1,2) + f(2,1) + f(2,2) + f(3,1) + f(3,2) = 0,75$.

Tab. 5.2: Gemeinsame Verteilungsfunktion

	$Y=1$	$Y=2$	$Y=3$
$X=1$	0,1	0,4	0,5
$X=2$	0,15	0,5	0,7
$X=3$	0,25	0,75	1

Die gemeinsame Wahrscheinlichkeitsfunktion ist durch die gemeinsame Verteilungsfunktion eindeutig bestimmt. Dies folgt aus der sogenannten **rekursiven Beziehung**:

$$F(x_i, y_j) = F(x_i, y_{j-1}) + F(x_{i-1}, y_j) - F(x_{i-1}, y_{j-1}) + f(x_i, y_j).$$

Löst man sie nach $f(x_i, y_j)$ auf, hängt die gemeinsame Wahrscheinlichkeit nur noch von Werten der gemeinsamen Verteilungsfunktion ab. Die Gültigkeit der rekursiven Beziehung kann man sich grafisch schnell verdeutlichen; dies sei dem Leser als Übung überlassen.

Die gemeinsame Wahrscheinlichkeits- und Verteilungsfunktion, die sich aus den Tabellen 5.1 und 5.2 ergeben, sind in Abbildung 5.2 dargestellt.

Abb. 5.2: Gemeinsame Wahrscheinlichkeits- und Verteilungsfunktion

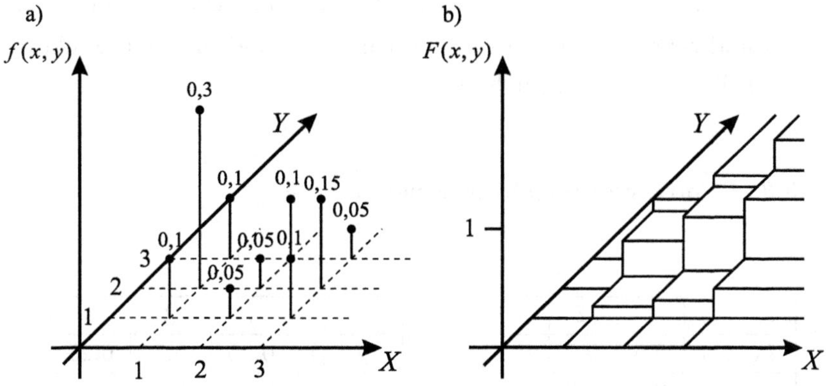

Aus der gemeinsamen Wahrscheinlichkeitsfunktion $f(x, y)$ lässt sich eine Funktion ausschließlich in X bzw. Y ableiten. Diese Funktionen geben an, wie groß die Wahrscheinlichkeit für $X = x_i$ bzw. $Y = y_j$ ist, gleichgültig, welcher Wert für die jeweils andere Variable vorliegt. Es handelt sich dann um eindimensionale Verteilungen für X bzw. Y, die man wegen der Art ihrer Gewinnung als **Randverteilung** bezeichnet. Will man wissen, mit welcher Wahrscheinlichkeit in Beispiel 5.2 die Zufallsvariable X den Wert $x = 1$ annimmt, gleichgültig, welcher Wert für Y eintritt, sind die Wahrscheinlichkeiten $f(1, y_j)$ über j zu addieren: $P(X = 1) = \sum_{j=1}^{3} f(1, y_j) = 0,5$. Vor dem Hintergrund dieses Beispiels lässt sich nun definieren:

Definition 5.4 *Es sei $f(x, y)$ die gemeinsame Wahrscheinlichkeitsfunktion der diskreten Zufallsvariablen (X, Y). Die Funktion*
$f_X(x_i) \to \mathbb{R}$ bzw. $f_Y(y_j) \to \mathbb{R}$ mit

$$f_X(x_i) = P(X = x_i) = \sum_j f(x_i, y_j) \quad bzw.$$
$$f_Y(y_j) = P(Y = y_j) = \sum_i f(x_i, y_j)$$

heißt **Randwahrscheinlichkeitsfunktion** *von X bzw. Y.*

Die Ermittlung der Randverteilungen überführt die zweidimensionale Zufallsvariable (X, Y) in zwei eindimensionale Zufallsvariablen. Es existiert daher für jede Randverteilung auch eine **Randverteilungsfunktion** mit denselben Eigenschaften wie bei eindimensionalen Zufallsvariablen. Aus der gemeinsamen Verteilungsfunktion $F(x, y)$ gewinnt man sie durch: $F_X(x) = \lim_{y\to\infty} F(x, y)$ und $F_Y(y) = \lim_{x\to\infty} F(x, y)$. Die sich für das Beispiel 5.2 ergebenden Randwahrscheinlichkeitsfunktionen und Randverteilungsfunktionen sind in der Tabelle 5.3 festgehalten:

Tab. 5.3: Randverteilungsfunktionen

x_i	1	2	3
$f_X(x_i)$	0,5	0,2	0,3
$F_X(x)$	0,5	0,7	1

y_j	1	2	3
$f_Y(y_j)$	0,25	0,5	0,25
$F_Y(y)$	0,25	0,75	1

Neben den Randverteilungen lassen sich aus zweidimensionalen Verteilungen noch bedingte Verteilungen ableiten. Wie bei den bedingten Wahrscheinlichkeiten in Abschnitt 2.4 bedeutet die Vorgabe einer Bedingung eine Einschränkung des ursprünglichen Stichprobenraumes, auf dem die zweidimensionale Zufallsvariable (X, Y) definiert ist. Die Verteilung von X unter der Bedingung, dass gilt: $Y = y_j$, ist durch diejenigen Ausgänge ω festgelegt, bei denen X variabel, aber Y immer gleich y_j ist. Da X und Y diskrete Zufallsvariablen sind, erfolgt die Berechnung der bedingten Wahrscheinlichkeit $P(X = x_i|Y = y_j)$ direkt mit Satz 2.5:

$$P(X = x_i|Y = y_j) = \frac{P(X = x_i, Y = y_j)}{P(Y = y_j)} = \frac{f(x_i, y_j)}{f_Y(y_j)}$$

Verfährt man so mit allen Realisationen x_i bei gegebenem y_j, erhält man die bedingte Wahrscheinlichkeitsfunktion für X, für die geschrieben wird: $f(x_i|y_j)$. Analog hierzu wird die bedingte Wahrscheinlichkeitsfunktion für Y geschrieben als: $f(y_j|x_i)$.

Definition 5.5 *Gilt $f_X(x_i) > 0$ bzw. $f_Y(y_j) > 0$ für alle i bzw. j, dann heißt die Funktion*

$$f(x_i|y_j) = P(X = x_i|Y = y_j) = \frac{P(X = x_i, Y = y_j)}{P(Y = y_j)} = \frac{f(x_i, y_j)}{f_Y(y_j)}$$

bzw.

$$f(y_j|x_i) = P(Y = y_j|X = x_i) = \frac{P(X = x_i, Y = y_j)}{P(X = x_i)} = \frac{f(x_i, y_j)}{f_X(x_i)}$$

die **bedingte Wahrscheinlichkeitsfunktion** *von X bzw. Y unter der Bedingung $Y = y_j$ bzw. $X = x_i$, (vgl. hierzu auch Definition 3.5).*

Es gibt ebenso viele bedingte Wahrscheinlichkeitsfunktionen für X bzw. Y wie Realisationen von Y bzw. X. In Beispiel 5.2 lassen sich für X und Y jeweils drei bedingte Wahrscheinlichkeitsfunktionen aufstellen. Für die Bedingung $Y = y_2 = 2$ hat $f(x_i|y_2 = 2)$ die Werte:

$$f(1|2) = \frac{0,3}{0,5} = 0,6; \quad f(2|2) = \frac{0,05}{0,5} = 0,1; \quad f(3|2) = \frac{0,15}{0,5} = 0,3;$$

sonst null.

Die in Kapitel 2.4 definierte Unabhängigkeit von Ereignissen lässt sich auf zweidimensionale Zufallsvariablen übertragen. Jedoch muss bei Unabhängigkeit zweier Zufallsvariablen X und Y gelten, dass für alle geordneten

Paare $(x_i, y_j) \in \mathbb{R}^2$ ihres Wertebereichs Unabhängigkeit vorliegt. Gilt Unabhängigkeit auch nur für ein Paar nicht, liegt Abhängigkeit vor. Zum Nachweis der Unabhängigkeit geht man von Definition 2.3 aus. Danach liegt für die zweidimensionale Zufallsvariable (X, Y) bezüglich ihrer Komponenten X und Y stochastische Unabhängigkeit vor, wenn die bedingte Wahrscheinlichkeitsfunktion $f(x|y)$ bzw. $f(y|x)$ von der jeweiligen Bedingung unabhängig ist. Aus der Definition 5.5 folgt nach Auflösung: $f(x_i, y_j) = f(x_i|y_j)f_Y(y_j)$. Die Randverteilung für X erhält man hieraus als:

$$f_X(x_i) = \sum_j f(x_i, y_j) = \sum_j f(x_i|y_j)f_Y(y_j) = f(x_i|y_j)\sum_j f_Y(y_j),$$

da die bedingte Wahrscheinlichkeitsfunktion $f(x_i|y_j)$ bei der Summation über j wegen ihrer Unabhängigkeit von y_j eine Konstante ist und daher vor dem Summenzeichen steht. Da für die Randverteilung gilt: $\sum_j f_Y(y_j) = 1$, erhält man: $f_X(x_i) = f(x_i|y_j)$; d.h. die bedingte Wahrscheinlichkeitsfunktion für X entspricht bei Unabhängigkeit ihrer Randverteilung. Analog hierzu folgt die bedingte Wahrscheinlichkeitsverteilung von Y unter der Bedingung X als : $f_Y(y_j) = f(y_j|x_i)$. Mit diesem Zusammenhang kann nun **stochastische Unabhängigkeit für zwei Zufallsvariablen** mit der gemeinsamen Wahrscheinlichkeitsfunktion $f(x_i, y_j)$ definiert werden:

Definition 5.6 *Die Zufallsvariablen X und Y mit der gemeinsamen Wahrscheinlichkeitsfunktion $f(x_i, y_j)$ heißen* **stochastisch unabhängig**, *wenn für alle Paare $(x_i, y_j) \in \mathbb{R}^2$ ihres Wertebereichs gilt:*

$$f(x_i, y_j) = f_X(x_i)f_Y(y_j), \quad \text{oder äquivalent hierzu:}$$
$$F(x, y) = F_X(x)F_Y(y),$$

wobei $F_{X(Y)}$ die Randverteilungsfunktion von $X(Y)$ ist.

Nach dieser Definition ergibt sich die gemeinsame Wahrscheinlichkeitsfunktion stochastisch unabhängiger Zufallsvariablen einfach als Produkt ihrer (eindimensionalen) Wahrscheinlichkeitsfunktionen. Wirft man z.B. zwei ideale Würfel, deren eindimensionale Wahrscheinlichkeitsfunktion mit $f(x_i) = \frac{1}{6}$ für $i = 1, 2, \ldots, 6$ gegeben ist, erhält man die gemeinsame Wahrscheinlichkeitsfunktion als $f(x_i, y_j) = \frac{1}{36}$ für $i = 1, 2, \ldots, 6$, $j = 1, 2, \ldots, 6$, wobei X die gewürfelte Augenzahl des ersten und Y die gewürfelte Augenzahl des zweiten Würfels erfasst.

Wären in Beispiel 5.2 die Komponenten X und Y der zweidimensionalen Zufallsvariablen (X, Y) stochastisch unabhängig, müsste sich jede der neun gemeinsamen Wahrscheinlichkeiten der Tabelle 5.1 durch Multiplikation der entsprechenden Randwahrscheinlichkeiten ergeben. Für das Ereignis $(x_1 = 1, y_1 = 1)$ beträgt die Wahrscheinlichkeit laut Tabelle 5.1: $f(1,1) = 0,1$; nach Tabelle 5.3 ergeben sich die Randwahrscheinlichkeiten als: $f_X(1) = 0,5$ und $f_Y(1) = 0,25$. Da $f(1,1) = 0,1 \neq f_X(1)f_Y(1) = 0,125$ ist, liegt zwischen X und Y Abhängigkeit vor.

Mit der Randverteilung für X bzw. Y können Erwartungswert und Varianz für X und Y berechnet werden. Diese wichtigen Parameter lassen sich aber auch mit der gemeinsamen Wahrscheinlichkeitsfunktion gewinnen. Dies wird für die Zufallsvariable X gezeigt. Entsprechendes gilt dann auch für Y. Aus der Definitionsgleichung (3.8) erhält man den Erwartungswert als:

$$E(X) = \sum_i x_i f_X(x_i) = \sum_i x_i \sum_j f(x_i, y_j) = \sum_i \sum_j x_i f(x_i, y_j).$$

Die Varianz der Randverteilung von X berechnet man nach Gleichung (3.4): $\text{var}(X) = E(X^2) - [E(X)]^2$. Analog zu oben erhält man $E(X^2)$: $E(X^2) = \sum_i x_i^2 f_X(x_i) = \sum_i \sum_j x_i^2 f(x_i, y_j)$.

Auch für bedingte Verteilungen können Erwartungswert und Varianz bestimmt werden. Diese sind bei abhängigen Variablen dann Funktionen der jeweiligen Bedingung, die daher immer anzugeben ist. Man schreibt:

$$\begin{aligned} E(X|y_j) &= \sum_i x_i f(x_i|y_j) \text{ bzw. } E(Y|x_i) = \sum_j y_j f(y_j|x_i) \quad \text{und} \\ \text{var}(X|y_j) &= \sum_i [x_i - E(X|y_j)]^2 f(x_i|y_j) \text{ bzw.} \\ \text{var}(Y|x_i) &= \sum_j [y_j - E(Y|x_i)]^2 f(y_j|x_i). \end{aligned}$$

Die Berechnung dieser Parameter erfolgt wie bei eindimensionalen Zufallsvariablen.

Im Beispiel 5.2 erhält man $E(X)$ und $E(Y)$ aus den Werten der Tabelle 5.3 als:

$$\begin{aligned} \text{E}(X) &= 1 \cdot 0,5 + 2 \cdot 0,2 + 3 \cdot 0,3 = 1,8 \quad \text{und} \\ \text{E}(Y) &= 1 \cdot 0,25 + 2 \cdot 0,5 + 3 \cdot 0,25 = 2; \end{aligned}$$

den bedingten Erwartungswert für X unter der Bedingung $Y = y_2 = 2$ als:

$$E(X|2) = \sum_i x_i f(x_i|2) = 1 \cdot 0,6 + 2 \cdot 0,1 + 3 \cdot 0,3 = 1,7.$$

5.3 Stetige zweidimensionale Zufallsvariable

Mit stetigen, zweidimensionalen Zufallsvariablen sind keine, über den diskreten Fall hinausgehende Aspekte verbunden. Lediglich die mathematische Vorgehensweise ändert sich, da der Wertebereich stetiger, zweidimensionaler Zufallsvariablen (X, Y) aus überabzählbar unendlich vielen geordneten Zahlenpaaren $(x, y) \in \mathbb{R}^2$ besteht. Dies liegt daran, weil der Wertebereich jeder Komponente X und Y durch ein Kontinuum reeller Zahlen gegeben wird. Daher existiert im stetigen Fall eine gemeinsame Dichtefunktion.

Definition 5.7 *Die Funktion $f : (X, Y) \longrightarrow \mathbb{R}^+$ heißt* **gemeinsame Dichtefunktion** *oder kurz* **gemeinsame Dichte**, *wenn für alle $(x, y) \in \mathbb{R}$ gilt:*

$$F(x, y) = \int_{-\infty}^{y} \int_{-\infty}^{x} f(u, v) \, du \, dv,$$

wobei $F(x, y)$ die **zweidimensionale Verteilungsfunktion** *von (X, Y) ist.*

Mit $F(x, y)$ erhält man die Wahrscheinlichkeit für Ereignisse $(X \leq x, Y \leq y)$:

$$F(x, y) = P(X \leq x, Y \leq y).$$

Für alle Punkte (x, y), in denen $F(x, y)$ stetig ist, gilt: $\frac{\partial^2 F}{\partial x \partial y} = f(x, y)$, d.h. die gemeinsame Dichtefunktion ist die Kreuzableitung der Verteilungsfunktion. Im stetigen Fall bedeutet die Eigenschaft $\lim\limits_{\substack{x \to \infty \\ y \to \infty}} F(x, y) = 1$, dass das Volumen unter der gemeinsamen Dichte stets eins beträgt.

Beispiel 5.3 *Die stetige gemeinsame Dichtefunktion für die Zufallsvariable (X, Y) wird gegeben durch: $f(x, y) = xy$ für $0 < x < 2$ und $0 < y < 1$, sonst null. Der Wertebereich von (X, Y) ist durch die Menge $\{(x, y)|0 < x < 2, 0 < y < 1\}$ festgelegt. Über diesem Wertebereich beträgt das Volumen unter der Dichtefunktion eins:*

$$\int_0^1 \int_0^2 xy \, dx \, dy = \int_0^1 \frac{y}{2} x^2 \Big|_0^2 \, dy = \int_0^1 2y \, dy = y^2 \Big|_0^1 = 1.$$

Die Verteilungsfunktion $F(x,y)$ erhält man aus der Dichtefunktion durch Integration, wobei u die Integrationsvariable für x und v die Integrationsvariable für y ist:

$$F(x,y) = \int_0^y \int_0^x uv\, du\, dv = \int_0^y \frac{v}{2}u^2 \bigg|_0^x dv = \int_0^y \frac{v}{2}x^2\, dv = \frac{1}{4}x^2v^2 \bigg|_0^y = \frac{1}{4}x^2y^2;$$

oder in ausführlicher Notation:

$$F(x,y) = \begin{cases} 0, & x \leq 0 \text{ und/oder } y \leq 0 \\ \frac{1}{4}x^2y^2, & 0 < x < 2 \text{ und } 0 < y < 1 \\ 1, & x \geq 2 \text{ und } y \geq 1 \end{cases}.$$

Die Kreuzableitung[1] der Verteilungsfunktion $F(x,y)$ liefert die gemeinsame Dichtefunktion $f(x,y)$:

$$\frac{\partial^2 F(x,y)}{\partial y \partial x} = \frac{\partial}{\partial y}\left(\frac{1}{2}xy^2\right) = xy.$$

Zur Berechnung von $P(0 < X < 1,\, 0 < Y < 1)$ verwendet man $F(x,y)$: $P(0 < X < 1,\, 0 < Y < 1) = F(1,1) = \frac{1}{4}$.

Abbildung 5.3 gibt die gemeinsame Dichte- und Verteilungsfunktion des Beispiels 5.3 wieder.

Abb. 5.3: Gemeinsame Wahrscheinlichkeitsdichte- und Verteilungsfunktion

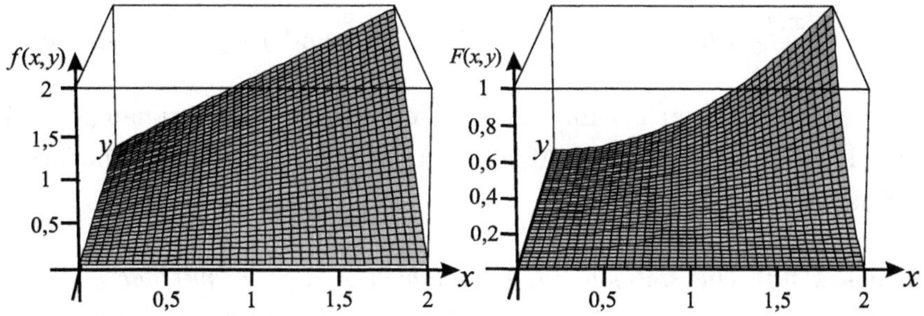

Das Analogon zur Randverteilung bei diskreten Zufallsvariablen ist im stetigen Fall die Randdichte.

[1]Bei stetigen Funktionen gilt das **Young'sche Theorem** $\frac{\partial^2 F}{\partial x \partial y} = \frac{\partial^2 F}{\partial y \partial x}$; die Kreuzableitung ist von der Reihenfolge der partiellen Ableitungen unabhängig.

Definition 5.8 *Es sei $f(x,y)$ die gemeinsame Dichtefunktion der stetigen, zweidimensionalen Zufallsvariablen (X,Y). Die Funktion*

$$f_X(x) \longrightarrow \mathbb{R} \quad \textit{bzw.} \quad f_Y(y) \longrightarrow \mathbb{R}$$

mit

$$f_X(x) = \int_{-\infty}^{\infty} f(x,y)\,dy \quad \textit{bzw.} \quad f_Y(y) = \int_{-\infty}^{\infty} f(x,y)\,dx$$

heißt **Randdichtefunktion** *von X bzw. Y.*

Die Randverteilungsfunktion ergibt sich auch hier als $F_X(x) = \lim\limits_{y\to\infty} F(x,y)$ bzw. $F_Y(y) = \lim\limits_{x\to\infty} F(x,y)$.

Im Beispiel 5.3 erhält man die Randdichte für X als: $f_X(x) = \int\limits_0^1 xy\,dy = \frac{x}{2}y^2\Big|_0^1 = \frac{1}{2}x$. Man kann leicht prüfen, dass gilt: $\int\limits_0^2 f_X(x)\,dx = \int\limits_0^2 \frac{1}{2}x\,dx = 1$. Die Randverteilungsfunktion ergibt sich aus $f_X(x)$ als: $F_X(x) = \int\limits_0^x \frac{1}{2}u\,du = \frac{1}{4}u^2\Big|_0^x = \frac{1}{4}x^2$. Dasselbe Ergebnis stellt sich auch für $F_X(x) = \lim\limits_{y\to\infty} F(x,y) = \lim\limits_{y\to\infty} \int\limits_{-\infty}^{y}\int\limits_{-\infty}^{x} f(u,v)\,du\,dv$ ein[2]; der Leser kann dies zur Übung ebenso wie die Ermittlung von $f_Y(y)$ und $F_Y(y)$ selbst durchführen.

Überträgt man Definition 5.5 auf stetige, zweidimensionale Zufallsvariablen, lauten die **bedingten Dichtefunktionen**: $f(x|y) = \dfrac{f(x,y)}{f_Y(y)}$ für X und $f(y|x) = \dfrac{f(x,y)}{f_X(x)}$ für Y, wobei jeweils $f_X(x) > 0$ und $f_Y(y) > 0$ sein müssen.

Schließlich kann auch Definition 5.6, die stochastische Unabhängigkeit im diskreten Fall festlegt, sinngemäß auf stetige zweidimensionale Zufallsvariablen übertragen werden.

Definition 5.9 *Die stetigen Zufallsvariablen X und Y mit der gemeinsamen Dichtefunktion $f(x,y)$ heißen* **stochastisch unabhängig**, *wenn für alle Paare $(x,y) \in \mathbb{R}^2$ ihres Wertebereichs gilt:*

---

[2] Da im Beispiel 5.3 der Definitionsbereich von Y durch $0 < y < 1$ gegeben wird, gilt: $\lim\limits_{y\to\infty} F(x,y) = \lim\limits_{y\to 1} F(x,y)$.

$$f(x,y) = f_X(x) f_Y(y) \quad bzw. \quad F(x,y) = F_X(x) F_Y(y).$$

Um die bedingte Dichtefunktion für X unter der Bedingung $Y = y$ für die im Beispiel 5.3 angegebene Verteilung zu bestimmen, muss die Randdichtefunktion für Y vorliegen. Diese erhält man als: $f_Y(y) = \int\limits_0^2 xy\,dx = \frac{y}{2}x^2\Big|_0^2 = 2y$. Damit folgt: $f(x|y) = \frac{f(x,y)}{f_Y(y)} = \frac{1}{2}x$. Die bedingte Dichtefunktion ist von Y unabhängig und entspricht der Randdichte von X. Beide Zufallsvariablen X und Y, die zusammen die gemeinsame Zufallsvariable (X,Y) bilden, sind daher stochastisch unabhängig.

Erwartungswert und Varianz können sowohl für die Rand- als auch bedingten Verteilungen berechnet werden. Die Vorgehensweise folgt dabei derjenigen bei diskreten Zufallsvariablen, so dass die Angabe der Gleichungen, wiederum nur für X, genügt:

$$\begin{aligned} \mathrm{E}(X) &= \int\limits_x x f_X(x)\,dx = \int\limits_x x \left(\int\limits_y f(x,y)\,dy \right) dx \\ &= \int\limits_x \int\limits_y x f(x,y)\,dy\,dx; \qquad (5.3) \\ \mathrm{var}(X) &= \mathrm{E}(X^2) - [\mathrm{E}(X)]^2 \quad \text{mit:} \qquad (5.4) \\ \mathrm{E}(X^2) &= \int\limits_x x^2 f_X(x)\,dx = \int\limits_x \int\limits_y x^2 f(x,y)\,dx\,dy; \\ \mathrm{E}(X|Y=y) &= \int\limits_x x f(x|y)\,dx; \qquad (5.5) \\ \mathrm{var}(X|Y=y) &= \int\limits_x [x - E(X|y)]^2 f(x|y)\,dx. \qquad (5.6) \end{aligned}$$

Der mit den Gleichungen (5.3) bis (5.6) verbundene Rechenaufwand ist nicht so groß, wie er erscheinen mag. Dies sieht man beispielhaft an der Ermittlung von $\mathrm{E}(Y)$ und $\mathrm{E}(Y|X = x)$ für die im Beispiel 5.3 angegebene Verteilung. Da weiter oben die Randdichte für Y mit $f_Y(y) = 2y$ bereits gefunden wurde, erhält man mit Gleichung (5.3) nach Substitution von X durch Y:

$$\mathrm{E}(Y) = \int\limits_0^1 y(2y)\,dy = \int\limits_0^1 2y^2\,dy = \frac{2}{3}y^3\Big|_0^1 = \frac{2}{3}.$$

Um $E(Y|X = x)$ gemäß Gleichung (5.5) zu berechnen, benötigt man die bedingte Dichtefunktion $f(y|x)$. Da X und Y stochastisch unabhängig sind, entspricht sie der Randdichte für Y: $f(y|x) = f_Y(y) = 2y$. Damit erhält man: $E(Y|X = x) = \int\limits_0^1 2y^2\,dy = \frac{2}{3}$. Dies verdeutlicht, dass bei Unabhängigkeit allgemein gilt $E(Y|X = x) = E(Y)$.

5.4 Abhängige Zufallsvariablen

Sind die beiden Komponenten X und Y der zweidimensionalen Zufallsvariablen stochastisch abhängig, kann die Stärke der Abhängigkeit mit der Kovarianz und/oder dem Korrelationskoeffizienten quantifiziert werden.[3]

Definition 5.10 *Die zweidimensionale Zufallsvariable (X, Y) hat die gemeinsame Wahrscheinlichkeitsfunktion $f(x_i, y_j)$ bzw. gemeinsame Dichtefunktion $f(x, y)$. Das* **gemischte Zentralmoment**

$$\sigma_{X,Y} = cov(X, Y) = E\{[X - E(X)][Y - E(Y)]\} = E[(X - \mu_X)(Y - \mu_Y)]$$

heißt **Kovarianz** *(cov) von X und Y.*

Die Berechnung der Kovarianz vereinfacht sich bei Anwendung der folgenden Gleichung:

$$\mathrm{cov}(X, Y) = E(XY) - E(X)E(Y). \tag{5.7}$$

Gleichung (5.7) ergibt sich aus Definition 5.10, wenn zunächst das Produkt in der geschweiften Klammer berechnet und dann der Erwartungswert unter Beachtung der Regeln (3.2) gebildet wird:

$$\begin{aligned}\mathrm{cov}(X, Y) &= E[XY - XE(Y) - E(X)Y + E(X)E(Y)] \\ &= E(XY) - E(X)E(Y).\end{aligned}$$

Den Erwartungswert $E(XY)$ ermittelt man als:

[3] Dem Leser sollten Kovarianz und Korrelationskoeffizient sowie deren Bedeutung im empirischen Sinne aus der deskriptiven Statistik bekannt sein. Vgl. hierzu auch ASSENMACHER (2003), S. 161-169. Daher werden hier nur die Modifikationen behandelt, die sich aus der Verwendung bei Zufallsvariablen ergeben.

$$\mathrm{E}(XY) = \sum_i \sum_j x_i y_j f(x_i, y_j) \quad \text{bzw.}$$

$$\mathrm{E}(XY) = \int_y \int_x xy f(x,y)\, dx\, dy. \tag{5.8}$$

Sind die Zufallsvariablen X und Y stochastisch unabhängig, vereinfacht sich Gleichung (5.8). Bei Unabhängigkeit gilt: $f(x_i, y_j) = f_X(x_i) f_Y(y_j)$ im diskreten Fall bzw. $f(x,y) = f_X(x) f_Y(y)$ im stetigen Fall. Damit kann folgende Umformung für Gleichung (5.8) vorgenommen werden:

(a) X, Y : diskret

$$\begin{aligned}\mathrm{E}(XY) &= \sum_i \sum_j x_i y_j f(x_i, y_j) = \sum_i \sum_j x_i y_j f_X(x_i) f_Y(y_j) \\ &= \sum_i x_i f_X(x_i) \sum_j y_j f_Y(y_j) = \mathrm{E}(X)\mathrm{E}(Y);\end{aligned}$$

$$\tag{5.9}$$

(b) X, Y : stetig

$$\begin{aligned}\mathrm{E}(XY) &= \int_x \int_y xy f(x,y)\, dx\, dy = \int_x x f_X(x)\, dx \int_y y f_Y(y)\, dy \\ &= \mathrm{E}(X)\mathrm{E}(Y).\end{aligned}$$

Setzt man Ergebnis (5.9) in Gleichung (5.7) ein, wird die Kovarianz null. Das zeigt, dass stochastische Unabhängigkeit immer zu einer Kovarianz von null führt.

Bei stochastischer Unabhängigkeit für X und Y fehlt zwischen beiden Variablen jeglicher funktionale Zusammenhang. Ist die Kovarianz null, liegt für beide Variablen kein linearer Zusammenhang vor. Daher folgt aus stochastischer Unabhängigkeit immer eine Kovarianz von null, weil kein funktionaler Zusammenhang auch einen linearen ausschließt; die Umkehrung gilt aber nicht allgemein: aus einer Kovarianz von null darf nicht auf stochastische Unabhängigkeit geschlossen werden.[4]

Standardisierung der beiden Zufallsvariablen X und Y führt zu:

$$Z_X = \frac{X - E(X)}{\sigma_X} \quad \text{und} \quad Z_Y = \frac{Y - E(Y)}{\sigma_Y}.$$

[4]Die Ausnahme bilden normalverteilte Zufallsvariablen X und Y. Ist für sie die Kovarianz null, sind sie auch stochastisch unabhängig.

Die Kovarianz der standardisierten Variablen folgt aus Gleichung (5.7) wegen $E(Z_X) = E(Z_Y) = 0$ als:

$$\begin{aligned}\operatorname{cov}(Z_X, Z_Y) &= E(Z_X Z_Y) = E\left[\frac{X - E(X)}{\sigma_X}\frac{Y - E(Y)}{\sigma_Y}\right] \\ &= \frac{E\{[X - E(X)][Y - E(Y)]\}}{\sigma_X \sigma_Y} = \frac{\operatorname{cov}(X, Y)}{\sigma_X \sigma_Y} = r.\end{aligned} \tag{5.10}$$

Man erhält den Korrelationskoeffizienten r, der bei exakt linearer, positiver Abhängigkeit zwischen X und Y den Wert 1, bei exakt linearer, negativer Abhängigkeit den Wert -1 annimmt.[5] Bei einer Kovarianz von null ist auch der Korrelationskoeffizient $r = 0$ und beide Zufallsvariablen heißen unkorreliert. Hieraus darf aber nicht, wie bereits erwähnt, auf stochastische Unabhängigkeit geschlossen werden.

Im Beispiel 5.2 waren die beiden Zufallsvariablen abhängig. Zur Berechnung ihrer Kovarianz geht man nach Gleichung (5.7) vor. Da $E(X) = 1,8$ und $E(Y) = 2$ bereits vorliegen, muss noch $E(XY)$ nach Gleichung (5.8) ermittelt werden:

$$\begin{aligned}E(XY) = &\,1 \cdot 1 \cdot 0,1 + 1 \cdot 2 \cdot 0,3 + 1 \cdot 3 \cdot 0,1 && (x_i = 1)\\ &+ 2 \cdot 1 \cdot 0,05 + 2 \cdot 2 \cdot 0,05 + 2 \cdot 3 \cdot 0,1 && (x_i = 2)\\ &+ 3 \cdot 1 \cdot 0,1 + 3 \cdot 2 \cdot 0,15 + 3 \cdot 3 \cdot 0,05 = 3,55\,. && (x_i = 3)\end{aligned}$$

Die Kovarianz nach Gleichung (5.4) beträgt:

$$\operatorname{cov}(X, Y) = E(XY) - E(X)E(Y) = 3,55 - 3,6 = -0,05.$$

Dies führt zu einem Korrelationskoeffizienten r von:[6]

$$r = \frac{-0,05}{0,8728 \cdot 0,7071} = -0,081.$$

Der Korrelationskoeffizient zeigt, dass zwischen X und Y nur ein schwacher, negativer, linearer Zusammenhang vorliegt; über andere Formen der Abhängigkeit sagt er nichts aus.

Der Fall abhängiger stetiger Zufallsvariablen wird anhand des Beispiels 5.4 erläutert.

[5] Der Beweis erfolgt analog zu dem empirischen Fall in ASSENMACHER (2003), S. 166.

[6] Die bei der Berechnung von r verwendeten Standardabweichungen von X und Y können mit der Gleichung (3.4) aus den Werten der Tabelle 5.3 zur Übung selbst bestimmt werden.

Beispiel 5.4 *Die gemeinsame Dichtefunktion der stetigen, zweidimensionalen Zufallsvariablen* (X, Y) *lautet:* $f(x, y) = 2xy$ *für* $0 < x < 2$ *und* $\frac{x}{2} < y < 1$*, sonst null.*[7] *Der Realisationsbereich von* (X, Y) *wird in Abbildung 5.4 durch das schraffierte Dreieck gegeben. Für* $X = 1$ *z.B. nimmt* Y *Werte des Intervalls* $0,5 < y < 1$ *an. Der unbedingte Wertebereich beträgt für* $X : 0 < x < 2$ *und für* $Y : 0 < y < 1$.

Abb. 5.4: Realisationsbereich von (X, Y)

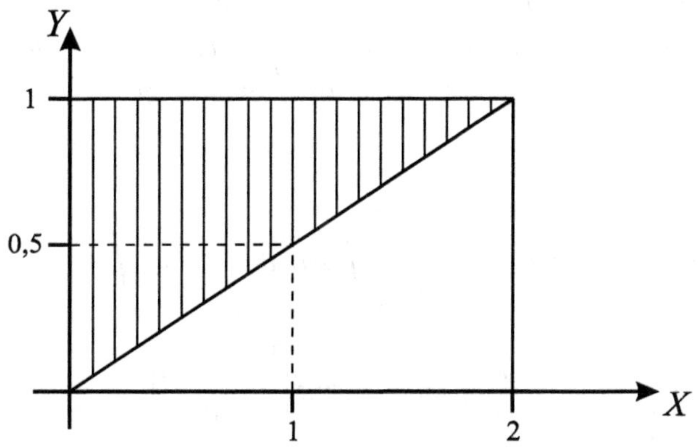

Das Volumen zwischen Dreieck und darüber liegender Dichtefunktion hat den Wert eins. Dies zeigt man, indem das Doppelintegral für $f(x, y)$ *berechnet wird. Wegen der äquivalenten Realisationsbereichsfestlegung kann dies mit dem Doppelintegral* $\int_0^2 \int_{\frac{x}{2}}^1 2xy\, dy\, dx$ *oder* $\int_0^1 \int_0^{2y} 2xy\, dx\, dy$ *geschehen. In beiden Fällen ist zuerst nach derjenigen Variablen zu integrieren, bei der die Einschränkung des Wertebereichs erfasst wird. Die Vorgehensweise verdeutlicht die Berechnung des zweiten Integrals. Hier ist zuerst nach* x *zu integrieren, weil diese Variable die Einschränkung berücksichtigt. Es gilt:*

[7] Äquivalent hätte der Realisationsbereich auch durch die Intervalle $0 < x < 2y$ und $0 < y < 1$ angegeben werden können.

$$\int_0^1 \int_0^{2y} 2xy\,dx\,dy = \int_0^1 \left(\int_0^{2y} 2xy\,dx \right) dy = \int_0^1 \left(yx^2 \Big|_0^{2y} \right) dy$$
$$= \int_0^1 4y^3\,dy = y^4 \Big|_0^1 = 1.$$

Die Berechnung des anderen Doppelintegrals ist dem Leser als Übung überlassen.

Die Verteilungsfunktion $F(x,y)$ wird hier nur für den Bereich $0 < x < 2$, $\frac{x}{2} < y < 1$ ausführlich hergeleitet.[8] *Da die Variablen x und y jetzt Integrationsgrenzen darstellen, werden sie wieder mit u für x und v für y ersetzt. Die Variable u nimmt Werte des Intervalls $0 < u < x$, die Variable v wegen der Intervallabhängigkeit Werte des Intervalls $\frac{u}{2} < v < y$ an. Als Verteilungsfunktion ergibt sich:*

$$F(x,y) = \int_0^x \int_{\frac{u}{2}}^{y} 2uv\,dv\,du = \int_0^x \left(\int_{\frac{u}{2}}^{y} 2uv\,dv \right) du = \int_0^x \left(uv^2 \Big|_{\frac{u}{2}}^{y} \right) du$$
$$= \int_0^x \left(uy^2 - \frac{u^3}{4} \right) du = \frac{1}{2}u^2y^2 \Big|_0^x - \frac{1}{16}u^4 \Big|_0^x$$
$$= \frac{1}{2}x^2y^2 - \frac{1}{16}x^4, \quad \text{für } 0 < x < 2,\ \frac{x}{2} < y < 1.$$

Man berechnet leicht, dass gilt: $F(2,1) = 1$. Die Kreuzableitung von $F(x,y) = \frac{1}{2}x^2y^2 - \frac{1}{16}x^4$ liefert die Dichtefunktion:

$$\frac{\partial F(x,y)}{\partial x} = xy^2 - \frac{1}{4}x^3 \quad \text{und} \quad \frac{\partial^2 F(x,y)}{\partial y \partial x} = 2xy.$$

Bei der Ermittlung der Randdichte für X ist zu beachten, dass für jedes x, $0 < x < 2$, Y die Werte $\frac{x}{2} < y < 1$ durchläuft; bei der Randdichte für Y gilt analog das Gleiche: Für jedes y, $0 < y < 1$ nimmt X die Werte $0 < x < 2y$ an. Die beiden Randdichten ergeben sich daher als:

---

[8] Man kann sich leicht klar machen, dass $F(x,y) = 0$ für die Menge $\{x < 0 \vee y < x\}$ und $F(x,y) = 1$ für die Menge $\{x \geq 2 \wedge y \geq 1\}$ ist. Die Bestimmung von $F(x,y)$ über den noch fehlenden zwei Bereichen geschieht in Aufgabe 5.8.

$$f_X(x) = \int\limits_{\frac{x}{2}}^{1} 2xy\,dy = xy^2\Big|_{\frac{x}{2}}^{1} = x\left(1 - \frac{x^2}{4}\right) = x - \frac{x^3}{4}$$

für $0 < x < 2$, *und*

$$f_Y(y) = \int\limits_{0}^{2y} 2xy\,dx = x^2y\Big|_{0}^{2y} = 4y^3 \quad \textit{für } 0 < y < 1.$$

Da die gemeinsame Dichtefunktion $f(x,y) = 2xy$ *nicht als Produkt der beiden Randdichten* $f_X(x) = x - \frac{1}{4}x^3$ *und* $f_Y(y) = 4y^3$ *hervorgeht, sind die Zufallsvariablen* X *und* Y *nach Definition 5.9 stochastisch abhängig. Dies war bereits wegen der Abhängigkeit ihrer Wertebereiche zu vermuten gewesen. Die bedingten Dichtefunktionen sind bei abhängigen Zufallsvariablen immer auch eine Funktion der Bedingung. Mit den beiden Randverteilungen erhält man die bedingten Dichtefunktionen als:*

$$f(x|y) = \frac{f(x,y)}{f_Y(y)} = \frac{2xy}{4y^3} = \frac{x}{2y^2} \quad \textit{für } 0 < x < 2y, \textit{ und}$$

$$f(y|x) = \frac{f(x,y)}{f_X(x)} = \frac{2xy}{x - \frac{x^3}{4}} = \frac{2y}{1 - \frac{x^2}{4}} \quad \textit{für } \frac{x}{2} < y < 1.$$

Aus den bedingten Dichtefunktionen folgt nach numerischer Vorgabe der Bedingung die hierfür gültige konkrete bedingte Dichtefunktion. Für $y = \frac{1}{2}$ *erhält man:* $f(x|y = \frac{1}{2}) = 2x$ *für* $0 < x < 1$ $(= 2 \cdot \frac{1}{2})$*; für* $x = 1$*:* $f(y|x = 1) = \frac{8}{3}y$ *für* $\frac{1}{2} < y < 1$.

Wegen der Abhängigkeit der beiden Zufallsvariablen muss auch ihre Kovarianz von null verschieden sein. Die Berechnung der Erwartungswerte für Gleichung (5.7) ergibt:

$$E(XY) = \int\limits_{0}^{2}\int\limits_{\frac{x}{2}}^{1} xy(2xy)\,dy\,dx = \int\limits_{0}^{2}\left(\int\limits_{\frac{x}{2}}^{1} 2x^2y^2\,dy\right)dx$$

$$= \int\limits_{0}^{2}\left(\frac{2}{3}x^2y^3\Big|_{\frac{x}{2}}^{1}\right)dx = \int\limits_{0}^{2}\frac{2}{3}x^2\left(1 - \frac{x^3}{8}\right)dx$$

$$= \frac{2}{9}x^3\Big|_{0}^{2} - \frac{1}{72}x^6\Big|_{0}^{2} = \frac{8}{9};$$

$$E(X) = \int_0^2 x f_X(x)\,dx = \int_0^2 \left(x^2 - \frac{x^4}{4}\right) dx = \frac{16}{15} \quad \textit{und}$$

$$E(Y) = \int_0^1 y f_Y(y)\,dy = \int_0^1 4y^4\,dy = \frac{4}{5}.$$

Damit beträgt die Kovarianz: $cov(X,Y) = \frac{8}{9} - \frac{16}{15} \cdot \frac{4}{5} = 0,0356$. *Die Stärke des linearen Zusammenhangs zwischen* X *und* Y *quantifiziert der Korrelationskoeffizient. Die nach Gleichung (5.10) benötigten Standardabweichungen folgen als Wurzeln aus den Varianzen von* X *und* Y*:*

$$\begin{aligned}
\sigma_X^2 &= E(X^2) - [E(X)]^2 = \int_0^2 x^2 \left(x - \frac{x^3}{4}\right) dx - \left(\frac{16}{15}\right)^2 \\
&= \frac{4}{3} - \left(\frac{16}{15}\right)^2 = 0,1956 \quad \textit{und} \\
\sigma_Y^2 &= E(Y^2) - [E(Y)]^2 = \int_0^1 4y^5\,dy - \left(\frac{4}{5}\right)^2 = \frac{4}{6} - \left(\frac{4}{5}\right)^2 \\
&= 0,0267.
\end{aligned}$$

Der Korrelationskoeffizient beträgt nach Gleichung (5.10):

$$r = \frac{cov(X,Y)}{\sigma_X \sigma_Y} = \frac{0,0356}{0,4423 \cdot 0,1634} = 0,4926.$$

Sein Wert besagt, dass rund 50% der Abhängigkeit zwischen X *und* Y *durch eine lineare Funktion erklärt werden kann.*

In Abschnitt 3.4 wurden Erwartungswert und Varianz für Linearkombinationen unabhängiger Zufallsvariablen ermittelt. Während stochastische Abhängigkeit keinen Einfluss auf die Berechnung des Erwartungswertes ausübt, ist sie bei der Varianzbestimmung zu beachten. Dies soll zunächst für zwei stochastisch abhängige Zufallsvariablen X und Y mit der gemeinsamen Wahrscheinlichkeits- bzw. Dichtefunktion $f(x,y)$ gezeigt werden. Die Linearkombination lautet jetzt: $S = \lambda_1 X + \lambda_2 Y$ mit $\mathrm{E}(S) = \lambda_1 \mathrm{E}(X) + \lambda_2 \mathrm{E}(Y) = \lambda_1 \mu_X + \lambda_2 \mu_Y$. Die Varianz von S erhält man als:

$$\begin{aligned}\mathrm{var}(S) =& \mathrm{E}[S - \mathrm{E}(S)]^2 = \mathrm{E}[(\lambda_1 X + \lambda_2 Y) - \mathrm{E}(\lambda_1 X + \lambda_2 Y)]^2\\ =& \mathrm{E}[\lambda_1(X - \mu_X) + \lambda_2(Y - \mu_Y)]^2\\ =& \lambda_1^2 \mathrm{E}(X - \mu_X)^2 + \lambda_2^2 \mathrm{E}(Y - \mu_Y)^2\\ &+ 2\lambda_1\lambda_2 \mathrm{E}[(X - \mu_X)(Y - \mu_Y)] \quad \text{oder:}\end{aligned}$$

$$\mathrm{var}(S) = \lambda_1^2 \mathrm{var}(X) + \lambda_2^2 \mathrm{var}(Y) + 2\lambda_1\lambda_2 \mathrm{cov}(X, Y). \tag{5.11}$$

Wegen der stochastischen Abhängigkeit ist in Gleichung (5.11) die Kovarianz von null verschieden. Die Verallgemeinerung für die Linearkombination $S = \lambda_1 X_1 + \ldots + \lambda_n X_n$ resultiert bei analoger Vorgehensweise als:

$$\begin{aligned}\mathrm{var}(S) =& \sum_{j=1}^{n} \lambda_j^2 \mathrm{var}(X_j) + 2[\lambda_1\lambda_2 \mathrm{cov}(X_1, X_2) + \ldots + \lambda_1\lambda_n \mathrm{cov}(X_1, X_n)\\ &+ \ldots + \lambda_{n-1}\lambda_n \mathrm{cov}(X_{n-1}, X_n)]\\ =& \sum_{j=1}^{n} \lambda_j^2 \mathrm{var}(X_j) + \sum_{i=1}^{n} \sum_{\substack{j=1\\ j\neq i}}^{n} \lambda_i\lambda_j \mathrm{cov}(X_i, X_j).\end{aligned} \tag{5.12}$$

Die Gleichungen (5.11) und (5.12) heißen **Additionssatz für Varianzen abhängiger Zufallsvariablen**; aus ihnen folgt unmittelbar der Additionssatz (3.12) für Varianzen unabhängiger Zufallsvariablen, weil für diese gilt: $\mathrm{cov}(X_i, X_j) = 0$ für alle i, j mit $i \neq j$.

Die Gleichung (5.11) kann so umgeformt werden, dass die Varianz der Linearkombination vom Korrelationskoeffizient r abhängt. Hierzu ersetzt man in Gleichung (5.11) die Kovarianz durch die entsprechende Auflösung der Gleichung (5.10):

$$\mathrm{var}(S) = \lambda_1^2 \sigma_X^2 + \lambda_2^2 \sigma_Y^2 + 2\lambda_1\lambda_2 r \sigma_X \sigma_Y. \tag{5.13}$$

Zur Vereinfachung sei angenommen, dass X und Y dieselbe Varianz besitzen: $\sigma_X^2 = \sigma_Y^2 = \sigma^2$. Gleichung (5.13) geht dann über in: $\mathrm{var}(S) = (\lambda_1^2 + \lambda_2^2 + 2\lambda_1\lambda_2 r)\sigma^2$. Für $r = 1$ erhält man: $\mathrm{var}(S) = (\lambda_1^2 + 2\lambda_1\lambda_2 + \lambda_2^2)\sigma^2 = (\lambda_1 + \lambda_2)^2\sigma^2$; für $r = -1$ folgt: $\mathrm{var}(S) = (\lambda_1^2 - 2\lambda_1\lambda_2 + \lambda_2^2)\sigma^2 = (\lambda_1 - \lambda_2)^2\sigma^2$. Wählt man bei $r = -1$ für die Linearkombination jetzt $\lambda_1 = \lambda_2$, wird die Varianz der Linearkombination S gleich null. Durch geschickte Festlegung der Faktoren λ_j lässt sich die Varianz also verringern. Dies ist ein Ergebnis, das vor allem für eine optimale Vermögensanlage (Portfoliostruktur) bedeutsam ist.

5.5 Die zweidimensionale Normalverteilung

Eine für empirische und theoretische Analysen gleichermaßen bedeutende Spezifikation stetiger, zweidimensionaler Zufallsvariablen liegt vor, wenn sowohl X als auch Y jeweils (eindimensional) normalverteilt sind mit $N(\mu_X, \sigma_X^2)$ und $N(\mu_Y, \sigma_Y^2)$.

Definition 5.11 *Eine stetige Zufallsvariable* (X, Y) *heißt* **zweidimensional normalverteilt** *mit den Parametern* $\mu_X, \mu_Y, \sigma_X^2, \sigma_Y^2$ *und* r*, wenn ihre Dichtefunktion gegeben wird durch:*

$$f(x,y) = \frac{1}{2\pi\sigma_X\sigma_Y\sqrt{1-r^2}} \exp\left\{ -\frac{1}{2(1-r^2)}\left[\left(\frac{x-\mu_X}{\sigma_X}\right)^2 - 2r\left(\frac{x-\mu_X}{\sigma_X}\right)\left(\frac{y-\mu_Y}{\sigma_Y}\right) + \left(\frac{y-\mu_Y}{\sigma_Y}\right)^2\right]\right\} \qquad (5.14)$$

mit r *als Korrelationskoeffizienten für* X *und* Y.

Gleichung (5.14) repräsentiert eine Schar von zweidimensionalen Dichtefunktionen. Nach Vorgabe der Scharparameter μ_X, μ_Y, σ_X^2, σ_Y^2 und r resultiert eine konkrete zweidimensionale Dichtefunktion, die viel von ihrer ursprünglichen Komplexität verliert. Für $\mu_X = \mu_Y = 0$, $\sigma_X^2 = \sigma_Y^2 = 1$ und $r = 0,8$ erhält man z.B.:

$$f(x,y) = \frac{1}{1,2\pi} e^{-\frac{1}{0,72}\left(x^2 - 1,6xy + y^2\right)}.$$

Die Wahrscheinlichkeit für $0 < x < 1$ und $0 < y < 1$ beträgt:

$$P(0 < X < 1, 0 < Y < 1) = \frac{1}{1,2\pi} \int_0^1 \int_0^1 e^{-\frac{1}{0,72}\left(x^2 - 1,6xy + y^2\right)}\, dx\, dy = 0,18904.$$

Für die teilweise mühsame Berechnung der Integrale existieren mittlerweile gute Programme.

Aus Gleichung (5.14) erhält man die bedingte Dichtefunktion $f(x|y)$ als:[9]

[9]Die Gleichungen (5.15) und (5.16) folgen direkt nach Division von Gleichung (5.14) durch die jeweilige Randdichtefunktion.

$$
\begin{aligned}
f(x|y) &= \frac{f(x,y)}{f_Y(y)} \\
&= \frac{1}{\sqrt{2\pi}\sigma_X\sqrt{1-r^2}} \exp\left[-\frac{1}{2(1-r^2)}\left(\frac{x-\mu_X}{\sigma_X} - r\frac{y-\mu_Y}{\sigma_Y}\right)^2\right];
\end{aligned}
\tag{5.15}
$$

analog hierzu folgt $f(y|x)$ als:

$$
\begin{aligned}
f(y|x) &= \frac{f(x,y)}{f_X(x)} \\
&= \frac{1}{\sqrt{2\pi}\sigma_Y\sqrt{1-r^2}} \exp\left[-\frac{1}{2(1-r^2)}\left(\frac{y-\mu_Y}{\sigma_Y} - r\frac{x-\mu_X}{\sigma_X}\right)^2\right],
\end{aligned}
\tag{5.16}
$$

wobei $f_X(x) = \frac{1}{\sqrt{2\pi}\sigma_X} \exp\left[-\frac{1}{2}\left(\frac{x-\mu_X}{\sigma_X}\right)^2\right]$ und
$f_Y(y) = \frac{1}{\sqrt{2\pi}\sigma_Y} \exp\left[-\frac{1}{2}\left(\frac{y-\mu_Y}{\sigma_Y}\right)^2\right]$ die beiden Randdichtefunktionen sind.

Korrelieren die beiden Zufallsvariablen X und Y nicht, ist der Korrelationskoeffizient $r = 0$. Die gemeinsame Dichtefunktion (5.14) geht dann über in:

$$
f(x,y) = \frac{1}{2\pi\sigma_X\sigma_Y} \exp\left\{-\frac{1}{2}\left[\left(\frac{x-\mu_X}{\sigma_X}\right)^2 + \left(\frac{y-\mu_Y}{\sigma_Y}\right)^2\right]\right\}. \tag{5.17}
$$

Da sich jetzt die Dichtefunktion (5.17) als Produkt der beiden Randdichtefunktionen darstellen lässt, sind für $r = 0$ die beiden Zufallsvariablen auch stochastisch unabhängig. Dann hängt aber auch die bedingte Dichtefunktion nicht mehr von der jeweiligen Bedingung ab. Dies sieht man sofort, wenn in den Gleichungen (5.15) und (5.16) $r = 0$ eingesetzt wird. Man erhält dann die Randdichtefunktionen.

In Abbildung 5.5 ist die Dichtefunktion einer zweidimensionalen Normalverteilung mit $\mu_X = 0$, $\mu_Y = 0$, $\sigma_X^2 = 1$, $\sigma_Y^2 = 2$ und $r = 0$ dargestellt. Auf den Projektionsflächen sieht man die beiden (eindimensionalen) Randdichtefunktionen.

Horizontale Schnitte durch die zweidimensionale Dichtefunktion ergeben geschlossene Kurven, für die gilt: $f(x,y)$ =const. Man bezeichnet sie daher auch als **Isodichtekurven.**[10] Die Gestalt dieser Kurven hängt von den Scharparametern der gemeinsamen Dichtefunktion ab. Für $r = 0$ und $\sigma_X^2 = \sigma_Y^2$

[10]„Iso“ stammt aus dem Griechischen und bedeutet „gleich“.

Abb. 5.5: Dichtefunktion der zweidimensionalen Normalverteilung und ihre Randdichtefunktionen

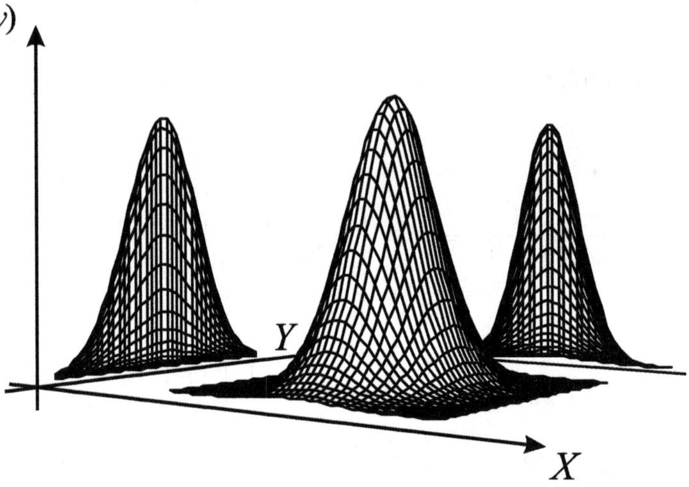

entstehen Kreise; für $r = 0$ und $\sigma_X^2 \neq \sigma_Y^2$ ergeben sich Ellipsen, deren kleine und große Achse parallel zur X- und Y-Achse verlaufen. Gilt $r \neq 0$, d.h. bei stochastischer Abhängigkeit, sind selbst bei $\sigma_X^2 = \sigma_Y^2$ die Achsen der Ellipsen nicht mehr parallel zur X- und Y-Achse. In Abbildung 5.6.a ist die Normalverteilung für $\mu_X = \mu_Y = 1$, $\sigma_X^2 = \sigma_Y^2 = 2$ und $r^2 = 0,5$ dargestellt, Abbildung 5.6.b zeigt eine Isodichte–Ellipse für $f(x, y) = 0,05$. Die Strecke A ist die **große**, die Strecke a die **kleine Achse**.

Die Verallgemeinerung zweidimensionaler Verteilungen führt zu n-dimensionalen Verteilungen. Deren mathematische Behandlung wird sehr kompliziert, so dass hier nicht näher darauf eingegangen werden soll. Einfach gestaltet sich die Vorgehensweise, wenn die n Zufallsvariablen X_j, $j = 1, \ldots, n$ stochastisch unabhängig sind und alle dieselbe Normalverteilung besitzen. Ihre gemeinsame Dichtefunktion erhält man als Produkt der n identischen eindimensionalen Randdichtefunktionen.

Abb. 5.6: Zweidimensionale Dichtefunktion und Isodichtekurve

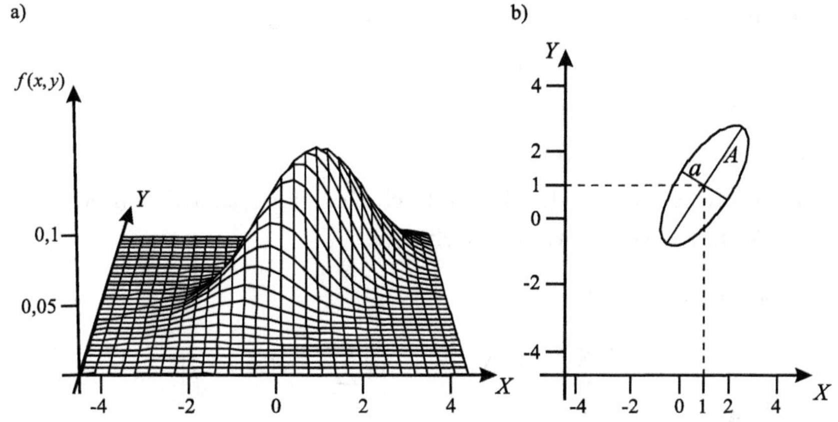

Übungsaufgaben zu 5.

5.1 Die beiden Güter x_1 und x_2 werden in Verbundproduktion hergestellt, wobei 40% der Produktion auf das Gut x_1 und 60% auf das Gut x_2 entfallen. Von dem Gut x_1 weisen 20%, von dem Gut x_2 40% einen Produktionsfehler auf.

a) Wie groß ist die Wahrscheinlichkeit, dass eine zufällig entnommene Gütereinheit des Gutes x_2 nicht defekt ist?

b) Stellen Sie die Wahrscheinlichkeitsfunktion tabellarisch für die zweidimensionale Zufallsvariable (X, Y) auf mit $X = \{x_1, x_2\}$ und $Y = \{d, f\}$, d : defekt, f : fehlerfrei !

c) Prüfen Sie, ob die Zufallsvariablen X und Y stochastisch unabhängig sind!

d) Wie viel Prozent der gesamten Produktion ist defekt?

5.2 Die zweidimensionale Zufallsvariable (X, Y) besitzt folgende Wahrscheinlichkeitsfunktion:

Y / X	2	3	4
2	0,1	0,1	0,2
4	0,1	0,2	0,3

Bestimmen Sie:

a) die Randverteilungen von X und Y,
b) die bedingte Wahrscheinlichkeitsverteilung $f(x_i|2)$,
c) $\mathrm{E}(X)$, $\mathrm{E}(Y)$ und $\mathrm{E}(X+Y)$,
d) $\mathrm{var}(X)$, $\mathrm{var}(Y)$ und $\mathrm{var}(X+Y)$,
e) $\mathrm{E}(X|2)$ und $\mathrm{var}(X|2)$,
f) die Kovarianz $\mathrm{cov}(X,Y)$ und den Korrelationskoeffizienten r! Sind X und Y stochastisch unabhängig?

5.3 Zeigen Sie, dass gilt:

$$\sum_{i=1}^{n}\sum_{\substack{j=1\\ j\neq i}}^{n} \mathrm{cov}(X_i,X_j) = 2\sum_{i<j}^{n} \mathrm{cov}(X_i,X_j).$$

5.4 In einer Urne befinden sich vier mit Zahlen 1 bis 4 nummerierte Kugeln. Aus der Urne werden zufällig zwei Kugeln mit Zurücklegen gezogen, wobei die Reihenfolge beachtet wird. Die Zufallsvariable X ist definiert als die kleinere der beiden Zahlen, die Zufallsvariable Y ist als die Summe der beiden gezogenen Zahlen festgelegt.

a) Stellen Sie die gemeinsame Wahrscheinlichkeitsfunktion für (X,Y) und die jeweiligen Randverteilungen auf!
b) Sind die beiden Zufallsvariablen stochastisch unabhängig? Was muss für die Zufallsvariablen bei Unabhängigkeit gelten?
c) Bestimmen Sie die bedingte Wahrscheinlichkeitsfunktion $f(y|1)$!
d) Berechnen Sie folgende Wahrscheinlichkeiten:

(1) $P(X=2|Y=4)$, (2) $P(X\leq 2)$,
(3) $P(X=2,Y=5)$, (4) $P(Y=4|X=2)$,
(5) $P(Y>4)$, (6) $P(XY=Y)$,
(7) $P(XY=Y|Y>4)$, (8) $P(X^2+Y^2\leq 20)$,
(9) $P(XY>X+Y)$!

5.5 Die gemeinsame Wahrscheinlichkeitsfunktion der zweidimensionalen Zufallsvariablen (X,Y) wird gegeben durch:

$$f(x_i,y_j) = \begin{cases} \dfrac{x_i+y_j}{15}, & x_i = 0,1,2 \text{ und } y_j = 1,2 \\ 0, & \text{sonst} \end{cases}.$$

a) Wie lauten die beiden Randwahrscheinlichkeitsfunktionen?

b) Geben Sie die bedingten Wahrscheinlichkeitsfunktionen $f(x|Y = y)$ und $f(y|X = x)$ an!

c) Berechnen Sie $\mathrm{E}(X), \mathrm{E}(Y), \mathrm{E}(XY), \mathrm{var}(X)$ und $\mathrm{var}(Y)$!

5.6 Die gemeinsame Dichtefunktion der stetigen, zweidimensionalen Zufallsvariablen (X, Y) lautet:

$$f(x,y) = \begin{cases} c(x^2 + y^2), & \text{für } 0 \le x \le 1, 0 \le y \le 1 \\ 0, & \text{sonst.} \end{cases}$$

a) Spezifizieren Sie die Unbekannte c so, dass $f(x, y)$ die gemeinsame Dichtefunktion ist!

b) Bestimmen Sie die beiden Randdichtefunktionen $f_X(x)$ und $f_Y(y)$ sowie die bedingte Dichtefunktion $f(y|0,5)$!

c) Geben Sie die Verteilungsfunktion von (X, Y) an!

d) Berechnen Sie folgende Wahrscheinlichkeiten über die Dichtefunktion und über die Verteilungsfunktion:

(1) $P(0 \le X \le 0,5; 0 \le Y \le 0,5)$,

(2) $P(0 \le X \le 0,5; 0,5 \le Y \le 1)$,

(3) $P(0 \le X \le 0,5 | 0 \le Y \le 0,5)$!

e) Sind die Zufallsvariablen X und Y stochastisch unabhängig? Prüfen Sie die Abhängigkeit mit der Kovarianz!

f) Bestimmen Sie $\mathrm{E}(X)$, $\mathrm{var}(X)$, $\mathrm{E}(Y)$, $\mathrm{var}(Y)$, $\mathrm{E}(X+Y)$ und $\mathrm{var}(X+Y)$!

5.7 Sind die folgenden Funktionen Dichte– bzw. Verteilungsfunktionen?

a) $F(x,y) = \begin{cases} 0 & , \text{für } x + y \le 0 \\ 1 & , \text{für } x + y > 0 \end{cases},$

b) $F(x,y) = \begin{cases} (1 - e^{-x})(1 - e^{-2y}) & , \text{für } x \ge 0; y \ge 0 \\ 0 & , \text{sonst} \end{cases},$

c) $f(x,y) = \begin{cases} \frac{1}{2} & , \text{für } 2 \le x \le 3; 0 \le y \le 1 \\ \frac{1}{4} & , \text{für } 2 \le x \le 3; 2 \le y \le 3 \\ 0 & , \text{sonst} \end{cases},$

$$\text{d) } f(x,y) = \begin{cases} \frac{1}{5} & \text{, für } 0 \leq x \leq 1; 0 \leq y \leq 1 \\ \frac{4}{5} & \text{, für } 1 \leq x \leq 2; 3 \leq y \leq 4 \\ 0 & \text{, sonst} \end{cases} .$$

5.8 Bestimmen Sie $F(x, y)$ für die Bereiche: $(0 < x < 2, \frac{x}{2} < y < \infty)$ und $(2y < x < \infty, 0 < y < 1)$ des Beispiels 5.4.

6 Konvergenz von Folgen von Zufallsvariablen und Verteilungen

6.1 Gesetze der großen Zahlen

Nach der statistischen Definition in Kapitel 2.3 ist die Wahrscheinlichkeit für das Eintreten eines Ereignisses A, $P(A)$, gleich dem Grenzwert der relativen Häufigkeit $h_n(A)$: $P(A) = \lim\limits_{n\to\infty} h_n(A) = p_A$. Obwohl diese Definition intuitiv einleuchtet, bleibt sie unter logischem Gesichtspunkt unbefriedigend, da sich die Grenzwertdefinition für (deterministische) Zahlenfolgen nicht auf eine vom Zufall beherrschte Folge anwenden lässt. Denn bei einer zufälligen Folge ist es nicht möglich, zu jedem beliebig kleinen $\varepsilon > 0$ ein n_ε anzugeben, so dass für alle $n > n_\varepsilon$ mit Sicherheit gilt: $|h_n(A) - P(A)| < \varepsilon$.

Um dies zu zeigen und um die logischen Mängel zu beseitigen, wird ein Zufallsvorgang mit den beiden Ausgängen A und $\bar{A}$ betrachtet. Die hierfür definierte zweipunktverteilte Zufallsvariable X nimmt den Wert $X = 0$ beim Eintritt von $\bar{A}$ und den Wert $X = 1$ beim Eintritt von A mit folgenden Wahrscheinlichkeiten an:

$$f(x) = \begin{cases} 1-p & \text{für } x = 0 \\ p & \text{für } x = 1 \end{cases}.$$

Wird dieser Zufallsvorgang unter gleichen Bedingungen n-mal durchgeführt, kann jede Durchführung durch eine Zufallsvariable X_j, $j = 1, \ldots, n$ wiedergegeben werden, wobei alle X_j unabhängig identisch verteilt sind, und zwar genauso wie X. Die Zufallsvariablen X_j bilden eine Folge von Zufallsvariablen, die eine Bernoulli–Kette der Länge n erzeugen. Für jedes X_j gilt: $\mathrm{E}(X_j) = p$ und $\mathrm{var}(X_j) = p(1-p)$. Die Division der Summe $S(n) = \sum\limits_{j=1}^{n} X_j$ durch die Anzahl der Durchführungen n ergibt die relative Häufigkeit des Eintritts von A bei n-maliger Durchführung: $h_n(A) = \frac{1}{n}S(n) = \frac{1}{n}\sum\limits_{j=1}^{n} X_j$. Die relative Häufigkeit $h_n(A)$ ist bei konstantem n eine relativiert binomialverteilte Zufallsvariable mit den Parametern:

$$\mathrm{E}[h_n(A)] = \frac{1}{n}\sum_{j=1}^{n}\mathrm{E}(X_j) = \frac{1}{n}np = p \quad \text{und}$$

$$\mathrm{var}[h_n(A)] = \mathrm{var}\left(\frac{1}{n}\sum_{j=1}^{n}X_j\right) = \frac{1}{n^2}\sum_{j=1}^{n}\mathrm{var}(X_j) = \frac{1}{n^2}np(1-p)$$
$$= \frac{p(1-p)}{n}.$$

Der Erwartungswert der relativen Häufigkeit hängt nicht von der Anzahl n der Durchführungen ab, wohl aber ihre Varianz, die im Grenzübergang null wird: $\lim_{n\to\infty}\mathrm{var}[h_n(A)] = \lim_{n\to\infty}\frac{p(1-p)}{n} = 0$. Dies zeigt analytisch, dass die relative Häufigkeit mit zunehmender Anzahl der Durchführung des Zufallvorgangs zwar stabiler wird; aber auch, dass sie bei jeder endlichen Anzahl an Durchführungen immer noch streut. Dies ist der Grund, warum sich der deterministische Limesbegriff für zufällige Folgen nicht eignet. Um die Wahrscheinlichkeit abzuschätzen, dass bei einer gegebenen Anzahl n an Durchführungen die relative Häufigkeit $h_n(A)$ von ihrem Erwartungswert p um weniger als $\varepsilon > 0$ abweicht, verwendet man die Tschebyscheff'sche Ungleichung (3.7.b). Für $k\sigma = \varepsilon$ und $\sigma^2 = \frac{p(1-p)}{n}$ erhält man:

$$P[|h_n(A) - p| < \varepsilon] > 1 - \frac{\sigma^2}{\varepsilon^2} = 1 - \frac{p(1-p)}{n\varepsilon^2}\,. \tag{6.1}$$

Bildet man hierfür den Grenzwert für $n \to \infty$, folgt:

$$\lim_{n\to\infty} P[|h_n(A) - p| < \varepsilon] = 1 \tag{6.2}$$

wegen $\lim_{n\to\infty}\dfrac{p(1-p)}{n} = 0$.

Nach Gleichung (6.2) konvergiert die Wahrscheinlichkeit, dass die Abweichung der relativen Häufigkeit von der Wahrscheinlichkeit $P(A) = p$ kleiner als eine beliebig kleine positive Zahl ε ist, mit zunehmender Anzahl n gegen 1. Dies bedeutet, dass bei einer großen Anzahl von Durchführungen eines Zufallsexperiments die Abweichung $|h_n(A) - p|$ durchaus größer als bei einer kleinen Anzahl sein kann; nur wird dies bei zunehmendem n immer unwahrscheinlicher. Daher können auch bei großem n einige Werte der relativen Häufigkeit außerhalb des Abweichungsintervalls $p \pm \varepsilon$ liegen, jedoch weitaus seltener als bei einer geringen Anzahl an Durchführungen (vgl. hierzu auch Abbildung 2.10 auf Seite 30). Nach dem Grenzübergang kommen solche Abweichungen nicht mehr vor. Wählt man die Anzahl der Versuche n groß genug, kann jede beliebig kleine Abweichung $\varepsilon > 0$ mit einer beliebig nahe bei 1 liegenden Mindestwahrscheinlichkeit unterschritten werden.[1]

Gleichung (6.2) heißt das **schwache Gesetz der großen Zahlen von Bernoulli**, das auch alternativ formuliert werden kann als:

$$\lim_{n\to\infty} P[|h_n(A) - p| > \varepsilon] = 0. \tag{6.3}$$

Der Grenzwert für Wahrscheinlichkeiten heißt **Wahrscheinlichkeitsgrenzwert** bzw. **Wahrscheinlichkeitslimes** und wird mit **plim**[2] abgekürzt.

Die Gleichungen (6.2) bzw. (6.3) lassen sich daher schreiben als:

$$\operatorname*{plim}_{n\to\infty} h_n(A) = p. \tag{6.4}$$

Gleichung (6.4) ist die formale Wiedergabe des Bernoulli–Theorems. Dieses besagt, dass die relative Häufigkeit des Eintretens des Ereignisses A bei n unabhängigen Durchführungen eines Zufallsvorgangs mit Wahrscheinlichkeit gegen $P(A)$ konvergiert, wenn n gegen unendlich divergiert.

Beispiel 6.1 *Eine Laplace–Münze wird viermal geworfen, das Ereignis A ist als „Zahl liegt oben" definiert. Die relative Häufigkeit $h_4(A)$ kann die Werte $0, \frac{1}{4}, \frac{1}{2}, \frac{3}{4}$ und 1 annehmen. Da jede Durchführung zweipunktverteilt ist, folgt $S = \sum_{j=1}^{4} X_j$ einer Binomialverteilung $B(4; \frac{1}{2})$ und die relativen Häufigkeiten $h_4(A)$ einer relativierten Binomialverteilung mit $E[h_4(A)] = \frac{1}{2}$ und $var[h_4(A)] = \frac{1}{16}$. In der Tabelle 6.1 sind $h_4(A)$, $h_4(A) - \frac{1}{2}$ und $P[h_4(A) - \frac{1}{2}]$ zusammengestellt.*

Tab. 6.1: Relative Häufigkeit und Abweichung bei $n = 4$

$h_4(A)$	0	$\frac{1}{4}$	$\frac{1}{2}$	$\frac{3}{4}$	1
$h_4(A) - \frac{1}{2}$	$-\frac{1}{2}$	$-\frac{1}{4}$	0	$\frac{1}{4}$	$\frac{1}{2}$
$P\left[h_4(A) - \frac{1}{2}\right]$	0,0625	0,25	0,375	0,25	0,0625

[1] Man beachte den Unterschied zwischen den Gleichungen (2.2) und (6.2). Nach Gleichung (2.2) ist die Wahrscheinlichkeit gleich dem Grenzwert der relativen Häufigkeit; in Gleichung (6.2) bezieht sich der Grenzwert auf die Wahrscheinlichkeit selbst.

[2] plim=**prob**ability **lim**es.

Die Wahrscheinlichkeiten in der dritten Zeile sind mit der Binomialverteilung $B(4; 0,5)$ berechnet. Setzt man $\varepsilon = 0,4$, halten nur die relativen Häufigkeiten $h_4(\frac{1}{4}), h_4(\frac{1}{2})$, und $h_4(\frac{3}{4})$ die vorgegebene maximale Abweichung $\varepsilon = 0,4$ ein. Mit den Werten der Tabelle 6.1 erhält man: $P[|h_4(A) - \frac{1}{2}| < 0,4] = 0,875$. Die Wahrscheinlichkeit, dass in einer Bernoulli–Kette der Länge 4 die relative Häufigkeit des Eintretens des Ereignisses A von der Wahrscheinlichkeit $p = \frac{1}{2}$ um weniger als 0,4 abweicht, beträgt 0,875; oder komplementär formuliert: die Wahrscheinlichkeit eines Abweichens der relativen Häufigkeit von $p = \frac{1}{2}$ um mehr als 0,4 ist nur 0,125.

In Tabelle 6.2 sind die relativen Häufigkeiten und ihre Abweichungen von $p = \frac{1}{2}$ bei 8-maliger Durchführung des Münzwurfs aufgelistet.

Tab. 6.2: Relative Häufigkeiten und Abweichungen bei $n = 8$

$h_8(A)$	0	$\frac{1}{8}$	$\frac{1}{4}$	$\frac{3}{8}$	$\frac{1}{2}$	$\frac{5}{8}$	$\frac{3}{4}$	$\frac{7}{8}$	1
$h_8(A) - \frac{1}{2}$	$-\frac{1}{2}$	$-\frac{3}{8}$	$-\frac{1}{4}$	$-\frac{1}{8}$	0	$\frac{1}{8}$	$\frac{1}{4}$	$\frac{3}{8}$	$\frac{1}{2}$

Bei wiederum $\varepsilon = 0,4$ sind alle absoluten Abweichungen bis auf die erste und letzte kleiner als $\varepsilon = 0,4$. Die Abweichung $-\frac{1}{2}$ tritt für $h_8(A) = 0$ und die Abweichung $\frac{1}{2}$ für $h_8(A) = 1$ ein. Mit der Binomialverteilung $B(8; \frac{1}{2})$ erhält man: $P(-\frac{1}{2}) = P(\frac{1}{2}) = 0,0039$. Daher gilt:

$$P[|h_8(A) - \frac{1}{2}| < 0,4] = 1 - 2 \cdot 0,0039 = 0,9922.$$

Die Erhöhung von n führt dazu, dass die Wahrscheinlichkeit steigt, mit der relativen Häufigkeit innerhalb des durch $\varepsilon = 0,4$ festgelegten Abweichungsintervalls zu bleiben. Diese beiden Ergebnisse für $n = 4$ und $n = 8$ verdeutlichen die Aussage des schwachen Gesetzes der großen Zahlen.

Mit Gleichung (6.1) lässt sich bestimmen, wie oft ein Zufallsvorgang mindestens durchgeführt werden muss, damit die Abweichung $|h_n(A) - p| < \varepsilon$ mit einer bestimmten Mindestwahrscheinlichkeit α eintritt. Soll gelten: $P[|h_n(A) - p| < \varepsilon] > \alpha$, muss n einen Wert annehmen, dass eine Abweichung von höchstens ε mit einer Mindestwahrscheinlichkeit α eintritt. Die

Mindestanzahl der hierfür notwendigen Durchführungen berechnet man, indem die rechte Seite der Gleichung (6.1) gleich α gesetzt und dann nach n aufgelöst wird:

$$1 - \frac{p(1-p)}{n\varepsilon^2} = \alpha \quad \Rightarrow \quad n = \frac{p(1-p)}{(1-\alpha)\varepsilon^2}.$$

Soll im Beispiel 6.1 die Wahrscheinlichkeit für das Eintreten einer Abweichung $|h_n(k) - \frac{1}{2} < \frac{1}{100}|$ mindestens 0, 95 sein, muss die Bernoulli-Kette eine Länge von $n = 50000$ haben.

Das von Bernoulli entwickelte schwache Gesetz der großen Zahlen wurde auf verschiedene Weisen verallgemeinert. So bleibt es auch gültig, wenn die Zufallsvariablen X_j, $j = 1, \ldots, n$ nicht Bernoulli–, wohl aber identisch und unabhängig verteilt sind mit existierenden Erwartungswerten und Varianzen. Dann stellt $\frac{1}{n} \sum_{j=1}^{n} X_j$ nicht mehr die relative Häufigkeit, sondern das arithmetische Mittel der Zufallsvariablen dar und wird wegen seiner Abhängigkeit von n mit $\bar{X}(n)$ bezeichnet. Gleichung (6.2) geht dann über in:

$$\lim_{n\to\infty} P[|\bar{X}(n) - \mathrm{E}[\bar{X}(n)]| < \varepsilon] = 1, \qquad (6.5)$$

oder, für $\mathrm{E}(X_j) = \mu$, $j = 1, \ldots, n$:

$$\lim P[|\bar{X}(n) - \mu| < \varepsilon] = 1. \qquad (6.6)$$

Tschebyscheff zeigte, dass auch die Annahme identischer Verteilungen aufgegeben werden kann, solange die Varianzen endlich sind. Schließlich wies Markov nach, dass auch eine Folge von abhängigen Zufallsvariablen dem schwachen Gesetz der großen Zahlen unterliegt, wenn für die Varianz von $\bar{X}(n)$ gilt: $\lim_{n\to\infty} \mathrm{var}[\bar{X}(n)] = 0$.

Neben dem schwachen Gesetz der großen Zahlen gibt es auch ein **starkes Gesetz der großen Zahlen**. Da dieses für die praktische Anwendung der Statistik geringe Relevanz besitzt, soll es nur kurz vorgestellt und auch nur intuitiv interpretiert werden. Sind die Zufallsvariablen X_j, $j = 1, \ldots, n$ unabhängig identisch verteilt mit $\mathrm{E}(X_j) = \mu$ und $\mathrm{var}(X_j) = \sigma^2$ für alle j, dann gilt für den Durchschnitt $\bar{X}(n) = \frac{1}{n} \sum_{j=1}^{n} X_j$:

$$P[\lim_{n\to\infty} \bar{X}(n) = \mu] = 1 \qquad (6.7)$$

Bei Bernoulli–verteilten Zufallsvariablen X_j stellt $\bar{X}(n)$ die relative Häufigkeit des Eintretens eines Ereignisses A in einer Bernoulli–Kette der Länge n dar. Das starke Gesetz (6.7) geht dann über in:

$$P[\lim_{n\to\infty} h_n(A) = p] = 1. \tag{6.8}$$

Nach Gleichung (6.7) bzw. (6.8) konvergiert $\bar{X}(n)$ mit zunehmendem n „fast sicher" gegen μ bzw. p. Das starke Gesetz der großen Zahlen besagt mehr als das schwache Gesetz. Nach dem starken Gesetz verhält sich die vom Zufall beherrschte Folge $\bar{X}(n)$ von einem Index N_ε an fast sicher wie eine deterministische Zahlenfolge, d.h. für alle $n > N_\varepsilon$ gilt fast sicher: $|\bar{X}(n) - \mu| < \varepsilon$ bzw. $|h_n(A) - p| < \varepsilon$ für alle beliebig kleinen $\varepsilon > 0$. Da im Folgenden auf das starke Gesetz der großen Zahlen nicht mehr eingegangen wird, ist mit der Bezeichnung „Gesetz der großen Zahlen" stets das schwache gemeint.

Das Gesetz der großen Zahlen ist nicht nur für die statistische Interpretation der Wahrscheinlichkeit bedeutsam, sondern lässt sich auch auf empirische Verteilungsfunktionen übertragen.[3] In einer empirischen Grundgesamtheit sei ein statistisches Merkmal X nach der Verteilungsfunktion $F(x)$ verteilt. Gewinnt man aus dieser Grundgesamtheit eine Stichprobe so, dass alle Entnahmen x_j, $j = 1, \ldots, n$ als Realisationen unabhängiger Zufallsvariablen X_j interpretiert werden können, die genau wie X verteilt sind, dann folgt aus dem Gesetz der großen Zahlen, dass für festes x und $n \to \infty$ die empirische Verteilungsfunktion $H_n(x)$ mit Wahrscheinlichkeit gegen $F(x)$ konvergiert. Dieser von Glivenko und Cantelli abgeleitete Zusammenhang heißt heute **Hauptsatz der Statistik**, der formalisiert lautet:

$$\lim_{n\to\infty} P[\sup_x |H_n(x) - F(x)| < \varepsilon] = 1 \tag{6.9}$$

Die Abkürzung „sup" steht für Supremum und bezeichnet die größte Abweichung zwischen $H_n(x)$ und $F(x)$ über x. Der Hauptsatz der Statistik liefert die theoretische Grundlage dafür, empirische Verteilungen bei guter Übereinstimmung durch theoretische zu ersetzen. Dies erleichtert oft die Analyse empirischer Zusammenhänge in nicht geringem Maße.

---

[3] Definition und wichtigste Eigenschaften der empirischen Verteilungsfunktion findet man z.B. bei ASSENMACHER (2003), S. 47 ff.

6.2 Zentrale Grenzwertsätze

Während das Gesetz der großen Zahlen bei der stochastischen Konvergenz von relativen Häufigkeiten und Durchschnitten seine Bedeutung erlangt, beziehen sich die **Grenzwertsätze** auf die stochastische Konvergenz von Verteilungsfunktionen. Sie besagen allgemein, gegen welche Grenzverteilung eine bestimmte Verteilung stochastisch konvergiert.

Bei der Analyse der Verteilungskonvergenz nehmen die zentralen Grenzwertsätze eine herausragende Stellung ein. Sie geben an, unter welchen Bedingungen sich die Verteilungen standardisierter Summen und standardisierter Durchschnitte, die für eine Folge von n Zufallsvariablen gebildet werden, der Normalverteilung nähern. Voraussetzung hierfür ist, dass keine der Zufallsvariablen die anderen hinsichtlich Erwartungswert und Varianz dominiert. Unter dieser Annahme lassen sich zentrale Grenzwertsätze entwickeln, bei denen die Bedingungen immer mehr abgeschwächt werden, so dass Summe und Durchschnitt praktisch immer für großes n asymptotisch normalverteilt sind. Dies lässt sich an den beiden folgenden Grenzwertsätzen nachvollziehen, die nach abnehmenden Voraussetzungen geordnet sind.

Der **zentrale Grenzwertsatz von Lindeberg–Levy** basiert auf der Annahme unabhängig identisch verteilter Zufallsvariablen $X_1, \ldots, X_n$ mit $\mathrm{E}(X_j) = \mu$ und $\mathrm{var}(X_j) = \sigma^2 > 0$ für alle j. Die Summe $S(n) = \sum\limits_{j=1}^{n} X_j$ hat dann den Erwartungswert $\mathrm{E}[S(n)] = n\mu$ und die Varianz $\mathrm{var}[S(n)] = n\sigma^2$; der Durchschnitt $\bar{X}(n) = \frac{1}{n}S(n) = \frac{1}{n}\sum\limits_{j=1}^{n} X_j$ besitzt den Erwartungswert $\mathrm{E}[\bar{X}(n)] = \mu$ und die Varianz $\mathrm{var}[\bar{X}(n)] = \frac{1}{n}\sigma^2$. Nach dem zentralen Grenzwertsatz von Lindeberg–Levy konvergiert die Verteilung der standardisierten Summe und des standardisierten Durchschnitts, also:

$$\frac{S(n) - n\mu}{\sqrt{n}\sigma} = \frac{\sum\limits_{j=1}^{n} X_j - n\mu}{\sqrt{n}\sigma} \quad \text{bzw.} \quad \frac{\bar{X}(n) - \mu}{\sigma/\sqrt{n}}$$

für $n \to \infty$ gegen die Standardnormalverteilung $N(0,1)$. Aus dem zentralen Grenzwertsatz von Lindeberg–Levy folgt für großes n, dass

(a) die Summe $S(n)$ asymptotisch normalverteilt $N(n\mu, n\sigma^2)$ und

(b) der Durchschnitt $\bar{X}(n)$ asymptotisch normalverteilt $N\left(\mu, \dfrac{\sigma^2}{n}\right)$

sind.

Der **zentrale Grenzwertsatz von Ljapunoff** ist allgemeiner als der von Lindeberg–Levy, da die Zufallsvariablen X_j zwar noch unabhängig, aber nicht mehr identisch verteilt sein müssen. Es lässt sich auch bei dieser Annahme dasselbe Ergebnis für die standardisierte Summe und den standardisierten Durchschnitt mit denselben Konsequenzen für $S(n)$ und $\bar{X}(n)$ wie bei Lindeberg–Levy ableiten.

Die Kernaussage der beiden vorgestellten zentralen Grenzwertsätze lässt sich so formulieren, dass sich immer approximativ eine Normalverteilung einstellt, wenn viele Zufallsvariablen unabhängig voneinander additiv zusammenwirken. Die zentralen Grenzwertsätze informieren jedoch nicht über die Schnelligkeit der Konvergenz. Es bleibt daher unbestimmt, wie groß n für eine gute Approximation der exakten Verteilung durch die Normalverteilung sein sollte. Daher gibt es in der Literatur zwar Faustregeln für n, die jedoch nicht einheitlich ausfallen: Sie schwanken nicht nur mit der angestrebten Approximationsgüte, sondern hängen auch von der zu approximierenden Verteilung ab. Im Folgenden wird gezeigt, welche der behandelten Verteilungen die Normalverteilung als Grenzverteilung haben und bei welchem n eine gute Approximation vorliegt.

Sind die Zufallsvariablen X_j, $j = 1, \ldots, n$ unabhängig und identisch Bernoulli–verteilt, ist die Summe $X_1 + \ldots + X_n$ binomialverteilt $B(n, p)$ mit dem Erwartungswert $\mathrm{E}\left(\sum\limits_{j=1}^{n} X_j\right) = np$ und einer Varianz $\mathrm{var}\left(\sum\limits_{j=1}^{n} X_j\right) = np(1-p)$. Die standardisierte Summe:

$$\frac{\sum\limits_{j=1}^{n} X_j - np}{\sqrt{np(1-p)}}$$

ist dann für $n \to \infty$ standardnormalverteilt $N(0,1)$.[4] Für großes n folgt hieraus, dass

(a) die Binomialverteilung $B(n,p)$ durch die Normalverteilung $N[np,\, npq]$ und

(b) die relativierte Binomialverteilung durch die Normalverteilung $N\left[p, \dfrac{pq}{n}\right]$

[4] Dieses Ergebnis ist der **zentrale Grenzwertsatz von Moivre–Laplace**, der historisch gesehen der erste gewesen war. Formal folgt er aus dem zentralen Grenzwertsatz von Lindeberg–Levy, indem dort die Verteilung als Bernoulli–Verteilung spezifiziert wird.

approximiert werden können. Als Faustregel für eine gute Approximation sollte man n so gwählen, dass gilt:

$$n > \frac{9}{p(1-p)}. \tag{6.10}$$

Da die relativierte Binomialverteilung, wie in Abschnitt 6.1 gezeigt, angibt, mit welcher Wahrscheinlichkeit die relativen Häufigkeiten $h_n(A) = \frac{j}{n}$, $j = 0, 1, 2, \ldots n$ in einer Bernoulli-Kette mit konstanter Länge n vorkommen, ist bei hinreichend großem n die relative Häufigkeit $h_n(A)$ asymptotisch normalverteilt. In Beispiel 6.1 beträgt $p = \frac{1}{2}$ und $h_n(A)$ ist dann nach Faustregel (6.10) für $n > 36$ approximativ normalverteilt. Um für $n = 40$ die Wahrscheinlichkeit zu berechnen, dass $h_{40}(A)$ von $p = \frac{1}{2}$ um weniger als $\varepsilon = 0,1$ abweicht, kann man die Normalverteilung mit den Parametern $\mu = p = \frac{1}{2}$ und $\sigma^2 = 0,25/40 = 0,0063$ verwenden. Daher gilt nach Standardisierung:

$$\begin{aligned} P\left(\left|\frac{h_{40}(A) - \frac{1}{2}}{\sqrt{0,0063}} - \frac{1}{2}\right| < \frac{0,1}{\sqrt{0,0063}}\right) &= P(-1,2599 < Z < 1,2599) \\ &= 0,7924. \end{aligned}$$

Approximiert man die diskrete Binomialverteilung durch eine stetige Normalverteilung, ist eine **Stetigkeitskorrektur** vorzunehmen. Da eine binomialverteilte Zufallsvariable X die Werte $0, 1, 2, \ldots, n$ annimmt, ist die Hälfte des Abstands zweier benachbarter Realisationen, also die Zahl $\frac{1}{2}$ dem Wert von X hinzuzufügen oder abzuziehen. Die Wahrscheinlichkeit $P(x_1 < X < x_2)$ berechnet man als $P(x_1 - \frac{1}{2} < X < x_2 + \frac{1}{2})$ und entsprechend bei einseitig geschlossenen Ereignissen. Die Stetigkeitskorrektur kann bei der relativierten Binomialverteilung entfallen, da bei hinreichend großem n die Realisationen $\frac{X}{n}$ schon dicht genug liegen.

Da die hypergeometrische Verteilung $H(N, M, n)$ bei sehr kleinem Auswahlsatz $\frac{n}{N} < 0,05$ durch die Binomialverteilung und diese für $n > \frac{9}{p(1-p)}$ durch die Normalverteilung approximiert werden kann, ist die Normalverteilung bei Einhaltung der beiden Faustregeln auch Grenzverteilung der hypergeometrischen Verteilung.[5] Der zur Parameterfestlegung der Normalverteilung benötigte Parameter p ergibt sich als $p = M/N$.

[5]Die hypergeometrische Verteilung wurde über das Urnenmodell „Ziehen ohne Zurücklegen“ entwickelt. Wegen der Abhängigkeit der Ziehungen X_j kann der zentrale Grenzwertsatz nicht gelten. Ist der Auswahlsatz jedoch sehr klein, verändert sich die Wahrscheinlichkeit für die Entnahme eines Elements mit der Eigenschaft A von Zug zu Zug praktisch nicht.

Auch die Poisson–Verteilung $PV(\lambda)$ geht mit zunehmendem λ in eine Normalverteilung über. Als Faustregel sollte gelten: $\lambda > 9$; die hierfür relevante Normalverteilung wird mit $N(\lambda, \lambda)$ gegeben.

Beispiel 6.2 *Eine Zufallsvariable X sei poissonverteilt mit $\lambda = 10$. Die exakte Wahrscheinlichkeit für $X = 4$ beträgt nach Gleichung (4.28):*

$$f(x = 4) = e^{-10}\frac{10^4}{4!} = 0,0189.$$

Da $\lambda > 9$, kann zur Berechnung der Wahrscheinlichkeit auch die Normalverteilung $N(10, 10)$ verwendet werden. Mit Stetigkeitskorrektur erhält man die gesuchte Wahrscheinlichkeit nach Standardisierung als:

$$P(3,5 < X < 4,5) = P(-2,0555 < Z < -1,7393) = 0,0209.$$

Die Approximation weicht vom exakten Wert nur um 0,002 ab.

Eine Zufallsvariable, die negativ binomialverteilt ist mit den Parametern r und p, folgt für große r approximativ einer Normalverteilung mit den Parametern $\mu = r\frac{1-p}{p}$ und $\sigma^2 = r\frac{1-p}{p^2}$. Da sich die geometrische Verteilung als Spezialfall für $r = 1$ aus der negativen Binomialverteilung ergibt, verletzt sie die Faustregel „großes r" und sollte nicht durch eine Normalverteilung approximiert werden.

Die beiden Grenzwertsätze gelten natürlich auch für stetige Zufallsvariablen. Bei der t-Verteilung wurde bereits erwähnt, dass sie für $n \geq 30$ gut durch die Standardnormalverteilung approximiert werden kann. Aber auch die χ^2-Verteilung konvergiert für $n \geq 30$ gegen eine Normalverteilung mit den Parametern $\mu = n$ und $\sigma^2 = 2n$. Eine bessere Approximation resultiert aus der Transformation $Z = \sqrt{2X} - \sqrt{2n-1}$, in der X eine χ^2-verteilte Zufallsvariable mit n Freiheitsgraden ist. Für $n \to \infty$ konvergiert die Verteilung von Z gegen die Standardnormalverteilung $N(0, 1)$. Daher gilt bei großem Freiheitsgrad n für die α-Quantile:

$$z_\alpha = \sqrt{2x_\alpha} - \sqrt{2n-1}. \tag{6.11}$$

Hier ist z_α das α-Quantil der Standardnormalverteilung und x_α das α-Quantil der $\chi^2(n)$-Verteilung, für das geschrieben wird: $x_\alpha = \chi^2(\alpha; n)$. Substituiert man in Gleichung (6.11) x_α durch diese Beziehung und löst dann nach $\chi^2(\alpha; n)$ auf, folgt:

$$\chi^2(\alpha; n) = \frac{1}{2}(z_\alpha + \sqrt{2n-1})^2. \tag{6.12}$$

Mit Gleichung (6.12) lassen sich für großes n sehr gute Approximationen erzielen. Für $n = 40$ und $\alpha = 0,95$ erhält man aus Tabelle 3 den exakten Wert als $\chi^2(0,95;40) = 55,758$. Mit der Normalverteilung $N(40,80)$ ergibt sich für $z_{0,95} = 1,645$ aus $\frac{X-40}{\sqrt{80}} = 1,645$ der Approximationswert: $\chi^2(0,95;40) \approx 54,7133$. Aus Gleichung (6.12) folgt:

$$\chi^2(0,95;40) \approx \frac{1}{2}(1,645 + \sqrt{79})^2 = 55,474.$$

Dieser Wert liegt näher am exakten Wert als die Normalverteilungsapproximation. Wegen der guten Approximationsmöglichkeit nach Gleichung (6.12) liegen die Werte der χ^2-Verteilung meist nur bis $n = 30$ tabelliert vor.

In Abbildung 6.1 sind die Konvergenzeigenschaften und Faustregeln zusammengefasst. Die hypergeometrische Verteilung ist die einzige im Flussdiagramm, deren Pfeil nicht direkt bei der Normalverteilung mündet. Dies liegt daran, dass bei ihr der zentrale Grenzwertsatz wegen der Abhängigkeit der Ziehungen nicht gilt. Daher müssen bei einer Approximation der hypergeometrischen Verteilung durch die Normalverteilungen beide Faustregeln $n/N < 0,05$ und $n > \frac{9}{p(1-p)}$ erfüllt sein.

Abb. 6.1: Approximationszusammenhänge und Faustregeln

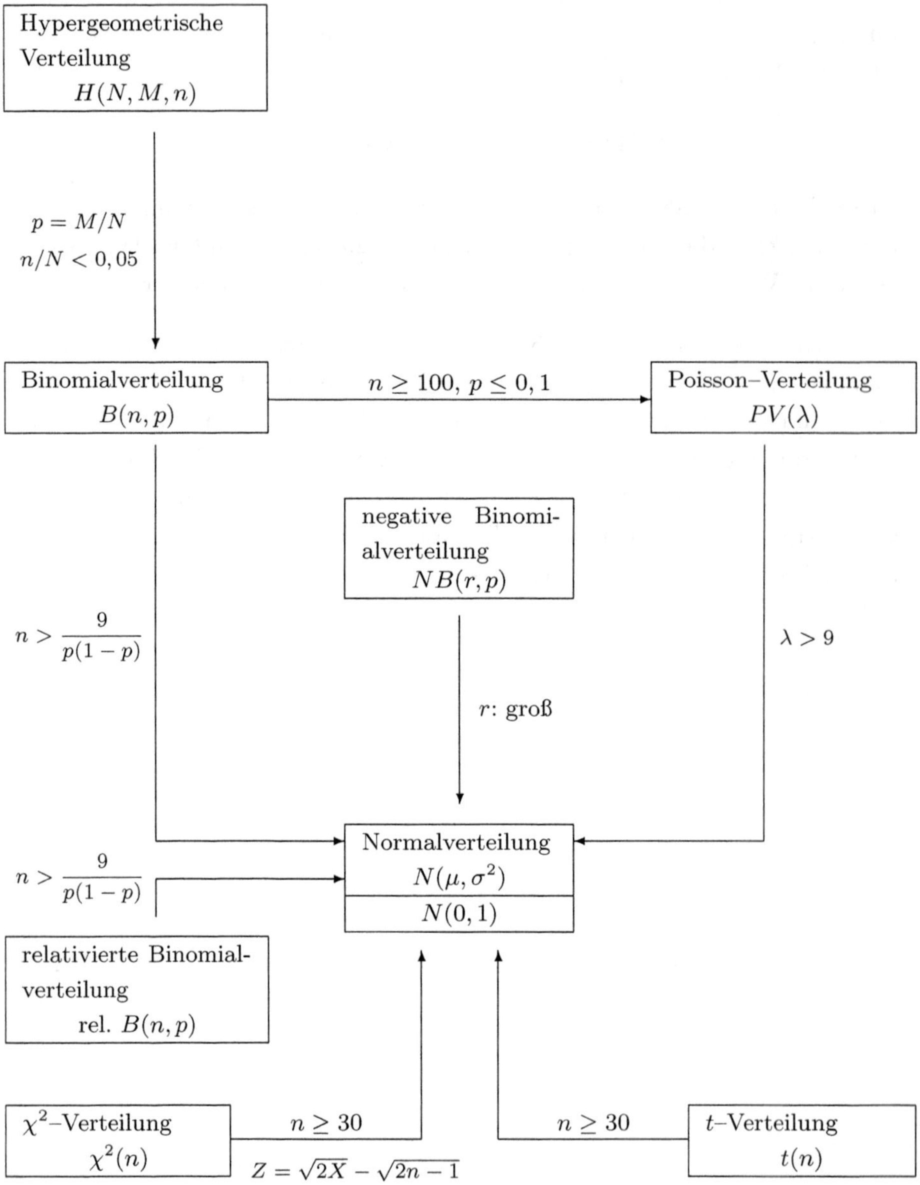

Übungsaufgaben zu 6.

6.1 Eine Gondel hat eine maximale Traglast von 3000 kg. Laut Herstellerangaben entspricht dies einer Kapazität von 33 Personen. Das Gewicht der Personen, die die Gondel benutzen, beträgt durchschnittlich $\mu = 90$ kg bei einer Varianz von $\sigma^2 = 16$ kg^2. Wie groß ist die Wahrscheinlichkeit, dass bei 33 Personen die maximale Kapazität überschritten wird?

6.2 Der Manager einer Lebensmittelfiliale bekommt eine Lieferung von 500 Dosen „Feuerzauber Texas". Ihm wird von der Geschäftsführung mitgeteilt, dass das Gewicht der Dosen normalverteilt ist, mit einem Erwartungswert von 560 Gramm und einer Standardabweichung von 30 Gramm.

a) Wie groß ist die Wahrscheinlichkeit, dass bei einer einfachen Zufallsauswahl von 200 Dosen, das Durchschnittsgewicht zwischen 555 und 565 Gramm liegt?

b) Wiederholen Sie die Berechnung für Lieferungen von 300, 400 und 600 Dosen! Was fällt Ihnen beim Vergleich der Wahrscheinlichkeiten auf? Begründen Sie Ihren Befund!

6.3 Eine stetige Zufallsvariable X ist in einer Grundgesamtheit $0 < X \leq 2$ nach der Dichtefunktion $f(x) = \frac{3}{8}x^2$ verteilt. Erwartungswert und Varianz betragen: $\mu = \frac{3}{2}$ und $\sigma^2 = 0,15$ (vgl. die Beispiele 3.10 und 3.12). Es sei $\bar{X}$ das arithmetische Mittel von 36 unabhängigen Ziehungen. Berechnen Sie $P(1,35 \leq \bar{X} \leq 1,5)$!

7 Grundzüge der Stichprobentheorie

7.1 Stichproben und Stichprobenfunktionen

Stichproben sind immer dann notwendig, wenn eine Grundgesamtheit zu viele Elemente enthält. Eine **Grundgesamtheit** entsteht, sobald ein konkretes Untersuchungsziel formuliert worden ist. Aus statistischer Sicht sind solche Untersuchungsziele bedeutsam, die zu einer Konkretisierung in Form eines statistischen Merkmals führen. In der Grundgesamtheit G sind alle Merkmalsträger $g_1, g_2, \ldots$ zusammengefasst, bei denen das Merkmal beobachtet werden kann. Eine Grundgesamtheit kann endlich oder unendlich viele Elemente enthalten. Theoretische Grundgesamtheiten sind oft (überabzählbar) unendlich, wie z.B. bei stetigen Zufallsvariablen. Reale Grundgesamtheiten sind meistens sehr groß, aber immer endlich. In diesem Kapitel werden nur endliche Grundgesamtheiten behandelt, wobei N die Anzahl ihrer Elemente bezeichnet. Eine endliche Grundgesamtheit lautet daher: $G = \{g_1, \ldots, g_N\}$.

Das Merkmal X, das statistische Variable heißt, bildet jeden Merkmalsträger g der Grundgesamtheit in die reellen Zahlen ab. Die Werte, die X annimmt, sind durch die Menge $X(G)$ gegeben. Die entstehende Verteilung der statistischen Variablen in der Grundgesamtheit kann mit der empirischen Verteilungsfunktion erfasst werden. Mit ihr lassen sich charakteristische Maßzahlen für die Grundgesamtheit, wie z.B. das arithmetische Mittel oder die Varianz, berechnen.

Ist die empirische Verteilungsfunktion nicht bekannt, sei es, weil eine Totalerhebung zu kostenaufwendig oder zu zeitraubend ist,[1] muss jede statistische Information über die Grundgesamtheit mit Hilfe von endlichen Teilerhebungen gewonnen werden. Diese Teilerhebungen heißen Stichproben. Das „**Ziehen einer Stichprobe**“ besteht darin, n Elemente $g_1, g_2, \ldots, g_n$ aus der Grundgesamtheit auszuwählen und an ihnen die Ausprägungen der statistischen Variablen zu messen. Auf diese Weise entsteht eine Stichprobe mit dem Umfang oder der Länge $n < N$ und dem Auswahlsatz n/N.

Das Verfahren, wie die Elemente g aus der Grundgesamtheit entnommen werden, heißt Auswahlverfahren. Um die Ergebnisse der Wahrscheinlichkeitstheorie für die Stichprobenanalyse nutzbar zu machen, ist es notwendig, dass

[1] Weitere Gründe sind bereits in Abschnitt 2.1 aufgeführt.

dem Auswahlverfahren ein angebbares Zufallsprinzip zugrunde liegt. Ist dies gewährleistet, liegen **Zufallsstichproben** vor.

Durch die zufällige Auswahl wird die statistische Variable X zu einer Zufallsvariablen mit dem Wertebereich $X(G)$. Unter den in Abschnitt 3.2 angegebenen Bedingungen existieren die Wahrscheinlichkeiten für Ereignisse von X, die durch die Verteilungsfunktion $F(x) = P(X \leq x) = P(g \in G|X(g) \leq x)$ festgelegt sind.

Beispiel 7.1 *An einem bestimmten Stichtag soll die Körpergröße deutscher Männer erfasst werden. Damit ist eine endliche Grundgesamtheit* $G = \{g_1, \ldots, g_N\}$ *festgelegt. Die statistische Variable* $X =$ *Körpergröße bildet jedes* $g \in G$ *in die reellen Zahlen ab. Die Werte, die* X *in der Grundgesamtheit annehmen kann, sind mit der Menge* $\{X(G), g \in G\}$ *gegeben;*[2] *ihre empirische Verteilungsfunktion könnte im Prinzip ermittelt werden. Die zufällige Auswahl von Elementen der Grundgesamtheit erlaubt es, die Menge der Realisationen* $\{X(G)\}$ *als Wertebereich der Zufallsvariablen „*$X =$ *Körpergröße" anzusehen. Ereignisse der Art* $X \leq x$ *oder* $x_1 < X < x_2$ *sind dann sinnvoll definiert und ihre Wahrscheinlichkeiten über die Verteilungsfunktion eindeutig festgelegt.*

Die zufällige Entnahme von n Elementen aus einer Grundgesamtheit kann auf unterschiedliche Weise erfolgen. Die Zusammenstellung und Analyse verschiedener Zufallsauswahlverfahren liefert die **Stichprobentheorie**. Allgemein kann zwischen ein- und mehrstufigen Auswahlverfahren unterschieden werden. **Einstufige Verfahren** liegen vor, wenn die Zufallsstichprobe nach einmaliger Anwendung des Auswahlverfahrens vorliegt. Bei **mehrstufigen Auswahlverfahren** werden erst mehrmals Teilmengen – nicht notwendigerweise mit demselben Verfahren – zufällig gebildet, bevor im letzten Schritt die Zufallsstichprobe gezogen wird. So könnte man z.B. aus einer Grundgesamtheit auf der ersten Stufe zufällig Teilmengen bilden, aus denen dann auf der zweiten Stufe wiederum Teilmengen zufällig ausgewählt werden, um aus diesen Teilmengen auf der letzten, hier dritten Stufe die Zufallsstichprobe zu gewinnen.

In diesem Kapitel werden nur einstufige Auswahlverfahren behandelt. Um eine Zufallsstichprobe mit dem Umfang n zu erhalten, muss demnach n-mal

[2] Da es sich um eine Menge handelt, sind alle Elemente verschieden. Die Körpergröße x_1=180 cm ist in ihr nur einmal enthalten, auch wenn $n_1 > 1$ Männer 180 cm groß sind.

ein Element zufällig aus der Grundgesamtheit entnommen werden. Dieser Vorgang lässt sich am Urnenmodell erläutern, wobei die Grundgesamtheit als eine fiktive Urne aufgefasst wird, aus der n-mal ein Element entnommen wird. Geschieht die Entnahme so, dass das Element nach Notieren seiner Eigenschaft wieder in die Urne zurückgelegt wird, spricht man von **Zufallsstichproben mit Zurücklegen**; geschieht dies nicht, liegen **Zufallsstichproben ohne Zurücklegen** vor. Darüber hinaus muss entschieden werden, ob die Reihenfolge der Ziehungen bedeutsam sein soll oder nicht. Ist die Reihenfolge wichtig, werden zwei Zufallsstichproben auch dann als verschieden eingestuft, wenn sie sich bei gleichen Elementen nur in der Reihenfolge der Entnahme unterscheiden. Solche Zufallsstichproben, bei denen die Reihenfolge wichtig ist, heißen **geordnet**. Spielt die Reihenfolge keine Rolle, sind Zufallsstichproben gleich, wenn sie in ihren Elementen übereinstimmen. Man spricht dann von **ungeordneten Zufallsstichproben**. Die Kombination beider Vorgehensweisen liefert vier verschiedene, elementare Ziehungsvorschriften (siehe Tabelle 7.1), die entweder Variationen oder Kombinationen mit und ohne Wiederholung entsprechen und deren Anzahl über die entsprechende Kombinatorikformel in Abschnitt 2.5 berechnet werden können.

Tab. 7.1: Ziehungsvorschriften für Zufallsstichproben

	Reihenfolge	
	wichtig	unwichtig
m. Z.	geordnete Stichprobe m. Z. $V_W(N,n)$	ungeordnete Stichprobe m. Z. $K_W(N,n)$
o. Z.	geordnete Stichprobe o. Z. $V(N,n)$	ungeordnete Stichprobe o. Z. $K(N,n)$

m.(o.)Z.: mit (ohne) Zurücklegen

Jede zufällige Ziehung aus der Urne kann als eigenständige Zufallsvariable $X_1, \ldots, X_n$ aufgefasst werden. Sie besitzen alle Verteilungen, deren Charakteristika von der Verteilung der Zufallsvariablen X in der Grundgesamtheit und von dem Zufallsprinzip des Auswahlverfahrens abhängen. Die möglichen Realisationen von X_1 (erster Zug) z.B. entsprechen dem Wertebereich von X. Die aus den Ziehungen resultierenden Zufallsvariablen X_j bezeichnet man als **Stichprobenvariablen**, die zu einem **Stichprobenvektor** $(X_1, \ldots, X_n)$ angeordnet werden. Eine konkrete Zufallsstichprobe, auch als **Stichprobenrealisation** bzw. **Stichprobenergebnis** bezeichnet, ist demnach eine Folge von Zahlen, die sich aus den Realisationen der Stichprobenvariablen ergibt: $x_1 = X_1(g_1)$, $x_2 = X_2(g_2), \ldots$, $x_n = X_n(g_n)$, oder als n-Tupel geschrieben: $(x_1, \ldots, x_n)$.

Alle möglichen Stichproben, die mit einer der in Tabelle 7.1 angegebenen Vorschriften gewonnen werden können, stellen die Ausgänge und diese zusammen den **Stichprobenraum** des Zufallsvorgangs „Ziehen einer Stichprobe" dar. Werden z.B. ungeordnete Zufallsstichproben vom Umfang n mit Zurücklegen gebildet, gibt es $K_W(N, n) = \binom{N+n-1}{n}$ mögliche Zufallsstichproben, die den Stichprobenraum dieses Auswahlverfahrens ergeben. Ist es für alle Zufallsstichproben eines Stichprobenraums gleich wahrscheinlich realisiert zu werden, liegen **uneingeschränkte Zufallsstichproben** vor. Diese Forderung kann äquivalent formuliert werden, dass jedes Element g_i, $i = 1, \ldots, N$ der Grundgesamtheit dieselbe Wahrscheinlichkeit besitzt, in eine Zufallsstichprobe mit dem Umfang n zu gelangen.

Beim Ziehen ohne Zurücklegen beträgt die Wahrscheinlichkeit, das Element g_i im ersten Zug zu ziehen: $P(g_i \text{ im 1. Zug}) = \frac{1}{N}$. Damit das Element g_i im zweiten Zug entnommen werden kann, darf es nicht im ersten Zug gezogen worden sein. Die bedingte Wahrscheinlichkeit hierfür lautet: $P(g_i \text{ im 2. Zug}|\text{nicht im 1. Zug}) = \frac{1}{N-1}$; die Wahrscheinlichkeit, im ersten Zug nicht entnommen zu werden, erhält man als: $P(g_i \text{ nicht im 1. Zug}) = \frac{N-1}{N}$. Damit ergibt sich: $P(g_i \text{ im 2. Zug}) = \frac{1}{N-1}\frac{N-1}{N} = \frac{1}{N}$. Analog hierzu berechnet man: $P(g_i \text{ im 3. Zug}) = \frac{1}{N-2}\frac{N-2}{N-1}\frac{N-1}{N} = \frac{1}{N}$ und $P(g_i \text{ im } n\text{-ten Zug}) = \frac{1}{N-(n-1)}\frac{N-(n-1)}{N-(n-2)} \cdot \ldots \cdot \frac{N-2}{N-1}\frac{N-1}{N} = \frac{1}{N}$. Das Element g_i ist bei einem Ziehen ohne Zurücklegen in der Zufallsstichprobe, wenn eines dieser n disjunkten Ereignisse eintritt; die Wahrscheinlichkeit beträgt hierfür nach Satz 2.3.c:

$$P(g_i \text{ einmal in der Stichprobe bei Ziehen ohne Zurücklegen}) = \frac{n}{N}.$$

Zum selben Ergebnis gelangt man auch mit der hypergeometrischen Verteilung (vgl. Übungsaufgabe 7.2).

Beim Ziehen mit Zurücklegen berechnet man die Wahrscheinlichkeit für das Ereignis „g_i einmal in der Stichprobe“ mit der Binomialverteilung. Die über die Ziehungen konstante Wahrscheinlichkeit, das Element g_i zu ziehen, beträgt $P(g_i) = p = \frac{1}{N}$. Somit erhält man mit der Binomialverteilung $\mathrm{B}(n; \frac{1}{N})$ für $x = 1$:

$$f(x=1) = \binom{n}{1}\left(\frac{1}{N}\right)\left(\frac{N-1}{N}\right)^{n-1} = \frac{n}{N}\left(\frac{N-1}{N}\right)^{n-1}.$$

Bei einer großen Grundgesamtheit gilt $\frac{N-1}{N} \approx 1$ und die gesuchte Wahrscheinlichkeit geht über in:

$$P(g_i \text{ einmal in der Stichprobe bei Ziehen mit Zurücklegen}) \approx \frac{n}{N}.$$

Die Auswahlvorschriften „Ziehen mit Zurücklegen“ und „Ziehen ohne Zurücklegen“ liefern bei großen Grundgesamtheiten und kleinem Auswahlsatz immer uneingeschränkte Zufallsstichproben. Mit beiden Auswahlverfahren erreicht man, dass die Stichprobenvariablen X_j identisch verteilt sind wie X. Werden die Stichproben durch Ziehen mit Zurücklegen gebildet, sind die Stichprobenvariablen noch stochastisch unabhängig; man spricht dann von **unabhängigen Zufallsstichproben**. Durch Ziehen ohne Zurücklegen werden die Stichprobenvariablen X_j abhängig. Die Kovarianz für beliebige Stichprobenvariablen X_i und X_j ist für alle $i \neq j$ gleich und beträgt $\mathrm{cov}(X_i, X_j) = -\frac{1}{N-1}\mathrm{var}(X)$.

Sind Zufallsstichproben uneingeschränkt und unabhängig, bezeichnet man sie als **einfache Zufallsstichproben**. Da im Folgenden hauptsächlich diese vorkommen, ist mit der kurzen Bezeichnung „Stichprobe“ stets eine einfache Zufallsstichprobe gemeint; Abweichungen hiervon werden dann angegeben.

Eine Funktion $T = T(X_1, \ldots, X_n)$, $n \geq 1$, die nur von Stichprobenvariablen, nicht aber von unbekannten Parametern abhängt, heißt **Stichprobenfunktion** bzw. **Statistik**. Stichprobenfunktionen sollen Stichprobenergebnisse in aussagekräftige, einfache statistische Größen überführen. So stellen $T = \frac{1}{n}\sum_{j=1}^{n} X_j$ oder $Z = X_1 - 5$ Stichprobenfunktionen bzw. Statistiken dar, nicht aber $T = \frac{X-\mu}{\sigma}$, wenn μ und σ unbekannt sind.

Da die Argumente von T Zufallsvariablen sind, stellt T selbst eine Zufallsvariable dar, deren Verteilung **Stichprobenverteilung** heißt. Die Varianz der Stichprobenverteilung nennt man **Fehlervarianz**, die positive Wurzel hieraus **Standardfehler**. Eine Realisation der Stichprobenfunktion aufgrund eines konkreten Stichprobenergebnisses wird mit $t = T(x_1, \ldots, x_n)$ bezeichnet. Bildet eine Stichprobenfunktion T Stichproben, die sich nur in der Anordnung ihrer Elemente unterscheiden, in dasselbe t ab, muss bei der Bestimmung des Wertebereichs für T nicht mehr zwischen geordneten und ungeordneten Stichproben diskriminiert werden: In beiden Fällen entsteht für T dieselbe Realisationsmenge.

Im folgenden Abschnitt werden wichtige Stichprobenfunktionen und ihre Verteilungen vorgestellt. Bei bekannter Verteilung von X in der Grundgesamtheit ist es möglich, die Verteilung der Stichprobengröße exakt zu bestimmen. Diese deduktive Vorgehensweise wurde in Abschnitt 2.1 als Inklusionsschluss bezeichnet. Anderenfalls lassen sich mit den zentralen Grenzwertsätzen approximative Verteilungseigenschaften angehen.

7.2 Verteilungen von Stichprobenfunktionen

7.2.1 Stichprobenverteilung des arithmetischen Mittels

Werden aus einer Grundgesamtheit mit $\mathrm{E}(X) = \mu$ und $\mathrm{var}(X) = \sigma^2$ alle Stichproben gezogen und für jede Stichprobe das arithmetische Mittel berechnet, hat man die Stichprobenverteilung des arithmetischen Mittels. Dieses ist eine Stichprobenfunktion, die konkret durch $\bar{X} = \frac{1}{n}\sum\limits_{j=1}^{n} X_j$ gegeben wird. Die Stichprobenverteilung des arithmetischen Mittels lässt sich wie jede andere Verteilung durch den Erwartungswert und die Varianz charakterisieren. Unabhängig von der Ziehungsvorschrift „mit oder ohne Zurücklegen“ erhält man:

$$\mathrm{E}(\bar{X}) = \mathrm{E}\left(\frac{1}{n}\sum_{j=1}^{n} X_j\right) = \frac{1}{n}\sum_{j=1}^{n} \mathrm{E}(X_j) = \mu.$$

Bei der Berechnung der Fehlervarianz ist zwischen „Ziehen mit“ und „Ziehen ohne Zurücklegen“ zu unterscheiden, da im ersten Fall die Stichprobenvariablen unabhängig sind, im zweiten nicht. Bei einfachen Stichproben erhält man die Fehlervarianz nach (3.14) bei unabhängigen Zufallsvariablen als:

$$\operatorname{var}(\bar{X}) = \operatorname{var}\left(\frac{1}{n}\sum_{j=1}^{n} X_j\right) = \frac{1}{n^2}\sum_{j=1}^{n}\operatorname{var}(X_j)$$
$$= \frac{1}{n^2}\sum_{j=1}^{n}\sigma^2 = \frac{1}{n}\sigma^2. \tag{7.1}$$

Bei „Ziehen ohne Zurücklegen“ muss wegen der Abhängigkeit der Stichprobenvariablen bei der Fehlervarianzberechnung die Kovarianz beachtet werden. Diese beträgt $\operatorname{cov}(X_i, X_j) = -\frac{1}{N-1}\operatorname{var}(X) = -\frac{1}{N-1}\sigma^2$ für $i \neq j$. Aus Gleichung (5.12) erhält man für $S = \bar{X}$ und $\lambda_j = \frac{1}{n}$ die Varianz abhängiger Zufallsvariablen als:

$$\operatorname{var}(\bar{X}) = \sum_{j=1}^{n}\frac{1}{n^2}\operatorname{var}(X_j) + \sum_{i=1}^{n}\sum_{\substack{j=1\\ j\neq i}}^{n}\frac{1}{n^2}\operatorname{cov}(X_i, X_j)$$
$$= \frac{1}{n^2}\left(\sum_{j=1}^{n}\sigma^2 - \sum_{i=1}^{n}\sum_{\substack{j=1\\ j\neq i}}^{n}\frac{1}{N-1}\sigma^2\right).$$

Die Doppelsumme enthält wegen $j \neq i$ genau $n(n-1)$ Summanden $\frac{\sigma^2}{N-1}$; somit kann die Varianz umgeformt werden zu:

$$\operatorname{var}(\bar{X}) = \frac{1}{n^2}\left[n\sigma^2 - n(n-1)\frac{\sigma^2}{N-1}\right] = \frac{1}{n}\sigma^2\left(1 - \frac{n-1}{N-1}\right)$$
$$= \frac{1}{n}\sigma^2\frac{N-n}{N-1}. \tag{7.2}$$

Die Varianz nach Gleichung (7.2) unterscheidet sich von der Varianz nach Gleichung (7.1) nur durch den Faktor $\frac{N-n}{N-1} < 1$, der aus der Abhängigkeit der Stichprobenvariablen resultiert. Er wurde bereits bei der hypergeometrischen Verteilung eingeführt (vgl. S. 108) und heißt Korrekturfaktor für endliche Grundgesamtheiten oder auch Endlichkeitskorrekturfaktor. Da für ihn bei großem N gilt: $\frac{N-n}{N-1} \approx 1 - \frac{n}{N}$, liegt er bei kleinem Auswahlsatz $\frac{n}{N}$ nahe bei eins und kann vernachlässigt werden. Die Abhängigkeit wirkt sich dann auf die Varianz praktisch nicht aus. Je größer eine Grundgesamtheit ist, desto bedeutungsloser wird die Unterscheidung, ob die Stichprobe mit oder ohne Zurücklegen oder als Variation bzw. Kombination gebildet wurde.

Um die Verteilungsfunktion für $\bar{X}$ zu bestimmen, muss unterschieden werden, ob die Verteilung für X in der Grundgesamtheit bekannt ist oder nicht.

Ist X normalverteilt mit gegebenem μ und σ^2, dann folgt aufgrund der Reproduktivitätseigenschaft der Normalverteilung auch $\bar{X}$ einer solchen Verteilung mit den oben abgeleiteten Parametern $\mu_{\bar{X}} = \mu$ und $\sigma^2_{\bar{X}} = \frac{\sigma^2}{n}$ bei Unabhängigkeit bzw. $\sigma^2_{\bar{X}} = \frac{\sigma^2}{n}\frac{N-n}{N-1}$ bei Abhängigkeit.

Hat man über die Verteilung von X in der Grundgesamtheit keine Informationen, lässt sich mit den zentralen Grenzwertsätzen eine approximative Verteilung für $\bar{X}$ angeben, sofern einfache Stichproben vorliegen. Die Variable $Z = \frac{\bar{X}-\mu}{\sigma/\sqrt{n}}$ ist für hinreichend große n, als Faustregel für $n \geq 30$, approximativ standardnormalverteilt $N(0,1)$.

Bei Stichproben ohne Zurücklegen folgt Abhängigkeit, die jedoch – wie oben gezeigt – bei großen Grundgesamtheiten praktisch keine Auswirkung mehr hat. Daher ist für $n/N < 0,05$ und $n \geq 30$ die Zufallsvariable

$$Z = \frac{\bar{X} - \mu}{\dfrac{\sigma}{\sqrt{n}}\sqrt{\dfrac{N-n}{N-1}}}$$

ebenfalls approximativ standardnormalverteilt.

Beispiel 7.2 *Die Körpergröße deutscher Männer ist in der Grundgesamtheit normalverteilt mit $\mu = 178cm$ und $\sigma^2 = 64(cm^2)$. Das Stichprobenmittel $\bar{X}$ ist dann normalverteilt mit $\mu_{\bar{X}} = \mu = 178$ und $\sigma^2_{\bar{X}} = \frac{64}{n}$. Wird eine Stichprobe mit dem Umfang $n = 100$ ohne Zurücklegen gezogen, kann wegen der Größe der Grundgesamtheit der Endlichkeitskorrekturfaktor bei der Fehlervarianz vernachlässigt werden; sie beträgt $\sigma^2_{\bar{X}} = \frac{64}{100} = 0,64$. Die Wahrscheinlichkeit, dass eine Stichprobe einen Mittelwert von $\bar{x} = 180$ oder größer liefert, ermittelt man wie folgt:*

$$\begin{aligned} P(\bar{X} \geq 180) &= P\left(Z \geq \frac{180-\mu}{\sigma/\sqrt{n}}\right) = P\left(Z \geq \frac{180-178}{0,8}\right) \\ &= P(Z \geq 2,5) = 1 - P(Z < 2,5) = 1 - 0,9938 = 0,0062. \end{aligned}$$

Wird die Körpergröße in ganzen Zentimetern gemessen, ist theoretisch eine Stetigkeitskorrektur vorzunehmen. Da aufeinander folgende Werte von X um einen Zentimeter differieren, ergibt sich die Differenz benachbarter Mittelwerte als $\frac{1}{n}$. Die Hälfte dieses Intervalls ist die Stetigkeitskorrektur bei Mittelwerten; diese beträgt hier $\frac{1}{2n} = \frac{1}{200} = 0,005$. Anstelle der Wahrscheinlichkeit $P(\bar{X} \geq 180)$ wäre $P(\bar{X} \geq 179,995)$ zu berechnen. Der Unterschied ist jedoch so gering, dass die Stetigkeitskorrektur vernachlässigt werden kann.

Wäre im Beispiel 7.2 die Verteilung von X in der Grundgesamtheit unbekannt gewesen, muss zur Anwendung der Normalverteilung sowohl $n/N < 0,05$ als auch $n \geq 30$ gelten. Die erste Ungleichung überführt die theoretisch abhängigen in praktisch unabhängige Stichprobenvariablen; die zweite sichert eine angemessene Approximation der Normalverteilung an die unbekannte, exakte Verteilung des Stichprobenmittelwertes.

7.2.2 Stichprobenverteilung des Anteilwertes

Ist eine statistische Variable X in einer Grundgesamtheit Bernoulli–verteilt mit den Wahrscheinlichkeiten $P(X = 1) = p$ und $P(X = 0) = 1 - p = q$, entspricht die Wahrscheinlichkeit p dem Anteil der Elemente mit der Eigenschaft A in der Grundgesamtheit. Zieht man aus einer solchen Grundgesamtheit einfache Stichproben im Umfang n, sind die Stichprobenvariablen X_j identisch Bernoulli–verteilt wie X mit $\mathrm{E}(X_j) = \mathrm{E}(X) = p$ und $\mathrm{var}(X_j) = \mathrm{var}(X) = p(1-p) = pq$. Die Summe $\sum\limits_{j=1}^{n} X_j$ gibt die Anzahl und der Durchschnitt $\frac{1}{n}\sum\limits_{j=1}^{n} X_j$ den Anteil der Elemente mit der Eigenschaft A in der Stichprobe an. Da mit p der Anteil in der Grundgesamtheit bezeichnet wurde, soll die Stichprobenfunktion für den Anteil als $\bar{P} = \frac{1}{n}\sum\limits_{j=1}^{n} X_j$ geschrieben werden. Hieraus erhält man einen Stichprobenanteilswert, wenn eine konkrete Stichprobenrealisation $(x_1, \ldots, x_n)$ in die Stichprobenfunktion eingesetzt wird: $\bar{p} = \frac{1}{n}\sum\limits_{j=1}^{n} x_j$.

Da der Stichprobenanteil eine Zufallsvariable ist, hat er auch eine Verteilungsfunktion, die jetzt wegen der vorliegenden Verteilungsinformation für die Grundgesamtheit exakt angegeben werden kann. Bei einfachen Stichproben, also bei einem Ziehen mit Zurücklegen, ist $\bar{P}$ relativiert binomialverteilt mit $\mathrm{E}(\bar{P}) = p$ und $\mathrm{var}(\bar{P}) = \frac{p(1-p)}{n} = \frac{pq}{n}$. Erfolgt die Ziehung ohne Zurücklegen, ist $\bar{P}$ relativiert hypergeometrisch verteilt mit $\mathrm{E}(\bar{P}) = p$ und $\mathrm{var}(\bar{P}) = \frac{p(1-p)}{n}\frac{N-n}{N-1}$.

Bei kleinem Auswahlsatz ($\frac{n}{N} < 0,05$) geht die hypergeometrische Verteilung in die Binomialverteilung über; bei hinreichend großem Stichprobenumfang lässt sich die Binomial– gut durch die Normalverteilung approximieren. Dies gilt auch für die relativierten Verteilungen. Daher sind für $n > \frac{9}{p(1-p)}$

die Zufallsvariablen:

$$Z = \frac{\bar{P} - p}{\sqrt{\dfrac{p(1-p)}{n}}}$$ bei einfachen Stichproben bzw. $$Z = \frac{\bar{P} - p}{\sqrt{\dfrac{p(1-p)}{n}\dfrac{N-n}{N-1}}}$$ bei Ziehen ohne Zurücklegen approximativ standardnormalverteilt.

Beispiel 7.3 *Eine Werbekampagne wird von 30% der Bevölkerung einer Großstadt wahrgenommen. Die Wahrscheinlichkeit, dass von 49 befragten Personen weniger als 20% die Werbung kennen, ermittelt man wie folgt. Die Variable* X *ist in der Grundgesamtheit Bernoulli–verteilt mit* $p = 0,3$, $1 - p = 0,7$ *und* $\sigma^2 = pq = 0,21$. *Da bei* $n = 49$ *der Auswahlsatz kleiner als 0,05 ist, sind die Stichprobenvariablen praktisch unabhängig und der Endlichkeitskorrekturfaktor entfällt. Die Stichprobenverteilung der Anteilswerte* $\bar{P}$ *hat daher die Parameter* $E(\bar{P}) = 0,3$ *und* $var(\bar{P}) = \frac{0,21}{49} = 0,00429$. *Da der Stichprobenumfang* $n = 49$ *die Faustregel erfüllt:* $49 > \frac{9}{0,21} \approx 43$, *kann die Wahrscheinlichkeit mit der Normalverteilung berechnet werden, denn* $\bar{P}$ *ist approximativ normalverteilt mit* $\mu = 0,3$ *und* $\sigma^2 = 0,00429$ *bzw.* $\sigma = 0,0655$. *Die Stetigkeitskorrektur beträgt* $\frac{1}{2n} = 0,01$. *Damit erhält man:*

$$\begin{aligned} P(\bar{P} < 0,2) &= P\left(Z < \frac{0,2 + 0,01 - 0,3}{0,0655}\right) = P(Z < -1,374) \\ &= 1 - P(Z < 1,374) = 0,0847. \end{aligned}$$

Ohne Stetigkeitskorrektur erhält man $P(Z < -1,5267) = 0,0637$. *Obwohl die Stetigkeitskorrektur recht klein ausfällt, unterschätzt man die Wahrscheinlichkeit um 2,1 Prozentpunkte!*

7.2.3 Verteilung der Stichprobenvarianz

Auch die Varianz, die sich für jede Stichprobe berechnen lässt und deshalb **Stichprobenvarianz** genannt wird, ist eine Stichprobenfunktion. Ihre Spezifikation hängt von der Art des Merkmals X ab. Ist nur das Eintreten von Ereignissen mit einer vorgegebenen Eigenschaft A von Interesse, repräsentiert X ein kategoriales Merkmal, das in der Grundgesamtheit einer Bernoulli–Verteilung unterliegt. Diese Situation bezeichnet man als den **homograden** Fall. Bei einem quantitativen Merkmal X liegt der **heterograde** Fall vor. Beide Fallunterscheidungen vereinfachen die folgenden Darstellungen.

Für den heterograden Fall lautet die Stichprobenvarianz:

$$S^2 = \frac{1}{n-1}\sum_{j=1}^{n}(X_j - \bar{X})^2. \tag{7.3}$$

Bei einfachen Stichproben sind die Stichprobenvariablen X_j unabhängig und identisch verteilt wie X. Der Erwartungswert der Stichprobenvarianzen S^2 beträgt dann: $\mathrm{E}(S^2) = \sigma^2$. Um dies zu zeigen, wird die Stichprobenfunktion (7.3) mit der Nullergänzung $(\mu - \mu)$ erweitert und anschließend der Erwartungswert berechnet. Dies ergibt:

$$\begin{aligned}
\mathrm{E}(S^2) &= \frac{1}{n-1}\mathrm{E}\left[\sum_{j=1}^{n}(X_j - \mu + \mu - \bar{X})^2\right] \\
&= \frac{1}{n-1}\mathrm{E}\left\{\sum_{j=1}^{n}\left[(X_j - \mu) - (\bar{X} - \mu)\right]^2\right\} \\
&= \frac{1}{n-1}\mathrm{E}\left[\sum_{j=1}^{n}(X_j - \mu)^2 + \sum_{j=1}^{n}(\bar{X} - \mu)^2 \right.\\
&\qquad \left. - 2(\bar{X} - \mu)\sum_{j=1}^{n}(X_j - \mu)\right] \\
&= \frac{1}{n-1}\left\{\sum_{j=1}^{n}\mathrm{E}(X_j - \mu)^2 + \sum_{j=1}^{n}\mathrm{E}(\bar{X} - \mu)^2\right. \\
&\qquad \left. - 2\mathrm{E}\left[(\bar{X} - \mu)\sum_{j=1}^{n}(X_j - \mu)\right]\right\}.
\end{aligned} \tag{7.4}$$

Der erste Erwartungswert auf der rechten Seite von Gleichung (7.4) ist die Varianz σ^2, der zweite Erwartungswert gibt die Fehlervarianz für $\bar{X}$ an, die nach Gleichung (7.1) beträgt: $\mathrm{var}(\bar{X}) = \sigma^2/n$. Um den dritten Erwartungswert zu vereinfachen, wird die Summe berechnet:

$$\begin{aligned}
(\bar{X} - \mu)\sum_{j=1}^{n}(X_j - \mu) &= (\bar{X} - \mu)\left(\sum_{j=1}^{n}X_j - n\mu\right) = (\bar{X} - \mu)(\bar{X} - \mu)n \\
&= n(\bar{X} - \mu)^2.
\end{aligned}$$

Der Erwartungswert $\mathrm{E}(\bar{X} - \mu)^2$ liefert ebenfalls die Fehlervarianz. Damit geht Gleichung (7.4) über in:

$$\mathrm{E}(S^2) = \frac{1}{n-1}\left(n\sigma^2 + n\frac{\sigma^2}{n} - 2n\frac{\sigma^2}{n}\right) = \frac{1}{n-1}(n-1)\sigma^2 = \sigma^2.$$

Der Erwartungswert der Stichprobenfunktion (7.3) ist gleich der Varianz σ^2 der Grundgesamtheit.

Ist X in der Grundgesamtheit Bernoulli–verteilt mit $\mathrm{E}(X) = p$ und $\mathrm{var}(X) = \sigma^2 = p(1-p)$, kann die Stichprobenfunktion (7.3) auch in diesem homograden Fall verwendet werden. Da X und die Stichprobenvariablen X_j nur die Werte 0 und 1 annehmen, entspricht $\bar{X}$ dem Anteil $\bar{P}$ von Elementen mit der Eigenschaft A in der Stichprobe und es gilt: $\sum_{j=1}^{n} X_j^2 = \sum_{j=1}^{n} X_j$. Daher resultieren für die Stichprobenfunktion folgende Umformungen:

$$\begin{aligned}
S^2 &= \frac{1}{n-1}\sum_{j=1}^{n}(X_j - \bar{P})^2 = \frac{1}{n-1}\left[\sum_{j=1}^{n} X_j^2 + \sum_{j=1}^{n}(\bar{P})^2 - 2\bar{P}\sum_{j=1}^{n} X_j\right] \\
&= \frac{n}{n-1}\left[\frac{1}{n}\sum_{j=1}^{n} X_j^2 + (\bar{P})^2 - 2\bar{P}\frac{1}{n}\sum_{j=1}^{n} X_j\right] \\
&= \frac{n}{n-1}\left[\bar{P} + (\bar{P})^2 - 2(\bar{P})^2\right] = \frac{n}{n-1}\bar{P}(1-\bar{P}).
\end{aligned}$$

Die Stichprobenfunktion zur Berechnung der Stichprobenvarianz lautet im homograden Fall:

$$S^2 = \frac{n}{n-1}\bar{P}(1-\bar{P}). \tag{7.5}$$

Da Gleichung (7.5) als Spezialfall aus der Stichprobenfunktion (7.3) resultiert, gilt für ihren Erwartungswert, dass er mit der Varianz der Grundgesamtheit übereinstimmt:

$$\begin{aligned}
\mathrm{E}(S^2) &= \mathrm{E}\left[\frac{n}{n-1}\bar{P}(1-\bar{P})\right] = \frac{n}{n-1}\mathrm{E}[\bar{P}(1-\bar{P})] \\
&= \sigma^2 = p(1-p).
\end{aligned} \tag{7.6}$$

Würde man die Stichprobenvarianz nicht mit der Stichprobenfunktion (7.5), sondern mit $S_1^2 = \bar{P}(1-\bar{P})$ berechnen, erhält man wegen Gleichung (7.6):

$$\mathrm{E}(S_1^2) = \mathrm{E}[\bar{P}(1-\bar{P})] = \frac{n-1}{n}p(1-p).$$

Der Erwartungswert weicht um den Faktor $(n-1)/n$ von der Varianz der Grundgesamtheit ab.

Bei Stichproben ohne Zurücklegen sind die Stichprobenvariablen abhängig. Berechnet man für diese Stichproben mit den Stichprobenfunktionen (7.3) und (7.5) die Stichprobenvarianz, erhält man ihre Erwartungswerte als:

$$\mathrm{E}(S^2_{\mathrm{o.z}}) = \frac{N}{N-1}\sigma^2 \qquad \text{für den heterograden Fall und}$$
$$\mathrm{E}(S^2_{\mathrm{o.z}}) = \frac{N}{N-1}p(1-p) \qquad \text{für den homograden Fall.}$$

Der Index o.z bedeutet „ohne Zurücklegen". Sollen auch bei einem Auswahlverfahren ohne Zurücklegen die Erwartungswerte der Stichprobenfunktionen mit der Varianz der Grundgesamtheit übereinstimmen, müssen die Stichprobenfunktionen spezifiziert werden als:

$$S^2_{\mathrm{o.z}} = \frac{N-1}{N}\frac{1}{n-1}\sum_{j=1}^{n}(X_j - \bar{X})^2 \quad \text{bzw.} \tag{7.7.a}$$

$$S^2_{\mathrm{o.z}} = \frac{N-1}{N}\frac{n}{n-1}\bar{P}(1-\bar{P}). \tag{7.7.b}$$

Bei großen Grundgesamtheiten gilt: $\frac{N-1}{N} \approx 1$; Stichproben ohne Zurücklegen können dann wie einfache Stichproben behandelt werden.

Die Fehlervarianz $\mathrm{var}(S^2)$ der Verteilung der Stichprobenvarianzen ist kompliziert herzuleiten. Sie soll deshalb hier entfallen. Nur bei einfachen Stichproben lässt sie sich für den heterograden Fall über die Verteilung von S^2 noch relativ leicht entwickeln. Dies soll im Anschluss an die Herleitung der Verteilung von S^2 geschehen.

Um die Verteilung der Stichprobenvarianz S^2 zu bestimmen, benötigt man Annahmen über die Verteilung von X in der Grundgesamtheit. Es sei unterstellt, dass X (annähernd) normalverteilt ist mit $\mathrm{E}(X) = \mu$ und $\mathrm{var}(X) = \sigma^2$. Bei einfachen Stichproben sind die Zufallsvariablen unabhängig und (annähernd) normalverteilt wie X. Wird jede Stichprobenvariable standardisiert, quadriert und summiert, ist die Summe χ^2–verteilt mit n Freiheitsgraden (vgl. Abschnitt 4.2.6):

$$\left(\frac{X_1 - \mu}{\sigma}\right)^2 + \ldots + \left(\frac{X_n - \mu}{\sigma}\right)^2 \ : \ \chi^2(n).$$

Ist in dieser Summe μ unbekannt und durch $\bar{X}$ zu ersetzen, erhält man:

$$W = \left(\frac{X_1 - \bar{X}}{\sigma}\right)^2 + \ldots + \left(\frac{X_n - \bar{X}}{\sigma}\right)^2 = \frac{1}{\sigma^2}\sum_{j=1}^{n}(X_j - \bar{X})^2. \tag{7.8}$$

Wegen der Substitution des Parameters μ durch die Stichprobenfunktion $\bar{X}$ geht ein Freiheitsgrad verloren. Die Zufallsvariable W ist χ^2–verteilt mit nur

$(n-1)$ Freiheitsgraden. Nach Auflösen der Stichprobenfunktion (7.3) folgt: $\sum_{j=1}^{n}(X_j-\bar{X})^2=(n-1)S^2$; Gleichung (7.8) geht daher über in:

$$W=\frac{1}{\sigma^2}\sum_{j=1}^{n}(X_j-\bar{X})^2=\frac{(n-1)S^2}{\sigma^2}. \tag{7.9}$$

Somit ist auch $\frac{(n-1)S^2}{\sigma^2}$ χ^2–verteilt mit $(n-1)$ Freiheitsgraden.

Es lässt sich mit Gleichung (7.9) zeigen, dass der Erwartungswert für W – wie in Abschnitt 4.2.6 angegeben – den Freiheitsgraden entspricht:

$$\mathrm{E}(W)=\mathrm{E}\left[\frac{(n-1)S^2}{\sigma^2}\right]=\frac{n-1}{\sigma^2}\mathrm{E}(S^2)=n-1, \quad \text{da } \mathrm{E}(S^2)=\sigma^2.$$

Für die Varianz gilt dann nach Gleichung 4.57: $\mathrm{var}(W)=2(n-1)$. Mit diesem Ergebnis kann jetzt die Fehlervarianz $\mathrm{var}(S^2)$ der Verteilung der Stichprobenvarianzen ermittelt werden:

$$\mathrm{var}(W)=\mathrm{var}\left[\frac{(n-1)S^2}{\sigma^2}\right]=\frac{(n-1)^2}{\sigma^4}\mathrm{var}(S^2)=2(n-1).$$

Nach $\mathrm{var}(S^2)$ aufgelöst folgt:

$$\mathrm{var}(S^2)=\frac{2\sigma^4}{n-1}. \tag{7.10}$$

Gleichung (7.10) gibt nur dann die Fehlervarianz der Verteilung der Stichprobenvarianzen an, wenn die für die χ^2–Verteilung notwendigen Annahmen erfüllt sind. Ist dies nicht der Fall, erhält man auch andere Ergebnisse.

Da die Zufallsvariable $\frac{(n-1)S^2}{\sigma^2}$ χ^2–verteilt ist, können jetzt für die Stichprobenvarianz Quantile berechnet werden. Aus Tabelle 3 erhält man für gegebene Wahrscheinlichkeit α das α–Quantil $\chi^2(\alpha;n-1)$, so dass gilt:

$$P\left[\frac{(n-1)S^2}{\sigma^2}\le\chi^2(\alpha;n-1)\right]=\alpha.$$

Hieraus folgt nach Auflösen der Ungleichung nach S^2 das α–Quantil für S^2:

$$P\left[S^2\le\frac{\sigma^2}{n-1}\,\chi^2(\alpha;n-1)\right]=\alpha.$$

Die Berechnung solcher Quantile zeigt Beispiel 7.4

Beispiel 7.4 *In einer Grundgesamtheit ist die Zufallsvariable X normalverteilt mit $\sigma^2 = 100$. Es werden einfache Stichproben im Umfang $n = 11$ gezogen. Um die Stichprobenvarianz zu ermitteln, für die gilt, dass sie von 95% der möglichen Stichprobenvarianzen unterschritten wird, geht man wie folgt vor. Die Zufallsvariable $\frac{(n-1)S^2}{\sigma^2} = \frac{S^2}{10}$ ist χ^2-verteilt mit $n-1 = 10$ Freiheitsgraden. Der Wert $\chi^2(0,95;10)$ beträgt nach Tabelle 3: $\chi^2(0,95;10) = 18,3$; das hierzu gehörende Quantil für S^2 lautet dann: $\frac{100\chi^2(0,95;10)}{10} = 183$. Es gilt somit:*

$$P\left(\frac{S^2}{10} < 18,3\right) = P(S^2 < 183) = 0,95;$$

d.h. 95% aller einfachen Stichproben haben eine Stichprobenvarianz, die kleiner als 183 ist. Für $\alpha = 0,05$ erhält man: $\chi^2(0,05;10) = 3,94$; aus $\frac{S^2}{10} < 3,94$ folgt: $S^2 < 39,4$. Für 5% der einfachen Stichproben ist die Varianz kleiner als 39,4. Die Wahrscheinlichkeit, dass $\frac{(n-1)S^2}{\sigma^2}$ bzw. S^2 Werte zwischen den beiden Grenzen annimmt, beträgt demnach 90%. Damit hat man ein Schwankungsintervall für S^2 aufgestellt, das Abbildung 7.1 wiedergibt.

Abb. 7.1: Schwankungsintervall für $\frac{(n-1)S^2}{\sigma^2}$ bzw. S^2

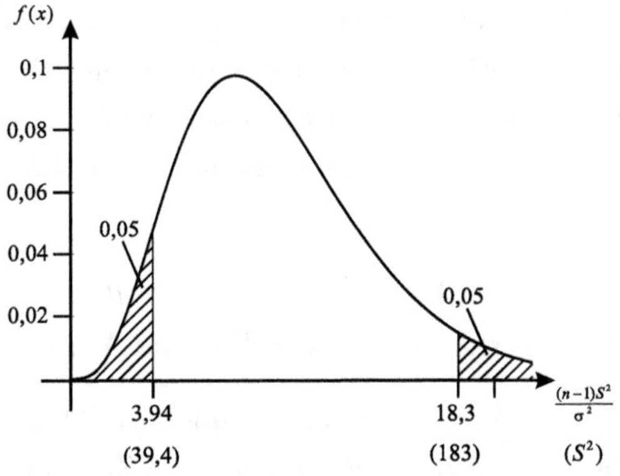

Die Wahrscheinlichkeit für ein Schwankungsintervall wird üblicherweise mit $1 - \alpha$ angegeben. Die schraffierten Flächen in Abbildung 7.1 haben dann jeweils den Wert $\frac{\alpha}{2}$. Das Schwankungsintervall wird mit dieser Festlegung geschrieben als:

$$P\left[\frac{\sigma^2}{n-1}\chi^2\left(\frac{\alpha}{2};n-1\right) \leq S^2 \leq \frac{\sigma^2}{n-1}\chi^2\left(1-\frac{\alpha}{2};n-1\right)\right] = 1-\alpha. \quad (7.11)$$

Für $1-\alpha = 0,9$ ist $\alpha/2 = 0,05$ und $1-\alpha/2 = 0,95$. Es ändert sich im Vergleich mit dem Beispiel nur die Bezeichnung, nicht aber die Berechnung.

7.2.4 Stichprobenverteilung der Differenz zweier arithmetischer Mittel und der Differenz zweier Anteilswerte

Die Analyse von Stichprobenverteilungen kann auf zwei Grundgesamtheiten erweitert werden, in denen das gleiche statistische Merkmal vorliegt. Da es in beiden Grundgesamtheiten unterschiedlich verteilt sein kann, bezeichnet X das statistische Merkmal in der einen und Y das statistische Merkmal in der anderen Grundgesamtheit. Die Verteilungsparameter werden entsprechend indiziert: $\mathrm{E}(X) = \mu_X$, $\mathrm{var}(X) = \sigma_X^2$, $\mathrm{E}(Y) = \mu_Y$ und $\mathrm{var}(Y) = \sigma_Y^2$. Aus den beiden Grundgesamtheiten mit den Umfängen N_X und N_Y werden jeweils unabhängig Stichproben des Umfangs n_X bzw. n_Y entnommen. Die Stichprobenmittelwerte für beide Grundgesamtheiten sind Stichprobenfunktionen, die geschrieben werden als $\bar{X} = \frac{1}{n_X}\sum_{j=1}^{n_X} X_j$ und $\bar{Y} = \frac{1}{n_Y}\sum_{j=1}^{n_Y} Y_j$. Hieraus lässt sich eine neue Stichprobenfunktion gewinnen, die als Differenz D der Stichprobenmittel definiert ist: $D = \bar{X} - \bar{Y}$. Werden die Stichproben aus der einen Grundgesamtheit unabhängig von denen aus der anderen gezogen, erhält man die Parameter der Stichprobenverteilung von D gemäß den Ausführungen zu Linearkombinationen unabhängiger Zufallsvariablen (vgl. Abschnitt 3.4) als:

$$\begin{aligned} \mathrm{E}(D) &= \mathrm{E}(\bar{X} - \bar{Y}) = \mathrm{E}(\bar{X}) - \mathrm{E}(\bar{Y}) = \mu_X - \mu_Y, \quad \text{und} \\ \mathrm{var}(D) &= \mathrm{var}(\bar{X} - \bar{Y}) = \mathrm{var}(\bar{X}) + \mathrm{var}(\bar{Y}). \end{aligned}$$

Bei der Berechnung der Varianzen $\mathrm{var}(\bar{X})$ und $\mathrm{var}(\bar{Y})$ muss unterschieden werden, ob einfache Stichproben oder solche ohne Zurücklegen gezogen werden. Bei einfachen Stichproben betragen die Varianzen nach Gleichung (7.1):

$$\mathrm{var}(\bar{X}) = \sigma_X^2/n_X \quad \text{bzw.} \quad \mathrm{var}(\bar{Y}) = \sigma_Y^2/n_Y;$$

bei Ziehen ohne Zurücklegen ist der Endlichkeitskorrekturfaktor zu beachten und aus Gleichung (7.2) folgt:

$$\mathrm{var}(\bar{X}) = \frac{\sigma_X^2}{n_X}\frac{N_X - n_X}{N_X - 1} \quad \text{bzw.} \quad \mathrm{var}(\bar{Y}) = \frac{\sigma_Y^2}{n_Y}\frac{N_Y - n_Y}{N_Y - 1}.$$

Damit ergibt sich bei einfachen Stichproben die Varianz für D als:

$$\mathrm{var}(D) = \frac{\sigma_X^2}{n_X} + \frac{\sigma_Y^2}{n_Y}, \tag{7.12}$$

und bei Stichproben ohne Zurücklegen

$$\mathrm{var}(D) = \frac{\sigma_X^2}{n_X}\frac{N_X - n_X}{N_X - 1} + \frac{\sigma_Y^2}{n_Y}\frac{N_Y - n_Y}{N_Y - 1}. \tag{7.13}$$

Das Verteilungsgesetz für D erhält man analog zu den Ausführungen in Abschnitt 7.2.1. Zusammengefasst gilt, dass selbst bei nicht normalverteilten Zufallsvariablen X und Y und bei Stichproben ohne Zurücklegen bei großen Grundgesamtheiten und hinreichend großen Stichprobenumfängen $n_X, n_Y \geq 30$ die Zufallsvariable

$$Z_D = \frac{D - \mathrm{E}(D)}{\sigma_D} = \frac{(\bar{X} - \bar{Y}) - (\mu_X - \mu_Y)}{\sqrt{\frac{\sigma_X^2}{n_X} + \frac{\sigma_Y^2}{n_Y}}}. \tag{7.14}$$

approximativ einer Standardnormalverteilung unterliegt. Ist bei Stichproben ohne Zurücklegen der Endlichkeitskorrekturfaktor nicht nahe bei eins, muss die Standardabweichung in Gleichung (7.12) mit der Varianzformel (7.11) bestimmt werden.

Beispiel 7.5 *In der Großstadt A beträgt das durchschnittliche, monatliche Haushaltsnettoeinkommen $\mu_X = 3000$ € bei einer Varianz von $\sigma_X^2 = 500$ €^{2}; in der Großstadt B hingegen nur $\mu_Y = 2500$ € bei einer Varianz von $\sigma_Y^2 = 100$ €^{2}. In der Stadt A werden $n_X = 36$ Haushalte, in der Stadt B $n_Y = 49$ Haushalte zufällig ohne Zurücklegen nach ihrem monatlichen Nettoeinkommen befragt. Obwohl hier keine Angaben über die Verteilung von X und Y in der Grundgesamtheit vorliegen, ist wegen $n_X \geq 30$ und $n_Y \geq 30$ die Stichprobenverteilung für $D = \bar{X} - \bar{Y}$ approximativ normalverteilt. Wegen des „Ziehens ohne Zurücklegen“ müsste der Endlichkeitskorrekturfaktor beachtet werden. Da die Stichprobenumfänge im Vergleich zu der Einwohnerzahl einer Großstadt hier sehr klein sind, spielt er keine Rolle. Die Parameter der Normalverteilung für D erhält man als: $E(D) = \bar{X} - \bar{Y} = 500$ und $var(D) = \frac{500^2}{36} + \frac{100^2}{49} = 7148,5261$. Für diese Werte geht Gleichung (7.12) über in: $Z_D = \frac{D-500}{84,549}$. Die Wahrscheinlichkeit für eine Stichprobendifferenz größer als 700 berechnet man als:*

$$P(D > 700) = P\left(Z > \frac{700 - 500}{84,549}\right) = P(Z > 2,365)$$
$$= 1 - P(Z < 2,365) = 0,009.$$

Sind X und Y in den jeweiligen Grundgesamtheiten Bernoulli–verteilt, lässt sich die Stichprobenverteilung der Differenz der Anteilswerte ermitteln. Da – wie in Abschnitt 7.2.3 gezeigt – der homograde aus dem heterograden Fall folgt, verläuft die Herleitung analog zu der dargestellten Ableitung der Stichprobenverteilung der Differenz zweier arithmetischer Mittel. Es genügt daher, hier nur die Ergebnisse anzugeben. Ist X in der Grundgesamtheit Bernoulli–verteilt mit $\mathrm{E}(X) = p_X$ und $\mathrm{var}(X) = p_X(1-p_X)$, dann ist $\bar{P}_X$ relativiert binomialverteilt mit $\mathrm{E}(\bar{P}_X) = p_X$ und $\mathrm{var}(\bar{P}_X) = \frac{p_X(1-p_X)}{n_X}$ bei einfachen Stichproben bzw. $\mathrm{var}(\bar{P}_X) = \frac{p_X(1-p_X)}{n_X}\frac{N_X-n_X}{N_X-1}$ bei Stichproben ohne Zurücklegen. Entsprechendes gilt für Y: $\mathrm{E}(\bar{P}_Y) = p_Y$ und $\mathrm{var}(\bar{P}_Y) = \frac{p_Y(1-p_Y)}{n_Y}$ bzw. $\mathrm{var}(\bar{P}_Y) = \frac{p_Y(1-p_Y)}{n_Y}\frac{N_Y-n_Y}{N_Y-1}$. Die Zufallsvariable $\bar{D} = \bar{P}_X - \bar{P}_Y$ hat den Erwartungswert $\mathrm{E}(\bar{D}) = \mathrm{E}(\bar{P}_X - \bar{P}_Y) = p_X - p_Y$ und wegen der unabhängigen Stichprobenziehung aus beiden Grundgesamtheiten die Varianz: $\mathrm{var}(\bar{D}) = \mathrm{var}(\bar{P}_X) + \mathrm{var}(\bar{P}_Y)$. Auch jetzt muss bei der weiteren Varianzberechnung das Stichprobenauswahlverfahren beachtet werden. Man erhält bei einfachen Stichproben als Varianz

$$\mathrm{var}(\bar{D}) = \frac{p_X(1-p_X)}{n_X} + \frac{p_Y(1-p_Y)}{n_Y};$$

bei Stichproben ohne Zurücklegen:

$$\mathrm{var}(\bar{D}) = \frac{p_X(1-p_X)}{n_X}\frac{N_X-n_X}{N_X-1} + \frac{p_Y(1-p_Y)}{n_Y}\frac{N_Y-n_Y}{N_Y-1}.$$

Die Zufallsvariable $Z_{\bar{D}}$:

$$Z_{\bar{D}} = \frac{(\bar{P}_X - \bar{P}_Y) - (p_X - p_Y)}{\sqrt{\frac{p_X(1-p_X)}{n_X} + \frac{p_Y(1-p_Y)}{n_Y}}} \tag{7.15}$$

ist für große Grundgesamtheiten und $n_X \geq \frac{9}{p_X(1-p_X)}$ sowie $n_Y > \frac{9}{p_Y(1-p_Y)}$ approximativ standardnormalverteilt. Eventuell ist auch bei Gleichung (7.13) der Endlichkeitskorrekturfaktor zu beachten.

Beispiel 7.6 *An einer Klausur zur Induktiven Statistik nahmen an der Universität I* $N_X = 150$ *Studierende teil, die Durchfallquote betrug* $p_X = 0,5$. *An der Universität II betrug die Durchfallquote* $p_Y = 0,4$. *Damit ergeben* *sich folgende Parameter:* $E(X) = p_X = 0,5$; $var(X) = p_X(1-p_X) = 0,25$; $E(Y) = p_Y = 0,4$ *und* $var(Y) = p_Y(1-p_Y) = 0,24$. *Aus den Klausurteilnehmern wurden an der Universität I* $n_X = 49$, *an der Universität II* $n_Y = 64$ *Teilnehmer „ohne Zurücklegen" zufällig ausgewählt und befragt, ob sie die Klausur nicht bestanden haben. Um die Wahrscheinlichkeit zu berechnen, dass die Differenz der Durchfallquoten* $\bar{D} = \bar{P}_X - \bar{P}_Y$ *kleiner als 0,2 ist, geht man nach Gleichung (7.13) vor, da die hierfür notwendige Bedingungen:* $n_X = 49 > \frac{9}{0,25} = 36$ *und* $n_Y = 64 > \frac{9}{0,24} = 37,5$ *erfüllt sind. Jedoch muss der Endlichkeitskorrekturfaktor beachtet werden, da beide Auswahlsätze größer als 5% sind. Damit erhält man:* $E(\bar{D}) = p_X - p_Y = 0,1$; $var(\bar{P}_X) = \frac{(0,5)^2}{49} \cdot \frac{150-49}{150-1} = 0,0035$ *und* $var(\bar{P}_Y) = \frac{0,6 \cdot 0,4}{64} \cdot \frac{200-64}{200-1} = 0,0026$. *Gleichung (7.13) lautet jetzt:* $Z_{\bar{D}} = \frac{(\bar{P}_X - \bar{P}_Y) - 0,1}{0,0781}$, *für* $\bar{D} = \bar{P}_X - \bar{P}_Y = 0,2$ *erhält man hieraus:* $Z = 1,28$. *Damit ist die Wahrscheinlichkeit gefunden:* $P(\bar{D} < 0,2) = P(Z < 1,28) = 0,8997$.

7.2.5 Die Verteilung von Quotienten aus Stichprobenfunktionen

Nach den bisherigen Darstellungen nimmt die Standardnormalverteilung innerhalb der Stichprobentheorie eine wichtige Stellung ein. Ihre Anwendung setzt aber die Kenntnis der Varianz σ^2 von X in der Grundgesamtheit voraus. Ist hingegen σ^2 unbekannt, stellt $Z = \frac{\bar{X}-\mu}{\sigma/\sqrt{n}}$ keine Stichprobenfunktion mehr dar. Ersetzt man σ^2 durch die mit Gleichung (7.3) gegebene Stichprobenvarianz S^2, geht Z über in:

$$Z = \frac{\bar{X} - \mu}{S/\sqrt{n}}. \tag{7.16}$$

Die Zufallsvariable Z ist jetzt aber nicht mehr standardnormalverteilt. Wegen der Änderung der Verteilungseigenschaft wird anstelle von Z jetzt $Z(t)$ geschrieben. Die Zufallsvariable $Z(t)$ stellt bei bekanntem μ eine Stichprobenfunktion für den Quotienten aus Stichprobenmittel $\bar{X}$ und Stichprobenstandardabweichung S dar. Um das Verteilungsgesetz von $Z(t)$ zu entwickeln, erweitert man Gleichung (7.14) verhältnisneutral:

$$Z(t) = \frac{\bar{X} - \mu}{S/\sqrt{n}} = \frac{\overbrace{\frac{\bar{X} - \mu}{\sigma}}^{N(0,1)}\sqrt{n}}{\sqrt{\frac{1}{n-1}\underbrace{\sqrt{\frac{(n-1)S^2}{\sigma^2}}}_{\chi^2}}}. \tag{7.17}$$

Der Zähler in Gleichung (7.15) stellt die standardisierte Zufallsvariable Z dar und ist standardnormalverteilt. Im Nenner ist die Zufallsvariable $\frac{(n-1)S^2}{\sigma^2}$ nach Abschnitt 7.2.3 bei einfachen Stichproben und bekanntem μ χ^2–verteilt mit n Freiheitsgraden. In Abschnitt 4.2.6 wurde gezeigt, dass der Quotient aus einer standardnormal- und einer χ^2–verteilten Zufallsvariablen einer t–Verteilung folgt, sofern beide Zufallsvariablen stochastisch unabhängig sind. Da die Stichprobenverteilung von $\bar{X}$ und S^2 auf denselben Stichproben beruhen, hängt S^2 von $\bar{X}^2$ ab. Die beiden Zufallsvariablen $\bar{X}$ und S^2 sind daher im allgemeinen stochastisch abhängig. Eine Ausnahme hiervon liegt vor, wenn X in der Grundgesamtheit normalverteilt ist. Dann gilt stochastische Unabhängigkeit. Diese Verteilungsannahme muss aber vorliegen, damit Zähler und Nenner der Gleichung (7.15) die angegebenen Verteilungen besitzen. Ist also X in der Grundgesamtheit (annähernd) normalverteilt, dann sind die Zufallsvariable im Zähler und die im Nenner stochastisch unabhängig und die Zufallsvariable $Z(t)$ folgt bei Stichproben mit Zurücklegen einer t–Verteilung mit $n-1$ Freiheitsgraden.

Beispiel 7.7 *Aus einer normalverteilten Grundgesamtheit mit $\mu = 10$ und unbekannter Varianz wird eine Stichprobe mit dem Umfang $n = 9$ gezogen. Das Stichprobenmittel beträgt $\bar{x} = 12$, die Stichprobenvarianz S^2 hat den Wert $s^2 = 9$. Die Variable $Z(t) = \frac{\bar{X}-10}{3/\sqrt{9}} = \bar{X} - 10$ ist t–verteilt mit $n = 9$ Freiheitsgraden. Mit $\bar{x} = 12$ korrespondiert der t–Wert $t = 2$. Die Wahrscheinlichkeit dafür, dass in den Stichproben mit dem Umfang 10 das Mittel kleiner gleich 12 ist, beträgt: $P(\bar{X} \leq 12) = P[Z(t) \leq 2]$. Die Tabelle 2 der t–Verteilung weist nur bestimmte Quantile aus. Bei 9 Freiheitsgraden erhält man $t_1(0,95;9) = 1,8331$ und $t_2(0,975;9) = 2,2622$. Für $Z(t) = 2 = t(\alpha;9)$ muss die Wahrscheinlichkeit α mit den beiden Werten t_1 und t_2 interpoliert werden. Man erhält: $\alpha \approx 0,9597$. Dies ist die Wahrscheinlichkeit für Stichprobenmittel kleiner oder gleich 12.*

Als letzte wichtige Stichprobenfunktion wird die Verteilung des Quotienten zweier Stichprobenvarianzen entwickelt. Bei Gültigkeit der in Abschnitt 7.2.3 getroffenen Voraussetzungen für die Zufallsvariable X der einen und für die Zufallsvariable Y der anderen Grundgesamtheit, insbesondere, dass beide normalverteilt sind, unterliegen die beiden Zufallsvariablen $Q_X = \frac{(n_X-1)S_X^2}{\sigma_X^2}$ und $Q_Y = \frac{(n_Y-1)S_Y^2}{\sigma_Y^2}$ jeweils einer χ^2–Verteilung mit $n_X - 1$ bzw. $n_Y - 1$ Freiheitsgraden, sofern μ_X durch $\bar{X}$ und μ_Y durch $\bar{Y}$ zu ersetzen ist. Erfolgt die Stichprobenentnahme aus der einen Grundgesamtheit unabhängig von der Stichprobenentnahme aus der anderen, müssen Q_X und Q_Y stochastisch unabhängig sein. Dividiert man Q_X und Q_Y durch die jeweiligen Freiheitsgrade und bildet dann den Quotient, besitzt dieser nach Abschnitt 4.2.6 eine F–Verteilung:

$$Q = \frac{Q_X/(n_X - 1)}{Q_Y/(n_Y - 1)} = \frac{S_X^2/\sigma_X^2}{S_Y^2/\sigma_Y^2} \tag{7.18}$$

mit $n_X - 1$ Freiheitsgraden im Zähler und $n_Y - 1$ Freiheitsgraden im Nenner: $F(n_X - 1, n_Y - 1)$.

Beispiel 7.8 *Aus zwei normalverteilten Grundgesamtheiten mit gleichen Varianzen* $\sigma_X^2 = \sigma_Y^2$ *werden zwei Stichproben mit den Umfängen* $n_X = 11$ *und* $n_Y = 16$ *unabhängig voneinander gezogen. Da in beiden Grundgesamtheiten die Varianzen übereinstimmen, weichen die Stichprobenvarianzen nur zufällig voneinander ab und große Quotienten* S_X^2/S_Y^2 *dürften die Ausnahme sein. Um den Quotienten zu bestimmen, der von 95% der Stichprobenquotienten nicht überschritten wird, ist in Abhängigkeit der Wahrscheinlichkeitsvorgabe und der Freiheitsgrade das entsprechende F–Quantil festzulegen. Aus der Tabelle 4 erhält man:* $F(0,95; 10,15) = 2,54$. *Somit gilt:* $P(S_X^2/S_Y^2 < 2,54) = 0,95$. *Nur 5% der Stichprobenvarianzquotienten sind größer als 2,54.*

7.2.6 Zusammenfassung der Stichprobenverteilungen

Die Ergebnisse der in den Abschnitten 7.2.1 bis 7.2.5 behandelten Stichprobenverteilungen sind in Tabelle 7.2 zusammengestellt. Die Tabelle ist so aufgebaut, dass die erste Spalte die Stichprobenfunktion angibt, deren Stichprobenverteilung in Abhängigkeit der beiden Auswahlverfahren „Ziehen mit Zurücklegen = einfache Stichproben“ und „Ziehen ohne Zurücklegen“ in der zweiten Spalte aufgeführt ist. In der dritten Spalte sind die Parameter μ und σ^2 der Verteilungen der jeweiligen Stichprobenfunktion ebenfalls in Abhängigkeit der beiden Auswahlverfahren angegeben. Da bei kleinen Stichproben und sehr großen Grundgesamtheiten die Unterscheidung zwischen Ziehen mit und Ziehen ohne Zurücklegen praktisch bedeutungslos wird, können die für einfache Stichproben gefundenen Ergebnisse in diesem Fall auch auf Stichprobenverteilungen, die auf einem Ziehen ohne Zurücklegen basieren, übertragen werden. Wird in der Tabelle keine Unterscheidung der Auswahlverfahren getroffen, gilt das Ergebnis für beide Auswahlverfahren.

Tab. 7.2: Ausgewählte Stichprobenverteilungen

Stichprobenfunktion	Stichprobenverteilung (1) einfache Stichprobe (2) Ziehen ohne Zurücklegen	Parameter
$\bar{X} = \frac{1}{n} \sum_{j=1}^{n} X_j$	normalverteilt für (1), wenn Grundgesamtheit normalverteilt für (2), wenn $n \geq 30$	$\mathrm{E}(\bar{X}) = \mu$ (1) $\mathrm{var}(\bar{X}) = \frac{1}{n}\sigma^2$ (2) $\mathrm{var}(\bar{X}) = \frac{\sigma^2}{n} \frac{N-n}{N-1}$
$\bar{P} = \frac{1}{n} \sum_{j=1}^{n} X_j$ X_j: Bernoulli–verteilt wie X	(1) relativiert binomial-verteilt (2) relativiert hyper-geometrisch verteilt normalverteilt: für (1), wenn $n > \frac{9}{p(1-p)}$ für (2), wenn $n/N < 0,05$ und $n > \frac{9}{p(1-p)}$	$\mathrm{E}(\bar{P}) = p$ (1) $\mathrm{var}(\bar{P}) = \frac{p(1-p)}{n}$ (2) $\mathrm{var}(\bar{P}) = \frac{p(1-p)}{n} \cdot \frac{N-n}{N-1}$
heterograd $S^2 = \frac{1}{n-1} \sum_{j=1}^{n} (X_j - \bar{X})^2$ homograd $S^2 = \frac{n}{n-1} \bar{P}(1-\bar{P})$	$\frac{(n-1)S^2}{\sigma^2} : \chi^2(n-1)$ für (1), wenn Grundgesamtheit normalverteilt	heterograd (1) $\mathrm{E}(S^2) = \sigma^2$ (2) $\mathrm{E}(S^2) = \frac{N}{N-1}\sigma^2$ homograd (1) $\mathrm{E}(S^2) = p(1-p)$ (2) $\mathrm{E}(S^2) = \frac{N}{N-1} \cdot p(1-p)$

Stichproben-funktion	Stichprobenverteilung (1) einfache Stichprobe (2) Ziehen ohne Zurücklegen	Parameter
$D = \bar{X} - \bar{Y}$	normalverteilt für(1), wenn $n \geq 30$ für (2), wenn $\frac{n}{N} < 0,05$ und $n \geq 30$	$\mathrm{E}(D) = \mu_X - \mu_Y$ (1) $\mathrm{var}(D) = \frac{\sigma_X^2}{n_X} + \frac{\sigma_Y^2}{n_Y}$ (2) $\mathrm{var}(D) = \frac{\sigma_X^2}{n_X}\frac{N_X - n_X}{N_X - 1} + \frac{\sigma_Y^2}{n_Y}\frac{N_Y - n_Y}{N_Y - 1}$
$\bar{D} = \bar{P}_X - \bar{P}_Y$	normalverteilt für (1), wenn $n_X > \frac{9}{p_X(1-p_X)}$ und $n_Y > \frac{9}{p_Y(1-p_Y)}$ für (2), wenn $n/N < 0,05$ und Bedingungen unter (1)	$\mathrm{E}(\bar{D}) = p_X - p_Y$ (1) $\mathrm{var}(\bar{D}) = \frac{p_X(1-p_X)}{n_X} + \frac{p_Y(1-p_Y)}{n_Y}$ (2) $\mathrm{var}(\bar{D}) = \frac{p_X(1-p_X)}{n_X}\frac{N_X - n_X}{N_X - 1} + \frac{p_Y(1-p_Y)}{n_Y}\frac{N_Y - n_Y}{N_Y - 1}$
$Z(t) = \frac{\bar{X} - \mu}{S/\sqrt{n}}$	t–verteilt für (1), wenn Grundgesamtheit normalverteilt	Freiheitsgrade: $n - 1$ Parameter: siehe Abschnitt 4.2.6
$Q = \frac{S_X^2/\sigma_X^2}{S_Y^2/\sigma_Y^2}$	F–verteilt für (1), wenn beide Grundgesamtheiten normalverteilt	Freiheitsgrade: $n_X - 1$, $n_Y - 1$ Parameter: siehe Abschnitt 4.2.6

Übungsaufgaben zu 7.

7.1 Definieren Sie die Begriffe:

a) Zufallsexperiment,

b) uneingeschränkte Zufallsstichprobe,

c) unabhängige Zufallsstichprobe,

d) einfache Zufallsstichprobe!

7.2 Wie groß ist die Wahrscheinlichkeit, dass sich ein bestimmtes Element in einer Stichprobe mit Zurücklegen vom Umfang $n = 100$ befindet, die aus einer Grundgesamtheit von 1000 Elementen gezogen wurde? Wie groß ist die Wahrscheinlichkeit bei einer Stichprobe ohne Zurücklegen? Berechnen Sie die Wahrscheinlichkeit hierfür mit der hypergeometrischen Verteilung!

7.3 Aus einer Grundgesamtheit mit dem Umfang $N = 15$ und den Parametern μ und σ^2 werden Stichproben des Umfangs $n = 5$ gezogen.

a) Wie viele ungeordnete Stichproben mit Zurücklegen können gezogen werden?

b) Wie lauten für den Stichprobenmittelwert $\bar{X}$ Erwartungswert $\mu_{\bar{X}}$ und Fehlervarianz $\sigma^2_{\bar{X}}$?

c) Wie ist der Stichprobenmittelwert $\bar{X}$ für $n \to \infty$ verteilt?

7.4 Die Zufallsvariable X ist auf dem Intervall [0,10] rechteckverteilt.

a) Bestimmen Sie $\mathrm{E}(X)$ und $\mathrm{var}(X)$!

b) Wie ist der Stichprobenmittelwert $\bar{X}$ bei Stichproben vom Umfang $n = 40$ verteilt? Berechnen Sie Erwartungswert und Fehlervarianz von $\bar{X}$!

c) Bestimmen Sie die folgenden Wahrscheinlichkeiten:

$$P(X < 2),\ P(\bar{X} < 4),\ P(4 < X < 6) \text{ und } P(4 < \bar{X} < 6)!$$

7.5 Die Arbeitslosenquote in Deutschland liegt bei 10%.

a) Bestimmen Sie die Parameter der Stichprobenverteilung von $\bar{P}$ bei einen Stichprobenumfang von $n = 100$!

b) Wie groß ist die Wahrscheinlichkeit, dass von 100 zufällig befragten Personen weniger als $\bar{p} = 0,05$ arbeitslos sind?

c) Wie groß ist die Wahrscheinlichkeit, dass von 100 zufällig befragten Personen mehr als 12 arbeitslos sind?

7.6 Eine kleine französische Weinlage hatte eine Jahrgangsmenge von 153 Litern Rosé, die auf 0,75–Liter Flaschen maschinell abgefüllt wurde. Die Abfüllmenge pro Flasche ist normalverteilt mit $\mu = 750$ ml und $\sigma = 5$ ml.

a) Wie groß ist die Wahrscheinlichkeit, dass eine gekaufte Flasche Rosé mindestens 740 ml enthält?

b) Der Rosé wird in Kartons zu 12 Flaschen verpackt, wobei die Flaschen zufällig dem Lager entnommen werden. Wie groß ist die Wahrscheinlichkeit, dass die durchschnittliche Abfüllmenge der Flaschen eines Kartons größer als 748 ml ist?

7.7 Zwei unabhängige Zufallsvariablen X und Y sind in ihren Grundgesamtheiten jeweils normalverteilt mit $\mu_X = \mu_Y = \mu = 200$ und $\sigma^2 = 60$. Aus beiden Grundgesamtheiten werden unabhängige Stichproben des Umfangs $n_X = 10$ und $n_Y = 20$ gezogen. Bestimmen Sie:

$$\text{a) } \mathrm{E}(\bar{X} - \bar{Y}), \quad \text{b) } \mathrm{var}(\bar{X} - \bar{Y}), \quad \text{c) } P(|\bar{X} - \bar{Y}| > 3)!$$

8 Statistische Schätzverfahren

8.1 Eigenschaften von Schätzfunktionen

Bei vielen empirischen Untersuchungen ist die Verteilung einer Zufallsvariablen einschließlich ihrer Parameter in der Grundgesamtheit unbekannt. Die statistische **Schätztheorie** bietet Möglichkeiten, diese Parameter nun aus Stichprobenergebnissen zu schätzen. Dieser mit dem Schätzen durchgeführte logische Schluss von einem Stichprobenergebnis auf einen Parameter der Grundgesamtheit, aus der die Stichprobe entnommen wurde, stellt einen Induktions- bzw. Repräsentationsschluss dar. Die Quantifizierung der Sicherheit solcher Schlüsse basiert auf den Ergebnissen der Stichprobentheorie im vorangegangenen Kapitel.

Die Schätzung eines unbekannten Parameters θ einer Grundgesamtheit wird mit einer Stichprobenfunktion durchgeführt, die jetzt gemäß ihrer Verwendung **Schätzfunktion** oder kurz **Schätzer** heißt. Die Schätzfunktion lautet:

$$\hat{\theta} = T_\theta(X_1, \ldots, X_n). \tag{8.1}$$

Ist die Abhängigkeit der Schätzung vom Stichprobenumfang von Bedeutung, wird $\hat{\theta}_n$ geschrieben. Setzt man in die Schätzfunktion (8.1) die Stichprobenrealisationen $(x_1, \ldots, x_n)$ ein, erhält man einen konkreten Schätzwert. Dieser Schätzwert heißt **Punktschätzung**, weil er eine Zahl $\hat{\theta}$ angibt, die als Schätzung für θ verwendet wird. Eine **Intervallschätzung** hingegen besteht aus der Angabe eines Intervalls, das mit vorgegebener Wahrscheinlichkeit den unbekannten Parameter θ einschließt.

Da Schätzfunktionen Stichprobenfunktionen sind, besitzen sie genau wie diese auch eine Verteilung. Das bedeutet, dass $\hat{\theta}$ eine Zufallsvariable mit Schätzwerten ist, die mehr oder weniger stark von θ abweichen. Dies macht es notwendig, aus der Vielzahl möglicher Schätzfunktionen T_θ diejenige auszuwählen, die bestimmte Kriterien für gute Schätzer erfüllt. Die Kriterien beziehen sich auf die Eigenschaften der Stichprobenverteilung, der die Schätzfunktion unterliegt. Als allgemeine Zielsetzung kann gelten, mit der Schätzfunktion Schätzwerte $\hat{\theta}$ zu erhalten, die nur zufällig und nicht systematisch vom tatsächlichen Parameter θ abweichen. Die Differenz $\hat{\theta} - \theta$ misst den **Schätz-** bzw. **Zufallsfehler**. Er ist in der Regel von null verschieden, da $\hat{\theta}$ eine Zufallsvariable ist. Dennoch könnte im Einzelfall der Schätzfehler null sein.

Dies bliebe jedoch unerkannt, da θ selbst unbekannt ist. Eine wünschenswerte Eigenschaft einer guten Schätzung wäre daher, dass der Erwartungswert des Schätzfehlers für jeden Stichprobenumfang n verschwindet. Dieses Kriterium lässt sich formalisieren als:

$$\mathrm{E}(\hat{\theta}_n - \theta) = 0 \quad \text{oder:} \quad \mathrm{E}(\hat{\theta}_n) = \theta \quad \text{für alle } n. \tag{8.2}$$

Eine Schätzfunktion $\hat{\theta}_n$, die das Kriterium (8.2) erfüllt, heißt **erwartungstreu**, **unverzerrt** oder auf englisch **unbiased**; andernfalls spricht man von **nicht erwartungstreu** bzw. **verzerrt**.

Existieren mehrere erwartungstreue Schätzfunktionen, bilden sie eine Klasse. Sind $\hat{\theta}_{1,n}$ und $\hat{\theta}_{2,n}$ zwei Schätzfunktionen dieser Klasse und gilt für jedes feste n: $\mathrm{var}(\hat{\theta}_{1,n}) < \mathrm{var}(\hat{\theta}_{2,n})$, dann heißt die Schätzfunktion $\hat{\theta}_{1,n}$ **effizienter**, **besser** oder **wirksamer** als die Schätzfunktion $\hat{\theta}_{2,n}$. Es ist nun naheliegend, aus der Klasse erwartungstreuer Schätzfunktionen diejenige zu bestimmen, die von allen die kleinste Varianz besitzt. Für diese Schätzfunktion $\hat{\theta}^*_n$ gilt dann:

$$\mathrm{var}(\hat{\theta}^*_n) = \min_i \{\mathrm{var}\hat{\theta}_{i,n}\}, \quad n: \text{ fest.} \tag{8.3}$$

In Abbildung 8.1 sind die Stichprobenverteilungen für zwei erwartungstreue Schätzer $\hat{\theta}_{1,n}$ und $\hat{\theta}_{2,n}$ dargestellt, wobei $\hat{\theta}_{1,n}$ effizienter als $\hat{\theta}_{2,n}$ ist.

Abb. 8.1: Erwartungstreue und Effizienz bei Schätzfunktionen

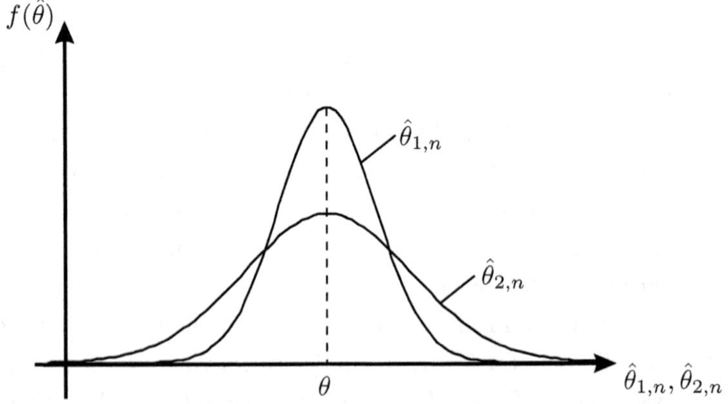

An der Grafik wird deutlich, dass die Verteilung der Schätzfunktion $\hat{\theta}_{2,n}$ eine größere Varianz besitzt. Daher ist die Wahrscheinlichkeitsdichte über jedem zentralen Schwankungsintervall bei $\hat{\theta}_{1,n}$ größer als bei $\hat{\theta}_{2,n}$, d.h. die Wahrscheinlichkeit, mit $\hat{\theta}_{1,n}$ Schätzwerte zu ermitteln, die nahe bei θ liegen, ist größer als bei der Schätzfunktion $\hat{\theta}_{2,n}$.

Den Vorteil einer erwartungstreuen und effizienten Schätzung kann man analytisch mit Hilfe der Ungleichung (3.6.a) zeigen. Diese lautet: $P(|X-\mu| \geq c) \leq \frac{\sigma^2}{c^2}$. Setzt man[1]: $X = \hat{\theta}$, $\mu = \mathrm{E}(\hat{\theta}) = \theta$, $\sigma^2 = \mathrm{var}(\hat{\theta})$ und $c = \varepsilon > 0$ folgt:

$$P(|\hat{\theta} - \theta| \geq \varepsilon) \leq \frac{\mathrm{var}(\hat{\theta})}{\varepsilon^2}.$$

Je kleiner die Varianz $\mathrm{var}(\hat{\theta})$ der Schätzfunktion, desto geringer wird die Wahrscheinlichkeit, dass der absolute Schätzfehler $|\hat{\theta} - \theta|$ größer als ε ist. Daher ist die Schätzfunktion $\hat{\theta}_{1,n}$ dem Schätzer $\hat{\theta}_{2,n}$ vorzuziehen.

Eine weitere wünschenswerte Eigenschaft liegt vor, wenn bei erwartungstreuen Schätzern die Varianz mit zunehmendem n gegen null konvergiert. Dies bedeutet anschaulich, dass die Schätzungen mit Wahrscheinlichkeit immer genauer werden. Diese Eigenschaft lässt sich direkt mit der Ungleichung (3.6.b) präzisieren. Nach den Substitutionen[2] $X = \hat{\theta}_n$, $\mu = \mathrm{E}(\hat{\theta}_n) = \theta$, $\sigma^2 = \mathrm{var}(\hat{\theta}_n)$ und $c = \varepsilon > 0$ erhält man:

$$P(|\hat{\theta}_n - \theta| < \varepsilon) > 1 - \frac{\mathrm{var}(\hat{\theta}_n)}{\varepsilon^2}.$$

Bildet man hierfür den Grenzwert für $n \to \infty$, folgt:

$$\lim_{n\to\infty} P(|\hat{\theta}_n - \theta| < \varepsilon) = 1 \quad \text{für} \lim_{n\to\infty} \mathrm{var}(\hat{\theta}_n) = 0. \tag{8.4}$$

Eine Schätzfunktion mit der Eigenschaft (8.4) heißt **konsistent**. Eigenschaft (8.4) stimmt formal mit Gleichung (6.2), dem schwachen Gesetz der großen Zahlen von Bernoulli überein. Es liegt daher mit Gleichung (8.4) **schwache Konsistenz** vor.

Bei verzerrten Schätzern ist der Erwartungswert des Schätzfehlers ungleich null. Es gilt daher: $\mathrm{E}(\hat{\theta}_n) \neq \theta$. Die Differenz $E(\hat{\theta}_n) - \theta$ misst die **Verzerrung**. Es kann jedoch bei einigen verzerrten Schätzern vorkommen, dass sich für $n \to \infty$ Erwartungstreue einstellt. Dies bedeutet:

---

[1] Da die Auswirkung der Varianz unterschiedlicher Schätzfunktionen bei gleichem Stichprobenumfang n bewertet werden soll, entfällt bei θ die Angabe von n.

[2] Der Stichprobenumfang n ist jetzt anzugeben, weil die Änderung der Varianz für dieselbe Schätzfunktion bei zunehmendem n analysiert wird.

$$\lim_{n\to\infty} \mathrm{E}(\hat{\theta}_n - \theta) = 0 \quad \text{bzw.} \quad \lim_{n\to\infty} \mathrm{E}(\hat{\theta}_n) = \theta. \tag{8.5}$$

Ist Gleichung (8.5) gültig, spricht man von **asymptotischer Erwartungstreue**. Auch Schätzfunktionen mit dieser Eigenschaft können auf Konsistenz geprüft werden. Hierzu geht man vom **mittleren quadratischen Fehler** aus, der mit MSE abgekürzt wird.[3] Er ist definiert als:

$$\mathrm{MSE}(\hat{\theta}_n) = \mathrm{E}[(\hat{\theta}_n - \theta)^2]. \tag{8.6}$$

Bei erwartungstreuen Schätzungen stimmt er mit der Varianz überein, bei verzerrten nicht.[4] Bei letzterem gilt wegen $\mathrm{E}(\hat{\theta}_n) \neq \theta$:

$$\mathrm{MSE}\ (\hat{\theta}_n) \neq \mathrm{E}\{[\hat{\theta}_n - \mathrm{E}(\hat{\theta}_n)]^2\} = \mathrm{var}(\hat{\theta}_n).$$

Die Nullergänzung $\mathrm{E}(\hat{\theta}_n) - \mathrm{E}(\hat{\theta}_n)$ ermöglicht für Gleichung (8.6) folgende Umformung:

$$\begin{aligned} \mathrm{MSE}(\hat{\theta}_n) =& \mathrm{E}\{[\hat{\theta}_n - \mathrm{E}(\hat{\theta}_n) + \mathrm{E}(\hat{\theta}_n) - \theta]^2\} \\ =& \mathrm{E}\{[\hat{\theta}_n - \mathrm{E}(\hat{\theta}_n)]^2\} + \mathrm{E}\{[\mathrm{E}(\hat{\theta}_n) - \theta]^2\} \\ &+ 2\mathrm{E}\{[\hat{\theta}_n - \mathrm{E}(\hat{\theta}_n)][\mathrm{E}(\hat{\theta}_n) - \theta]\}. \end{aligned}$$

Die drei Summanden in der letzten Umformung haben bestimmte Eigenschaften. Der erste Summand ist die Varianz von $\hat{\theta}_n : \mathrm{E}\{[\hat{\theta}_n - \mathrm{E}(\hat{\theta}_n)]^2\} = \mathrm{var}(\hat{\theta}_n)$. Der zweite Summand ist eine Konstante und entspricht der quadrierten Verzerrung: $\mathrm{E}\{[\mathrm{E}(\hat{\theta}_n) - \theta]^2\} = [\mathrm{E}(\hat{\theta}_n) - \theta]^2$. Schließlich hat der dritte Summand den Wert null. Dies zeigt folgende Umformung unter Anwendung der Regeln (3.2):

$$\begin{aligned} \mathrm{E}\{[\hat{\theta}_n - \mathrm{E}(\hat{\theta}_n)][\mathrm{E}(\hat{\theta}_n) - \theta]\} &= [\mathrm{E}(\hat{\theta}_n) - \theta]\mathrm{E}[\hat{\theta}_n - \mathrm{E}(\hat{\theta}_n)] \\ &= [\mathrm{E}(\hat{\theta}_n) - \theta][\mathrm{E}(\hat{\theta}_n) - \mathrm{E}(\hat{\theta}_n)] = 0. \end{aligned}$$

Damit lässt sich der mittlere quadratische Fehler in die Varianz $\mathrm{var}(\hat{\theta}_n) = \mathrm{E}\{[\hat{\theta}_n - \mathrm{E}(\hat{\theta}_n)]^2\}$ und in die quadrierte Verzerrung $[\mathrm{E}(\hat{\theta}_n) - \theta]^2$ zerlegen:

$$\mathrm{MSE}(\hat{\theta}_n) = \mathrm{var}(\hat{\theta}_n) + [\mathrm{E}(\hat{\theta}_n) - \theta]^2. \tag{8.7}$$

Soll der verzerrte Schätzer konsistent sein, muss gelten:

---

[3] Die Abkürzung stammt aus der englischen Bezeichnung „mean square error".

[4] Dem mittleren quadratischen Fehler entspricht in der deskriptiven Statistik die durchschnittliche quadratische Abweichung.

$$\lim_{n\to\infty} \mathrm{MSE}(\hat{\theta}_n) = \lim_{n\to\infty} \mathrm{var}(\hat{\theta}_n) + \lim_{n\to\infty} [\mathrm{E}(\hat{\theta}_n) - \theta]^2 = 0.$$

Da weder die Varianz noch die quadrierte Verzerrung negativ werden können, müssen die Grenzwerte beider Größen null sein. Damit sind zwei hinreichende Bedingungen für Konsistenz gefunden:

$$\text{(a)} \lim_{n\to\infty} [\mathrm{E}(\hat{\theta}_n) - \theta]^2 = 0 \quad \text{und} \quad \text{(b)} \lim_{n\to\infty} \mathrm{var}(\hat{\theta}_n) = 0. \tag{8.8}$$

Ist Bedingung (8.8) erfüllt, spricht man auch von **Konsistenz im quadratischen Mittel**. Liegt diese Eigenschaft für eine Schätzfunktion vor, ist sie auch schwach konsistent. Ebenso folgt aus Bedingung (8.8), dass im quadratischen Mittel konsistente Schätzer immer auch mindestens asymptotisch erwartungstreu sind. In Abbildung 8.2 stellt $\hat{\theta}_n$ eine verzerrte, aber konsistente Schätzfunktion dar.

Abb. 8.2: Konsistente Schätzfunktion

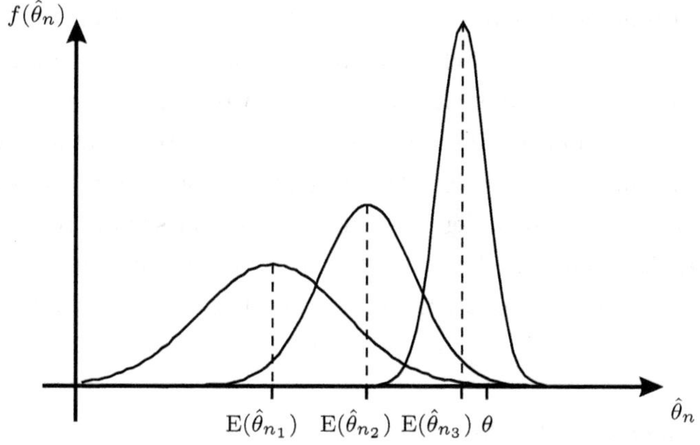

Für die Stichprobenumfänge gilt: $n_1 < n_2 < n_3$. Mit zunehmendem Stichprobenumfang n verringern sich Verzerrung und Varianz: die Stichprobenverteilung bewegt sich in Richtung θ.

Die Konsistenzeigenschaft wird oft als Mindestanforderung an gute Schätzer interpretiert. Obwohl dies in der Mehrzahl der Fälle richtig ist, gibt es hiervon auch Ausnahmen. Ließe sich bei einer Schätzfunktion θ_n durch eine geringfügige Verzerrung $\mathrm{E}(\hat{\theta}_n) - \theta$ ihre Varianz $\mathrm{var}(\hat{\theta}_n)$ erheblich verringern, wäre eine Schätzung mit dieser Funktion einer erwartungstreuen und effizienten Schätzung unter Umständen vorzuziehen, sofern diese eine große Varianz besitzt. Auf solche Schätzfunktionen wird hier aber nicht eingegangen.

Eine weitere Eigenschaft statistisch guter Schätzer ist die **Suffizienz**. Darunter versteht man, dass die Schätzfunktion die gesamte, in der Stichprobe vorhandene Information bei der Schätzung verwertet. Soll z.B. der Erwartungswert μ einer Grundgesamtheit geschätzt werden, wäre der Modus der Stichprobe kein suffizienter Schätzer, da er bei der Schätzung auf die Ausprägung der übrigen Stichprobenelemente verzichtet. Die Suffizienzeigenschaft ist verglichen mit den anderen Kriterien jedoch nur von untergeordneter Bedeutung, so dass ihre weitere Behandlung entfällt.

8.2 Konstruktion von Schätzfunktionen

Nachdem wünschenswerte statistische Eigenschaften für Schätzfunktionen eingeführt wurden, kann nun ihre Konstruktion erfolgen. Allgemein gilt, dass die Entwicklung geeigneter Schätzfunktionen problemorientiert zu erfolgen hat. So kommen z.B. in der Ökonometrie teilweise andere Schätzverfahren zum Einsatz als bei der Schätzung unbekannter Lageparameter einer Grundgesamtheit. Dennoch lassen sich drei charakteristische Vorgehensweisen bei der Konstruktion unterscheiden, die jeweils eine Klasse von Schätzverfahren festlegen. Die Bezeichnung der drei Klassen resultiert aus den Methoden, die bei der Entwicklung der Schätzer zur Anwendung kommen. Man unterscheidet daher:

(1) die Momentenmethode,

(2) die Methode der kleinsten Quadrate und

(3) die Maximum–Likelihood–Methode.

Die statistischen Eigenschaften der mit diesen Methoden entwickelten Schätzern hängen auch davon ab, wie die Stichproben gewonnen werden. Es wird bei allen drei Methoden angenommen, dass einfache Zufallsstichproben vorliegen.

Die Grundidee der **Momentenmethode** ist recht einfach. Lässt sich ein Grundgesamtheitsparameter θ als Funktion T_θ der Anfangsmomente der Grundgesamtheit $M_\alpha = \mathrm{E}(X^\alpha)$ (vgl. Gleichung (3.1)) angeben[5], erhält man: $\theta = T_\theta(M_1, \ldots, M_K)$. Seine Schätzung erfolgt nun so, dass die Momente der Grundgesamtheit M_α durch die analogen, empirischen Momente m_α der Stichprobe ersetzt werden. Der Momentenschätzer lautet dann:

$$\hat{\theta} = T_\theta(m_1, \ldots, m_K) \quad \text{mit } m_\alpha = \frac{1}{n}\sum_{j=1}^{n} X_j^\alpha \quad \text{für } \alpha = 1, \ldots, K. \tag{8.9}$$

Momentenschätzer sind unabhängig von der Verteilung von X in der Grundgesamtheit immer konsistent und daher auch asymptotisch erwartungstreu. Dies lässt sich schon daran erkennen, dass die empirischen Stichprobenmomente m_α mit wachsendem n in die Grundgesamtheitsmomente M_α, die auch **theoretische Momente** genannt werden, übergehen. Einige dieser Schätzer sind, wie in Abschnitt 7.2 gezeigt, erwartungstreu; andere, verzerrte Schätzer lassen sich mit geringem mathematischen Aufwand in erwartungstreue überführen. Jedoch sind bis auf wenige Ausnahmen Momentenschätzer nicht effizient.

Beispiel 8.1 *In einer Grundgesamtheit ist μ unbekannt. Dieser Lageparameter entspricht dem Anfangsmoment erster Ordnung. Somit gilt: $\mu = E(X) = M_1$. Der Momentenschätzer gemäß Gleichung (8.9) lautet daher: $\hat{\mu} = T_\mu(m_1) = m_1$ mit $m_1 = \frac{1}{n}\sum_{j=1}^{n} X_j$ oder: $\hat{\mu} = \frac{1}{n}\sum X_j = \bar{X}$. Liegt eine einfache Stichprobe vor, berechnet man mit ihren Realisationen das Stichprobenmittel und erhält eine Punktschätzung für μ.*

Bei der **Methode der kleinsten Quadrate**,[6] die vor allem zum Schätzen der Koeffizienten in Regressionsgleichungen eingesetzt wird, muss der Erwartungswert der Stichprobenvariablen X_j eine Funktion des unbekannten Parameters θ der Grundgesamtheit sein: $\mathrm{E}(X_j) = g_j(\theta)$. Bei einfachen Stichproben sind alle Stichprobenvariablen unabhängig, identisch verteilt wie X, woraus folgt: $\mathrm{E}(X_j) = g_j(\theta) = g(\theta)$ für $j = 1, \ldots, n$. Die Schätzfunktion $\hat{\theta}$

[5] Die Bedingung „Anfangsmomente" ist nicht sonderlich einschränkend, da sich auch alle Zentralmomente ausschließlich durch Anfangsmomente darstellen lassen. Vgl. hierzu ASSENMACHER (2003), S. 113.

[6] Auf Englisch heißt diese Methode: Ordinary Least Squares und wird daher sehr oft mit **OLS** abgekürzt.

wird nun so bestimmt, dass sie die Summe S der quadrierten Abweichungen der Stichprobenvariablen X_j von $\hat{\theta}$ minimiert:

$$S = \sum_{j=1}^{n} (X_j - \hat{\theta})^2 \longrightarrow \underset{\hat{\theta}}{\text{Min!}} \tag{8.10}$$

Die Lösung von Gleichung (8.10) nach $\hat{\theta}$ liefert die Schätzfunktion der Methode der kleinsten Quadrate. Lassen sich Schätzfunktionen nach dieser Methode aufstellen, sind sie unabhängig von der Verteilung von X in der Grundgesamtheit erwartungstreu und konsistent.

Beispiel 8.2 *Der unbekannte Parameter μ einer Grundgesamtheit soll mit der Methode der kleinsten Quadrate geschätzt werden. Da bei einfachen Stichproben gilt: $E(X_j) = \mu$, ist die funktionale Abhängigkeit $E(X_j) = g(\theta) = g(\mu)$ gegeben. Daher kann Gleichung (8.10) aufgestellt werden:*

$$S = \sum_{j=1}^{n} (X_j - \hat{\mu})^2 \longrightarrow \underset{\hat{\mu}}{\mathit{Min!}}$$

Die erste und zweite Ableitung von S nach $\hat{\mu}$ lauten:

$$\frac{dS}{d\hat{\mu}} = -2 \sum (X_j - \hat{\mu}) = 0 \quad \mathit{und} \quad \frac{d^2 S}{d(\hat{\mu})^2} = 2n > 0.$$

Die Lösung der ersten Ableitung ergibt den OLS–Schätzer: $\hat{\mu} = \frac{1}{n} \sum_{j=1}^{n} X_j = \bar{X}$, der wegen der positiven zweiten Ableitung die Quadratsumme S minimiert. Er stimmt mit dem Momentenschätzer für μ überein.

Die **Maximum–Likelihood–Methode** setzt voraus, dass das Verteilungsgesetz von X in der Grundgesamtheit und damit der Stichprobenvariablen X_j bekannt ist. Jedoch liegen über die Parameter $\theta_1, \theta_2, \ldots, \theta_K$, die zu einem Zeilenvektor $\boldsymbol{\theta} = (\theta_1, \ldots, \theta_K)$ zusammengefasst werden, keine Informationen vor. Diese unbekannten Parameter werden nun so geschätzt, dass die Wahrscheinlichkeit für das Eintreten der bereits konkret vorliegenden Stichprobenrealisationen $(x_1, \ldots, x_n)$ maximal wird. Da bei einfachen Stichproben die Stichprobenvariablen unabhängig wie X verteilt sind, besitzen sie alle dieselben Wahrscheinlichkeits- bzw. Dichtefunktionen: $f(X_1|\boldsymbol{\theta}) = f(X_2|\boldsymbol{\theta}) = \ldots = f(X_n|\boldsymbol{\theta})$. Die gemeinsame Wahrscheinlichkeits- bzw. Dichtefunktion folgt nach Verallgemeinerung für den n-dimensionalen Fall aus den Definitionen 5.6 und 5.9 als:

$$f(X_1, X_2, \ldots, X_n|\boldsymbol{\theta}) = f(X_1|\boldsymbol{\theta})f(X_2|\boldsymbol{\theta}) \cdot \ldots \cdot f(X_n|\boldsymbol{\theta}) = \prod_{j=1}^{n} f(X_j|\boldsymbol{\theta}).$$

Da das Stichprobenergebnis vorliegt, wird nun ein solcher Parametervektor $\boldsymbol{\theta}$ gesucht, der die Wahrscheinlichkeit für das Eintreten der vorliegenden Stichprobe $(X_1 = x_1, \ldots, X_n = x_n)$ maximiert. In der gemeinsamen Wahrscheinlichkeits- bzw. Dichtefunktion sind jetzt die Elemente des Vektors $\boldsymbol{\theta}$ die Variablen; man bezeichnet diese Funktion daher als **Likelihood–Funktion** L, die bezüglich $\boldsymbol{\theta}$ zu maximieren ist:[7]

$$L = f(\boldsymbol{\theta}|x_1, \ldots, x_n) \longrightarrow \underset{\boldsymbol{\theta}}{\text{Max!}} \tag{8.11}$$

Die Lösung dieses Maximierungsproblems in Abhängigkeit der Stichprobenvariablen X_j, $j = 1, \ldots, n$ liefert einen Maximum–Likelihood (ML)–Schätzer $\hat{\boldsymbol{\theta}}$. ML–Schätzer sind immer konsistent, mindestens asymptotisch erwartungstreu und mindestens asymptotisch effizient. Mit zunehmendem Stichprobenumfang konvergiert die Stichprobenverteilung der ML–Schätzer gegen die Normalverteilung. Ist das Verteilungsgesetz, dem X in der Grundgesamtheit unterliegt, unbekannt, kann mit der ML–Methode nicht geschätzt werden. In solchen Fällen ist die Momentenmethode zu verwenden.

Beispiel 8.3 *In einer Grundgesamtheit ist die statistische Variable X normalverteilt mit unbekanntem Parametern μ und σ^2. Der Parametervektor enthält daher zwei Elemente: $\boldsymbol{\theta} = (\theta_1 = \mu, \theta_2 = \sigma)$. Bei einfachen Stichproben sind die Stichprobenvariablen X_j, $j = 1, \ldots, n$ unabhängig normalverteilt wie X, ihre Dichtefunktion enthält dieselben Parameter wie die Dichtefunktion für X:*

$$f(x_j|\boldsymbol{\theta}) = \frac{1}{\sqrt{2\pi}\sigma} e^{-\frac{1}{2}\left(\frac{x_j - \mu}{\sigma}\right)^2} \quad \text{für } j = 1, \ldots, n.$$

Die gemeinsame Dichtefunktion ergibt sich nach Multiplikation der n Dichtefunktionen. Vertauscht man die Anordnung der Variablen, folgt die Likelihood–Funktion als:

$$L = f(\mu, \sigma|x_1, \ldots, x_n) = \frac{1}{(\sqrt{2\pi}\sigma)^n} \exp\left[-\frac{1}{2\sigma^2}\sum_{j=1}^{n}(x_j - \mu)^2\right]. \tag{8.12}$$

[7] Bei dieser Methode werden die deterministischen Parameter $\theta_1, \ldots, \theta_K$ wie Zufallsvariablen und die Stichprobenvariablen wie deterministische Größen behandelt. Daher stehen in der Funktion (8.11) die Parameter vor den Stichprobenrealisationen x_j. Wegen der vertauschten Zufallsinterpretation spricht man von einer Likelihood– und nicht von einer Wahrscheinlichkeits- bzw. Dichtefunktion.

Um die Funktion hinsichtlich μ und σ zu maximieren, muss sie nach diesen Variablen partiell differenziert werden. Bevor dies geschieht, soll sie durch eine monotone Transformation in eine für die Differentiation günstigere Form gebracht werden. Ihre Extremwertstellen bleiben dabei erhalten. Der natürliche Logarithmus stellt für Gleichung (8.12) eine geeignete monotone Transformation dar; sie geht jetzt über in:

$$\ln L = -n \ln(\sqrt{2\pi}) - n \ln \sigma - \frac{1}{2\sigma^2} \sum_{j=1}^{n} (x_j - \mu)^2.$$

Partielles Ableiten und Nullsetzen der Ableitungen führt zu:

$$\frac{\partial(\ln L)}{\partial \mu} = \frac{1}{\sigma^2} \sum_{j=1}^{n} (x_j - \mu) = 0 \quad \Rightarrow$$

$$\sum_{j=1}^{n} x_j - n\mu = 0; \tag{8.13}$$

$$\frac{\partial(\ln L)}{\partial \sigma} = -\frac{n}{\sigma} + \frac{1}{\sigma^3} \sum_{j=1}^{n} (x_j - \mu)^2 = 0 \quad \Rightarrow$$

$$-n\sigma^2 + \sum_{j=1}^{n} (x_j - \mu)^2 = 0. \tag{8.14}$$

Aus Gleichung (8.13) erhält man die ML-Schätzfunktion für μ als:

$$\hat{\mu} = \frac{1}{n} \sum_{j=1}^{n} x_j = \bar{x}; \tag{8.15}$$

aus Gleichung (8.14) folgt der ML–Schätzer für σ^2 als

$$s^2 = \frac{1}{n} \sum_{j=1}^{n} (x_j - \mu)^2, \tag{8.16}$$

vorausgesetzt μ wäre bekannt. Da dies nicht der Fall ist, wird μ mit Gleichung (8.15) geschätzt. Die Schätzung (8.16) geht dann über in:

$$s^2 = \frac{1}{n} \sum_{j=1}^{n} (x_j - \bar{x})^2. \tag{8.17}$$

Die beiden Schätzer (8.15) und (8.16) maximieren die Likelihood–Funktion L, wenn sie die für ein Maximum hinreichenden Bedingungen bei Funktionen mit zwei unabhängigen Variablen erfüllen. Danach müssen die lokalen partiellen

Ableitungen nach μ und σ an der Stelle $(\hat{\mu}, s)$ negativ sein und ihr Produkt größer als das Quadrat der Kreuzableitung.

Die partielle Ableitung zweiter Ordnung nach μ ergibt:
$$\frac{\partial(\ln L)}{\partial\mu^2} = -\frac{n}{\sigma^2};$$
die lokale Ableitung beträgt daher:
$$\left.\frac{\partial^2(\ln L)}{\partial\mu^2}\right|_{\substack{\mu=\hat{\mu}\\ \sigma=s}} = -\frac{n}{s^2} < 0.$$

Die partielle Ableitung zweiter Ordnung nach σ lautet:

$$\frac{\partial^2(\ln L)}{\partial\sigma^2} = \frac{n}{\sigma^2} - \frac{3\sum\limits_{j=1}^{n}(x_j-\mu)^2}{\sigma^4}.$$

Ersetzt man die Summe gemäß Gleichung (8.16) durch ns^2 und ermittelt dann die lokale Ableitung, führt dies zu:

$$\left.\frac{\partial^2(\ln L)}{\partial\sigma^2}\right|_{\substack{\mu=\hat{\mu}\\ \sigma=s}} = \frac{ns^2 - 3ns^2}{s^4} = -\frac{2n}{s^2} < 0.$$

Die Kreuzableitung ergibt sich als:
$$\frac{\partial^2(\ln L)}{\partial\sigma\partial\mu} = -\frac{2\sum\limits_{j=1}^{n}(x_j-\mu)}{\sigma^3}$$ *mit dem lokalen Wert:*
$$\left.\frac{\partial^2(\ln L)}{\partial\sigma\partial\mu}\right|_{\substack{\mu=\hat{\mu}\\ \sigma=s}} = -\frac{2\sum\limits_{j=1}^{n}(x_j-\hat{\mu})}{s^3} = 0$$ *wegen* $\sum\limits_{j=1}^{n}(x_j-\hat{\mu}) = 0$. *Damit gilt:*
$(-\frac{n}{s^2})(-\frac{2n}{s^2}) > 0$ *und die hinreichenden Bedingungen für ein Maximum der Likelihood–Funktion sind erfüllt.*

8.3 Ausgewählte Schätzfunktionen und Punktschätzungen

Da der Übergang einer Stichprobenfunktion in eine Schätzfunktion aus ihrer Verwendung resultiert, können alle Stichprobenfunktionen prinzipiell auch als Schätzfunktionen dienen. Jedoch wird man nur solche wählen, die den aufgestellten statistischen Forderungen der Erwartungstreue, Effizienz und Konsistenz genügen bzw. ihnen in einem asymptotischen Sinne nahe kommen. Dies gilt besonders für die in Abschnitt 7.2 dargestellten Stichprobenfunktionen. Da ihre Stichprobenverteilungen mindestens approximativ vorliegen, können die wünschenswerten Eigenschaften geprüft werden.

Mit Punktschätzungen sollen Informationen über unbekannte Parameter einer Grundgesamtheit gewonnen werden. Für die wichtigsten Parameter $\mathrm{E}(X)$ und $\mathrm{var}(X)$ sind in der folgenden Tabelle 8.1 geeignete Schätzfunktionen, unterteilt nach dem Zufallsauswahlverfahren der Stichprobe, zusammengestellt. Der Nachweis ihrer Erwartungstreue und die Ableitungen einiger Fehlervarianzen wurden bereits im Abschnitt 7.2 erbracht. Bei Erwartungstreue und explizit gegebener Varianz kann gemäß der hinreichenden Bedingungen (8.8) die Konsistenzeigenschaft der Schätzfunktion als Übung selbst nachgewiesen werden.

Die erste Spalte der Tabelle 8.1 enthält den Grundgesamtheitsparameter, die zweite Spalte die Momentenschätzfunktion. Ihren Erwartungswert und in einigen einfachen Fällen auch ihre Varianz sind in den Spalten (3) und (4) angegeben. Die letzte Spalte gibt die Eigenschaften der Schätzfunktion an. Ihre exakten oder approximativen Verteilungseigenschaften findet man in Tabelle 7.2.

Die angegebenen Erwartungswerte der Schätzfunktionen für die Varianz gelten nur bei einfachen Stichproben. Erfolgt die Auswahl durch ein Ziehen ohne Zurücklegen, sind sie verzerrt: Sie weichen um den Faktor $\frac{N}{N-1}$ von den angegebenen Werten ab. Will man beim Ziehen ohne Zurücklegen die angegebenen Erwartungswerte erzielen, sind alle vier Schätzfunktionen mit dem Faktor $\frac{N-1}{N}$ zu multiplizieren. Bei großen Grundgesamtheiten kann er jedoch vernachlässigt werden.

Die in Tabelle 8.1 angegebenen Momentenschätzer kommen immer dann zur Anwendung, wenn das Verteilungsgesetz von X in der Grundgesamtheit unbekannt ist. Liegen hierfür jedoch Informationen vor, können je nach Art der Verteilung spezifische Schätzfunktionen entwickelt werden, die sich meistens auf die in der Tabelle 8.1 angegebenen zurückführen lassen. Dabei zeigt sich auch, dass Momentenschätzer auch ML–Schätzer sein können.

Tab. 8.1: Ausgewählte Schätzfunktionen

θ	Schätzer $\hat{\theta}_n$	$\mathrm{E}(\hat{\theta}_n)$	$\mathrm{var}(\hat{\theta}_n)$	Eigenschaften
		(1) einfache Stichprobe (2) Ziehen ohne Zurücklegen		
μ	$\bar{X} = \frac{1}{n} \sum_{j=1}^{n} X_j$	μ	(1) $\mathrm{var}(\bar{X}) = \frac{1}{n}\sigma^2$ (2) $\mathrm{var}(\bar{X}) = \frac{\sigma^2}{n} \frac{N-n}{N-1}$	erwartungstreu konsistent effizient
p	$\bar{P} = \frac{1}{n} \sum_{j=1}^{n} X_j$ X_j: Bernoulli–verteilt	p	(1) $\mathrm{var}(\bar{P}) = \frac{p(1-p)}{n}$ (2) $\mathrm{var}(\bar{P}) = \frac{p(1-p)}{n} \cdot \frac{N-n}{N-1}$	erwartungstreu konsistent effizient
σ^2	heterograd $S^2 = \frac{1}{n} \sum_{j=1}^{n} (X_j - \mu)^2$	(1) σ^2		erwartungstreu konsistent effizient
	$S^2 = \frac{1}{n} \sum_{j=1}^{n} (X_j - \bar{X})^2$	(1) $\frac{n-1}{n}\sigma^2$		asymptotisch erwartungstreu konsistent
	$S^2 = \frac{1}{n-1} \sum_{j=1}^{n} (X_j - \bar{X})^2$	(1) σ^2	$\mathrm{var}(S^2) = \frac{2\sigma^4}{n-1}$ für (1), wenn $\frac{(n-1)S^2}{\sigma^2}$ χ^2–verteilt	erwartungstreu konsistent effizient, wenn X normalverteilt
	homograd $S^2 = \frac{n}{n-1}\bar{p}(1-\bar{p})$	(1) $p(1-p)$		erwartungstreu konsistent

Es sollen im Folgenden Punktschätzungen nur für diejenigen Verteilungen vorgestellt werden, bei denen die Festlegung der geeigneten Schätzfunktionen nicht unmittelbar gelingen könnte. Bei allen Grundgesamtheiten, für die der Anteil von Elementen mit einer bestimmten Eigenschaft A von Interesse ist, wird der unbekannte Anteil durch den Stichprobenanteil $\bar{P}$ geschätzt. Dieser

Schätzer gilt für die Zweipunkt- und Binomialverteilung und ist auch ein ML–Schätzer.

Bei der geometrischen Verteilung stellt X die Länge einer Bernoulli–Kette bis zum ersten Eintreten eines Erfolges dar. Ihr Parameter wird mit p, der Eintrittswahrscheinlichkeit für Erfolg, gegeben. Der Momenten- und ML–Schätzer für p lautet: $\bar{P} = \frac{1}{\bar{X}+1}$. Für die Verallgemeinerung der geometrischen Verteilung in die negative Binomialverteilung existiert kein ML–, wohl aber ein Momentenschätzer. Ihre beiden Parameter p und r schätzt man mit: $\bar{P} = \frac{\bar{X}}{S^2}$ und $\bar{R} = \frac{\bar{X}^2}{S^2 - \bar{X}}$. Diese Schätzfunktionen folgen aus den Gleichungen (4.23) und (4.24), wenn man den Quotienten μ/σ^2 bildet und für μ und σ^2 die Schätzfunktionen einsetzt.

Die Poisson–Verteilung besitzt den Parameter λ, der erwartungstreu und effizient mit $\bar{X}$ geschätzt wird: $\hat{\lambda} = \bar{X}$. Da bei dieser Verteilung auch $\lambda = \sigma^2$ gilt, könnte er alternativ mit S^2 geschätzt werden. Diese Schätzung besitzt eine größere Fehlervarianz als $\hat{\lambda} = \bar{X}$ und ist daher weniger effizient.

Ist X in einer Grundgesamtheit exponentialverteilt, muss nur der Parameter λ geschätzt werden. ML– und Momentenschätzer stimmen wieder überein. Da der Erwartungswert dieser Verteilung durch $\mu = \frac{1}{\lambda}$ gegeben wird, schätzt man λ durch: $\hat{\lambda} = \frac{1}{\bar{X}}$.

Bei den hier konkret behandelten Verteilungen hat man mit der Punktschätzung für μ auch die Varianz geschätzt. Bei Verteilungen mit $\mu = \sigma^2$ gilt dies unmittelbar; für die übrigen Verteilungen lassen sich über die angegebene Varianzformel Schätzer ermitteln, die möglicherweise nur asymptotisch erwartungstreu sind. Wie sie in erwartungstreue Schätzer übergehen, kann man, falls diese Möglichkeit existiert, Tabelle 7.2 entnehmen.

Beispiel 8.4 *a) Für eine Bernoulli–verteilte Grundgesamtheit wird der Parameter p mit einer einfachen Stichprobe im Umfang* $n = 5$ *geschätzt. Die Stichprobenrealisationen lauten* $(0, 1, 0, 0, 1)$*. Somit erhält man:* $\bar{p} = \frac{2}{5}$.

b) Der Parameter p einer geometrischen Verteilung ist zu schätzen. Aus der Grundgesamtheit werden viermal Elemente solange zufällig mit Zurücklegen entnommen, bis zum ersten Mal „Erfolg“ $(X = 1)$ *eintritt. Die Ergebnisse enthält die nachstehende Tabelle:*

Stichprobe j	*Realisationen*	X_j
1	*(0,0,1)*	*2*
2	*(1)*	*0*
3	*(0,0,0,0,1)*	*4*
4	*(0,0,1)*	*2*

Hieraus erhält man das arithmetische Mittel als $\bar{x} = 2$ *und den Schätzer als* $\bar{p} = \frac{1}{\bar{x}+1} = \frac{1}{3}$. *Analog hierzu geht man beim Schätzen der Parameter einer negativen Binomialverteilung vor.*

c) An fünf Tagen werden die Telefonanrufe X pro Stunde in der Zeit von 10.00 Uhr bis 20.00 Uhr gezählt. Die Häufigkeiten gibt die 2. Zeile der Tabelle wieder:

X	*0*	*1*	*2*	*3*	*4*	*5*
$n(X = x)$	*12*	*13*	*15*	*5*	*3*	*2*
$50 \cdot f(x)$	*10*	*16*	*13*	*7*	*3*	*1*

Das arithmetische Mittel beträgt $\bar{x} = \frac{80}{50} = 1,6$. *Geht man davon aus, dass die Telefonanrufe einem Poisson–Prozess unterliegen, wird* λ *geschätzt durch:* $\hat{\lambda} = \bar{x} = 1,6$. *In der dritten Zeile der Tabelle sind zum Vergleich die theoretische Anzahl an Anrufen* $50 \cdot f(x)$ *eingetragen, wie sie sich mit der Wahrscheinlichkeitsfunktion* $f(x) = e^{-1,6}\frac{(1,6)^x}{x!}$ *ergeben.*

d) Bei den 50 Anrufen unter c) wurde die Gesprächsdauer gemessen. Das Resultat zeigt die nächste Tabelle:

Dauer X in Minuten	$(0-1]$	$(1-2]$	$(2-5]$	*über 5*
Anzahl der Anrufe	*22*	*10*	*4*	*2*

Nimmt man an, dass in der letzten, offenen Klasse kein Gespräch länger als 10 Minuten dauerte, beträgt die durchschnittliche Gesprächsdauer $\bar{x} = \frac{55}{38} = 1,4473$ *(Minuten). Für die Zufallsvariable „X = Gesprächsdauer“ eignet sich die Exponentialverteilung zur Modellierung ihrer Stochastik. Der Parameter* λ *wird daher geschätzt durch:* $\hat{\lambda} = \frac{1}{\bar{x}} \approx 0,691$. *Die Dichtefunktion der Exponentialverteilung ist dann mit* $f(x) = 0,691e^{-0,691x}$ *für* $x \geq 0$ *spezifiziert.*

Für z.B. $X = 4$ *erhält man mit* $f(X = 4) = 0,691e^{-0,691 \cdot 4} = 0,0436$ *die Wahrscheinlichkeit, dass ein Gespräch 4 Minuten dauert.*

8.4 Intervallschätzungen

Ziel einer Intervallschätzung ist es, für einen unbekannten Parameter oder ein unbekanntes Moment einer Grundgesamtheit ein Intervall so zu schätzen, dass es mit großer Wahrscheinlichkeit die unbekannte Größe einschließt. Bei der Intervallschätzung kann man entweder deduktiv oder induktiv vorgehen. Man bestimmt, ausgehend von den bekannten Parametern bzw. Momenten der Grundgesamtheit ein Intervall, aus dem die Stichprobengröße mit hoher, vorgegebener Wahrscheinlichkeit Werte annimmt. Ein solches Intervall nennt man (zentrales) Schwankungsintervall; die vorgegebene, hohe Wahrscheinlichkeit bezeichnet man mit $1 - \alpha$. Da die Ableitungsrichtung deduktiv von der Grundgesamtheit zur Stichprobe verläuft, erhält man ein Schwankungsintervall durch einen Inklusionsschluss.

Die empirisch bedeutsamere Vorgehensweise stellt der induktive Schluss dar. Man schließt von dem Stichprobenergebnis auf den unbekannten Parameter bzw. das unbekannte Moment der Grundgesamtheit. Auf diese Weise bestimmt man ein Intervall, das mit vorgegebener, großer Wahrscheinlichkeit $1 - \alpha$ den unbekannten Parameter bzw. das unbekannte Moment der Grundgesamtheit einschließt. Ein solches Intervall nennt man **Konfidenzintervall**, die Wahrscheinlichkeit $1-\alpha$ heißt **Vertrauenswahrscheinlichkeit**, **Sicherheitsgrad** oder **Konfidenzniveau**. Jedes berechnete Konfidenzintervall stellt eine **Intervallschätzung** für den in ihm enthaltenen Grundgesamtheitsparameter dar.

Für die meisten Stichprobenfunktionen lassen sich Schwankungsintervalle aufstellen. Da die Vorgehensweise in allen Fällen die gleiche ist, werden Schwankungsintervalle nur für die Stichprobenfunktionen $\bar{X}$ und $\bar{P}$ ermittelt. Das Stichprobenmittel $\bar{X}$ ist bei Stichproben mit dem Umfang $n \geq 30$ unabhängig von der Grundgesamtheitsverteilung für X annähernd normalverteilt mit $\mathrm{E}(\bar{X}) = \mu$ und $\mathrm{var}(\bar{X}) = \sigma^2_{\bar{X}} = \frac{1}{n}\sigma^2$ bei einfachen und $\mathrm{var}(\bar{X}) = \sigma^2_{\bar{X}} = \frac{\sigma^2}{n}\frac{N-n}{N-1}$ bei Stichproben ohne Zurücklegen. In Abbildung 8.3 ist die Dichtefunktion für $\bar{X}$ dargestellt.

Abb. 8.3: Stichprobenverteilung von X̄

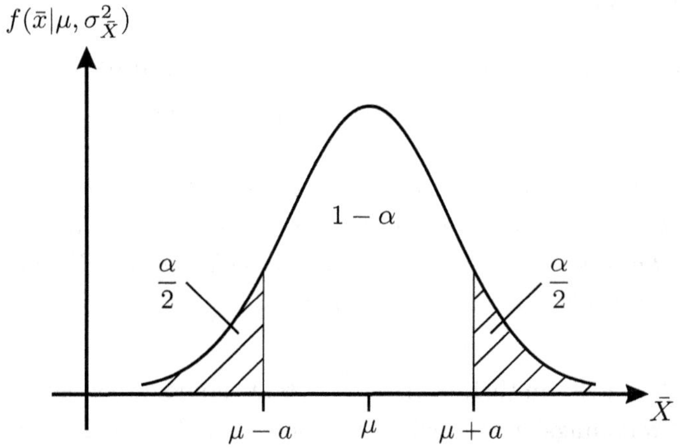

Die nicht schraffierte Fläche entspricht der Wahrscheinlichkeit $1 - \alpha$, die schraffierten Flächen betragen jeweils $\alpha/2$. Wegen der Symmetrie der Normalverteilung wird die nicht schraffierte Fläche auf der Abszisse durch die Werte $\mu \pm a$ begrenzt. Damit gilt für die Wahrscheinlichkeit des Ereignisses $\mu - a \leq \bar{X} \leq \mu + a$: $P(\mu - a \leq \bar{X} \leq \mu + a) = 1 - \alpha$. Nach Standardisieren mit $Z = \frac{\bar{X}-\mu}{\sigma_{\bar{X}}}$ folgt:

$$P\left(-\frac{a}{\sigma_{\bar{X}}} \leq \frac{\bar{X}-\mu}{\sigma_{\bar{X}}} \leq \frac{a}{\sigma_{\bar{X}}}\right) = P(-z \leq Z \leq z) = 1 - \alpha.$$

Die Wahrscheinlichkeit $1 - \alpha$ legt die Werte $\pm z$ der standardnormalverteilten Zufalssvariablen Z fest. Es gilt $\pm z = \pm z_{1-\frac{\alpha}{2}}$. Das Schwankungsintervall für $\bar{X}$ lautet daher:

$$P(\mu - \sigma_{\bar{X}} z_{1-\frac{\alpha}{2}} \leq \bar{X} \leq \mu + \sigma_{\bar{X}} z_{1-\frac{\alpha}{2}}) = 1 - \alpha. \quad (8.18)$$

Gleichung (8.18) gilt für Stichproben mit und ohne Zurücklegen. Bei einfachen Stichproben setzt man: $\sigma_{\bar{X}} = \frac{\sigma}{\sqrt{n}}$; bei Stichproben ohne Zurücklegen gilt: $\sigma_{\bar{X}} = \frac{\sigma}{\sqrt{n}}\sqrt{\frac{N-n}{N-1}}$.

Beispiel 8.5 *Die Körpergröße deutscher Männer ist normalverteilt mit* $\mu = 178cm$ *und* $\sigma^2 = 64cm^2$. *Um das Schwankungsintervall für die Stichprobenmittelwerte* $\bar{X}$ *zu bilden, benötigt man den Wert* $z_{1-\frac{\alpha}{2}}$. *Bei einem Stichprobenumfang von* $n = 100$ *und einer Wahrscheinlichkeit* $1 - \alpha = 0,95$ *erhält* *man aus Tabelle 1:* $z_{1-\frac{\alpha}{2}} = z_{0,975} = 1,96$. *Für einfache Stichproben beträgt die Varianz* $\sigma^2 = \frac{64}{100}$ *und die Standardabweichung* $\sigma = 0,8$. *Gleichung (8.18) geht daher über in:*

$$P(178 - 1,96 \cdot 0,8 \leq \bar{X} \leq 178 + 1,96 \cdot 0,8) = 0,95 \quad \textit{oder:}$$
$$P(176,432 \leq \bar{X} \leq 179,568) = 0,95.$$

Im berechneten Schwankungsintervall liegen 95% aller einfachen Stichprobenmittelwerte bei einem Stichprobenumfang von $n = 100$. *Bei Stichproben ohne Zurücklegen hätte wegen des sehr kleinen Auswahlsatzes der Endlichkeitskorrekturfaktor vernachlässigt werden können.*

Ist X in der Grundgesamtheit Bernoulli–verteilt (homograder Fall), berechnet man das Schwankungsintervall wie bei $\bar{X}$, sofern die Faustregel $np(1-p) > 9$ erfüllt ist. Die Stichprobenfunktion $\bar{P}$ ist approximativ normalverteilt mit $\mathrm{E}(\bar{P}) = p$ und $\mathrm{var}(\bar{P}) = \sigma^2_{\bar{P}} = \frac{p(1-p)}{n}$ für einfache und $\mathrm{var}(\bar{P}) = \frac{p(1-p)}{n}\frac{N-n}{N-1}$ für Stichproben ohne Zurücklegen. Das Schwankungsintervall lautet jetzt bei einfachen Stichproben:

$$P\left(p - z_{1-\frac{\alpha}{2}}\sqrt{\frac{pq}{n}} \leq \bar{P} \leq p + z_{1-\frac{\alpha}{2}}\sqrt{\frac{pq}{n}}\right) = 1 - \alpha. \tag{8.19}$$

Bei Stichproben ohne Zurücklegen wird die Standardabweichung durch $\sqrt{\frac{pq}{n}\frac{N-n}{N-1}}$ gegeben.

Konfidenzintervalle haben formal dieselbe Struktur wie Schwankungsintervalle. Aus $P(-z_{1-\frac{\alpha}{2}} \leq Z \leq z_{1-\frac{\alpha}{2}}) = 1 - \alpha$ folgt nach Substitution von Z durch $\frac{\bar{X}-\mu}{\sigma_{\bar{X}}}$:

$$P(\bar{X} - z_{1-\frac{\alpha}{2}}\sigma_{\bar{X}} \leq \mu \leq \bar{X} + z_{1-\frac{\alpha}{2}}\sigma_{\bar{X}}) = 1 - \alpha. \tag{8.20}$$

Wie bei Schwankungsintervallen ist in Gleichung (8.20) bei der Festlegung der Stichprobenvarianz eine Fallunterscheidung hinsichtlich einfachen Stichproben oder Stichproben ohne Zurücklegen notwendig.

Das Konfidenzintervall kann nur für numerisch gegebenes σ^2 erstellt werden. Ist dies nicht der Fall, hat man σ^2 mit der Gleichung (7.3) zu schätzen, da μ unbekannt ist. Wird bei der standardnormalverteilten Zufallsvariable $Z = \frac{\bar{X}-\mu}{\sigma/\sqrt{n}}$ die Grundgesamtheitsvarianz durch die Varianz einer Stichprobe ersetzt, unterliegt Z bei einfachen Stichproben einer t–Verteilung mit $n-1$

Freiheitsgraden: $Z(t) = \frac{\bar{X}-\mu}{S/\sqrt{n}}$ (vgl. Gleichung (7.17)). Das Konfidenzintervall folgt aus $P(-t(1-\frac{\alpha}{2};n-1) \leq \frac{\bar{X}-\mu}{S/\sqrt{n}} \leq t(1-\frac{\alpha}{2};n-1)) = 1-\alpha$ als:

$$P\left(\bar{X} - t(1-\frac{\alpha}{2};n-1)\frac{S}{\sqrt{n}} \leq \mu \leq \bar{X} + t(1-\frac{\alpha}{2};n-1)\frac{S}{\sqrt{n}}\right) = 1-\alpha. \tag{8.21}$$

Das Konfidenzintervall (8.21) kann aber auch bei Stichproben ohne Zurücklegen Anwendung finden, wenn der Auswahlsatz n/N sehr klein (kleiner als 5%) ist; bei Stichprobenumfängen größer als 30 geht man nach Gleichung (8.20) vor.

Beispiel 8.6 *Für die Körpergröße deutscher Männer soll ein Konfidenzintervall bei einem Konfidenzniveau von* $1-\alpha = 0,95$ *mit einer einfachen Stichprobe des Umfangs* $n = 25$ *erstellt werden. Das Stichprobenmittel lautet* $\bar{x} = 178cm$, *die Stichprobenvarianzschätzung beträgt* $s^2 = 49cm^2$. *Aus der Tabelle 2 erhält man für* $1-\frac{\alpha}{2} = 0,975$ *und den Freiheitsgraden* $n-1 = 24$: $t(0,975;24) = 2,0639$. *Die Standardabweichung der Stichprobenverteilung ergibt sich als* $\frac{s}{\sqrt{n}} = \frac{7}{5} = 1,4$. *Dies führt zu dem Konfidenzintervall:*

$$P(175,1105 \leq \mu \leq 180,8895) = 0,95.$$

Um Konfidenzintervalle sachgerecht zu interpretieren, muss man sich bewußt sein, dass nicht der Parameter, sondern die Grenzen des Intervalls die Zufallsvariablen sind, da sie vom Stichprobenergebnis abhängen. Würde man aus einer endlichen Grundgesamtheit alle möglichen Stichproben ziehen und mit jeder Stichprobe ein Konfidenzintervall bestimmen, schließen $(1-\alpha)100\%$ der Konfidenzintervalle den Parameter ein, $\alpha \cdot 100\%$ aber nicht. Deshalb ist $1-\alpha$ immer sehr groß zu wählen.

Das Konfidenzintervall für den Anteilswert p erhält man analog zu der Herleitung des Konfidenzintervalls für μ. Gilt $np(1-p) > 9$, ist nach Abschnitt 7.2.2 die Zufallsvariable:

$$Z = \frac{\bar{P}-p}{\sqrt{p(1-p)}}\sqrt{n}$$

bei einfachen Stichproben approximativ standardnormalverteilt. Das Konfidenzintervall für p entwickelt man, indem der Klammerausdruck der Gleichung

$$P(-z_{1-\frac{\alpha}{2}} \leq \frac{\bar{P}-p}{\sqrt{p(1-p)}}\sqrt{n} < z_{1-\frac{\alpha}{2}}) = 1-\alpha$$

so umgeformt wird, dass p allein in der Mitte der Ungleichung steht. Die umständliche Umformung soll hier nicht dargestellt werden. Jedoch sei betont, dass dadurch die unbekannte Fehlervarianz $\text{var}(\bar{P}) = \frac{p(1-p)}{n}$ nicht geschätzt werden muss,[8] und deswegen ein Rückgriff auf die t–Verteilung entfällt. Bei Stichproben mit einem Umfang $n \geq 30$ kann für das exakte Konfidenzintervall eine Näherung verwendet werden, bei der die unbekannte Fehlervarianz mit einer erwartungstreuen Schätzfunktion ermittelt wird. Um diese herzuleiten, geht man von der Fehlervarianz $var(\bar{P}) = \frac{1}{n}p(1-p)$ aus. Da $p(1-p)$ eine unbekannte Grundgesamtheitsvarianz ist, wird diese mit der erwartungstreuen Schätzfunktion $S^2 = \frac{n}{n-1}\bar{P}(1-\bar{P})$ geschätzt. Als geschätzte Fehlervarianz $S^2_{\bar{P}}$ erhält man jetzt:

$$S^2_{\bar{P}} = \frac{1}{n}S^2 = \frac{1}{n-1}\bar{P}(1-\bar{P}), \tag{8.22}$$

mit $\text{E}(S^2_{\bar{P}}) = \frac{1}{n}\text{E}[\frac{n}{n-1}\bar{P}(1-\bar{P})] = \frac{1}{n}p(1-p) = \text{var}(\bar{P})$. Bei einfachen Stichproben lautet das Konfidenzintervall für p daher:

$$P\left(\bar{P} - z_{1-\frac{\alpha}{2}}\sqrt{\frac{\bar{P}(1-\bar{P})}{n-1}} \leq p \leq \bar{P} + z_{1-\frac{\alpha}{2}}\sqrt{\frac{\bar{P}(1-\bar{P})}{n-1}}\right) = 1-\alpha. \tag{8.23}$$

Werden die Stichproben ohne Zurücklegen gewonnen, beträgt die Fehlervarianz $\text{var}(\bar{P}) = \frac{p(1-p)}{n}\frac{N-n}{N-1}$. Die erwartungstreue Schätzfunktion für die Grundgesamtheitsvarianz lautet jetzt nach Gleichung (7.7.b): $S^2_{\text{o.z}} = \frac{N-1}{N}\frac{n}{n-1}\bar{P}(1-\bar{P})$. Hieraus ergibt sich eine erwartungstreue Schätzfunktion für die Fehlervarianz als:

$$S^2_{\bar{P}} = \frac{1}{n}\frac{N-n}{N-1}S^2_{\text{o.z}} = \frac{N-1}{N}\frac{\bar{P}(1-\bar{P})}{n-1}\frac{N-n}{N-1} = \frac{N-n}{N}\frac{\bar{P}(1-\bar{P})}{N-1}. \tag{8.24}$$

Das Konfidenzintervall für p bei Stichproben ohne Zurücklegen folgt aus Gleichung (8.22) nach Substitution der Standardabweichung als:

$$\begin{aligned} P\Bigg(\bar{P} - z_{1-\frac{\alpha}{2}}\sqrt{\frac{N-1}{N}\frac{\bar{P}(1-\bar{P})}{n-1}\frac{N-n}{N-1}} \leq p \\ \leq \bar{P} + z_{1-\frac{\alpha}{2}}\sqrt{\frac{N-1}{N}\frac{\bar{P}(1-\bar{P})}{n-1}\frac{N-n}{N-1}}\Bigg) = 1-\alpha. \end{aligned} \tag{8.25}$$

Ist die Zufallsvariable X in der Grundgesamtheit (annähernd) normalverteilt und werden einfache Stichproben entnommen, folgt die Zufallsvariable

[8] Da die Fehlervarianz von p abhängt, ist sie wie p unbekannt.

$\frac{(n-1)S^2}{\sigma^2}$ einer χ^2-Verteilung mit $(n-1)$ Freiheitsgraden. Unter diesen Voraussetzungen kann das Schwankungsintervall (7.11) in ein Konfidenzintervall überführt werden. Dazu schreibt man Gleichung (7.11) zunächst als:

$$P\left[\chi^2\left(\frac{\alpha}{2}; n-1\right) \leq \frac{(n-1)S^2}{\sigma^2} \leq \chi^2\left(1-\frac{\alpha}{2}; n-1\right)\right] = 1-\alpha.$$

Stellt man die Ungleichung so um, dass σ^2 allein in der Mitte steht, folgt:

$$P\left[\frac{(n-1)S^2}{\chi^2(1-\frac{\alpha}{2}; n-1)} \leq \sigma^2 \leq \frac{(n-1)S^2}{\chi^2(\frac{\alpha}{2}; n-1)}\right] = 1-\alpha. \tag{8.26}$$

Liegen Stichprobenrealisationen $(x_1, \ldots, x_n)$ vor, kann mit Gleichung (7.3) die Stichprobenvarianz S^2 berechnet werden und die Grenzen des Konfidenzintervalls sind bestimmt.

Beispiel 8.7 *Die in Kilometern (km) gemessene Lebensdauer von Automotoren eines bestimmten Fabrikats ist normalverteilt. Nach Einführung eines neuen Produktionsprozesses soll die Streuung der Lebensdauer der Motoren bei einem Konfidenzniveau von 95% geschätzt werden. Eine Stichprobe ohne Zurücklegen im Umfang* $n = 16$ *ergab eine Stichprobenvarianz von:* $s^2 = 50000(km^2)$. *Obwohl eine Stichprobe ohne Zurücklegen entnommen wurde, kann wegen des geringen Umfanges von Unabhängigkeit der Stichprobenvariablen ausgegangen werden. Aus Tabelle 2 entnimmt man für* $n-1 = 15$ *Freiheitsgraden:* $\chi^2(0,025; 15) = 6,262$ *und* $\chi^2(0,975; 15) = 27,488$. *Das Intervall beträgt dann:* $[\frac{15\cdot 50000}{27,488}, \frac{15\cdot 50000}{6,262}]$ *und das Konfidenzintervall lautet:*

$$P(27284,63 \leq \sigma^2 \leq 119770,04) = 0,95.$$

Die Standardabweichung liegt mit 95% Vertrauensniveau im Intervall 165,18 km und 346,07 km.

Nach dieser ausführlichen Behandlung der Konfidenzintervalle für μ, p und σ^2 sollte es möglich sein, auch für andere Grundgesamtheitsparameter Konfidenzintervalle zu erstellen. So könnte es z.B. von Interesse sein, ein Konfidenzintervall für die Differenz zweier Grundgesamtheitsmittelwerte $(\mu_X - \mu_Y)$ zu berechnen. Aus Gleichung (7.14) erhält man das Konfidenzintervall gemäß der bisherigen Vorgehensweise als:

$$P\left[(\bar{X}-\bar{Y}) - z_{1-\frac{\alpha}{2}}\sqrt{\frac{\sigma_X^2}{n_X}+\frac{\sigma_Y^2}{n_Y}} \leq (\mu_X-\mu_Y)\right.$$
$$\left.\leq (\bar{X}-\bar{Y}) + z_{1-\frac{\alpha}{2}}\sqrt{\frac{\sigma_X^2}{n_X}+\frac{\sigma_Y^2}{n_Y}}\right] = 1-\alpha. \qquad (8.27)$$

Dieses Konfidenzintervall gilt nur bei den in Abschnitt 7.2.4 getroffenen Voraussetzungen. Weicht man von diesen ab, ist es nur approximativ gültig oder für den konkreten Fall zu modifizieren. Auch ergeben sich Vereinfachungen, wenn von übereinstimmenden Varianzen in beiden Grundgesamtheiten ausgegangen werden kann.

8.5 Notwendiger Stichprobenumfang und Hochrechnung

Bei Konfidenzintervallen bzw. Intervallschätzungen hängen untere und obere Grenze bei gegebenem Konfidenzniveau vom Stichprobenumfang n ab. Daher kann durch Variation des Stichprobenumfangs die Intervallbreite und damit die Genauigkeit der Intervallschätzung beeinflusst werden. Diese Möglichkeit ist für die Stichprobenplanung bedeutsam. Will man eine bestimmte Genauigkeit bei der Intervallschätzung erreichen, ist der hierfür **notwendige Stichprobenumfang** festzulegen. Da sich die Vorgehensweise bei allen Intervallschätzungen analog gestaltet, soll sie beispielhaft für die unbekannten Parameter μ und p einer Grundgesamtheit durchgeführt werden.

Mit dem Konfidenzintervall (8.20) liegt eine Intervallschätzung für μ bei einer Vertrauenswahrscheinlichkeit von $1-\alpha$ vor. Um die Notation zu vereinfachen, wird anstelle $z_{1-\frac{\alpha}{2}}$ jetzt kurz z geschrieben. Mit dieser Änderung lautet Gleichung (8.20):

$$P(\bar{X} - z\sigma_{\bar{X}} \leq \mu \leq \bar{X} + z\sigma_{\bar{X}}) = 1-\alpha. \qquad (8.28)$$

Die Länge des Konfidenzinteralls entspricht der Differenz aus oberer und unterer Grenze: $\bar{X} + z\sigma_{\bar{X}} - (\bar{X} - z\sigma_{\bar{X}}) = 2z\sigma_{\bar{X}}$. Die halbe Länge bezeichnet man als **absoluten Fehler**,[9] der häufig mit e symbolisiert wird:

$$e = z\sigma_{\bar{X}}. \qquad (8.29)$$

[9]Die Bezeichnung „absoluter Fehler“ wird deutlich, wenn man das Konfidenzintervall als $|\mu - \bar{X}| \leq z\sigma_{\bar{X}}$ angibt.

Bei einfachen Stichproben gilt nach Gleichung (7.1): $\sigma_{\bar{X}}^2 = \frac{\sigma^2}{n}$. Nach entsprechender Substitution wird der absolute Fehler explizit von n abhängig:

$$e = z\frac{\sigma}{\sqrt{n}}. \tag{8.30}$$

Soll ein vorgegebener absoluter Fehler e bei der Intervallschätzung eingehalten werden, muss Gleichung (8.30) nach dem hierfür notwendigen Stichprobenumfang n aufgelöst werden. Dies führt zu:

$$n = \left(\frac{\sigma z}{e}\right)^2. \tag{8.31}$$

Da n immer eine natürliche Zahl sein muss, sind nicht ganzzahlige Lösungen zu ganzen Zahlen aufzurunden.

Beim Ziehen ohne Zurücklegen gilt Varianzgleichung (7.2) und Gleichung (8.29) geht nach entsprechender Substitution über in:

$$e = z\sigma\sqrt{\frac{N-n}{n(N-1)}}.$$

Nach n aufgelöst ergibt:

$$n = \frac{z^2\sigma^2 N}{z^2\sigma^2 + e^2(N-1)}. \tag{8.32}$$

Die Gleichungen (8.31) und (8.32) legen den Mindeststichprobenumfang zur Einhaltung eines vorgegebenen absoluten Fehlers fest.

Beispiel 8.8 *In Beispiel 8.6 wurde für μ ein Konfidenzintervall bei geschätzter Varianz berechnet. Dieses Beispiel soll nun so geändert werden, dass die Varianz der Grundgesamtheit der Schätzung entspricht: $\sigma^2 = 49$. Das Konfidenzniveau bleibt bei 0,95. Das Konfidenzintervall nach Gleichung (8.28) beträgt:*

$$P\left(178 - 1,96 \cdot \frac{7}{5} \leq \mu \leq 178 + 1,96 \cdot \frac{7}{5}\right) =$$
$$P(175,256 \leq \mu \leq 180,744) = 0,95.$$

Das Intervall hat die Länge 5,488; das ergibt einen absoluten Fehler von $e = 2,744$. *Den notwendigen Stichprobenumfang für einen absoluten Fehler* $e = 1$ *berechnet man mit Gleichung (8.31):* $n = (7 \cdot 1,96)^2 = 188,2384$. *Nach Aufrunden folgt der notwendige Stichprobenumfang als* $n = 189$. *Bei diesem oder einem größeren Stichprobenumfang hat die Intervallschätzung durch das Konfidenzintervall höchstens eine Länge von 2. Dann schließt das Intervall* $[\bar{X}-1, \bar{X}+1]$ *den unbekannten Parameter* μ *mit einer Vertrauenswahrscheinlichkeit von mindestens* $1 - \alpha = 0,95$ *ein.*

Dieses Beispiel zeigt, dass zur Festlegung des notwendigen Stichprobenumfangs die Varianz σ^2 der Grundgesamtheit bekannt sein muss. Ist dies nicht der Fall, erfolgt ihre erwartungstreue Schätzung entweder mit Gleichung (7.3) oder (7.7.a). Basiert die Schätzung auf einer einfachen Stichprobe mit einem Umfang kleiner als 30, ist in Gleichung (8.31) z durch t zu ersetzen.

Bei Intervallschätzungen des Anteils p ist immer auch die Varianz $\sigma^2 = p(1-p)$ der Grundgesamtheit unbekannt. Zur Berechnung des notwendigen Stichprobenumfangs im homograden Fall muss σ^2 zunächst mit einer Stichprobe beliebigen Umfangs erwartungstreu geschätzt werden. Hierzu können dieselben Varianzschätzer, die bereits in den Gleichungen (8.22) und (8.23) Verwendung finden, herangezogen werden. Bei einfachen Stichproben und einer Fehlervarianzschätzung mit Gleichung (8.22) beträgt der absolute Fehler: $e = z\sqrt{\frac{\bar{P}(1-\bar{P})}{n-1}}$; nach n aufgelöst ergibt:

$$n = \frac{z^2 \bar{P}(1-\bar{P})}{e^2} + 1. \tag{8.33}$$

Bei Stichproben ohne Zurücklegen wird die Fehlervarianz mit Gleichung (8.24) geschätzt. Der absolute Fehler ergibt sich jetzt als:

$$e = z\sqrt{\frac{N-1}{N}\frac{\bar{P}(1-\bar{P})}{n-1}\frac{N-n}{N-1}} = z\sqrt{\frac{\bar{P}(1-\bar{P})}{n-1}\frac{N-n}{N}}.$$

Bei großen Grundgesamtheiten und $\frac{n}{N} < 0,05$ gilt approximativ $\frac{N-n}{N} = 1$. Die absoluten Fehler bei Ziehen mit und ohne Zurücklegen stimmen dann überein und Gleichung (8.33) gibt auch hier den notwendigen Stichprobenumfang an.

Eine weitere Möglichkeit zur Lösung des Problems einer unbekannten Grundgesamtheitsvarianz im homograden Fall basiert auf ihrer Maximumeigenschaft. Differentiation der Gleichung $\sigma^2 = p(1-p) = p - p^2$ nach p ergibt: $\frac{d\sigma^2}{dp} = 1 - 2p = 0$. Wegen $\frac{d^2\sigma^2}{dp^2} = -2$ hat σ^2 für $p = \frac{1}{2}$ ein Maximum mit $\sigma^2 = \frac{1}{4}$. Setzt man diesen Wert in Gleichung (8.33) ein, erhält man:

$$n = \frac{z^2}{4e^2} + 1. \tag{8.34}$$

Wegen der Verwendung der größtmöglichen Varianz berechnet man mit Gleichung (8.34) einen notwendigen Stichprobenumfang, der zu groß ist, wenn die tatsächliche Varianz kleiner als ihr maximaler Wert wäre. Diese konservative Festlegung von n sichert, dass der vorgegebene absolute Fehler e auch bei jeder anderen Varianz $\sigma^2 < \frac{1}{4}$ eingehalten wird.

Schließlich lassen sich Stichproben noch für Hochrechnungen verwenden. Unter einer **Hochrechnung** versteht man den Schluss von einem Stichprobenergebnis auf die gesamte Merkmalssumme einer kardinalen statistischen Variablen X in einer endlichen Grundgesamtheit mit dem Umfang N. Es liegt somit eine Schätzung der Merkmalssumme vor. Die Merkmalssumme der statistischen Variablen X in einer endlichen Grundgesamtheit beträgt: $S_N = \sum\limits_{j=1}^{N} x_j = N\mu$, da gilt: $\mu = \frac{1}{N} \sum\limits_{j=1}^{N} x_j$. Eine Schätzung der Summe lässt sich jetzt durchführen, indem μ mit $\bar{X} = \frac{1}{n} \sum\limits_{j=1}^{n} X_j$ geschätzt wird:

$$\hat{S}_N = N\bar{X}, \quad \hat{S}_N : \text{ Schätzfunktion der Summe.} \tag{8.35}$$

Im homograden Fall wird der Anteil der Elemente mit einer Eigenschaft A in der Grundgesamtheit geschätzt. Bezeichnet M die Anzahl der Elemente mit der Eigenschaft A, ist der Grundgesamtheitsparameter p definiert als: $p = \frac{M}{N}$; die absolute Häufigkeit folgt hieraus als: $M = Np$. Die Schätzung der unbekannten absoluten Häufigkeit führt man mit einer Punktschätzung für p durch. Als Schätzfunktion erhält man:

$$\hat{M} = N\bar{P}, \quad \hat{M} : \text{ Schätzfunktion für die absolute Häufigkeit.} \tag{8.36}$$

Setzt man in die Gleichungen (8.35) bzw. (8.36) die jeweiligen Punktschätzungen $\bar{X} = \bar{x}$ bzw. $\bar{P} = \bar{p}$ ein, gehen sie in Punktschätzer für die Merkmalssumme bzw. für die absolute Häufigkeit über. Diese Vorgehensweise heißt in der Literatur „**freie Hochrechnung**".

Übungsaufgaben zu 8.

8.1 Entwickeln Sie den Maximum–Likelihood Schätzer für den Parameter λ der Exponentialverteilung!

8.2 Leiten sie den Maximum–Likelihood Schätzer für den Parameter λ der Poisson–Verteilung her!

8.3 Bei 164 zufällig befragten deutschen Touristen ergaben sich durchschnittliche Reisekosten in Höhe von 2772 € pro Jahr. Bestimmen Sie das 99%–Konfidenzintervall unter der Annahme, dass σ in der Grundgesamtheit 800 € beträgt!

8.4 Aus einer Zufallsstichprobe von $n = 16$ Absolventen der Wirtschaftswissenschaften ergaben sich folgende Daten, gemessen in Wochen, für die Wartezeit zwischen Studienabschluss und Einstellung:

$$\begin{array}{rrrrrrrr} 12, & 2, & 13, & 6, & 16, & 22, & 9, & 12 \\ 5, & 9, & 16, & 1, & 0, & 13, & 11, & 13 \end{array}$$

Geben Sie eine Intervallschätzung für μ und σ^2 unter der Annahme an, dass die Wartezeit normalverteilt ist. Das Signifikanzniveau soll in beiden Fällen 95% betragen.

8.5 Die Erkrankungsdauer von Büroangestellten wurde mit einer einfachen Stichprobe vom Umfang $n = 25$ untersucht. Es ergab sich eine durchschnittliche Krankheitsdauer von 20 Tagen pro Jahr. Aufgrund einer Krankenkassenstatistik ist bekannt, dass die Krankheitsdauer pro Jahr normalverteilt ist mit einer Standardabweichung $\sigma = 5$ (Tage).

a) Stellen Sie ein Konfidenzintervall für μ bei einem Sicherheitsgrad von 95% auf!

b) Wie ändert sich das Konfidenzintervall, wenn σ nicht bekannt gewesen, sondern aus den Daten als $s = 5$ (Tage) geschätzt worden wäre?

c) Wie groß muss die Stichprobe sein, um die Länge des unter (a) ermittelten Konfidenzintervalls zu halbieren?

8.6 Im Rahmen einer Qualitätsüberprüfung möchte das Management eines Warenhauses die durchschnittliche Wartezeit eines Kunden ermitteln, bis dieser bedient wird. Eine einfache Zufallsstichprobe vom Umfang 100 ergab ein arithmetisches Mittel von 8 Minuten bei einer Standardabweichung von 18 Minuten. Bestimmen sie das 95% Konfidenzintervall für die durchschnittliche Wartezeit aller Kunden!

8.7 In einer Urne befinden sich Kugeln, von denen einige weiß sind. Um den Anteil p weißer Kugeln zu schätzen, wird eine einfache Stichprobe vom Umfang $n = 20$ gezogen. Man erhält 5 weiße Kugeln. Wie groß ist der Schätzwert $\bar{p}$ nach der Momenten– und nach der Maximum–Likelihood–Methode?

9 Statistische Testverfahren

9.1 Aufbau von Signifikanztests

Die in Kapitel 6 behandelte Stichprobentheorie ist nicht nur Grundlage der statistischen Schätz-, sondern auch der statistischen Testtheorie. Mit der **Testtheorie** kann auf der Basis von Stichproben überprüft werden, ob Vorstellungen über eine Grundgesamtheit zu Recht bestehen, d.h. sich mit der Realität in Einklang befinden. Geschieht die Überprüfung auf der Basis nur einer Stichprobe, liegt ein **Einstichprobentest** vor.

Jede Annahme über die unbekannte Verteilung einer Zufallsvariablen X in einer Grundgesamtheit heißt **statistische Hypothese**. Statistische Hypothesen können sich auf die Parameter θ_k, $k = 1, \ldots, K$ einer Verteilung oder auf die Verteilung selbst beziehen. Im ersten Fall heißen sie **Parameterhypothesen**, im zweiten Fall **Verteilungshypothesen**. Alle möglichen Werte, die für die Parameter einer Verteilung zulässig sind, bilden ihren **Parameterraum**; entsprechend fasst man alle Verteilungen, die als Verteilungsgesetze dienen können, im **Verteilungsgesetzraum** zusammen.

Eine Verteilungshypothese ordnet einer empirischen Verteilung eine theoretische Verteilung zu, deren Parameter entweder a priori bekannt oder mit geeigneten Schätzfunktionen zu bestimmen sind. Da diese Tests nicht der Prüfung von Parameterhypothesen dienen, heißen sie **nichtparametrische Tests**. Sie werden in Abschnitt 9.3 behandelt.

Parameterhypothesen legen für die unbekannten Verteilungsparameter numerische Werte fest. Geschieht dies für alle Parameter des Verteilungsgesetzes so, dass ihnen jeweils genau ein Wert zugeordnet wird, liegt eine **einfache Hypothese** vor. Gibt man für einige oder alle Parameter hingegen Intervalle an oder lässt einige gänzlich unbestimmt, heißt die **Hypothese zusammengesetzt**. Wird nur ein Parameter genau festgelegt, spricht man von einer **Punkthypothese**. Gibt man für mindestens einen Parameter ein Intervall an, liegt eine **Bereichshypothese** vor.

Beispiel 9.1 *Eine Zufallsvariable ist in einer Grundgesamtheit normalverteilt mit unbekannten Parametern. Die Normalverteilung hat die Parameter μ und σ^2. Da für μ keine a priori Restriktionen existieren, kann der Para-*

meterraum gleich der Menge der reellen Zahlen gesetzt werden. Der Parameterraum für σ^2 wird durch das Intervall $[0, \infty)$ festgelegt. Eine einfache Hypothese könnte nun lauten: $\mu = 2$ und $\sigma^2 = 4$. Gibt man den Wert für einen Parameter genau, für den anderen Parameter ein Intervall an, liegt eine zusammengesetzte Hypothese vor, z.B. $\mu = 2$ und $0 \leq \sigma^2 \leq 4$, wobei für σ^2 eine Bereichshypothese aufgestellt wurde. Eine Punkthypothese wäre die genaue Zuordnung für nur einen Parameter, z.B. $\sigma^2 = 4$. Hieran sieht man, dass eine Punkthypothese bei Verteilungen mit mehr als einem Parameter keine einfache Hypothese ist.

Die Überprüfung einer statistischen Hypothese heißt **statistischer Test**, die dabei überprüfte Hypothese nennt man **Nullhypothese** und kürzt sie mit H_0 ab. In der Nullhypothese werden den Parametern $\theta_k, k = 1, \ldots, K$ bestimmte Werte zugeordnet, die eine Teilmenge des Parameterraumes bilden. Alle nicht in der Nullhypothese enthaltenen Werte können zur Formulierung einer sogenannten **Alternativhypothese** genutzt werden. Null- und Alternativhypothese sind zueinander disjunkt.

Um die H_0–Hypothese zu überprüfen, benötigt man eine Prüf- bzw. Testfunktion.[1] Die **Testfunktion** ist eine Stichprobenfunktion und besitzt wie diese eine Verteilung. Einen konkreten Prüfwert erhält man, wenn in die Testfunktion die Stichprobenrealisationen eingesetzt werden. Da die Testfunktion selbst eine Zufallsvariable ist, können Entscheidungen bei einem Hypothesentest nicht mit Sicherheit getroffen werden. Vielmehr benötigt man eine Wahrscheinlichkeitsvorgabe α, mit der Abweichungen der Prüfwerte vom Parameterwert unter der Nullhypothese noch als zufällig oder bereits als signifikant bewertet werden können. Diese Vorgabe α unterteilt bei Gültigkeit der Nullhypothese die Menge aller Realisationen der Testfunktion[2] $T(X_1, \ldots, X_n)$ so in zwei komplementäre Mengen I_α und $I_{1-\alpha}$, dass die Wahrscheinlichkeit, eine Realisation der Testfunktion zu erhalten, die zur Menge I_α gehört, höchstens gleich der Wahrscheinlichkeitsvorgabe α ist. Darüber hinaus sollen in I_α alle Realisationen der Testfunktion liegen, die unter der Nullhypothese, d.h. bei ihrer Gültigkeit, eine geringe Eintrittswahrscheinlichkeit besitzen. Entsprechend beträgt die Wahrscheinlichkeit für Werte der Testfunktion, die in $I_{1-\alpha}$ liegen, höchstens $1 - \alpha$. Mit der Wahrscheinlichkeitsvorgabe α lässt sich nun

[1] Hierfür findet sich auch die Bezeichnung Prüf- bzw. Testgröße.

[2] Wie bereits erwähnt, handelt es sich bei Testfunktionen um Stichprobenfunktionen. Es wird daher auch die in Kapitel 7 eingeführte Notation verwendet.

eine Entscheidungsregel für das statistische Testen von Hypothesen aufstellen. Gehört der Prüfwert zur Menge I_α, wird die Nullhypothese abgelehnt; ist er Element der Menge $I_{1-\alpha}$, bleibt die H_0–Hypothese beibehalten. Der Wert für α gibt somit die Wahrscheinlichkeit an, die Nullhypothese abzulehnen, obwohl sie richtig ist (was der Tester jedoch nicht weiß). Man bezeichnet α daher als **Irrtumswahrscheinlichkeit**. Die alternative Bezeichnung „**Signifikanzniveau**“ für α resultiert daraus, dass die Prüfgröße beträchtlich vom Wert des Parameters in der Nullhypothese abweichen muss, um in der Menge I_α zu liegen. Man wird daher bei einer Testdurchführung α sehr klein, in der Regel 0,05 oder 0,01 wählen. Tests mit diesem Aufbau heißen **Signifikanztests**.

Mit der Festlegung der Nullhypothese geht meist auch eine explizite Formulierung der Alternativhypothese einher. Diese, auch als H_1– oder H_A–Hypothese bezeichnet, kann in einfacher oder zusammengesetzter Form vorliegen. Geht die Alternativhypothese von einem größeren (kleineren) Wert für den Parameter als die Nullhypothese aus, liegt ein **rechtsseitiger (linksseitiger) Test** vor. Behauptet die Alternativhypothese, dass der Parameterwert von dem in der Nullhypothese angegebenen abweicht, handelt es sich um einen **zweiseitigen Test**. Der Bereich, der zu einer Ablehnung der Nullhypothese führt, heißt **Ablehnungs-** bzw. **kritischer Bereich**. Den Punkt, der Annahme- und Ablehnungsbereich trennt, nennt man **kritischen Wert**. Bei einem einseitigen Test besteht der kritische Bereich aus nur einem Intervall, beim zweiseitigen Test ist er auf zwei Intervalle aufgeteilt. Abbildung 9.1 zeigt eine rechtsseitige (a) und eine zweiseitige (b) Testsituation, wobei in Abbildung (a) noch die Dichtefunktion der Testgröße für eine einfache Alternativhypothese $H_1 : \theta_1$ eingezeichnet ist. Beide Dichtefunktionen ergeben sich unter der Bedingung, dass die jeweilige Hypothese (H_0, H_1) richtig ist.

Die Vorgabe des Signifikanzniveaus α allein reicht noch nicht aus, dass der kritische Bereich jeweils unter dem auslaufenden Teil der Dichtefunktion liegt. Erst die Forderung, dass nur große Abweichungen der Realisationen der Testfunktion vom Parameterwert der Nullhypothese diese falsifizieren können, legt ihn eindeutig fest.

Da beim statistischen Testen Entscheidungen nicht unter Sicherheit getroffen werden, besteht immer die Möglichkeit einer Fehlentscheidung. Der **α–Fehler**, auch **Fehler erster Art** genannt, entsteht, wenn die Nullhypothese abgelehnt wird, obwohl sie richtig ist. Man begeht diesen Fehler, sobald die

Abb. 9.1: Testsituationen

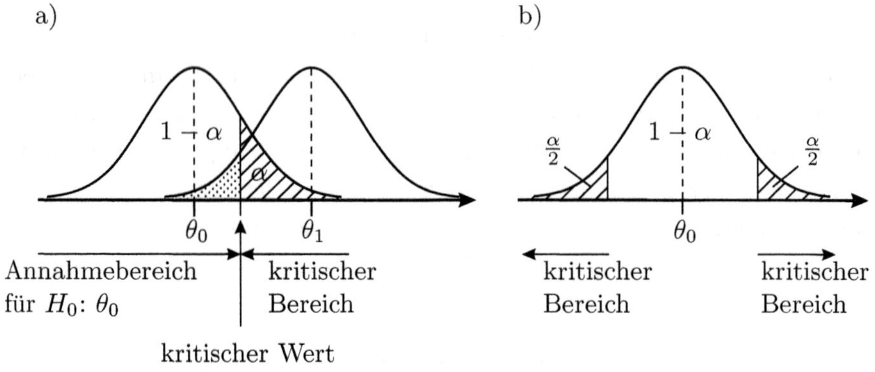

Testgröße in den Ablehnungsbereich fällt. Dies ist mit der Wahrscheinlichkeit α der Fall (siehe Abbildung 9.1.a und b), woraus die Fehlerbezeichnung resultiert. An Abbildung 9.1.a sieht man aber noch eine weitere Fehlerart. Wäre die Alternativhypothese richtig und fiele die Testgröße in den Annahmebereich für H_0, bleibt die Nullhypothese beibehalten. Die Wahrscheinlichkeit, diesen Fehler zu begehen, entspricht der gepunkteten Fläche in Abbildung 9.1.a. Dieser Fehler tritt nur ein, wenn H_1 gültig ist, d.h. er muss mit der Dichtefunktion, die sich unter der Alternativhypothese H_1 ergibt, berechnet werden. Man bezeichnet diese Fehlentscheidung als **β–Fehler** oder **Fehler zweiter Art**. Dieser Fehler gibt die Wahrscheinlichkeit an, die Nullhypothese nicht zu verwerfen, obwohl sie falsch ist. Ein „guter" Test sollte sich daher durch einen kleinen α– und β–Fehler auszeichnen. An Abbildung 9.1.a erkennt man aber, dass eine Verringerung des α–Fehlers (Verschiebung des kritischen Wertes nach rechts) zu einer Erhöhung des β–Fehlers führt. Auf diesen Zusammenhang wird später noch eingegangen. Tabelle 9.1 gibt die vier Entscheidungssituationen, die möglichen Fehler und die Wahrscheinlichkeiten an.

Kann die Nullhypothese nicht mit einem Hypothesentest abgelehnt werden, bedeutet dies nicht, dass sie richtig und die Alternativhypothese falsch ist. Dies erkennt man schon an dem β–Fehler: Es ist nicht ausgeschlossen, dass der Prüfwert, der zur Annahme der Nullhypothese führt, nicht doch aus der Verteilung unter der Alternativhypothese stammt. Die Nullhypothese bleibt so lange beibehalten, bis sie durch die Realität, d.h. durch neue Testgrößen, widerlegt wird. Aus einer Ablehnung der Nullhypothese folgt wegen des α–

Fehlers auch nicht die Richtigkeit der Alternativhypothese. Jedoch ist es jetzt wahrscheinlicher, dass die Alternativhypothese besser mit der Realität in Einklang steht als die Nullhypothese.

Tab. 9.1: Entscheidungssituationen und Fehlerarten

Realität / Entscheidung	H_0 richtig	H_1 richtig
H_0 beibehalten	richtig $1-\alpha$	falsch β–Fehler
H_0 ablehnen	falsch α–Fehler	richtig $1-\beta$

Für die Durchführung von Signifikanztests kann ein Standardschema angegeben werden, das vier Testschritte umfasst:

(1) Spezifikation der Null- und Alternativhypothese,

(2) Festlegung des Signifikanzniveaus,

(3) Auswahl der Testfunktion,

(4) Berechnung des Testwertes und Entscheidung.

Die beiden ersten Testschritte sind von der Problemstellung, die zum Test führt, geprägt. Je nach Fragestellung kommen unterschiedliche Formulierungen der Null- und Alternativhypothese in Betracht. Ebenso erfolgt die Festlegung des Signifikanzniveaus problemorientiert. Mit den Schritten drei und vier ist die angemessene statistische Vorgehensweise beim Testen festzulegen. Dabei spielt – wie in den folgenden Abschnitten deutlich wird – die Auswahl der Testfunktion eine Rolle. Für alle Testfunktionen in diesem Kapitel gilt, dass die in ihnen enthaltenen Stichprobenvariablen mindestens in einem approximativen Sinne stochastisch unabhängig sind. Einfache Stichproben bilden somit den Regelfall bei der Testdurchführung.

9.2 Parametertests

9.2.1 Einstichprobentests für Erwartungswerte

Will man Vorstellungen über den Erwartungswert einer Grundgesamtheit testen, müssen diese in der Nullhypothese präzisiert werden. Bei einer einfachen Hypothese wird für μ der Wert μ_0 angenommen. Man schreibt dann $H_0 : \mu = \mu_0$. Ist die Nullhypothese zusammengesetzt, liegt eine Bereichshypothese vor, die meistens formuliert wird als $H_0 : \mu \leq \mu_0$ oder $\mu \geq \mu_0$. Auch die Alternativhypothese H_1 kann in einfacher oder zusammengesetzter Form vorliegen. Geht man vom allgemeineren Fall einer zusammengesetzten Alternativhypothese aus, wird sie häufig als $H_1 : \mu > \mu_0$, oder $H_1 : \mu < \mu_0$ oder $H_1 : \mu \neq \mu_0$ angegeben.

Da die Vorgehensweise beim zweiseitigen Test auch für einseitige Tests gilt, wird diese Testsituation weiter verfolgt. Die Nullhypothese liegt in einfacher Form vor. Damit ist die erste Stufe im Testschema erreicht. Null- und Alternativhypothese lauten: $H_0 : \mu = \mu_0$ und $H_1 : \mu \neq \mu_0$. Bei einer allgemeinen Darstellung des Testablaufs ist das Signifikanzniveau α numerisch nicht näher zu spezifizieren. Daher kann direkt zur dritten Stufe des Schemas: „Auswahl der Testfunktion bzw. Teststatistik“, übergegangen werden. Hierbei nutzt man die Ergebnisse der Schätztheorie. Intuitiv plausibel ist es, nach Möglichkeit erwartungstreue Schätzfunktionen als Testfunktionen zu wählen. Für den Erwartungswert μ eignet sich daher als Testfunktion das arithmetische Mittel $\bar{X} = \frac{1}{n}\sum\limits_{j=1}^{n} X_j$. Um die Stichprobenverteilung von $\bar{X}$ zu bestimmen, sind weitere Informationen über die Verteilung von X in der Grundgesamtheit notwendig. Ist X normalverteilt mit bekannter Varianz σ^2, unterliegt auch $\bar{X}$ einer Normalverteilung, deren Parameter nach Abschnitt 7.2.1 unter der Nullhypothese lauten: $\mathrm{E}(\bar{X}) = \mu_0$ und $\mathrm{var}(\bar{X}) = \frac{\sigma^2}{n}$. Dies führt zu einer Testsituation, wie sie in Abbildung 9.2.a dargestellt ist.

Abbildung 9.2.a gibt die Normalverteilungsdichte der Testfunktion $\bar{X}$ wieder; $\bar{x}_{r,1}$ und $\bar{x}_{r,2}$ sind die beiden kritischen Werte (**Rückweisungspunkte**), die Annahme- und Ablehnungsbereich trennen. In Abbildung 9.2.b ist dieselbe Testsituation dargestellt, jetzt jedoch mit der standardnormalverteilten Testfunktion $Z = \frac{\bar{X}-\mu_0}{\sigma/\sqrt{n}}$. Den kritischen Wert $\bar{x}_{r,2}$ erhält man nach Auflösen der Gleichung $P(\bar{X} \leq \bar{x}_{r,2}) = 1 - \frac{\alpha}{2}$. Mit $\bar{x}_{r,2}$ hat man auch $\bar{x}_{r,1}$ gefunden, da wegen der Symmetrie der Dichtefunktion gilt: $\bar{x}_{r,1} = \mu_0 - (\bar{x}_{r,2} - \mu_0) =$

Abb. 9.2: Signifikanztest für μ

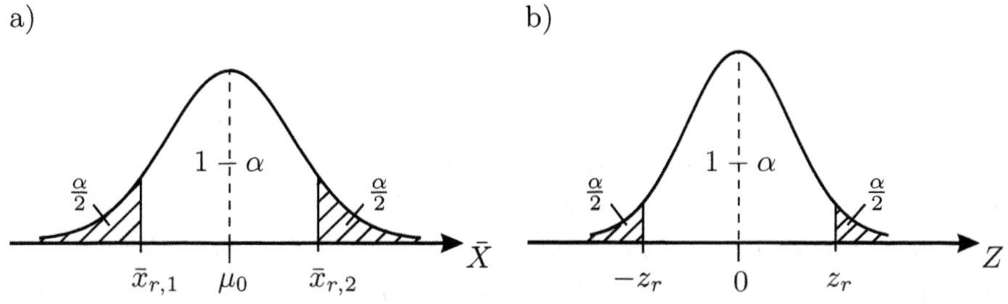

$2\mu_0 - \bar{x}_{r,2}$. Um $\bar{x}_{r,2}$ jedoch mit Tabelle 1 zu ermitteln, muss $\bar{X}$ standardisiert werde: $P(\bar{X} \leq \bar{x}_{r,2}) = P(Z \leq z_r) = 1 - \frac{\alpha}{2}$. Bei gegebener Wahrscheinlichkeit $1 - \frac{\alpha}{2}$ entnimmt man z_r der Tabelle 1 und berechnet dann: $\bar{x}_{r,2} = \mu_0 + z_r \frac{\sigma}{\sqrt{n}}$. Damit beträgt $\bar{x}_{r,1}$: $\bar{x}_{r,1} = \mu_0 - z_r \frac{\sigma}{\sqrt{n}}$. Der kritische Bereich lautet nun:

$$I_\alpha = \left\{ -\infty < \bar{X} < \mu_0 - z_r \frac{\sigma}{\sqrt{n}} \text{ oder } \mu_0 + z_r \frac{\sigma}{\sqrt{n}} < \bar{X} < \infty \right\}. \tag{9.1}$$

Liegt die Testgröße $\bar{x}$ im Intervall I_α, wird die Nullhypothese abgelehnt. Da zur Berechnung der kritischen Werte $\bar{X}$ standardisiert werden muss, lässt sich die Testentscheidung schneller durchführen, wenn I_α in Bezug auf Z angegeben wird. Den Ablehnungsbereich formalisiert man jetzt durch:

$$I_\alpha(z) = \{-\infty < Z < -z_r \text{ oder: } z_r < Z < \infty\}. \tag{9.2}$$

Liegt die standardisierte Testgröße $z = \dfrac{\bar{x} - \mu_0}{\sigma/\sqrt{n}}$ in der Menge $I_\alpha(z)$, ist H_0 abzulehnen.

Bei einem einseitigen Test werden die Rückweisungspunkte nicht mit $\frac{\alpha}{2}$, sondern mit α berechnet. Die hierfür relevante Gleichung lautet jetzt: $P(\bar{X} \leq \bar{x}_{r,2}) = P(Z \leq z_r) = 1 - \alpha$. Den kritischen Bereich für einen linksseitigen Test legt $I_\alpha(z) = \{-\infty < Z < -z_{r,\alpha}\}$ und für einen rechtsseitigen Test $I_\alpha(z) = \{z_{r,\alpha} < Z < \infty\}$ fest.

Zusammengesetzte Nullhypothesen der Form $\mu \leq \mu_0$ oder $\mu \geq \mu_0$ lassen den für die Verteilung der Testfunktion benötigten Parameter μ unbestimmt. In beiden Fällen setzt man $\mu = \mu_0$, um den kritischen Bereich unter der Nullhypothese festzulegen. Jedoch führen diese zusammengesetzten Nullhypothesen immer zu einseitigen Tests: Für die Nullhypothese $H_0 : \mu \leq \mu_0$

lautet die Alternativhypothese $H_1 : \mu > \mu_0$ und es wird rechtsseitig getestet. Mit $H_0 : \mu \geq \mu_0$ korrespondiert die Alternativhypothese $H_1 : \mu < \mu_0$ und es handelt sich um einen linksseitigen Test.

Beispiel 9.2 *In einer Grundgesamtheit ist X normalverteilt mit $\sigma^2 = 36$. In der Vergangenheit betrug der Erwartungswert von X: $E(X) = 40$. Ob dies auch heute noch zutrifft, soll mit einem Einstichprobentest geprüft werden. Da über eine mögliche Veränderung von $E(X)$ keine Vermutungen vorliegen, ist ein zweiseitiger Test durchzuführen. Die Nullhypothese lautet $H_0 : \mu = \mu_0 = 40$, die Alternativhypothese wird als $H_1 : \mu \neq 40$ aufgestellt. Das Signifikanzniveau beträgt $\alpha = 0,05$. Eine einfache Stichprobe im Umfang $n = 100$ liefert ein Stichprobenmittel von $\bar{x} = 42$. Es ist nun zu prüfen, ob die Abweichung $\bar{x} - \mu_0$ zufällig oder bei $\alpha = 0,05$ signifikant ist. Die Testfunktion $\bar{X} = \frac{1}{n}\sum_{j=1}^{n} X_j$ ist unter H_0 normalverteilt mit $E(\bar{X}) = 40$ und $var(\bar{X}) = \frac{36}{100} = 0,36$. Den kritischen Wert $\bar{x}_{r,2}$ ermittelt man mit der Gleichung:*

$$P(\bar{X} \leq \bar{x}_{r,2}) = P(Z \leq z_r) = 0,975.$$

Aus der Tabelle 1 erhält man $z_r(0,975) = 1,96$. Damit beträgt $\bar{x}_{r,2} : \bar{x}_{r,2} = \mu_0 + z_r(0,975)\frac{\sigma}{\sqrt{n}} = 40 + 1,96 \cdot 0,6 = 41,176$. Daraus folgt: $\bar{x}_{r,1} = 38,824$. Das Intervall $(38,824 < \bar{x} < 41,176)$ legt den Annahmebereich des Tests fest. Da die Prüfgröße $\bar{x} = 42$ kein Element dieses Intervalls ist, muss H_0 abgelehnt werden. Der Test hätte mit der Testfunktion $Z = \frac{\bar{X}-40}{0,6}$ schneller durchgeführt werden können. Der Annahmebereich der Nullhypothese wird jetzt gegeben durch: $I_{1-\alpha}(z) = \{-1,96 < Z < 1,96\}$. Der standardisierte Prüfwert beträgt $z = \frac{42-40}{0,6} = 3,\bar{3}$. Natürlich liegt auch er nicht in $I_{1-\alpha}(z)$. In Abbildung 9.3 ist die Testsituation dargestellt.

Um bei diesem Test den β–Fehler zu quantifizieren, muss die Bereichshypothese $H_1 : \mu \neq \mu_0$ in eine Punkthypothese überführt werden. Da als Testfunktion eine erwartungstreue und effiziente Schätzfunktion Verwendung findet, liefert die Testgröße auch eine Punktschätzung. Die Alternativhypothese kann jetzt als $\mu_1 = 42$ präzisiert werden. Damit ist der β–Fehler quantifizierbar, der in Abbildung 9.3 als gepunktete Fläche ausgeweisen ist. Er beträgt:

Abb. 9.3: α– und β–Fehler beim zweiseitigen Test

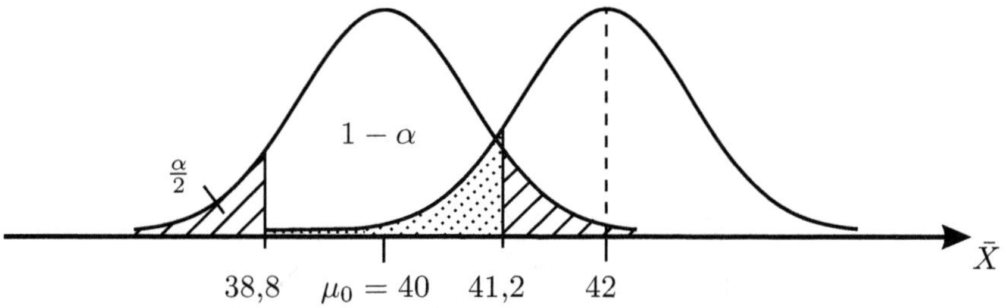

$$P(38,824 \leq \bar{X} \leq 41,176 | H_1 = 42)$$
$$= P(-5,293 \leq Z \leq -1,373 | H_1 = 42)$$
$$= F(5,293) - F(1,373) \approx 1 - 0,9152 = 0,0848.$$

Der β-Fehler in Höhe von 0,0848 gibt die Wahrscheinlichkeit an, dass die richtige Alternativhypothese $\mu_1 = 42$ abgelehnt, oder anders ausgedrückt, dass die falsche Nullhypothese angenommen wird.

An Beispiel 9.2 sieht man, dass andere Werte für μ_1 auch andere β–Fehler zur Folge haben. Dies wird in Abbildung 9.4.a nochmals für einen zweiseitigen Test verdeutlicht. Je dichter μ_1 bei μ_0 liegt, desto größer wird – bei konstantem n und α – der β–Fehler und umgekehrt. Die Abhängigkeit des β–Fehlers von μ_1 wird durch eine Funktion $\beta = \beta(\mu_1)$ mit μ_1 als unabhängige Variable erfasst, die **Operationscharakteristik** oder kurz **OC–Kurve**[3] des Tests heißt. Verändert man μ_1 in Richtung auf μ_0, wird der β–Fehler bis zu seinem Maximum immer größer. Das Maximum ist für $\mu_1 = \mu_0$ erreicht, der β–Fehler entspricht dann dem Flächeninhalt über dem Intervall $[\bar{x}_{r,1}, \bar{x}_{r,2}]$ (siehe Abbildung 9.4.a) und hat den Wert $1-\alpha$. Danach nimmt der β–Fehler wieder ab. In Abbildung 9.4.b ist die OC–Kurve dargestellt, wie sie sich für den zweiseitigen Test in Abbildung 9.4.a ergibt. Da in den Abbildungen 9.4.b und 9.4.c die Variable μ_1 an der Abszisse abgetragen ist, wird der in Abbildung 9.4.a vorgegebene Wert μ_1 jetzt mit μ_{11} bezeichnet. Die Ordinate an der Stelle μ_{11} in Abbildung 9.4.b entspricht dem gepunkteten Flächeninhalt in Abbildung 9.4.a und stellt den β–Fehler unter $H_1 : \mu = \mu_{11}$ dar. An der Stelle $\mu_1 = \mu_0$ hat die Ordinate den maximalen Wert $1 - \alpha$.

[3]Diese Kurve nennt man auch **Prüfkurve**.

Abb. 9.4: β–Fehler, OC–Kurve und Gütefunktion bei einem zweiseitigen Test

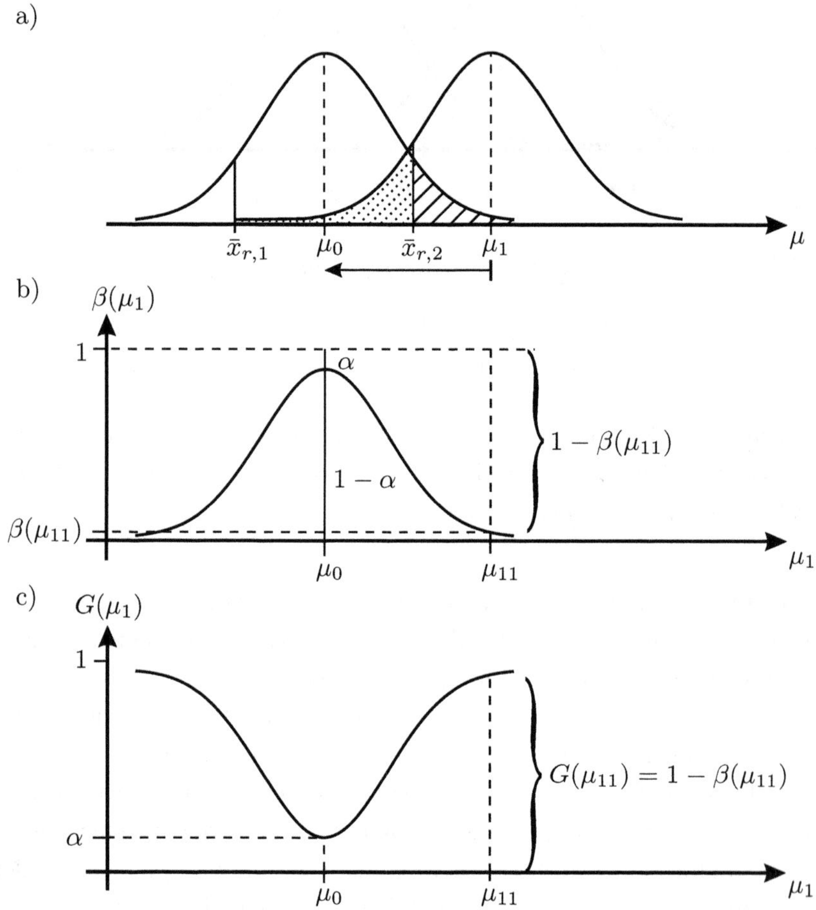

In Abbildung 9.4.c ist die Funktion $G(\mu_1) = 1 - \beta(\mu_1)$ abgetragen, die sich als Spiegelung des Koordinatensystems der Abbildung 9.4.b zur Abszisse ergibt. Man nennt diese Funktion „**Macht**" oder **Gütefunktion** des Tests.[4] Sie kann als Zusammenfassung beider Fehlerarten interpretiert werden. Da der β–Fehler die Wahrscheinlichkeit für die Annahme einer falschen Nullhypothese unter H_1 angibt, erhält man mit $G(\mu_1) = 1 - \beta(\mu_1)$ die Wahrscheinlichkeit, eine falsche Nullhypothese abzulehnen. Für $\mu_1 = \mu_0$ stellt sich als

[4] Auch findet man hierfür die Bezeichnung „**power function**".

Funktionswert der α–Fehler ein: $G(\mu_1 = \mu_0) = \alpha$. Jetzt ist H_0 richtig und wird mit der Wahrscheinlichkeit des α–Fehlers abgelehnt.

Mit der Gütefunktion lässt sich die Trennschärfe des Tests beurteilen. Die **Trennschärfe** ist gut, wenn auch für Werte von μ_1, die in einer kleinen Umgebung um μ_0 liegen, die Wahrscheinlichkeit, μ_0 unter H_1 abzulehnen, groß bleibt. Analytisch bedeutet dies, dass die Funktionswerte $G(\mu_1)$ für $\mu_1 \neq \mu_0$ und $\mu_1 \in [\mu_0 - \varepsilon, \mu_0 + \varepsilon], \varepsilon > 0$, groß sind. Je steiler daher bei einem Signifikanztest die Gütefunktion in der Nähe von μ_0 verläuft, desto besser ist seine Trennschärfe. Abbildung 9.5 zeigt die Gütefunktion eines zweiseitigen Tests bei unterschiedlichen Stichprobenumfängen $n_1 = 100$ und $n_2 = 500$, $\mu_0 = 10$ und $\alpha = 0,05$.

Abb. 9.5: Gütefunktion bei unterschiedlichem Stichprobenumfang

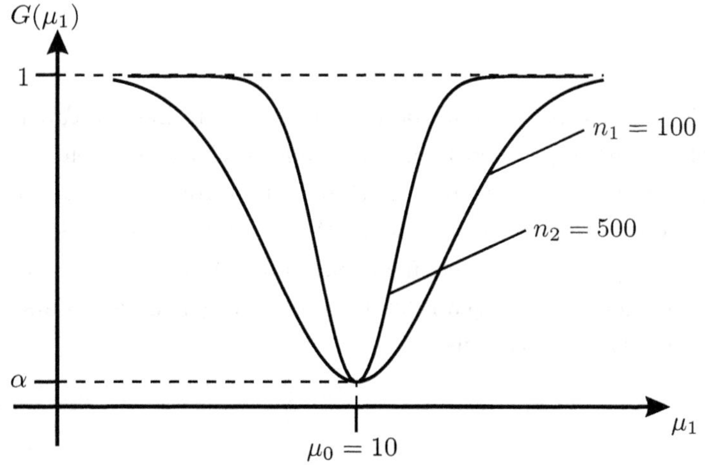

OC-Kurve und Gütefunktion eines rechtsseitigen Tests $H_0 : \mu = \mu_0$ und $H_1 : \mu > \mu_0$ sind in Abbildung 9.6 dargestellt. Die Trennschärfe ist umso besser, je steiler die Gütefunktion über dem rechtsseitigen Intervall $[\mu_0, \mu_0 + \varepsilon], \varepsilon > 0$ verläuft. Analoges gilt für einen linksseitigen Test, bei dem die Trennschärfe zunimmt, je steiler die Gütefunktion über dem linksseitigen Intervall $[\mu_0 - \varepsilon, \mu_0], \varepsilon > 0$ verläuft.

Abb. 9.6: OC-Kurve und Gütefunktion bei einem rechtsseitigen Test

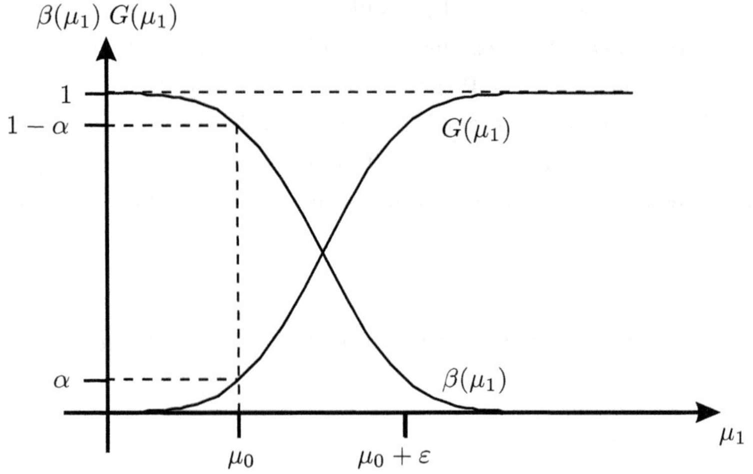

Ist die Varianz von X unbekannt, muss sie mit einer in Tabelle 8.1 aufgeführten erwartungstreuen Schätzfunktion geschätzt werden. Bei normalverteiltem X ist die Testfunktion Z bei Stichproben mit Zurücklegen t–verteilt. Die Berechnung der kritischen Werte erfolgt nun mit der Testfunktion $Z(t) = \frac{\bar{X}-\mu}{S/\sqrt{n}}$. In den Gleichungen (9.1) und (9.2) verwendet man anstelle der z_r–Werte jetzt die t_r–Quantile; die übrige Vorgehensweise entspricht derjenigen bei bekannter Varianz.

Beispiel 9.3 *In einer Grundgesamtheit ist X normalverteilt mit unbekannter Varianz. Man vermutet, dass der Erwartungswert $\mu_0 = 20$ beträgt. Mit einem rechtsseitigen Test soll die Nullhypothese bei einem Signifikanzniveau $\alpha = 0,01$ überprüft werden. Eine Stichprobe im Umfang $n = 25$ liefert die Schätzungen $\bar{x} = 21,5$ und $s^2 = 9$. Bei $(n-1) = 24$ Freiheitsgraden und $\alpha = 0,01$ beträgt der kritische Wert nach Tabelle 2: $t(0,99;24) = 2,4922$. Der Ablehnungsbereich ist gegeben als: $I_\alpha = \{Z \geq 2,4922\}$. Die standardisierte Testgröße $\frac{\bar{x}-\mu_0}{s/\sqrt{n}} = \frac{21,5-20}{3/5} = 2,5$ liegt in der Menge I_α und die Nullhypothese wird abgelehnt.*

Auch wenn das Verteilungsgesetz für X in einer Grundgesamtheit unbekannt ist, können bei hinreichend großen Stichprobenumfängen ($n > 30$) Signifikanztests durchgeführt werden. In diesem Fall ist die Testfunktion wegen des zentralen Grenzwertsatzes von Ljapunoff approximativ normalverteilt.

9.2.2 Einstichprobentest für Anteilswerte

Als Testfunktion für den Anteilswert p einer Grundgesamtheit, in der X Bernoulli–verteilt ist, verwendet man die in Kapitel 7.2.2 dargestellte Stichprobenfunktion $\bar{P}$. Mit der Nullhypothese wird jetzt nicht nur p_0, sondern auch die Varianz von X als $\text{var}(X) = p_0(1-p_0)$ festgelegt. In Abschnitt 7.2.2 wurde bereits gezeigt, wann die Stichprobenfunktion $\bar{P}$ approximativ normalverteilt ist. Sind diese Voraussetzungen erfüllt, unterliegt auch die Testfunktion einer approximativen Normalverteilung und der Testablauf entspricht dem heterograden Fall im vorangegangenen Abschnitt. Bei der Berechnung des β–Fehlers ist jedoch zu beachten, dass sich unter der Alternativhypothese auch die Varianz der Stichprobenverteilung ändert.

Beispiel 9.4 *Aufgrund der letzten Wahl ist bekannt, dass 40% der Wahlberechtigten eines Landes für die Partei A gestimmt haben. Bei einer Befragung von 100 zufällig ausgewählten Personen gaben 50 an, für die Partei A zu votieren. Es soll bei* $\alpha = 0,05$ *geprüft werden, ob das Stichprobenergebnis* $\bar{p} = 0,5$ *auf ein signifikant geändertes Wahlverhalten schließen lässt. Die Nullhypothese* $H_0 : p_0 = 0,4$ *impliziert eine Varianz von* $\sigma^2 = 0,24$*; die Alternativhypothese wird als* $p_1 > 0,4$ *formuliert. Obwohl die Befragung einem Ziehen ohne Zurücklegen entspricht, kann wegen des geringen Auswahlsatzes der Endlichkeitskorrekturfaktor vernachlässigt werden. Wegen* $100 > \frac{9}{0,24} = 37,5$ *ist die Testfunktion* $\bar{P} = \frac{1}{n}\sum_{j=1}^{n} X_j$ *approximativ normalverteilt mit* $E(\bar{P}) = 0,4$ *und* $var(\bar{P}) = \frac{0,4\cdot 0,6}{100} = 0,0024$*. Bei* $\alpha = 0,05$ *lautet der kritische Bereich:* $I_\alpha = \{Z \geq 1,645\}$*; die standardisierte Prüfgröße* $z = \frac{\bar{p}-p_0}{\sqrt{\frac{p_0(1-p_0)}{n}}} = 2,0412$ *gehört zur Menge* I_α *und die Nullhypothese ist abzulehnen. Zur Berechnung des* β*–Fehlers wird die Alternativhypothese mit* $p_1 = 0,5$ *präzisiert. Die Varianz unter* H_1 *beträgt:* $\sigma^2 = 0,0025$*. Der mit* $z_{0,95} = 1,645$ *korrespondierende kritische Wert* p_r *beträgt unter* H_0*:* $p_r = 0,4 + 1,645 \cdot 0,049 = 0,4806$*. Der* β*–Fehler entspricht der schraffierten Fläche in Abbildung 9.7. Man erhält ihn als:*

$$P(\bar{P} \leq 0,4806|H_1) = P\left(Z \leq \frac{0,4806 - 0,5}{0,05}\right) = P(Z \leq -0,388)$$
$$= 1 - F(0,388) = 0,349.$$

Abb. 9.7: β–Fehler bei Anteilswerten

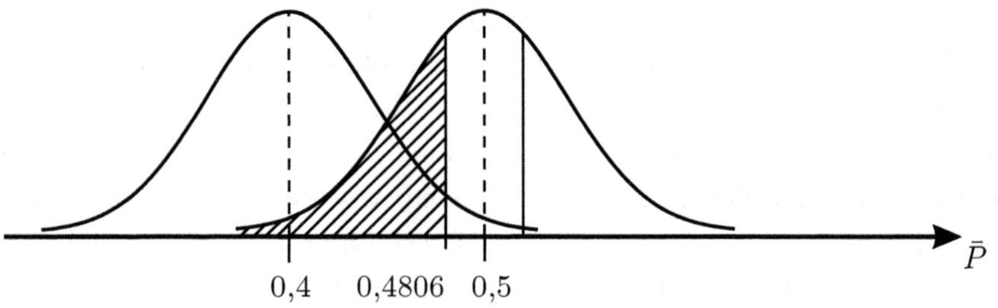

Die Gütefunktion nimmt für $p_1 = 0,5$ *den Wert* $G(p_1 = 0,5) = 1 - 0,349 = 0,651$ *an, d.h.: Mit einer Wahrscheinlichkeit von 65,1% wird die falsche* H_0*–Hypothese abgelehnt. Da die größte Trennschärfe bei eins liegt (vgl. Abbildung 9.6), ist sie hier unter* H_1 *noch zufrieden stellend.*

9.2.3 Einstichprobentests für die Varianz

Enthält die Nullhypothese Vermutungen über die Varianz σ^2 einer Zufallsvariablen X in der Grundgesamtheit, können auch hierfür Signifikanztests entwickelt werden. Diese Tests basieren auf denselben Voraussetzungen, wie sie bei Schwankungsintervallen für S^2 eingeführt wurden: X muss normalverteilt sein und es müssen einfache Stichproben vorliegen. Die Auswahl der geeigneten Stichprobenfunktion als Testfunktion hängt davon ab, ob μ in der Grundgesamtheit bekannt ist oder nicht. Es soll hier zunächst davon ausgegangen werden, dass μ unbekannt ist. Als Testfunktion eignet sich dann die erwartungstreue Stichprobenfunktion (7.3): $S^2 = \frac{1}{n-1} \sum\limits_{j=1}^{n} (X_j - \bar{X})^2$. Sind die oben genannten Voraussetzungen erfüllt, ist die Zufallsvariable $\frac{(n-1)S^2}{\sigma^2}$ χ^2–verteilt mit $n-1$ Freiheitsgraden. Für einen zweiseitigen Test lauten Null- und Alternativhypothese:

$$H_0 : \sigma^2 = \sigma_0^2 \quad \text{und} \quad H_1 : \sigma^2 \neq \sigma_0^2.$$

Abbildung 9.8 verdeutlicht die Testsituation.

Abb. 9.8: Varianztest

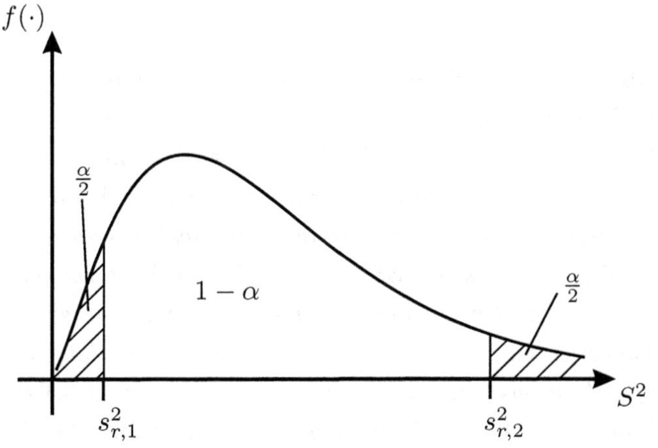

Bei einem Signifikanzniveau α entspricht der Annahmebereich dieses Tests dem Schwankungsintervall für S^2 unter der Nullhypothese σ_0^2 bei einer Wahrscheinlichkeit von $1-\alpha$. Aus Gleichung (7.11) erhält man nach Substitution von σ^2 durch σ_0^2 den Annahmebereich $I_{1-\alpha}$ als:

$$I_{1-\alpha} = \left\{ \frac{\sigma_0^2}{n-1}\chi^2\left(\frac{\alpha}{2}; n-1\right) \leq S^2 \leq \frac{\sigma_0^2}{n-1}\chi^2\left(1-\frac{\alpha}{2}; n-1\right) \right\}.$$

Der kritische Bereich folgt dann als Komplement zu $I_{1-\alpha}$:

$$I_\alpha = \left\{ 0 \leq S^2 < \frac{\sigma_0^2}{n-1}\chi^2(\frac{\alpha}{2}; n-1) \text{ oder } \frac{\sigma_0^2}{n-1}\chi^2(1-\frac{\alpha}{2}; n-1) < S^2 < \infty \right\}.$$

Bei bekanntem μ verwendet man als Testfunktion jetzt die Stichprobenfunktion $S^2 = \frac{1}{n}\sum(X_j - \mu)^2$. Dann ist die Zufallsvariable $\frac{nS^2}{\sigma^2}$ χ^2–verteilt mit

n Freiheitsgraden. Daher sind beim kritischen Bereich die χ^2–Quantile mit dem Freiheitsgrad n zu berechnen.

Die Vorgehensweise bei einseitigem Test bringt keine neuen Probleme. Bei rechtsseitigen Tests lauten die beiden Hypothesen: $H_0 : \sigma^2 \leq \sigma_0^2$ und $H_1 : \sigma^2 > \sigma_0^2$. Der kritische Wert für den Ablehnungsbereich wird jetzt mit dem Quantil $\chi^2(1-\alpha; n-1)$ bestimmt, wenn μ unbekannt ist. Man erhält dann: $I_\alpha = \left\{\frac{\sigma_0^2}{n-1}\chi^2(1-\alpha; n-1) < S^2 < \infty\right\}$. Entsprechend hierzu lautet bei einem linksseitigen Test der Ablehnungsbereich: $I_\alpha = \left\{0 < S^2 < \frac{\sigma_0^2}{n-1}\chi^2(\alpha; n-1)\right\}$. Bei bekanntem μ ändern sich natürlich auch hier die Freiheitsgrade.

Beispiel 9.5 *In einer Molkerei wird Milch in Literflaschen maschinell abgefüllt. Die abgefüllte Menge ist normalverteilt mit $\mu = 0,98$ Liter und einer Standardabweichung von $\sigma = 0,025$ Liter. Mit einer neuen Abfüllmaschine soll die Standardabweichung verringert werden. Von den mit der neuen Maschine abgefüllten Flaschen werden 40 ohne Zurücklegen entnommen und die Varianz mit der Testfunktion $S^2 = \frac{1}{n}\sum(X_j - \mu)^2$ berechnet. Das Ergebnis lautet $s = 0,022$. Um zu testen, ob sich die Varianz signifikant bei einem Signifikanzniveau $\alpha = 0,05$ verringert hat, formuliert man Null- und Alternativhypothese als: $H_0 : \sigma_0 = 0,025$ und $H_1 : \sigma < 0,025$. Der Stichprobenumfang ist im Vergleich mit der sehr großen Anzahl abgefüllter Flaschen mit der neuen Maschine hinreichend klein, so dass die Entnahme ohne Zurücklegen wie eine einfache Stichprobe behandelt werden kann. Aus Tabelle 3 erhält man $\chi^2(0,05; 40) = 26,509$; das führt zu einem kritischen Wert s_r^2von $\frac{(0,025)^2}{40}\chi^2(0,05; 40) = 4,142031 \cdot 10^{-4}$. Hieraus ergibt sich der kritische Wert für die Standardabweichung als $s = 0,0204$. Da gilt $s = 0,022 > 0,0204$, ist die Nullhypothese beizubehalten. Die Varianz hat sich durch die neue Maschine nicht signifikant verringert, das Stichprobenergebnis $s = 0,022$ weicht nur zufällig von $\sigma = 0,025$ ab.*

9.2.4 Signifikanztests für Erwartungswert- und Anteilswertdifferenzen bei unabhängigen Stichproben

Im Abschnitt 7.2.4 wurde die Stichprobenverteilung der Differenz D zweier Stichprobenmittelwerte und der Differenz $\bar{D}$ zweier Stichprobenanteilswerte dargestellt. Mit diesen Ergebnissen können Tests konzipiert werden, die sich auf die Gleichheit der Grundgesamtheitsparameter μ_X und μ_Y bzw. p_X und p_Y beziehen. Zunächst wird der Test für den heterograden Fall entwickelt. Die Zufallsvariable $D = \bar{X} - \bar{Y}$ ist bei hinreichend großem Stichprobenumfang unabhängig von den Verteilungen der beiden Zufallsvariablen X und Y in ihren jeweiligen Grundgesamtheiten approximativ normalverteilt, wenn σ_X^2 und σ_Y^2 bekannt sind. Testet man auf Gleichheit der Grundgesamtheitsparameter, lauten die Hypothesen: $H_0 : \mu_X = \mu_Y$ bzw. $\mu_X - \mu_Y = 0$ und $H_1 : \mu_X \neq \mu_Y$ bzw. $\mu_X - \mu_Y \neq 0$. Die normalverteilte Testgröße $D = \bar{X} - \bar{Y}$ hat bei einfachen Stichproben unter H_0 den Erwartungswert $\mathrm{E}(D) = 0$ und die Varianz $\mathrm{var}(D) = \frac{\sigma_X^2}{n_X} + \frac{\sigma_Y^2}{n_Y}$. Der Test verläuft jetzt völlig parallel zum Erwartungswerttest (vgl. Abschnitt 9.2.1). Da unter der Nullhypothese gilt: $(\bar{X} - \mu_X) - (\bar{Y} - \mu_Y) = \bar{X} - \bar{Y} - (\mu_X - \mu_Y) = \bar{X} - \bar{Y}$, folgt nach Standardisierung:

$$Z_D = \frac{\bar{X} - \bar{Y}}{\sqrt{\dfrac{\sigma_X^2}{n_X} + \dfrac{\sigma_Y^2}{n_Y}}}. \tag{9.3}$$

Bei einem zweiseitigen Test lehnt man die Nullhypothese bei gegebenem Signifikanzniveau erst ab, wenn die standardisierte Testgröße $d = \bar{x} - \bar{y}$ in den kritischen Bereich I_α fällt.

Sind die Varianzen der beiden Grundgesamtheiten verschieden und unbekannt (**Behrens–Fisher–Problem**), müssen sie mit erwartungstreuen Schätzfunktionen quantifiziert werden. Unter der Nullhypothese $H_0 : \mu_X = \mu_Y$ ist die Zufallsvariable

$$Z(t)_D = \frac{\bar{X} - \bar{Y}}{\sqrt{\dfrac{S_X^2}{n_X} + \dfrac{S_Y^2}{n_Y}}}$$

approximativ t–verteilt und für $n_X, n_Y > 30$ approximativ standardnormalverteilt.

Stimmen die beiden unbekannten Varianzen überein, gilt also: $\sigma_X^2 = \sigma_Y^2 = \sigma^2$, geht Gleichung (9.3) über in:

$$Z_D = \frac{\bar{X} - \bar{Y}}{\sigma\sqrt{\dfrac{1}{n_X} + \dfrac{1}{n_Y}}}. \tag{9.4}$$

Um die unbekannte Standardabweichung σ zu schätzen, verwendet man einen sogenannten **pooled–Schätzer**. Dieser ist erwartungstreu und wird gegeben durch:

$$S^2 = \frac{(n_X - 1)S_X^2 + (n_Y - 1)S_Y^2}{n_X + n_Y - 2}; \tag{9.5}$$

In Gleichung (9.5) repräsentieren S_X^2 und S_Y^2 zwei Schätzfunktionen für die Grundgesamtheitsvarianz, die sich dadurch unterscheiden, dass bei S_X^2 nur Stichprobenrealisationen aus der einen, bei S_Y^2 nur aus der anderen Grundgesamtheit Verwendung finden. Die beiden Zufallsvariablen $\frac{(n_X-1)S_X^2}{\sigma^2}$ und $\frac{(n_Y-1)S_Y^2}{\sigma^2}$ sind jeweils χ^2–verteilt mit $n_X - 1$ bzw. $n_Y - 1$ Freiheitsgraden. Wegen der Reproduktivität der χ^2–Verteilung ist auch die Summe $\frac{(n_X-1)S_X^2+(n_Y-1)S_Y^2}{\sigma^2}$ χ^2–verteilt mit $(n_X + n_Y - 2)$ Freiheitsgraden. Erweitert man den pooled–Schätzer (9.5) mit σ^2/σ^2:

$$S^2 = \sigma^2 \frac{(n_X - 1)S_X^2 + (n_Y - 1)S_Y^2}{(n_X + n_Y - 2)\sigma^2},$$

zieht die Wurzel und setzt S für σ in Gleichung (9.4) ein, erhält man:

$$Z_D(t) = \frac{\bar{X} - \bar{Y}}{\sigma\sqrt{\frac{1}{n_X} + \frac{1}{n_Y}}\sqrt{\frac{(n_X - 1)S_X^2 + (n_Y - 1)S_Y^2}{(n_X + n_Y - 2)\sigma^2}}}$$

$$= \frac{\frac{\bar{X} - \bar{Y}}{\sigma\sqrt{\frac{1}{n_X} + \frac{1}{n_y}}}}{\sqrt{\frac{(n_X - 1)S_X^2 + (n_Y - 1)S_Y^2}{(n_X + n_Y - 2)\sigma^2}}}. \tag{9.6}$$

In Gleichung (9.6) ist der Zähler des letzten Bruches eine standardnormalverteilte Zufallsvariable, der Nenner eine durch die Freiheitsgrade dividierte χ^2–verteilte Zufallsvariable und der Quotient wegen der Unabhängigkeit der Variablen im Zähler von der im Nenner eine t–verteilte Zufallsvariable. Nach Schätzung der Varianz mit Gleichung (9.5) und Kürzen vereinfacht sich Gleichung (9.6) zu:

$$Z_D(t) = \frac{\bar{X} - \bar{Y}}{S\sqrt{\frac{1}{n_X} + \frac{1}{n_Y}}}. \tag{9.7}$$

Da die Testfunktion $Z_D(t)$ t–verteilt ist, verläuft der Hypothesentest jetzt parallel zum Erwartungswerttest bei unbekannter Varianz.

Tests auf Gleichheit der Anteilswerte implizieren, dass unter der Nullhypothese $H_0 : p_X = p_Y = p$ auch die Varianzen in beiden Grundgesamtheiten übereinstimmen. Die Zufallsvariable $\bar{D} = \bar{P}_X - \bar{P}_Y$ ist bei Einhaltung der Faustregeln und einfachen Stichproben approximativ normalverteilt mit den unter H_0 gültigen Parametern $\mathrm{E}(\bar{D}) = p_X - p_Y = 0$ und $\mathrm{var}(\bar{D}) = p(1-p)(\frac{1}{n_X} + \frac{1}{n_Y})$. Die Teststatistik

$$Z_{\bar{D}} = \frac{\bar{P}_X - \bar{P}_Y}{\sqrt{p(1-p)\left(\dfrac{1}{n_X} + \dfrac{1}{n_Y}\right)}} \tag{9.8}$$

ist standardnormalverteilt. Jedoch ist die Varianz der Grundgesamtheit $\mathrm{var}(X) = p(1-p)$ in Gleichung (9.8) unbekannt. Um sie zu schätzen, muss zunächst p mit der Schätzfunktion $\bar{P} = \frac{1}{n}\sum\limits_{j=1}^{2} X_j$ erwartungstreu ermittelt werden. Unter der Nullhypothese haben beide Grundgesamtheiten denselben Anteilswert und die beiden Stichprobenergebnisse lassen sich zu einer Schätzung zusammenfassen. Man erhält dann den pooled–Schätzer:

$$\bar{P} = \frac{n_X \bar{P}_X + n_Y \bar{P}_Y}{n_X + n_Y},$$

mit dem p geschätzt wird. Dann liegt auch eine Schätzung für $\mathrm{var}(X) = p(1-p)$ vor. Die Testfunktion (9.8) geht nach Substitution über in:

$$Z_{\bar{D}} = \frac{\bar{P}_X - \bar{P}_Y}{\sqrt{\bar{P}(1-\bar{P})\left(\dfrac{1}{n_X} + \dfrac{1}{n_Y}\right)}}.$$

Mit ihr lassen sich analog zu den Signifikanztests bei Anteilswerten Annahme- und Ablehnungsbereiche für unterschiedliche Testrichtungen bestimmen.

Übungsaufgaben zu 9.2

9.2.1 Eine Firma stellt Gewürzgurken her, die von Studenten im Akkord in Gläser gestopft werden. Das Nettogewicht eines gefüllten Glases soll 465 Gramm betragen. Die Tagesproduktion beläuft sich auf 33000 Gläser. Das Gewicht der Gläser darf 450 Gramm nicht unterschreiten. Eine Stichprobe von 50 Gläsern ergab ein Durchschnittsgewicht von 455 Gramm und eine Stichprobenvarianz von 225 (Gramm)^2.

a) Kann die Tagesproduktion bei einem Signifikanzniveau von 5% angenommen werden?

b) Bei welchem Stichprobenumfang n könnte die Firmenleitung zu 99% sicher sein, dass die Abweichungen im Rahmen von 15 Gramm bleiben?

9.2.2 Ein Imbissbudenbesitzer will an einem bestimmten Ort ein weiteres Lokal eröffnen. Seine Kalkulationen haben ergeben, dass der Imbiss sich nur dann rentiert, wenn die Anzahl der Fußgänger, die an dem Ort vorbeikommen, größer als 100 pro Stunde ist. Eine Zufallsstichprobe vom Umfang 50 Stunden ergab ein arithmetisches Mittel von 110 und eine Standardabweichung von 12 Fußgängern pro Stunde.

a) Unterstützen die beobachteten Daten bei einem α–Fehler von 5% die Errichtung eines neuen Lokals?

b) Was sind die Konsequenzen eines Fehlers 1. und 2. Art? Welcher würde sich in diesem Fall als kostenintensiver herausstellen?

9.2.3 Geben Sie für die folgenden Signifikanztests die kritischen Werte $\bar{x}_r$ an!

a) $H_0: \ \mu_0 = 100$
$H_1: \ \mu > 100$
$\alpha = 0,05, \ \sigma = 22, \ n = 150$

b) $H_0: \ \mu_0 = 60$
$H_1: \ \mu \neq 60$
$\alpha = 0,01, \ \sigma = 2, \ n = 250$

c) $H_0: \ \mu_0 = 1000$
$H_1: \ \mu \neq 1000$
$\alpha = 0,1, \ \sigma = 50, \ n = 20$

9.2.4 Bei einem Stichprobenumfang von $n = 100$ und einer Varianz von 2250 soll ein Test durchgeführt werden:

$$H_0: \ \mu_0 = 1000 \ , \ H_1: \ \mu \neq 1000.$$

H_0 ist abzulehnen, wenn gilt: $\bar{x} > 1008$ oder wenn: $\bar{x} < 992$.

a) Wie groß ist die Wahrscheinlichkeit für den Fehler 1. Art?

b) Wie groß ist die Wahrscheinlichkeit für den Fehler 2. Art, wenn $\mu_1 = 1005$ ist?

9.2.5 Erfahrungsgemäß geben deutsche Haushalte im Monat 80 € für Telekommunikation aus bei einer Standardabweichung von $\sigma = 50$ €. Nach einer Werbekampagne, wie schön Telefonieren sein kann, ergab eine Stichprobe mit 80 Haushalten durchschnittliche Ausgaben von 120

€. Kann bei einem Signifikanzniveau von 1% vermutet werden, dass die Kampagne erfolgreich war?

9.2.6 Ein Pizzataxi wirbt mit seiner schnellen Lieferzeit von durchschnittlich 30 Minuten. Ein Student möchte diese Behauptung testen und stoppt bei den nächsten 10 Bestellungen die Zeit von seinem Anruf bis zur Lieferung. Er erhält folgende Ergebnisse:

$$25, 35, 31, 32, 28, 26, 39, 28, 30, 31 \text{ (Minuten)}$$

a) Ist die Werbung des Pizzataxis bei einem Signifikanzniveau von 5% zulässig?

b) Bestimmen Sie das 99% Konfidenzintervall für die durchschnittliche Lieferzeit!

c) Welche Annahme mussten Sie implizit treffen, um die vorstehenden Aufgaben zu lösen?

9.2.7 In der Testphase einer Produkteinführung wurden 100 zufällig ausgewählte Personen befragt, ob sie dieses Produkt kaufen würden. Vierzehn Personen bejahten dies. Um auf Dauer profitabel zu sein, müssen die Hersteller einen Marktanteil von 10% erreichen.

a) Sollte das Unternehmen das Produkt am Markt platzieren ($\alpha = 0,05$)?

b) Berechnen Sie den α–Fehler, wenn das Produkt trotz des Testergebnisses nicht eingeführt wird!

9.2.8 Ein Trinkhallenbesitzer möchte für eine optimale Vorratshaltung die täglichen Schwankungen in der Biernachfrage untersuchen. Er glaubt, dass die Nachfrage normalverteilt ist mit einer Standardabweichung von 15 Flaschen pro Tag. In den nächsten 25 Tagen wurde der tägliche Absatz von Bier erfasst mit dem Resultat:

$$\sum_{j=1}^{25} x_j = 1265, \qquad \sum_{j=1}^{25} x_j^2 = 76010$$

Ist die Hypothese über die Standardabweichung in der Grundgesamtheit richtig ($\alpha = 0.01$)?

9.2.9 Ein Feinkosthersteller behauptet, dass 80% eines bestimmten Produkts länger als 10 Tage halten. In einer Stichprobe von $n = 100$ betrug der entsprechende Prozentsatz nur 75%.

a) Wie sind die H_0– und H_1–Hypothese zu formulieren, wenn die Gültigkeit der Behauptung getestet werden soll?

b) Testen Sie bei einem Signifikanzniveau von $\alpha = 0,01$!

c) Berechnen Sie den Wert der Gütefunktion für $p_1 = 0,75$!

9.2.10 Hundert Tennisfans und 100 Fußballfans zwischen 16 und 18 Jahren werden unabhängig voneinander nach dem monatlichen Nettoeinkommen ihres jeweiligen Haushalts befragt. Bei den Tennisfans beträgt das durchschnittliche monatliche Nettoeinkommen $\bar{x} = 5280$ € bei einer Standardabweichung $s_X = 600$ €; die entsprechenden Werte für die Fußballfans lauten: $\bar{y} = 5130$ € und $s_Y = 450$ €.

a) Testen Sie, ob das durchschnittliche monatliche Haushaltsnettoeinkommen von Tennisfans signifikant größer als das von Fußballfans ist! Der α-Fehler beträgt 1%!

b) Ab welchem Stichprobenumfang kehrt sich das Testresultat um, wenn weiter gelten soll: $n_X = n_Y = n$?

9.2.11 a) Zeichnen Sie die OC–Kurve und die Gütefunktion für einen linksseitigen Test!

b) Wie verläuft die Gütefunktion für einen „zweiseitigen Test“ unter Sicherheit?

9.2.12 Gegeben ist der aus einer normalverteilten Grundgesamtheit stammende Datensatz:

$$116, 112, 108, 109, 105, 105, 108, 112, 111, 104.$$

Kann bei einem Signifikanzniveau von $\alpha = 0,05$ die Hypothese $H_0 : \mu = 107$ gegen die Alternativhypothese $H_1 : \mu > 107$ angenommen werden?

9.3 Nichtparametrische Testverfahren

9.3.1 Der χ^2–Anpassungstest

Über die Verteilung einer statistischen Variablen X in einer Grundgesamtheit lassen sich mit den Methoden der deskriptiven Statistik erste Informationen gewinnen. Mit zunehmendem Umfang der Grundgesamtheit stößt diese

Möglichkeit jedoch rasch an ihre Grenzen. Dann müssen aufgrund der Sachlage fundierte Vermutungen über das Verteilungsgesetz von X aufgestellt werden. Will man diese Vermutungen statistisch überprüfen, gehen sie in Verteilungshypothesen über. Wie bei Parametertests lassen sich auch hier einfache und zusammengesetzte Verteilungshypothesen unterscheiden. Richten sich die Hypothesen nur auf das Verteilungsgesetz bei numerisch bekannten Scharparametern, liegt eine **einfache Verteilungshypothese** vor. Die Vermutung, X sei in der Grundgesamtheit Poisson–verteilt mit $\lambda = 1$ ist hierfür ein Beispiel. Hypothetisch ist an dieser Vermutung nur das Verteilungsgesetz, nicht der Wert des Parameters. Lautet die Verteilungshypothese, X sei in der Grundgesamtheit Poisson–verteilt und bleibt der Parameter λ numerisch unbestimmt, liegt eine **zusammengesetzte Verteilungshypothese** vor.

In Verteilungshypothesen wird das Verteilungsgesetz meist durch die Verteilungsfunktion angegeben. Um deutlich zu machen, dass sie von bestimmten Parametern abhängt, schreibt man: $F(x|\theta_1, \ldots, \theta_K)$. Die Nullhypothese behauptet, dass gilt:

$$H_0 : F(x|\theta_1, \ldots, \theta_K) = F_0(x|\theta_1, \ldots, \theta_K) \quad \text{für alle } x \in \mathbb{R},$$

wobei F_0 eine konkrete Verteilungsfunktion festlegt. In der Alternativhypothese wird die Nullhypothese verneint. Dies führt zu:

$$H_1 : F(x|\theta_1, \ldots, \theta_K) \neq F_0(x|\theta_1, \ldots, \theta_K) \quad \text{für mindestens ein } x \in \mathbb{R}.$$

Die Grundidee der Überprüfung von Verteilungshypothesen ist einfach. Man entnimmt der Grundgesamtheit eine einfache Stichprobe vom Umfang n. Die n Realisationen der Stichprobe überführt man in eine empirische Häufigkeitsverteilung und vergleicht diese mit der theoretischen Häufigkeitsverteilung, die sich bei dieser Stichprobe aufgrund des Verteilungsgesetzes der Nullhypothese ergibt. Unter der Nullhypothese müssten dann empirische und theoretische Verteilung nahezu übereinstimmen. Mit einem Verteilungshypothesentest wird geprüft, wann Unterschiede zwischen beiden Verteilungen zufallsbedingt und wann sie als signifikant einzustufen sind. Bei Annahme der Nullhypothese ist an die empirische eine statistisch gut gesicherte theoretische Verteilung angepasst; man bezeichnet daher diese Überprüfung als **Anpassungstest**.

Um die Anpassung der theoretischen an die empirische Verteilung zu erfassen, berechnet man zunächst die relative Differenz zwischen den empirischen und den theoretisch zu erwartenden absoluten Häufigkeiten. Bei i unterscheidbaren Merkmalsausprägungen, $i = 1, \ldots, m$ bezeichnet n_i die empirischen, absoluten Häufigkeiten und n_i^e die theoretischen, absoluten Häufigkeiten. Es gilt: $\sum_{i=1}^{m} n_i = n$. Der Quotient $\frac{n_i - n_i^e}{n_i^e}$ stellt die relative Abweichung dar. Damit sich negative und positive relative Abweichungen, die beide eine Fehlanpassung anzeigen, bei ihrer Summation nicht kompensieren, wird der Zähler quadriert. Mit der Summe dieser Abweichungen hat man eine Größe, die analytisch die Abweichung zwischen empirischer und theoretischer Verteilung quantifiziert:

$$X^2 = \sum_{i=1}^{m} \frac{(n_i - n_i^e)^2}{n_i^e}.$$

Die Summe X^2 ist selbst eine Zufallsvariable, deren Realisationen von den n unabhängigen Stichprobenvariablen X_j, $j = 1, \ldots, n$ abhängen. Für $n \to \infty$ kann gezeigt werden, dass die Verteilung von X^2 zur χ^2–Verteilung konvergiert. Für große Stichprobenumfänge n ist X^2 approximativ χ^2–verteilt:

$$X^2 = \sum_{i=1}^{m} \frac{(n_i - n_i^e)^2}{n_i^e} \quad \tilde{\chi}^2 - \text{verteilt.} \tag{9.9}$$

Die Approximation ist bei praktischen Arbeiten dann hinreichend genau, wenn der Stichprobenumfang n eine Größe hat, so dass für alle $i = 1, \ldots, m$ gilt: $n_i^e \geq 5$. Wird diese Bedingung verletzt, müssen benachbarte Ausprägungen zu Klassen zusammengefasst werden.

Da das Verteilungsgesetz der mit Gleichung (9.9) festgelegten Zufallsvariablen bekannt ist, stellt sie eine geeignete Testfunktion für Verteilungshypothesentests dar. Stimmen empirische und theoretische Häufigkeit für alle i genau überein, erhält man: $X^2 = 0$. Je größer die Abweichungen, desto größer wird X^2. Überschreitet X^2 einen vom Signifikanzniveau α abhängenden kritischen Wert $X_r^2(\alpha)$, wird die Summe der quadrierten, relativierten Abweichungen als zu groß interpretiert, um noch mit dem Verteilungsgesetz der Nullhypothese kompatibel zu sein. Die χ^2–Verteilung hat als einzigen Parameter die Anzahl an Freiheitsgraden. Liegt eine einfache Verteilungshypothese vor, betragen die Freiheitsgrade $m - 1$. Bei zusammengesetzten Verteilungshypothesen sind die Scharparameter des Verteilungsgesetzes zu schätzen: Die Anzahl der Freiheitsgrade verringert sich um eins für jeden geschätzten Verteilungsparameter.

Die konkrete Testdurchführung verlangt für diskrete und stetige Verteilungen besondere Vorgehensweisen, die an den beiden folgenden Beispielen gezeigt werden.

Beispiel 9.6 *Im Beispiel 8.4.c wurde für die empirische Verteilung der Telefonanrufe pro Stunde eine Poisson–Verteilung angenommen und der unbekannte Parameter als* $\hat{\lambda} = 1,6$ *mit einer Stichprobe im Umfang* $n = 50$ *geschätzt. Es soll jetzt getestet werden, ob diese Verteilungshypothese zutreffend ist. Die im Beispiel 8.4.c angegebene Tabelle ist hier wieder aufgeführt. Die dritte Zeile enthält die theoretischen absoluten Häufigkeiten, die mit* $n_i^e = 50e^{-1,6}\frac{1,6^x}{x!}$ *berechnet wurden.*

X	*0*	*1*	*2*	*3*	*4*	*5*
$n(X = x_i)$	*12*	*13*	*15*	*5*	*3*	*2*
$n_i^e = nf(x_i)$	*10*	*16*	*13*	*7*	*3*	*1*

Vor Durchführung des Tests muss geprüft werden, ob die Approximationsregel $n_i^e \geq 5$ *für alle* i *erfüllt ist. Für die beiden letzten Realisationen für* X *gilt dies auch nach ihrer Zusammenfassung nicht. Deshalb bilden die letzten drei Ausprägungen eine Klasse. Die folgende Tabelle gibt empirische und theoretische Verteilung in einer für den Test geeigneten Aufbereitung wieder:*

X	*0*	*1*	*2*	*[3,4,5]*
$n(X = x_i)$	*12*	*13*	*15*	*10*
$n_i^e = nf(x_i)$	*10*	*16*	*13*	*11*
$(n_i - n_i^e)^2$	*4*	*9*	*4*	*1*

Die Hypothesen des Tests lauten:

$$H_0 : F(x|\lambda) = F_0(x|\hat{\lambda} = 1,6) \ : \ \textit{Poisson–verteilt für alle } x \in \mathbb{R},$$
$$H_1 : F(x|\lambda) \neq F_0(x|\hat{\lambda} = 1,6) \ : \ \textit{nicht Poisson–verteilt.}$$

Das Signifikanzniveau beträgt $\alpha = 0,05$*. Die Zufallsvariable* X *hat wegen der notwendigen Klassierung jetzt nur noch vier Ausprägungen:* $m = 4$*. Wäre der Parameter* λ *nicht zu schätzen, hätte die* χ^2*–Verteilung drei Freiheitsgrade. Da mit der Stichprobe jedoch der Parameter* λ *geschätzt wurde, hat die* χ^2*–Verteilung der Testfunktion nur noch 2 Freiheitsgrade. Aus Tabelle 3 entnimmt man als kritischen Wert:* $\chi_r^2(0,95; 2) = 5,991$*. Der Annahmebereich* *für* H_0 *wird gegeben durch* $I_{1-\alpha} = \{0 \leq X^2 \leq 5,991\}$*; der Ablehnungsbereich durch* $I_\alpha = \{X^2 > 5,991\}$*. Aus den Daten berechnet man die Prüfgröße als:* $X^2 = \frac{4}{10} + \frac{9}{16} + \frac{4}{13} + \frac{1}{11} = 1,3611$*. Sie liegt im Annahmebereich und die Hypothese, dass die empirischen Daten durch einen Poisson–Prozess generiert wurden, bleibt beibehalten.*

Liegt eine stetige Zufallsvariable vor, enthält die Nullhypothese ein stetiges Verteilungsgesetz. Da stetige Zufallsvariablen in empirischen Datensätzen häufig viele verschiedene Werte mit geringen absoluten Häufigkeiten annehmen, ist es zweckmäßig, vor der Auswertung der Stichprobe Klassen zu bilden und für diese die empirischen absoluten Häufigkeiten anzugeben.[5] Die Klassenbildung ist auch notwendig, wenn für eine diskrete Variable in der Nullhypothese ein stetiges Verteilungsgesetz angegeben ist, denn dann können nur Intervallwahrscheinlichkeiten ermittelt werden. Klassierung ermöglicht die Berechnung der Wahrscheinlichkeit, dass die Zufallsvariable Werte einer bestimmten Klasse annimmt. Hat man diese Wahrscheinlichkeiten, wobei die Klassen nicht äquidistant sein müssen, lassen sich theoretische absolute Häufigkeiten ermitteln. Der weitere Testverlauf entspricht dann dem diskreten Fall.

Beispiel 9.7 *Die Messung der Haltbarkeitsdauer eines bestimmten Konsumgutes auf der Basis einer einfachen Stichprobe im Umfang* $n = 100$ *lieferte Werte, die in den Spalten (2) und (3) der folgenden Tabelle festgehalten sind.*

Klassen i (1)	*Haltbarkeitsdauer (Tage)* (2)	n_i (3)	$F(z_i)$ (4)	n_i^e (5)
1	*(0 bis 2]*	*5*	*0,0606*	*6,06*
2	*(2 - 4]*	*15*	*0,2191*	*15,85*
3	*(4 - 6]*	*30*	*0,5000*	*28,09*
4	*(6 - 8]*	*35*	*0,7809*	*28,09*
5	*(8 - 10]*	*10*	*0,9394*	*15,85*
6	*(10 - 16]*	*5*	*1,0000*	*6,06*

[5]Diese Vorgehensweise ist auch bei diskreten Zufallsvariablen einzuschlagen, wenn in einer Stichprobe sehr viele unterschiedliche Realisationen mit geringen absoluten Häufigkeiten vorkommen.

Das Stichprobenmittel beträgt: $\bar{x} = 6$ *(Tage); die geschätzte Varianz hat den Wert* $s^2 = 6,667$ *(Tage)*^{2}*. Es soll geprüft werden, ob die Lebensdauer normalverteilt mit* $\bar{x} = 6$ *und* $s^2 = 6,667$ *ist. Die Hypothesen dieses Tests lauten:*

$$H_0 : F(x|\mu, \sigma^2) = F_0(x|6; 6,7) \; : \; \textit{normalverteilt;}$$
$$H_1 : F(x|\mu, \sigma^2) \neq F_0(x|6; 6,7) \; : \; \textit{nicht normalverteilt.}$$

Um die theoretischen absoluten Häufigkeiten unter H_0 *zu berechnen, werden die Klassenwahrscheinlichkeiten* $P(x_{i-1} < X \leq x_i)$, $i = 1, \ldots, 6$ *benötigt. Diese erhält man durch Standardisieren mit* $z_i = \frac{x_i - \bar{x}}{s} = \frac{x_i - 6}{2{,}58}$ *als:* $F(z_i) - F(z_{i-1})$*. Die Werte für* $F(z_i)$ *nach Tabelle 1 stehen in der vierten Spalte; die theoretischen absoluten Häufigkeiten* $n_i^e = 100[F(z_i) - F(z_{i-1})]$ *gibt die fünfte Spalte wieder. Die Anzahl der Freiheitsgrade belaufen sich bei 6 Klassen und 2 geschätzten Parameter auf 3. Bei einem Signifikanzniveau von* $\alpha = 0,01$ *beträgt der kritische Wert nach Tabelle 3:* $\chi_r^2(0,99; 3) = 11,345$*; bei* $\alpha = 0,05$ *erhält man:* $\chi_r^2(0,95; 3) = 7,815$*. Als Testgröße ergibt sich:*

$$X^2 = \frac{(5 - 6,06)^2}{6,06} + \frac{(15 - 15,85)^2}{15,85} + \frac{(30 - 28,09)^2}{28,09} + \frac{(35 - 28,09)^2}{28,09} + \frac{(10 - 15,85)^2}{15,85} + \frac{(5 - 6,06)^2}{6,06} = 4,4052.$$

Sowohl bei einem Signifikanzniveau von $\alpha = 0,05$ *als auch* $\alpha = 0,01$ *kann man davon ausgehen, dass die Haltbarkeitsdauer normalverteilt ist.*

Übungsaufgabe zu 9.3.1

9.3.1.1 Die folgende Tabelle gibt das Ergebnis einer Befragung von 200 zufällig ausgewählten Akademikern nach dem Jahresbruttoeinkommen im ersten Berufsjahr nach dem Examen wieder.

i	Einkommen in Tsd.	n_i
1	bis 60	26
2	(60–80]	43
3	(80–100]	59
4	(100–120]	41
5	(120–140]	23
6	über 140	8

Schließt man die offene, letzte Klasse, ergibt sich aus den Daten: $\bar{x} = 90$ und $s = 25$.

a) Berechnen Sie die obere Klassengrenze der offenen Klasse!

b) Prüfen Sie, ob die Nullhypothese normalverteilter Einkommen im ersten Jahr bei einem α-Fehler von 5% beibehalten werden kann!

9.3.2 Unabhängigkeitstest

Bei gemeinsam verteilten Zufallsvariablen ist von besonderem Interesse, ob sie stochastisch unabhängig sind oder nicht. Wie in Kapitel 5 dargestellt, resultiert aus Unabhängigkeit eine Reihe von Vereinfachungen. Um diese Vorteile bei der empirischen Analyse zu nutzen, müssen Verfahren entwickelt werden, mit denen auf Unabhängigkeit von gemeinsam verteilten Zufallsvariablen bei unbekannter gemeinsamer Verteilungsfunktion getestet werden kann. Solche Verfahren heißen **Unabhängigkeitstests**.

Ein Test mit großem Anwendungsbereich ist der χ^2–Unabhängigkeitstest für zweidimensionale Zufallsvariablen X und Y. Mit der Nullhypothese drückt man die in den Definitionen 5.6 und 5.9 formulierte Unabhängigkeit aus; die Alternativhypothese verneint diese Aussage. Die Hypothesen lauten daher:

$$H_0: \ f(x,y) = f_X(x)f_Y(y) \text{ für alle } (x,y) \in \mathbb{R}^2 \quad \text{und}$$
$$H_1: \ f(x,y) \neq f_X(x)f_Y(y) \text{ für mindestens ein } (x,y) \in \mathbb{R}^2.$$

Das Ziehen einer einfachen Stichprobe aus einer Grundgesamtheit bedeutet jetzt die zufällige Entnahme von Elementen, an denen Ausprägungspaare (x, y) beobachtet werden. Das Stichprobenergebnis wird in eine **zweidimensionale Häufigkeitstabelle**, auch Kontingenztabelle genannt, überführt. Tabelle 9.2 gibt eine zweidimensionalen Häufigkeitstabelle wieder, bei der die Variable X in der Stichprobe m unterschiedliche und die Variable Y n verschiedene Realisationen annehmen. Die Häufigkeitstabelle enthält daher nm Elemente.

Summation über die Zeilen (i: variabel, j: fest) liefert die **empirische Randverteilung** von Y mit den absoluten Randhäufigkeiten $n_{\cdot j} = \sum_{i=1}^{m} n_{ij}$. Analog

Tab. 9.2: Zweidimensionale Häufigkeitstabelle

	y_1	y_2	y_3	$\dots$	y_n	$n_{i\cdot}$
x_1	n_{11}	n_{12}	n_{13}	$\dots$	n_{1n}	$n_{1\cdot}$
x_2	n_{21}	n_{22}	n_{23}	$\dots$	n_{2n}	$n_{2\cdot}$
x_3	n_{31}	n_{32}	n_{33}	$\dots$	n_{3n}	$n_{3\cdot}$
$\vdots$	$\vdots$	$\vdots$	$\vdots$	$\vdots$	$\vdots$	$\vdots$
x_m	n_{m1}	n_{m2}	n_{m3}	$\dots$	n_{mn}	$n_{m\cdot}$
$n_{\cdot j}$	$n_{\cdot 1}$	$n_{\cdot 2}$	$n_{\cdot 3}$	$\dots$	$n_{\cdot n}$	n

hierzu führt die Addition über die Spalten (i: fest, j: variabel) zur empirischen Randverteilung von X mit den absoluten Randhäufigkeiten $n_{i\cdot} = \sum_{j=1}^{n} n_{ij}$. Um auf Unabhängigkeit zu testen, sei zunächst angenommen, dass X und Y diskrete Variablen sind. Dividiert man die absoluten Randhäufigkeiten durch n, gehen sie in relative Randhäufigkeiten über: $\frac{n_{i\cdot}}{n}$ bzw. $\frac{n_{\cdot j}}{n}$. Für große Stichprobenumfänge lassen sich die relativen Häufigkeiten im diskreten Fall als Wahrscheinlichkeiten interpretieren. Dann stellt unter der Nullhypothese der stochastischen Unabhängigkeit ihr Produkt die Wahrscheinlichkeit für das Ereignis $\{X = x_i,\ Y = y_j\}$ dar: $P(X = x_i,\ Y = y_j) = \frac{n_{i\cdot} n_{\cdot j}}{n^2}$. Bei einer Stichprobe mit dem Umfang n kann man also absolut $n\frac{n_{i\cdot} n_{\cdot j}}{n^2} = \frac{n_{i\cdot} n_{\cdot j}}{n} = n_{ij}^e$ Elemente mit der Merkmalsausprägungskombination (x_i, y_j) erwarten. Damit sind die theoretischen absoluten Häufigkeiten unter H_0 ermittelt und die Testfunktion (9.9) kann für den diskreten Fall berechnet werden.

Bei stetigen, zweidimensionalen Zufallsvariablen teilt man den Wertebereich für X und Y jeweils in $i = 1, \dots, m$ und $j = 1, \dots, n$ Klassen auf. Die Stichprobenrealisationen bilden dann eine klassierte Häufigkeitsverteilung. Die Berechnung der absoluten Randhäufigkeiten und der theoretischen zweidimensionalen, absoluten Häufigkeiten verläuft analog zum diskreten Fall.

Auch bei Unabhängigkeitstests muss gelten $n_{ij}^e \geq 5$, um eine vertretbare Approximation der Testfunktion X^2 durch die χ^2–Verteilung zu gewährleisten. Wegen der Verwendung der relativen Randhäufigkeiten als Schätzer für die entsprechenden Wahrscheinlichkeiten wird in der Literatur teilweise als Faustregel für den Stichprobenumfang gefordert, dass er größer als 40 sein sollte. Das Produkt $(m-1)(n-1)$ gibt die Anzahl der Freiheitsgrade der

χ^2–Verteilung an. Da bei Unabhängigkeitstests keine Verteilungsspezifikation erfolgt, verringern sich die Freiheitsgrade auch nicht wegen zu schätzender Scharparameter.

Beispiel 9.8 *Mit einer Stichprobe soll geprüft werden, ob das wirtschaftswissenschaftliche Hochschulstudium geschlechtsspezifisch variiert. Es wurden deshalb mit einer einfachen Zufallsstichprobe 200 Studienanfänger nach ihrem Studienfach befragt. Die Variable „X:Geschlecht" hat den Realisationsbereich* $\{x_1$*=weiblich,* x_2*=männlich*$\}$*; die Variable „Y: wirtschaftswissenschaftliches Hochschulstudium" nimmt die Werte* y_1*=wirtschaftswissenschaftiches Studium und* y_2*= kein wirtschaftswissenschaftliches Studium an. Das Befragungsergebnis gibt die nachstehende Kontingenztabelle wieder:*

	y_1: *wirtschaftsw. Studium*	y_2: *kein wirtschaftsw. Studium*	$n_{i.}$
x_1 = *weiblich*	*20 (28,8)*	*100 (91,2)*	*120*
x_2 = *männlich*	*28 (19,2)*	*52 (60,8)*	*80*
$n_{.j}$	*48*	*152*	*200*

Die theoretischen absoluten Häufigkeiten berechnet man mit: $n^e_{ij} = \frac{n_{i.}n_{.j}}{n}$*; in der Kontingenztabelle stehen sie in Klammern. Als Prüfgröße erhält man:*

$$X^2 = \frac{(20-28,8)^2}{28,8} + \frac{(100-91,2)^2}{91,2} + \frac{(28-19,2)^2}{19,2} + \frac{52-60,8}{60,8} = 8,845.$$

Alle theoretischen absoluten Häufigkeiten n^e_{ij} *sind größer als 5 und der Stichprobenumfang genügt der Faustregel. Damit ist* X^2 *approximativ* χ^2*–verteilt mit* $(m-1)(n-1) = 1$ *Freiheitsgraden. Bei dem Signifikanzniveau* $\alpha = 0,05$ *beträgt der kritische Wert nach Tabelle 3:* $\chi^2_r(0,95;1) = 3,841$*. Die Prüfgröße ist deutlich größer als 3,841: die Nullhypothese muss daher abgelehnt werden. Beide Variablen sind (noch) stochastisch abhängig.*

Übungsaufgabe zu 9.3.2

9.3.2.1 Eine Befragung von 200 zufällig ausgewählten männlichen Autofahrern zwischen 18 und 30 Jahren nach ihrem Schulabschluss (X) und der von ihnen selbst eingestuften Fahrweise (Y) brachte folgendes Ergebnis:

Y / X	defensiv	aggressiv	angemessen
Abitur	23	21	16
mittlere Reife	21	24	13
Hauptschule	26	43	13

Testen Sie, ob zwischen Fahrweise und Schulabschluss ein Zusammenhang besteht! Der α-Fehler beträgt 5%.

Lösungen der Übungsaufgaben

2.1.1 a) $\Omega = \{KKK, KKZ, KZK, ZKK, KZZ, ZKZ, ZZK, ZZZ\}$,
b) $X(\Omega) = \{0, 1, 2, 3\}$, c) $\Omega = \{0, 1, 2, 3, 4\}$.

2.1.2 $PM[X(\Omega)] = \{\emptyset, 0, 1, 2, 3, 01, 02, 03, 12, 13, 23, 012, 013, 023, 123, 0123\}$,
$2^n = 16$ Ereignisse,
$\{KKZ, KZK, ZKK, ZZZ\} \to \{0, 2\}$.

2.1.3 a) $\bar{A}_1$ ={Pik: 7-10, Bube, Dame, König, Ass; Kreuz: 7-10, Bube, Dame, König, Ass},
b) $A_1 \cap A_2 =$ {Karo König, Herz König},
$A_2 \cap A_3 = \emptyset$, $A_1 \cap A_2 \cap A_3 = \emptyset$,
c) $A_2 \cup A_3 =$ {Kreuz König, Pik König, Herz König, Karo König, Kreuz Ass, Pik Ass, Herz Ass, Karo Ass},
d) $A_1 \setminus (A_2 \cup A_3) =$ {Karo: 7-10, Bube, Dame; Herz: 7-10, Bube, Dame}.

2.1.4 a) $\{5, 6, 9, 10\}$, b) $\{10\}$, c) Ω, d) $\emptyset$, e) $\{5, 6, 9, 10\}$, f) $\emptyset$,
g) A_2, h) $\{1, 2, 3, 4, 7, 8, 10\}$, i) A_2, j) $\Omega \setminus \{10\}$, k) $\{2, 4\}$,
l) $\{1, 2, 3, 4, 7, 8, 10\}$, nein.

2.1.5 a) $(A \cap B \cap \bar{C})$, b) $(A \cap B \cap C)$, c) $(A \cup B \cup C)$, d) $(\overline{A \cap B}) \cap C$.

2.2.1 b) $\{\emptyset, B, \bar{B}, \Omega\}$.

2.3.1 a) $0,8$; b) $0,6$; c) $0,2$; d) $0,7$; e) $0,3$; f) $0,2$.

2.3.2 $P(B) = P(A \cap B) + P(\bar{A} \cap B) \Rightarrow 0,2 \neq 0,3 + \underbrace{P(\bar{A} \cap B)}_{>0}$

2.3.3 a) $\dfrac{1}{2}$, b) $\dfrac{4}{9}$.

2.3.4 a) $P(A) = \frac{1}{6}$, $P(B) = \frac{1}{2}$, $P(C) = \frac{1}{6}$, b) $P(A \cup B \cup C) = \frac{11}{18}$.

2.4.1 a) nein.

2.4.2 a) $P(A) = \frac{1}{8}$, $P(B) = \frac{1}{2}$, $P(C) = \frac{3}{4}$, $P(D) = \frac{1}{32}$,
b) stochastisch unabhängig: A, B und A, C.

2.4.3 a) $\frac{1}{3}$, b) $\frac{3}{8}$, c) $\frac{55}{96}$, d) $\frac{1}{16}$, e) $\frac{15}{41}$.

2.4.4 a) $P(V) = 0,102$; b) $P(V|B) = 0,12$; c) $P(P \cap M) = 0,184$; d) $P(HH|V) = 0,49$.

2.4.5 a) 0,4; b) 0,2; c) 0,3.

2.4.6 a) 0,3; b) 0,4.

2.4.7 0,96.

2.4.8 a) $0,45$; b) $\frac{2}{3}$.

2.5.1 a) 13 983 816, b) 531 441, c) 4 896.

2.5.2 $\frac{4! \cdot 9!}{12!} = 0,0182$.

2.5.3 $4 \cdot V(4,3) = 96$.

2.5.4 a) $V_W(2,5) = 32$, b) $2^5 + 2^4 + 2^3 + 2^2 + 2^1 = 62$.

2.5.5 a) 720, b) 6, c) 15 120.

2.5.6 126.

2.5.7 2520.

2.5.8 a) 1225, b) 2450.

2.5.9 a) (1) $3! \cdot 4! \cdot 4 = 576$, (2) $3! \cdot 4! \cdot 5 = 720$, b) $3! \cdot 4! = 144$.

3.1 a) Ansatz: geordnete Stichproben mit Zurücklegen

x	0	1	2	3	4
$f(x)$	$\frac{16}{81}$	$\frac{32}{81}$	$\frac{24}{81}$	$\frac{8}{81}$	$\frac{1}{81}$
$F(x)$	$\frac{16}{81}$	$\frac{48}{81}$	$\frac{72}{81}$	$\frac{80}{81}$	1

b) (1) $\frac{32}{81}$, (2) $\frac{1}{9}$, (3) $\frac{33}{81}$.
c) $E(X) = \frac{4}{3}$, d) $y = \frac{4}{3}$ (€).

3.2 a)

x	0	1	2	3	4	5	6	7
$F(x)$	0,005	0,030	0,340	0,680	0,900	0,980	0,999	1,000

$P(X > 5) = 1 - P(X \leq 5) = 0,02$; $P(X = 3) = 0,340$.

b) $x_M = 3$, $\mathrm{E}(X) = 3,066$.

3.3 a) $F(x) = \int\limits_0^x f(u)\,du = x^3 - 3x^2 + 3x$; $P(X \geq 0,25) = 0.4219$,

b) $\mathrm{E}(X) = \dfrac{1}{4}$, $\mathrm{var}(x) = \dfrac{3}{80}$,

3.4 $\int\limits_1^\infty x^{-2}\,dx = -x^{-1}\Big|_1^\infty = -\frac{1}{x}\Big|_1^\infty = 1.$

3.5 a) $k = \dfrac{3}{4}$, b) $\mathrm{E}(x) = 3$, $\mathrm{var}(x) = \frac{1}{5}$.

3.6 $k = 2 \Rightarrow -2 \leq X \leq 22$.

3.7 a) $\mathrm{E}(G) = 0,16$; $\mathrm{var}(G) = 0,0045 \Rightarrow \sigma_G = 0,0673$.

b) 1. Aktienfonds, 2. Kombination, 3. Immobilienfonds.

4.1.1.1 $\mathrm{E}(X) = 5,6$ Mio. €, $\mathrm{var}(X) = 8,64 \cdot 10^{12}$ €^{2}.

Das Unternehmen sollte sich bei (a) für Alternative B und bei (b) für Alternative A entscheiden.

4.1.1.2 a) Wahrscheinlichkeitsfunktion $f(x)$

$$f(x) = \begin{cases} \frac{1}{6} & , x \in \{1,2,3,4,5,6\} \\ 0 & , \text{sonst} \end{cases},$$

Verteilungsfunktion $F(x)$:

$$F(x) = \begin{cases} 0 & , x < 1 \\ \frac{1}{6} & , 1 \leq x < 2 \\ \frac{1}{3} & , 2 \leq x < 3 \\ \frac{1}{2} & , 3 \leq x < 4, \\ \frac{2}{3} & , 4 \leq x < 5 \\ \frac{5}{6} & , 5 \leq x < 6 \\ 1 & , 6 \leq x \end{cases}$$

b) (1) $\dfrac{1}{6}$, (2) $\dfrac{1}{3}$, (3) $\dfrac{1}{6}$, (4) 1, (5) $\dfrac{1}{3}$, (6) $\dfrac{1}{3}$,

c) $\mathrm{E}(X) = 3,5;\ \mathrm{var}(X) = \frac{35}{12}$.

4.1.2.1 X: Anzahl der nicht eingehaltenen Reservierungen $B(33; 0,05)$
a) $0,1464$; b) $0,7728$; c) $0,2261$; d) $\mathrm{E}(X) = 1,65$;
$\mathrm{var}(X) = 1,5675$.

4.1.2.2 $B(25; 0,2)$;
a) (1) $P(X \geq 2) = 0,949$; (2) $P(4 \leq X \leq 6) = 0,546$;
b) $\mu = 20;\quad \sigma^2 = 16$.

4.1.2.3 $B(2; p),\ p = \dfrac{3}{5}$.

4.1.2.4 $n \geq 14$.

4.1.2.5 $X : B(4; \frac{1}{3})$;

$$f(x) = \begin{cases} \frac{16}{81} & , \text{für } X = 0 \\ \frac{32}{81} & , \text{für } X = 1 \\ \frac{24}{81} & , \text{für } X = 2 \\ \frac{8}{81} & , \text{für } X = 3 \\ \frac{1}{81} & , \text{für } X = 4. \end{cases}$$

4.1.3.1 $X : G(\frac{1}{6});\quad \mathrm{E}(X) = 5,\quad \sqrt{\mathrm{var}(X)} = 5,4772$.

4.1.3.2 $X : G(\frac{1}{8})$;
a) $0,0957$; b) $0,4488$; c) $\mathrm{E}(X) = 7,\quad \mathrm{var}(X) = 56$.

4.1.3.3 $G(p = 0,8)$
a) $0,992$; b) $0,16$; c) $0,008$.

4.1.3.4 $NB(3; 0,15);\quad f(x = 7) = 0,03895$.

4.1.3.5 $X = \{1, 2, 3, \ldots\},\ f(x) = pq^{x-1};\ \mathrm{E}(X) = \frac{1}{p};\ \mathrm{var}(X) = \frac{q}{p^2}$.

4.1.4.1 $PV(2)$;
a) $0,1429$; b) $0,5414$; c) 8.

4.1.4.2 a) $PV(0,1),\ 0,9048$; b) $PV(1),\ 0,1839$; c) $PV(1,5),\ 0,5578$;
d) $PV(3),\ 0,2689$.

4.1.4.3 $PV(\lambda = 2),\ P(X > 2) = 0,3233.$

4.1.5.1 $H(100; 10; 10);\ P(X = 3) = 0,0518.$

4.1.5.2 $H(N; 2; 10),\ N = 16.$

4.1.5.3 $H(40; 2; n),\ n = 27.$

4.1.5.4 Verallgemeinerte hypergeometrische Verteilung;
a) $0,4\bar{1}2$; b) $0,2338$.

4.2.1.1 a) $f(x) = \frac{1}{40}$, b) $F(510) - F(490) = \frac{1}{2}$, c) $\mathrm{E}(x) = 500 = x_{Med}$.

4.2.1.2 a) $f(x) = \begin{cases} \frac{1}{240} & 240 \le x \le 480 \\ 0 & \text{sonst} \end{cases}$, b) $\frac{1}{4}$.

4.2.2.1 $Ex(0,4167)$.
a) 0,0821; b) 0,1481.

4.2.2.3 a) $P(X > \frac{1}{\lambda}) = 0,0679$; b) $P(X > \frac{3}{\lambda}) = 0,0498$.

4.2.2.4 $Ex(\frac{1}{120})$.
a) $P(X \le 60) = 0,3935$; b) $P(60 \le X \le 80) = 0,09$;
c) $P(X > 150) = 0,2865$.

4.2.2.5 $h(x) = \frac{f(x)}{1-F(x)} = \frac{\lambda e^{-\lambda x}}{e^{-\lambda x}} = \lambda.$

4.2.4.1 $\mu = 39,7765;\ \sigma = 22,0204.$

4.2.4.2 a) $0,0521$; b) $0,546$; c) 287 Tage.

4.2.4.3 a) $0,0475$; b) $0,8664$; c) $0,9901$; d) 0,5555.

4.2.4.4 $b = 1,645.$

4.2.4.5 a) $0,0808$; b) $0,0548$; c) $0,4013$; $0,1056$.
d) Das Risiko einer negativen Rendite verdoppelt sich.

4.2.4.6 a) (1) $0,9332$; (2) $0,95$; (3) $0,9987$;

b) (1) $0,0668$; (2) 0,0002;

c) (1) $0,6826$; (2) $0,9544$; (3) $0,9974$;

d) (1) $0,7745$; (2) 0,1359;

e) (1) $1,28$; (2) 0; (3) $0,44$; (4) $0,77$; (5) $-0,44$; (6) $-1,645$.

4.2.4.7 a) (1) $0,6406$; (2) $0,8577$; (3) $0,3594$;

b) (1) $0,4443$; (2) $0,8051$;

c) (1) $0,5644$; (2) $0,6847$; (3) 0,0966.

4.2.6.1 a) $7,2609$; (b) $8,5468$; (c) $27,4884$; d) 30,5779.

4.2.6.2 a) $1,3253$; b) $\pm 1,3253$; c) $0,2$; d) 0,9841.

4.2.6.3 a) $2,64$; b) $4,00$; c) $0,3106$; d) $0,1812$.

5.1 a) $P(f|x_2) = 0,6$;

b) Wahrscheinlichkeitstabelle:

Y / X	d	f	$f_X(x)$
x_1	0,08	0,32	0,4
x_2	0,24	0,36	0,6
$f_Y(y)$	0,32	0,68	1

c) stochastisch abhängig, d) $P(d) = 0,32$.

5.2 a)

Y / X	2	3	4	$f_X(x)$
2	0,1	0,1	0,2	0,4
4	0,1	0,2	0,3	0,6
$f_Y(y)$	0,2	0,3	0,5	1

b)

x_i	2	4	Σ
$f(x_i\|2)$	0,5	0,5	1

c) $\mathrm{E}(X) = 3,2$; $\mathrm{E}(Y) = 3,3$.

Sei $Z = X + Y$:

z_k	4	5	6	7	8	Σ
$f(z_k)$	0,1	0,1	0,3	0,2	0,3	1

$\mathrm{E}(Z) = 6,5$ oder: $\mathrm{E}(Z) = \mathrm{E}(X) + \mathrm{E}(Y)$

d) $\text{var}(X) = 0,96; \quad \text{var}(Y) = 0,61;$
$\text{var}(Z) = 1,65$ oder: $\text{var}(Z) = \text{var}(X) + \text{var}(Y) + 2\text{cov}(X,Y);$
e) $E(X|2) = 3, \quad \text{var}(X|2) = 1.$
f) $\text{cov}(X,Y) = 0,04, \quad r_{XY} = 0,0523;$
$\Rightarrow X$ und Y sind stochastisch abhängig.

5.4 a) Ansatz: geordnete Stichproben mit Zurücklegen;

Y \ X	1	2	3	4	$f_Y(y)$
2	$\frac{1}{16}$	0	0	0	$\frac{1}{16}$
3	$\frac{2}{16}$	0	0	0	$\frac{2}{16}$
4	$\frac{2}{16}$	$\frac{1}{16}$	0	0	$\frac{3}{16}$
5	$\frac{2}{16}$	$\frac{2}{16}$	0	0	$\frac{4}{16}$
6	0	$\frac{2}{16}$	$\frac{1}{16}$	0	$\frac{3}{16}$
7	0	0	$\frac{2}{16}$	0	$\frac{2}{16}$
8	0	0	0	$\frac{1}{16}$	$\frac{1}{16}$
$f_X(x)$	$\frac{7}{16}$	$\frac{5}{16}$	$\frac{3}{16}$	$\frac{1}{16}$	1

b) X, Y: stochastisch abhängig.

c)

y_j	2	3	4	5	Σ
$f(y_j|1)$	$\frac{1}{7}$	$\frac{2}{7}$	$\frac{2}{7}$	$\frac{2}{7}$	1

d) (1) $\frac{1}{3}$, (2) $\frac{3}{4}$, (3) $\frac{1}{8}$, (4) $\frac{1}{5}$, (5) $\frac{5}{8}$, (6) $\frac{7}{16}$, (7) $\frac{1}{5}$, (8) $\frac{3}{8}$, (9) $\frac{9}{16}$.

5.5 a) $f_X(x_i) = \frac{2x_i+3}{15}$, $i = 1,2,3$; $f_Y(y_j) = \frac{y_j+1}{5}$, $j = 1,2$;
b) $f(x_i|Y = y_j) = \frac{x_i+y_j}{3(y_j+1)}$; $f(y_j|X = x_i) = \frac{x_i+y_j}{2x_i+3}$;
c) $E(X) = \frac{19}{15}$; $E(Y) = \frac{8}{5}$; $E(XY) = 2$; $\text{var}(X) = \frac{134}{225}$;
$\text{var}(Y) = \frac{6}{25}$.

5.6 a) $c = \dfrac{3}{2}$,
b) $f_X(x) = \frac{3}{2}x^2 + \frac{1}{2}$, $f_Y(y) = \frac{3}{2}y^2 + \frac{1}{2}$, $f(y|0,5) = \frac{3}{7} + \frac{12}{7}y^2$,
c) $F(x,y) = \frac{1}{2}(x^3y + xy^3)$,
d) (1) $\dfrac{1}{16}$, (2) $\dfrac{1}{4}$, (3) $P(0 \leq X \leq 0,5|0 \leq Y \leq 0,5) =$

$$= \frac{P(0 \leq X \leq 0,5; 0 \leq Y \leq 0,5)}{P(0 \leq Y \leq 0,5)} = \frac{1}{5}.$$

e) $\operatorname{cov}(X,Y) = -\dfrac{1}{64} \to$ nein

f) $\mathrm{E}(X) = \dfrac{5}{8},\ \operatorname{var}(X) = 0{,}0760;\ \mathrm{E}(Y) = \dfrac{5}{8},\ \operatorname{var}(Y) = 0{,}0760;$
$\mathrm{E}(X+Y) = \dfrac{5}{4},\ \operatorname{var}(X+Y) = 0{,}1208.$

5.7 a) nein, b) ja, c) nein, d) ja.

5.8 $(0 < x < 2; \frac{x}{2} < y < \infty)$:
$F(x,y) = \frac{1}{2}x^2 - \frac{1}{16}x^4,$
$(2y < x < \infty; 0 < y < 1)$:
$F(x,y) = y^4.$

6.1 0,0951.

6.2 a) $n = 200$; 0,9818;
b) $n = 300$; 0,9962; $n = 400$; 0,9992; $n = 600$; 1.

6.3 $0{,}49$.

7.2 ZmZ $\to B(100; \frac{1}{1000}) :\ P(g_i) = 0{,}0906$
ZoZ $\to H(1000, 1, 100) :\ P(g_i) = 0{,}1.$

7.3 a) 11628, b) $\mathrm{E}(\bar{X}) = \mu,\ \sigma^2_{\bar{X}} = \dfrac{\sigma^2}{n}$, c) $\bar{X} \sim N(\mu, \frac{\sigma^2}{n})$.

7.4 a) $\mathrm{E}(X) = 5,\ \operatorname{var}(X) = \frac{25}{3}$ b) $\bar{X} \sim N(5; \frac{5}{24})$,
c) (1) $\dfrac{1}{5}$; (2) $0{,}0143$; (3) $0{,}2$; (4) $0{,}9714$.

7.5 a) $0{,}0009$; b) $0{,}0475$; c) $0{,}2514$.

7.6 a) $P(X \geq 740) = 0{,}9772$; b) $P(\bar{X} \geq 748) = 0{,}9286$.

7.7 $\mu = 200,\ \sigma^2 = 60,\ n_1 = 10,\ n_2 = 20,$
a) 0, b) 9, c) $0{,}3174$.

8.1 $\hat{\lambda} = \dfrac{1}{\bar{x}}.$

8.2 $\hat{\lambda} = \bar{x}.$

8.3 $[2611,14 \leq \mu \leq 2932,86]$.

8.4 $P(6,80275 \leq \mu \leq 13,19725) = 0,95$;
$P(19,6449 \leq \sigma^2 \leq 86,2344) = 0,95$.

8.5 a) $P(18,04 \leq \mu \leq 21,96) = 0,95$;
b) $P(17,9361 \leq \mu \leq 22,0639) = 0,95$;
c) $e = \frac{1,96}{2}$; $n = 100$.

8.6 $[4,472 \leq \mu \leq 11,528]$.

8.7 Momentenschätzer: $\frac{5}{20} = \frac{1}{4} = \bar{p}$,
ML–Schätzer: $L(p|x=5) = \binom{20}{5} p^5 (1-p)^{15}$,
$\frac{dL}{dp} = 5\binom{20}{5} p^4 (1-p)^{14}(1-4p) = 0 \Rightarrow p_1 = 0,\ p_2 = 1,\ p_0 = \frac{1}{4}$,
ML–Schätzung: $p_0 = \frac{1}{4}$
Momentenschätzung: $\hat{p} = \frac{5}{20} = \frac{1}{4}$.

9.2.1 a) H_0: $\mu_0 = 465$, H_1: $\mu < 465$, $\alpha = 5\%$, $\bar{x} = 455$,
bei $n = 50 \Rightarrow H_0$ ablehnen,
b) 7.

9.2.2 a) H_0: $\mu_0 \leq 100$, H_1: $\mu > 100$; H_0 ablehnen,
b) α–Fehler.

9.2.3 a) $\bar{x}_r = 102,9549$;
b) $\bar{x}_r = 59,6743$ und $\bar{x}_r = 60,3257$;
c) $\bar{x}_r = 981,6083$ und $\bar{x}_r = 1018,3917$.

9.2.4 a) $\alpha = 0,092$; b) $\beta = 0,7334$.

9.2.5 H_0: $\mu_0 = 80$, H_1: $\mu > 80$; H_0 ablehnen.

9.2.6 a) H_0: $\mu_0 = 30$, H_1: $\mu \neq \mu_0$; $t_{r,1} = -2,262$ und $t_{r,2} = 2,262$,
$t = 0,3768 \Rightarrow H_0$ beibehalten.
b) $[26,187 \leq \mu \leq 34,813]$; c) Lieferzeit normalverteilt.

9.2.7 $H_0 : \mu_0 \geq 0,1$; H_1: $\mu < 0$;
a) H_0 beibehalten; b) 0,0918.

9.2.8 H_0: $\sigma_0^2 = 225$, H_1: $\sigma^2 \neq 225$; $\chi^2_{r,1} = 9,89$; $\chi^2_{r,2} = 45,6$; $\chi^2 = 53,34$

$\Rightarrow H_0$ ablehnen.

9.2.9 a) H_0: $p_0 \geq 0,8$; H_1: $p < 0,8; \Rightarrow$ linksseitiger Test;
b) H_0 beibehalten, c) $G(p = 0,75) = 1 - \beta(0,75) = 0,1437$.

9.2.10 a) H_0 beibehalten, b) $n = 136$.

9.2.12 $t_r = 1,8331$, $z(t) = 1,6641 \Rightarrow H_0$ beibehalten.

9.3.1.1 a) 210; b) H_0: $N(90,625)$; H_1: nicht normalverteilt,
$X^2 = 4,019$; $\chi_r^2(0,95;2) = 5,991 \Rightarrow H_0$ beibehalten.

9.3.2.1 H_0: unabhängig; H_1: abhängig.
$X^2 = 5,012$; $\chi_r^2(0,95;4) = 9,488 > 5,012 \Rightarrow H_0$ beibehalten.

Tabellenanhang

Tab. 1: Verteilungsfunktion der Standardnormalverteilung

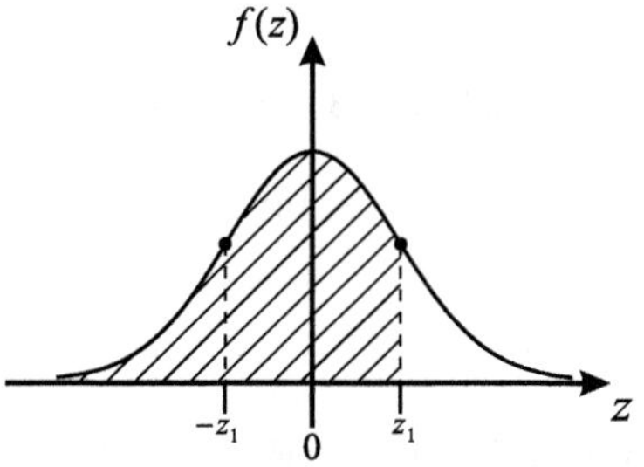

Beispiel zur Benutzung der Tabelle:
$P(Z \leq 2,36) = 0,9909$.
Man liest diesen Wert im Schnittpunkt der Zeile 2.3 mit der Spalte 0,06.

z	0,00	0,01	0,02	0,03	0,04	0,05	0,06	0,07	0,08	0,09
0,0	0,5000	0,5040	0,5080	0,5120	0,5160	0,5199	0,5239	0,5279	0,5319	0,5359
0,1	0,5398	0,5438	0,5478	0,5517	0,5557	0,5596	0,5636	0,5675	0,5714	0,5753
0,2	0,5793	0,5832	0,5871	0,5910	0,5948	0,5987	0,6026	0,6064	0,6103	0,6141
0,3	0,6179	0,6217	0,6255	0,6293	0,6331	0,6368	0,6406	0,6443	0,6480	0,6517
0,4	0,6554	0,6591	0,6628	0,6664	0,6700	0,6736	0,6772	0,6808	0,6844	0,6879
0,5	0,6915	0,6950	0,6985	0,7019	0,7054	0,7088	0,7123	0,7157	0,7190	0,7224
0,6	0,7257	0,7291	0,7324	0,7357	0,7389	0,7422	0,7454	0,7486	0,7517	0,7549
0,7	0,7580	0,7611	0,7642	0,7673	0,7704	0,7734	0,7764	0,7794	0,7823	0,7852
0,8	0,7881	0,7910	0,7939	0,7967	0,7995	0,8023	0,8051	0,8078	0,8106	0,8133
0,9	0,8159	0,8186	0,8212	0,8238	0,8264	0,8289	0,8315	0,8340	0,8365	0,8389
1,0	0,8413	0,8438	0,8461	0,8485	0,8508	0,8531	0,8554	0,8577	0,8599	0,8621
1,1	0,8643	0,8665	0,8686	0,8708	0,8729	0,8749	0,8770	0,8790	0,8810	0,8830
1,2	0,8849	0,8869	0,8888	0,8907	0,8925	0,8944	0,8962	0,8980	0,8997	0,9015
1,3	0,9032	0,9049	0,9066	0,9082	0,9099	0,9115	0,9131	0,9147	0,9162	0,9177
1,4	0,9192	0,9207	0,9222	0,9236	0,9251	0,9265	0,9279	0,9292	0,9306	0,9319
1,5	0,9332	0,9345	0,9357	0,9370	0,9382	0,9394	0,9406	0,9418	0,9429	0,9441
1,6	0,9452	0,9463	0,9474	0,9484	0,9495	0,9505	0,9515	0,9525	0,9535	0,9545
1,7	0,9554	0,9564	0,9573	0,9582	0,9591	0,9599	0,9608	0,9616	0,9625	0,9633
1,8	0,9641	0,9649	0,9656	0,9664	0,9671	0,9678	0,9686	0,9693	0,9699	0,9706
1,9	0,9713	0,9719	0,9726	0,9732	0,9738	0,9744	0,9750	0,9756	0,9761	0,9767
2,0	0,9772	0,9778	0,9783	0,9788	0,9793	0,9798	0,9803	0,9808	0,9812	0,9817
2,1	0,9821	0,9826	0,9830	0,9834	0,9838	0,9842	0,9846	0,9850	0,9854	0,9857
2,2	0,9861	0,9864	0,9868	0,9871	0,9875	0,9878	0,9881	0,9884	0,9887	0,9890
2,3	0,9893	0,9896	0,9898	0,9901	0,9904	0,9906	0,9909	0,9911	0,9913	0,9916
2,4	0,9918	0,9920	0,9922	0,9925	0,9927	0,9929	0,9931	0,9932	0,9934	0,9936
2,5	0,9938	0,9940	0,9941	0,9943	0,9945	0,9946	0,9948	0,9949	0,9951	0,9952
2,6	0,9953	0,9955	0,9956	0,9957	0,9959	0,9960	0,9961	0,9962	0,9963	0,9964
2,7	0,9965	0,9966	0,9967	0,9968	0,9969	0,9970	0,9971	0,9972	0,9973	0,9974
2,8	0,9974	0,9975	0,9976	0,9977	0,9977	0,9978	0,9979	0,9979	0,9980	0,9981
2,9	0,9981	0,9982	0,9982	0,9983	0,9984	0,9984	0,9985	0,9985	0,9986	0,9986
3,0	0,9987	0,9987	0,9987	0,9988	0,9988	0,9989	0,9989	0,9989	0,9990	0,9990
3,1	0,9990	0,9991	0,9991	0,9991	0,9992	0,9992	0,9992	0,9992	0,9993	0,9993
3,2	0,9993	0,9993	0,9994	0,9994	0,9994	0,9994	0,9994	0,9995	0,9995	0,9995
3,3	0,9995	0,9995	0,9995	0,9996	0,9996	0,9996	0,9996	0,9996	0,9996	0,9997
3,4	0,9997	0,9997	0,9997	0,9997	0,9997	0,9997	0,9997	0,9997	0,9997	0,9998
3,5	0,9998	0,9998	0,9998	0,9998	0,9998	0,9998	0,9998	0,9998	0,9998	0,9998

Tab. 2: Quantile der t–Verteilung

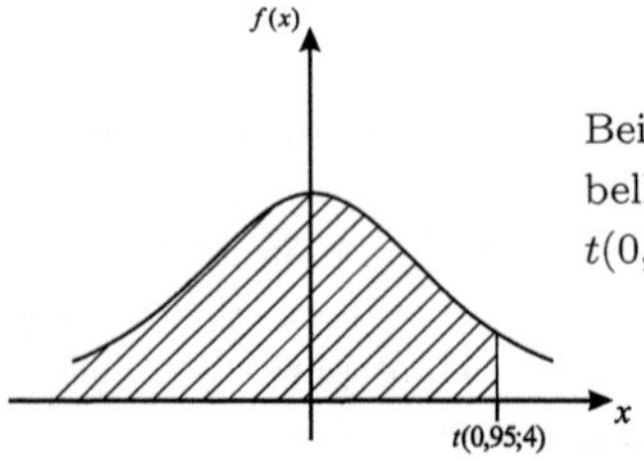

Beispiel zur Benutzung der Tabelle:
$t(0,95;4) = 2,1318$

n	0,6	0,7	0,8	0,9	0,95	0,975	0,99	0,995
1	0,3249	0,7265	1,3764	3,0777	6,3137	12,7062	31,8210	63,6559
2	0,2887	0,6172	1,0607	1,8856	2,9200	4,3027	6,9645	9,9250
3	0,2767	0,5844	0,9785	1,6377	2,3534	3,1824	4,5407	5,8408
4	0,2707	0,5686	0,9410	1,5332	2,1318	2,7765	3,7469	4,6041
5	0,2672	0,5594	0,9195	1,4759	2,0150	2,5706	3,3649	4,0321
6	0,2648	0,5534	0,9057	1,4398	1,9432	2,4469	3,1427	3,7074
7	0,2632	0,5491	0,8960	1,4149	1,8946	2,3646	2,9979	3,4995
8	0,2619	0,5459	0,8889	1,3968	1,8595	2,3060	2,8965	3,3554
9	0,2610	0,5435	0,8834	1,3830	1,8331	2,2622	2,8214	3,2498
10	0,2602	0,5415	0,8791	1,3722	1,8125	2,2281	2,7638	3,1693
11	0,2596	0,5399	0,8755	1,3634	1,7959	2,2010	2,7181	3,1058
12	0,2590	0,5386	0,8726	1,3562	1,7823	2,1788	2,6810	3,0545
13	0,2586	0,5375	0,8702	1,3502	1,7709	2,1604	2,6503	3,0123
14	0,2582	0,5366	0,8681	1,3450	1,7613	2,1448	2,6245	2,9768
15	0,2579	0,5357	0,8662	1,3406	1,7531	2,1315	2,6025	2,9467
16	0,2576	0,5350	0,8647	1,3368	1,7459	2,1199	2,5835	2,9208
17	0,2573	0,5344	0,8633	1,3334	1,7396	2,1098	2,5669	2,8982
18	0,2571	0,5338	0,8620	1,3304	1,7341	2,1009	2,5524	2,8784
19	0,2569	0,5333	0,8610	1,3277	1,7291	2,0930	2,5395	2,8609
20	0,2567	0,5329	0,8600	1,3253	1,7247	2,0860	2,5280	2,8453
21	0,2566	0,5325	0,8591	1,3232	1,7207	2,0796	2,5176	2,8314
22	0,2564	0,5321	0,8583	1,3212	1,7171	2,0739	2,5083	2,8188
23	0,2563	0,5317	0,8575	1,3195	1,7139	2,0687	2,4999	2,8073
24	0,2562	0,5314	0,8569	1,3178	1,7109	2,0639	2,4922	2,7970
25	0,2561	0,5312	0,8562	1,3163	1,7081	2,0595	2,4851	2,7874
26	0,2560	0,5309	0,8557	1,3150	1,7056	2,0555	2,4786	2,7787
27	0,2559	0,5306	0,8551	1,3137	1,7033	2,0518	2,4727	2,7707
28	0,2558	0,5304	0,8546	1,3125	1,7011	2,0484	2,4671	2,7633
29	0,2557	0,5302	0,8542	1,3114	1,6991	2,0452	2,4620	2,7564
30	0,2556	0,5300	0,8538	1,3104	1,6973	2,0423	2,4573	2,7500
31	0,2555	0,5298	0,8534	1,3095	1,6955	2,0395	2,4528	2,7440
32	0,2555	0,5297	0,8530	1,3086	1,6939	2,0369	2,4487	2,7385
33	0,2554	0,5295	0,8526	1,3077	1,6924	2,0345	2,4448	2,7333
34	0,2553	0,5294	0,8523	1,3070	1,6909	2,0322	2,4411	2,7284
35	0,2553	0,5292	0,8520	1,3062	1,6896	2,0301	2,4377	2,7238
36	0,2552	0,5291	0,8517	1,3055	1,6883	2,0281	2,4345	2,7195
37	0,2552	0,5289	0,8514	1,3049	1,6871	2,0262	2,4314	2,7154
38	0,2551	0,5288	0,8512	1,3042	1,6860	2,0244	2,4286	2,7116
39	0,2551	0,5287	0,8509	1,3036	1,6849	2,0227	2,4258	2,7079
40	0,2550	0,5286	0,8507	1,3031	1,6839	2,0211	2,4233	2,7045
45	0,2549	0,5281	0,8497	1,3007	1,6794	2,0141	2,4121	2,6896
50	0,2547	0,5278	0,8489	1,2987	1,6759	2,0086	2,4033	2,6778

Tab. 3: Quantile der χ^2–Verteilung

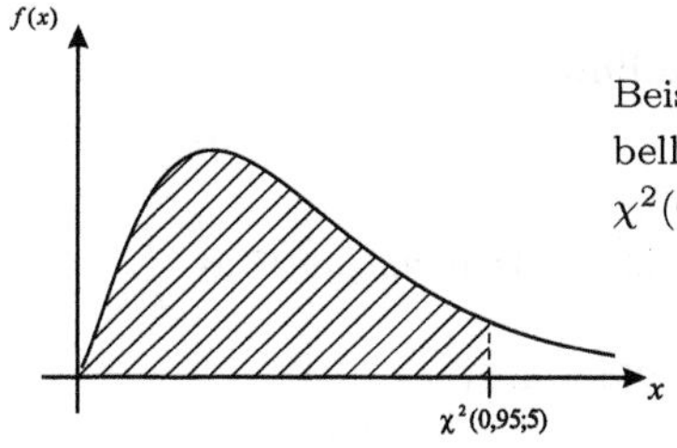

Beispiel zur Benutzung der Tabelle:
$\chi^2(0,95;5) = 11,07$.

$F(x)$	0,005	0,01	0,025	0,05	0,1	0,9	0,95	0,975	0,99	0,995
n										
1	0,000	0,000	0,001	0,004	0,016	2,706	3,841	5,024	6,635	7,879
2	0,010	0,020	0,051	0,103	0,211	4,605	5,991	7,378	9,210	10,597
3	0,072	0,115	0,216	0,352	0,584	6,251	7,815	9,348	11,345	12,838
4	0,207	0,297	0,484	0,711	1,064	7,779	9,488	11,143	13,277	14,860
5	0,412	0,554	0,831	1,145	1,610	9,236	11,070	12,832	15,086	16,750
6	0,676	0,872	1,237	1,635	2,204	10,645	12,592	14,449	16,812	18,548
7	0,989	1,239	1,690	2,167	2,833	12,017	14,067	16,013	18,475	20,278
8	1,344	1,647	2,180	2,733	3,490	13,362	15,507	17,535	20,090	21,955
9	1,735	2,088	2,700	3,325	4,168	14,684	16,919	19,023	21,666	23,589
10	2,156	2,558	3,247	3,940	4,865	15,987	18,307	20,483	23,209	25,188
11	2,603	3,053	3,816	4,575	5,578	17,275	19,675	21,920	24,725	26,757
12	3,074	3,571	4,404	5,226	6,304	18,549	21,026	23,337	26,217	28,300
13	3,565	4,107	5,009	5,892	7,041	19,812	22,362	24,736	27,688	29,819
14	4,075	4,660	5,629	6,571	7,790	21,064	23,685	26,119	29,141	31,319
15	4,601	5,229	6,262	7,261	8,547	22,307	24,996	27,488	30,578	32,801
16	5,142	5,812	6,908	7,962	9,312	23,542	26,296	28,845	32,000	34,267
17	5,697	6,408	7,564	8,672	10,085	24,769	27,587	30,191	33,409	35,718
18	6,265	7,015	8,231	9,390	10,865	25,989	28,869	31,526	34,805	37,156
19	6,844	7,633	8,907	10,117	11,651	27,204	30,144	32,852	36,191	38,582
20	7,434	8,260	9,591	10,851	12,443	28,412	31,410	34,170	37,566	39,997
21	8,034	8,897	10,283	11,591	13,240	29,615	32,671	35,479	38,932	41,401
22	8,643	9,542	10,982	12,338	14,041	30,813	33,924	36,781	40,289	42,796
23	9,260	10,196	11,689	13,091	14,848	32,007	35,172	38,076	41,638	44,181
24	9,886	10,856	12,401	13,848	15,659	33,196	36,415	39,364	42,980	45,558
25	10,520	11,524	13,120	14,611	16,473	34,382	37,652	40,646	44,314	46,928
26	11,160	12,198	13,844	15,379	17,292	35,563	38,885	41,923	45,642	48,290
27	11,808	12,878	14,573	16,151	18,114	36,741	40,113	43,195	46,963	49,645
28	12,461	13,565	15,308	16,928	18,939	37,916	41,337	44,461	48,278	50,994
29	13,121	14,256	16,047	17,708	19,768	39,087	42,557	45,722	49,588	52,335
30	13,787	14,953	16,791	18,493	20,599	40,256	43,773	46,979	50,892	53,672
40	20,707	22,164	24,433	26,509	29,051	51,805	55,758	59,342	63,691	66,766
50	27,991	29,707	32,357	34,764	37,689	63,167	67,505	71,420	76,154	79,490

Tab. 4: 0,95–Quantile der F-Verteilung

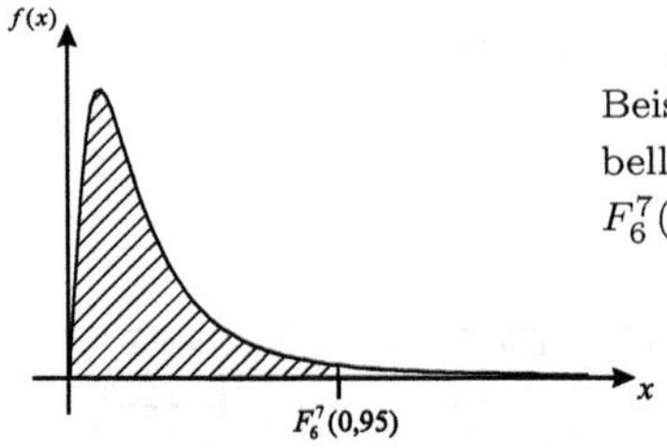

Beispiel zur Benutzung der Tabelle:
$F_6^7(0,95) = 4,21$.

Freiheitsgrade Zähler m; Freiheitsgrade Nenner n

n	1	2	3	4	5	6	7	8	10	12	15	20	24	30
1	161,4	199,5	215,7	224,6	230,2	234,0	236,8	238,9	241,9	243,9	245,9	248,0	249,1	250,1
2	18,51	19,00	19,16	19,25	19,30	19,33	19,35	19,37	19,40	19,41	19,43	19,45	19,45	19,46
3	10,13	9,55	9,28	9,12	9,01	8,94	8,89	8,85	8,79	8,74	8,70	8,66	8,64	8,62
4	7,71	6,94	6,59	6,39	6,26	6,16	6,09	6,04	5,96	5,91	5,86	5,80	5,77	5,75
5	6,61	5,79	5,41	5,19	5,05	4,95	4,88	4,82	4,74	4,68	4,62	4,56	4,53	4,50
6	5,99	5,14	4,76	4,53	4,39	4,28	4,21	4,15	4,06	4,00	3,94	3,87	3,84	3,81
7	5,59	4,74	4,35	4,12	3,97	3,87	3,79	3,73	3,64	3,57	3,51	3,44	3,41	3,38
8	5,32	4,46	4,07	3,84	3,69	3,58	3,50	3,44	3,35	3,28	3,22	3,15	3,12	3,08
9	5,12	4,26	3,86	3,63	3,48	3,37	3,29	3,23	3,14	3,07	3,01	2,94	2,90	2,86
10	4,96	4,10	3,71	3,48	3,33	3,22	3,14	3,07	2,98	2,91	2,85	2,77	2,74	2,70
11	4,84	3,98	3,59	3,36	3,20	3,09	3,01	2,95	2,85	2,79	2,72	2,65	2,61	2,57
12	4,75	3,89	3,49	3,26	3,11	3,00	2,91	2,85	2,75	2,69	2,62	2,54	2,51	2,47
13	4,67	3,81	3,41	3,18	3,03	2,92	2,83	2,77	2,67	2,60	2,53	2,46	2,42	2,38
14	4,60	3,74	3,34	3,11	2,96	2,85	2,76	2,70	2,60	2,53	2,46	2,39	2,35	2,31
15	4,54	3,68	3,29	3,06	2,90	2,79	2,71	2,64	2,54	2,48	2,40	2,33	2,29	2,25
16	4,49	3,63	3,24	3,01	2,85	2,74	2,66	2,59	2,49	2,42	2,35	2,28	2,24	2,19
17	4,45	3,59	3,20	2,96	2,81	2,70	2,61	2,55	2,45	2,38	2,31	2,23	2,19	2,15
18	4,41	3,55	3,16	2,93	2,77	2,66	2,58	2,51	2,41	2,34	2,27	2,19	2,15	2,11
19	4,38	3,52	3,13	2,90	2,74	2,63	2,54	2,48	2,38	2,31	2,23	2,16	2,11	2,07
20	4,35	3,49	3,10	2,87	2,71	2,60	2,51	2,45	2,35	2,28	2,20	2,12	2,08	2,04
21	4,32	3,47	3,07	2,84	2,68	2,57	2,49	2,42	2,32	2,25	2,18	2,10	2,05	2,01
22	4,30	3,44	3,05	2,82	2,66	2,55	2,46	2,40	2,30	2,23	2,15	2,07	2,03	1,98
23	4,28	3,42	3,03	2,80	2,64	2,53	2,44	2,37	2,27	2,20	2,13	2,05	2,01	1,96
24	4,26	3,40	3,01	2,78	2,62	2,51	2,42	2,36	2,25	2,18	2,11	2,03	1,98	1,94
25	4,24	3,39	2,99	2,76	2,60	2,49	2,40	2,34	2,24	2,16	2,09	2,01	1,96	1,92
30	4,17	3,32	2,92	2,69	2,53	2,42	2,33	2,27	2,16	2,09	2,01	1,93	1,89	1,84
40	4,08	3,23	2,84	2,61	2,45	2,34	2,25	2,18	2,08	2,00	1,92	1,84	1,79	1,74
60	4,00	3,15	2,76	2,53	2,37	2,25	2,17	2,10	1,99	1,92	1,84	1,75	1,70	1,65

Tab. 5: 0,99–Quantile der F–Verteilung

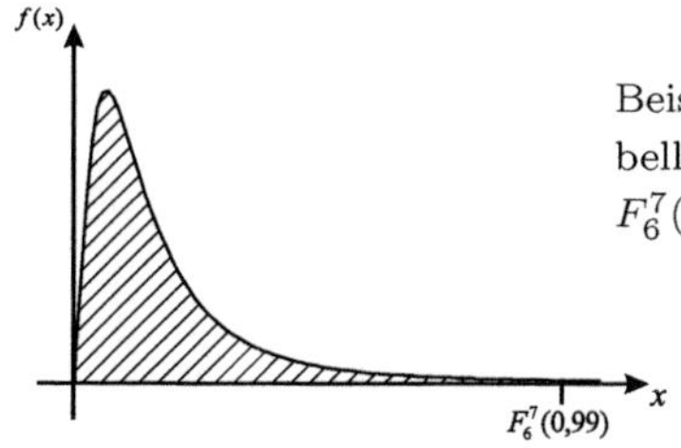

Beispiel zur Benutzung der Tabelle:
$F_6^7(0,99) = 8,26$.

Freiheitsgrade Nenner n	Freiheitsgrade Zähler m													
n	1	2	3	4	5	6	7	8	10	12	15	20	24	30
1	4052,2	4999,3	5403,5	5624,3	5764,0	5859,0	5928,3	5981,0	6055,9	6106,7	6157,0	6208,7	6234,3	6260,4
2	98,50	99,00	99,16	99,25	99,30	99,33	99,36	99,38	99,40	99,42	99,43	99,45	99,46	99,47
3	34,12	30,82	29,46	28,71	28,24	27,91	27,67	27,49	27,23	27,05	26,87	26,69	26,60	26,50
4	21,20	18,00	16,69	15,98	15,52	15,21	14,98	14,80	14,55	14,37	14,20	14,02	13,93	13,84
5	16,26	13,27	12,06	11,39	10,97	10,67	10,46	10,29	10,05	9,89	9,72	9,55	9,47	9,38
6	13,75	10,92	9,78	9,15	8,75	8,47	8,26	8,10	7,87	7,72	7,56	7,40	7,31	7,23
7	12,25	9,55	8,45	7,85	7,46	7,19	6,99	6,84	6,62	6,47	6,31	6,16	6,07	5,99
8	11,26	8,65	7,59	7,01	6,63	6,37	6,18	6,03	5,81	5,67	5,52	5,36	5,28	5,20
9	10,56	8,02	6,99	6,42	6,06	5,80	5,61	5,47	5,26	5,11	4,96	4,81	4,73	4,65
10	10,04	7,56	6,55	5,99	5,64	5,39	5,20	5,06	4,85	4,71	4,56	4,41	4,33	4,25
11	9,65	7,21	6,22	5,67	5,32	5,07	4,89	4,74	4,54	4,40	4,25	4,10	4,02	3,94
12	9,33	6,93	5,95	5,41	5,06	4,82	4,64	4,50	4,30	4,16	4,01	3,86	3,78	3,70
13	9,07	6,70	5,74	5,21	4,86	4,62	4,44	4,30	4,10	3,96	3,82	3,66	3,59	3,51
14	8,86	6,51	5,56	5,04	4,69	4,46	4,28	4,14	3,94	3,80	3,66	3,51	3,43	3,35
15	8,68	6,36	5,42	4,89	4,56	4,32	4,14	4,00	3,80	3,67	3,52	3,37	3,29	3,21
16	8,53	6,23	5,29	4,77	4,44	4,20	4,03	3,89	3,69	3,55	3,41	3,26	3,18	3,10
17	8,40	6,11	5,19	4,67	4,34	4,10	3,93	3,79	3,59	3,46	3,31	3,16	3,08	3,00
18	8,29	6,01	5,09	4,58	4,25	4,01	3,84	3,71	3,51	3,37	3,23	3,08	3,00	2,92
19	8,18	5,93	5,01	4,50	4,17	3,94	3,77	3,63	3,43	3,30	3,15	3,00	2,92	2,84
20	8,10	5,85	4,94	4,43	4,10	3,87	3,70	3,56	3,37	3,23	3,09	2,94	2,86	2,78
21	8,02	5,78	4,87	4,37	4,04	3,81	3,64	3,51	3,31	3,17	3,03	2,88	2,80	2,72
22	7,95	5,72	4,82	4,31	3,99	3,76	3,59	3,45	3,26	3,12	2,98	2,83	2,75	2,67
23	7,88	5,66	4,76	4,26	3,94	3,71	3,54	3,41	3,21	3,07	2,93	2,78	2,70	2,62
24	7,82	5,61	4,72	4,22	3,90	3,67	3,50	3,36	3,17	3,03	2,89	2,74	2,66	2,58
25	7,77	5,57	4,68	4,18	3,85	3,63	3,46	3,32	3,13	2,99	2,85	2,70	2,62	2,54
30	7,56	5,39	4,51	4,02	3,70	3,47	3,30	3,17	2,98	2,84	2,70	2,55	2,47	2,39
40	7,31	5,18	4,31	3,83	3,51	3,29	3,12	2,99	2,80	2,66	2,52	2,37	2,29	2,20
60	7,08	4,98	4,13	3,65	3,34	3,12	2,95	2,82	2,63	2,50	2,35	2,20	2,12	2,03

Literaturauswahl

ASSENMACHER, W. (2003), Deskriptive Statistik, 3. Aufl.; Berlin.

ASSENMACHER, W. (1998), Konjunkturtheorie, 8. Aufl.; München, Wien.

BAMBERG, G., BAUR, F., KRAPP, M. (2008), Statistik, 14. Aufl.; München.

BLEYMÜLLER, J., GEHLERT, G., GÜLICHER, H. (2008), Statistik für Wirtschaftswissenschaftler, 15. Aufl.; München.

BOHLEY, P. (2000), Statistik: Einführendes Lehrbuch für Wirtschafts- und Sozialwissenschaftler, 7. Aufl.; München, Wien.

BOL, G. (2003), , 3.Aufl.; München.

BOMSDORF, E. (1997), Induktive Statistik, 5. Aufl.; Bergisch Gladbach.

BOSCH, K. (1996), Großes Lehrbuch der Statistik; München, Wien.

BOSCH, K. (1998), Statistik–Taschenbuch, 3. Aufl.; München, Wien.

CURWIN, J., SLATER, R. (2008), Quantitative Methods for Business Decisions, 6. Aufl.; London.

ECKEY, H., KOSFELD, R., TÜRCK, M. (2008), Deskriptive Statistik: Grundlagen, Methoden, Beispiele, 5. Aufl.; Wiesbaden.

FAHRMEIR, L., KÜNSTLER, R., PIGEOT, I. (2007), Statistik: Der Weg zur Datenanalyse, 6. Aufl.; Berlin, Heidelberg.

HANSEN, G. (1985), Methodenlehre der Statistik, 3. Aufl.; München.

HÄRTTER, E. (1997), Wahrscheinlichkeitsrechnung, Statistik und mathematische Grundlagen; Göttingen.

HARTUNG, J., ELPELT, B., KLÖSENER, K.-H. (2005), Statistik: Lehr- und Handbuch der angewandten Statistik, 14. Aufl.; München.

HOCHSTÄDTER, D. (1996), Einführung in die statistische Methodenlehre, 8. Aufl.; Frankfurt a. M.

HOGG, R. V., CRAIG, A. T., MCKEAN, J. W. (2005), Introduction to Mathematical Statistics, 6. Aufl.; Upper Saddle River, NJ.

KRAFT, M., LANDES, T. (1996), Statistische Methoden, 3. Aufl.; Heidelberg.

KREIENBROCK, L. (1993), Einführung in die Stichprobenverfahren, 2. Aufl.; München, Wien.

KREYSZIG, E. (1991), Statistische Methoden und ihre Anwendung, 7. Aufl.; Göttingen.

LINDGREN, B. (1998), Statistical Theory, 4. Aufl.; Boca Raton.

LITZ, H. P. (2003), Statistische Methoden in den Wirtschafts- und Sozialwissenschaften, 3. Aufl.; München.

MAASS, S. (1983), Statistik für Wirtshafts- und Sozialwissenschaftler I; Berlin.

MAASS, S., MÜRDTER, H., RIESS, H. (1983), Statistik für Wirtschafts- und Sozialwissenschaftler II; Berlin u. a.

MOSLER, K., SCHMID, F. (2008), Wahrscheinlichkeitsrechnung und schließende Statistik, 3. Aufl.; Berlin, Heidelberg.

NEUBAUER, W., BELLGARDT, E., BEHR, A. (2002), Statistische Methoden: ausgewählte Kapitel für Wirtschaftswissenschaftler, 2. Aufl; München.

POKROPP, F. (1996), Stichproben: Theorie und Verfahren, 2. Aufl.; München, Wien.

POLASEK, W. (1996), Schließende Statistik; Berlin u. a.

RINNE, H. (1995), Grundlagen der Statistik und ihre Anwendungen; Heidelberg.

RINNE, H. (2008), Taschenbuch der Statistik, 4. Aufl.; Frankfurt a. M.

RÜGER, B. (1996), Induktive Statistik: Einführung für Wirtschafts- und Sozialwissenschaftler, 3. Aufl.; München, Wien.

SACHS, L. (2006), Angewandte Statistik: Anwendung statistischer Methoden, 12. Aufl.; Berlin u. a.

SCHAICH, E. (1994), Statistik für Volkswirte, Betriebswirte und Soziologen, 3. Aufl.; München.

SCHIRA, J. (2005), Statistische Methoden für VWL und BWL, 2. Aufl.; München u.a.

SCHLITTGEN, R. (1996), Statistische Inferenz; München, Wien.

SCHLITTGEN, R. (2008), Einführung in die Statistik: Analyse und Modellierung von Daten, 11. Aufl.; München.

SCHWARZE, J. (2005), Grundlagen der Statistik II, 8. Aufl.; Herne.

TIJMS, H. (2007), Understanding Probability. Chance Rules in Everyday Life; Cambridge.

VOGEL, F. (2005), Beschreibende und schließende Statistik, 13. Aufl.; München.

YAMANE, T. (1987), Statistik– Ein einführendes Lehrbuch, Band I und II, 2. Aufl.; Frankfurt a. M.

Aufgabensammlungen

BAMBERG, G., BAUR, F., KRAPP, M. (2008), Arbeitsbuch Statistik, 8.Aufl.; München.

BOSCH, K. (2000), Elementare Einführung in die angewandte Statistik, 7. Aufl.; Braunschweig.

BOSCH, K. (1996), Klausurtraining Statistik, 2. Aufl.; München, Wien.

BÖSELT, M. (2001), Statistik–Übungsbuch, 2. Aufl.; München.

BOURIER, G. (2003), Statistik-Übungen, 2. Aufl.; Herne, Berlin.

DEGEN, H., LORSCHEID, S. (2006), Statistik–Aufgabensammlung, 5. Aufl.; München.

HARTUNG, J., HEINE, B. (2004), Statistik–Übungen, 4. Aufl.; München.

HOCHSTÄDTER, D. (1993), Aufgaben und Lösungen zur statistischen Methodenlehre, 2. Aufl.; Frankfurt a. M.

SCHWARZE, J. (2008), Aufgabensammlung zur Statistik, 6. Aufl.; Herne.

VOGEL, F. (2001), Beschreibende und schließende Statistik – Aufgaben und Beispiele, 9. Aufl.; München.

Sachverzeichnis

MIX
Papier aus verantwortungsvollen Quellen
Paper from responsible sources
FSC® C105338

Printed by Books on Demand, Germany